核素污染环境的生物效应与生物修复

陈晓明　王　丹　黄仁华
陈　珂　唐运来　刘明学　著

科　学　出　版　社
北　京

内 容 简 介

本书是课题组近二十年来在核素生物效应及生物修复领域开展研究工作的基础上对相关研究成果进行系统的归纳、总结和分析形成的。本书主要内容包括：核素及重金属污染土壤的生物效应及生物修复概述；核素污染对植物生长发育的影响；核素对植物光合作用的影响；核素胁迫对植物生理生化特性的影响；植物对污染土壤中核素的转运富集能力；核素及重金属污染土壤的植物修复强化技术；放射性核素污染土壤的植物修复技术研究关键问题；微生物对 Sr、Co、Cr 的去除效应；微生物培养基中 Cr、Co 的分光光度测定法建立；核素污染环境的植物-微生物联合修复。

本书对学习和从事核素生物效应及生物修复领域研究的高校师生和科研工作者具有一定的学术参考价值。

图书在版编目(CIP)数据

核素污染环境的生物效应与生物修复 / 陈晓明等著. — 北京：科学出版社，2018.12

ISBN 978-7-03-058361-1

Ⅰ. ①核… Ⅱ. ①陈… Ⅲ. ①放射性污染-污染土壤-生物辐射效应②放射性污染-污染土壤-植物-生态恢复 Ⅳ. ①X173②Q691

中国版本图书馆 CIP 数据核字 (2018) 第 172736 号

责任编辑：冯 铂 黄 桥／责任校对：江 茂
责任印制：罗 科／封面设计：墨创文化

科学出版社 出版

北京东黄城根北街16号
邮政编码：100717
http://www.sciencep.com

成都锦瑞印刷有限责任公司 印刷
科学出版社发行 各地新华书店经销

*

2018 年 12 月第 一 版　　开本：787×1092 1/16
2018 年 12 月第一次印刷　　印张：19
字数：450 千字

定价：148.00 元
(如有印装质量问题，我社负责调换)

前　言

　　涉核国防军工生产及核设施退役产生的核废物会通过各种途径进入生物圈,对生物的生长发育造成影响,从而引起周边生态环境的改变,严重威胁人类的生存和发展。由于核能和核技术的广泛使用,以及伴生放射性矿物资源的大量开发,在促进生产力发展的同时,也带来了日益突出的辐射环境安全问题,如果不能安全有效地处理这些放射性废物,不仅影响和制约核工业的可持续发展,而且会对人类的生存环境形成潜在的威胁。对放射性废弃物的治理除了采取常规的物理、化学处理方法外,利用现代生物技术开发经济有效的生物修复技术来治理放射性污染已经成为一个重要的世界性研究课题,国外相关工作开展较早,而国内则处于刚起步的状态。

　　生物修复技术应用适用于中、低强度的核素及其伴生重金属大范围污染土壤治理,原位修复,保持土壤生产力,治理现场扰动小,绿色环保,可以大范围采用,不易造成修复地环境二次污染,且易为公众所接受,尤其是治理费用比传统技术低一至几个数量级,并且对核素及其伴生重金属污染土壤的治理成效具有永久性,能够恢复受污染土壤的生态功能,继续产生良好的生态综合效益。

　　近年来,本研究团队依托核废物与环境安全国防重点实验室,与中国工程物理研究院核物理与化学研究所、四川省原子能研究院、中核272铀业有限公司和军事科学院防化研究院核防护研究所等单位开展长期合作,在核素与重金属的生物效应、核素与重金属污染的生物修复等研究领域开展了非常系统的研究工作,并取得了一系列成果。团队在2009年被国防科工局授予"核废物环境下的生物效应国防科技创新团队",团队所依托的生物化学与分子生物学学科成为国防重点基础学科。

　　作者所在科研团队承担了国家级、省部级多项核污染土壤治理研究项目,在核污染的生物效应与生物修复方向的研究居于国内领先水平。本书结合作者的科研成果,系统全面地介绍核污染的生物效应和生物修复研究方向的国内外最新研究进展、技术、方法和成果。本书在写作方式上采用了大量图表的形式,更加直观生动地展现相关研究进展和研究成果。本书对于学习和从事该领域研究的学生和科研工作者具有一定的学术参考价值。

　　硕士研究生张晓雪、张娥、李黎、许燕、贺佳、郭丽艳、郭梦露、阮晨、徐冬平、曾超、代威、闻方平、安冰、周璐璐、黄炜、杨会玲、张绍先、贾秀芹、刘建琴、徐静、王建宝等以本书相关研究内容为题开展硕士学位论文研究工作。硕士研究生张祥辉、戚鑫、肖诗琦、田甲、崔正旭、黎熠睿、刘玲、杨青青等在本书的文字编辑、校对等方面做了大量的贡献;国防科技工业局专项项目对本书的出版给予了经费支持;原西南科技大学副校长罗学刚教授,在本书内容的编写、质量把关和经费资助上给予了大力的支持。在此,作者向这些为本书出版发行做出贡献的单位及相关人员表示最诚挚的感谢。我们期待本书的出版能为推动相关领域的发展贡献一点薄弱的力量。

本书共 10 章。第 1 章，核素及重金属污染土壤的生物效应及生物修复概述(王丹、刘明学撰写)；第 2 章，核素污染对植物生长发育的影响(陈晓明、王丹撰写)；第 3 章，核素对植物光合作用的影响(唐运来撰写)；第 4 章,核素胁迫对植物生理生化特性的影响(陈珂、唐运来、王丹撰写)；第 5 章，植物对污染土壤中核素的转运富集能力(王丹撰写)；第 6 章，核素及重金属污染土壤的植物修复强化技术(王丹、唐运来、刘继恺撰写)；第 7 章，放射性核素污染土壤的植物修复技术研究关键问题(王丹撰写)；第 8 章，微生物对 Sr、Co、Cr 的去除效应(刘明学、陈晓明撰写)；第 9 章，微生物培养基中 Cr、Co 的分光光度测定法建立(陈晓明撰写)；第 10 章，核素污染环境的植物-微生物联合修复(黄仁华、王丹撰写)。全书由陈晓明教授统稿。由于时间仓促，该领域发展迅速，作者学识水平有限，本书难免存在不足之处，敬请批评指正。

目　　录

第1章 核素及重金属污染土壤
的生物效应及生物修复概述

1.1 核素及其伴生重金属污染土壤的来源、危害及特点

1.1.1 核素及其伴生重金属污染土壤的来源

核素是指具有一定数目质子和中子的原子(含离子)。如 Sr 元素有 ^{84}Sr、^{86}Sr、^{87}Sr、^{88}Sr 4 种同位素；Cs 元素也有 ^{133}Cs、^{134}Cs、^{135}Cs、^{137}Cs 4 种同位素；U 元素有质量数在 226 和 242 之间的 16 个同位素，其中 ^{238}U、^{235}U 和 ^{234}U 是天然放射性同位素，Co 共有 40 个同位素，其中有 1 个是稳定的，即 ^{59}Co。这些同位素都是多核素元素。在同一种同位素的核性质不同的原子核中，由于质子数相同而中子数不同，结构方式不同，因而它表现出不同的核性质。不是所有元素都有两种或两种以上的核素，也有一些元素仅有一种核素，如 F、Al、Na 等，它们是单核素元素。相对密度在 5 以上的金属，称作重金属，包括 Cu、Pb、Zn、Sn、Ni、Co、Sb、Hg、Cd 和 Bi 10 种金属。

放射性污染主要来自放射性物质，放射性物质的来源较多，主要分为两类：一是来自自然环境，如岩石和土壤中含有的 U、Th、Ac 3 个放射系；二是由于人为因素造成的。当前，土壤环境中放射性污染人为来源主要有下列几个方面。

(1)核燃料循环的"三废"。核工业的废水、废气、废渣的排放是造成环境放射性污染的重要原因。此外，铀矿开采过程中的 Rn 及其衍生物以及放射性粉尘造成对周围大气的污染，放射性矿井水造成水质的污染，废矿渣和尾矿造成了固体废物的污染。

(2)核试验的沉降物。核试验造成的全球性污染要比核工业造成的污染严重得多。在大气层进行核试验的情况下，核弹爆炸的瞬间，由炽热蒸汽和气体形成大球(即蘑菇云)携带着弹壳、碎片、地面物和放射性烟云上升，随着与空气的混合，辐射热逐渐损失，温度渐趋降低，于是气态物凝聚成微粒或附着在其他尘粒上，最后沉降到地面。自 1945 年 7 月 16 日美国在新墨西哥的荒漠上进行了第一颗原子弹爆炸试验以来，至今在全世界共进行了 2000 多次核试验，遗留的核污染物质对人类和生态系统都是致命的威胁(张鹏飞，2006)。

核试验爆炸和核泄漏事故可大面积污染土壤，使放射性核素 ^{137}Cs、^{90}Sr 长期残存于土壤中。1970 年以前，全世界大气层核试验进入大气平流层的 ^{90}Sr 达到 5.76×10^{17}Gy，其中 97% 的 ^{90}Sr 已沉降到地面，这相当于核工业后处理厂排放 ^{90}Sr 的 1 万倍以上(孙赛玉和

周青，2008）。土壤环境中的 ^{137}Cs 几乎全部来源于大气核试验，环境中不存在天然产生的 ^{137}Cs。核试验产生的 ^{137}Cs 进入平流层后，在全球范围内均匀分布，而后进入对流层，随大气降水和降尘到达地表(李勇等，2005)。1986 年 4 月，苏联切尔诺贝利核电站，由于操作人员严重违反操作规程，引起爆炸，放射性污染遍及整个北半球，主要是白俄罗斯、乌克兰、俄罗斯等地区都不同程度地受到放射性物质的污染，放射性物质污染比例分别为70%、20%、7%(Romanov and Drozhko，1996)。

(3)核燃料的后处理。核燃料的后处理是将反应堆废料进行化学处理，提取 Pu 和 U 再度使用，但后处理排出的废料依然含有大量的放射性核素，如 ^{90}Sr、^{239}Pu 仍对环境造成污染。目前对其废料处理有 3 种意见：①深理于地下 500～2000km 的盐中；②用火箭送到太空或其他星球上；③贮存于南极冰帽中(董武娟和吴仁海，2003)。后处理厂的低水平放射性废水，经蒸发、离子交换和絮凝沉淀等净化处理后可排入环境。排出的放射性废气主要含裂变产物 I、Kr 和 Xe 等，后处理厂的中水平和高水平放射性废水不能排入环境，须作固化处理。

(4)医疗照射引起的放射性污染。目前，由于辐射在医学上的广泛应用，已使医用射线源成为主要的环境人工污染源。人工放射性同位素的应用非常广泛。在医疗上，常用"放射治疗"以杀死癌细胞，有时也采用各种方式有控制地注入人体，作为临床上诊断或治疗的手段(高剑森，2001)。

(5)其他各方面来源的放射性污染。其他辐射污染来源可归纳为两类：一是工业、军队、核舰艇或研究用的放射源，因运输事故、遗失、偷窃、误用，以及废物处理等失去控制而对居民造成大剂量照射或污染环境；二是一般居民消费用品，包括含有天然或人工放射性核素的产品，如放射性发光表盘、夜光表以及彩色电视机产生的照射，虽对环境造成的污染很低，但也有研究治理的必要。

因此，由于核工业的发展和核技术的广泛应用，以及其他工业、农业、能源、军事、交通、医疗卫生等领域内的活动，放射性核素污染已成为当今难以治理的重要环境问题之一。放射性核素衰变产生的射线是污染的根源。核试验爆炸和核泄漏事故可大面积污染土壤，使具有长期残存的放射性核素 ^{137}Cs、^{90}Sr 存在于土壤中。排入大气中的放射性物质与大气中的飘尘相结合，由于重力作用或雨雪的冲刷而沉降于地球表面，造成土壤污染；随着短寿命核素的"死亡"，形成长期污染的主要是一些长寿命裂变产物和核材料，如 ^{3}H、^{137}Cs、^{90}Sr、^{239}Pu 及 U 等。这些放射性核素进入水体和土壤后，与水体和土壤中本身具有的重金属一同形成核素和重金属的混合污染，不仅通过食物链对人体健康产生严重的危害，也给人们清除这些核素和重金属造成困难，尤其是土壤中大面积、低剂量放射性核素和重金属的清除工作更为困难。

Sr 广泛分布于自然界中，在地壳中的平均质量分数为 0.0375%～0.042%，最常出现在各种火山成因的岩石中。放射性 ^{90}Sr 水溶性强，与 Ca 元素的化学性质相近(张庆费等，2010)，其半衰期($T/2$)为 28.5a。^{137}Cs 是一种人工放射性核素，半衰期长达 30.17a，与 K 属同族元素，在化学性质上十分相似，是一种核裂变产物，一旦进入人体，便迅速分布于人体各部位。目前环境中的 ^{137}Cs 主要来源于全球大气层核爆炸中散落的灰。世界卫生组织在 2005 年的报告中指出，伤亡损失惨重的切尔诺贝利核泄漏事件直接致死 56 人，近

60 万人受到大剂量的核辐射，其中 ^{137}Cs 的释放量约为 0.09EBq（Rota and Vallejo，1995）。

放射性核素 Co 是压水堆核电站主要的放射性液态流出物（施仲齐，1984）。我国秦山核电站和大亚湾核电站液态流出物中的主要放射性核素包括 ^{54}Mn、^{58}Co、^{60}Co、^{124}Sb、^{134}Cs、^{134}Cs、^{51}Cr、^{90}Sr 等（白志良，2003），而排出的放射性 Co 中有 ^{58}Co 和 ^{60}Co，其中 ^{60}Co 毒性较大，因其半衰期较长（5.23a）、γ 射线能量高（平均 1.25MeV），因而更具有环境毒理学意义（Whicker et al.，1982；Y'irchenko and Agapkina，1993）。由于放射性核素 ^{60}Co 常常以放射源的形式存在，广泛应用于各行各业，如农业上的辐射育种、食品辐照保藏与保鲜，工业上的无损探伤、辐射消毒、辐射加工，厚度、密度、物位的测定，医学上的放射治疗等。其广泛的应用，难免会在应用的过程中出现放射性核泄漏的事件，对周围的环境造成放射性污染。一旦含有放射性核素的废液排入河流，部分会存在于水体、淤泥甚至土壤中，也有部分以不同的方式转移到生物体中，并且进行不同程度的富集，甚至在人体中也会有一定富集（曾娟等，2012）。

核素污染土壤中除含有大量放射性核素外，往往还共生或伴生其他重金属元素，如 Mn、Pb、Cd、Cr、Hg、Cu 等重金属污染，对土壤形成复合污染，并加重其污染程度。

1.1.2　核素及伴生重金属污染土壤的危害

土壤中核素和重金属污染，不仅会对作物产量和质量造成不良影响，而且会通过食物链，最终影响到人类健康。若食入在受 Pb、Cd 污染严重的土壤中所种植的农作物，会导致人体代谢紊乱或引发其他严重的症状。

放射性核素对环境影响的大小与其半衰期的长短呈正相关性，半衰期越长对环境的影响越明显。核素在土壤中有多种不同的存在形式，但不同的形态会对它的交换吸附能力造成影响。土壤中的载体容易吸附溶解大的阳离子，使其在土壤中不易迁移；相反，难溶物不易被载体吸附，会随着水流穿梭于土壤间隙。植物对核素的富集能力也因放射性核素在土壤中的存在形式而有所差异。重金属在土壤中的存在形式可分为游离态的重金属离子和难溶态的复合物，如碳酸盐、氧化物、氢氧化物等。尽管这些放射性核素的活度较低，但其半衰期长、废物数量大、分布面广，对环境构成长久潜在危害。此外，铀矿冶大量的放射性废水不断地排出，也直接污染了天然水体和土壤。铀矿冶含铀放射性废水的快速弥散特性及铀尾矿中伴生的大量重金属，使对铀矿冶废水的治理难度高，经济压力大。针对不同的污染环境及治理的不同阶段，开发低成本、经济高效的生物修复技术来治理放射性污染是一个世界性的重要研究课题。

1.1.3　核素及伴生重金属污染土壤的特点

由于核工业的发展和核技术的广泛应用所造成的核素及重金属混合污染土壤往往具有如下特点。

（1）普遍性及面积广：随着核工业及一般工业生产的发展，核素和重金属污染日趋普遍，几乎威胁着每个国家，我国已有许多城市的郊区和灌区遭到了不同程度的污染。

(2)污染剂量低：放射性废水排放到地面上、放射性固体废物埋藏处置在地下、核企业发生放射性排放事故等，都会造成局部地区的土壤污染，但一般污染剂量较低，程度较轻。

(3)普遍具隐蔽性：重金属污染的土壤无色无味，很难被人的感觉器官察觉，一般要通过植物进入食物链积累到一定程度后才能反映出来。

(4)表聚性：土壤中重金属污染物大部分残留于土壤耕层，很少向土壤的下层移动。这是由于土壤中存在着有机胶体、无机胶体和有机-无机复合胶体，它们对核素和重金属有较强的吸附和螯合能力，限制了重金属在土壤中的迁移能力。

(5)不可逆性：由于核素和重金属在土壤中积累到一定程度时，会导致土壤结构与功能发生变化，且由于核素和重金属很难降解，因此，土壤一旦污染很难恢复。

(6)生物体内富集：若核素和重金属在土壤中长期存在，有可能通过食物链不断地在生物体内富集，对生物造成更严重的后果。

(7)多种核素及重金属污染并存：放射性核素进入水体和土壤后，与水体和土壤中本身具有的重金属共存，形成核素和重金属的复合污染。

1.2　核素及重金属污染土壤治理技术

由于核污染危害巨大，核污染的大面积清除是世界性难题，各界人士都在寻求清除核污染的方法，也取得了一定的成效。各国大多采用的方法有：物理法、化学法、电化学法、物理-化学连用法、微生物清除法和土壤的核污染去除法，清水冲洗、铲土去污、深翻耕地和剥离性成膜去污法、森林修复法，但这些方法的处理成本较高，且容易对环境造成二次交叉污染，不能从根本上解决核素清除问题。虽然森林修复法能大面积修复污染土壤，并且可发展工业原料林、薪炭林，但其要求的核素浓度不能太高，使其应用受到了很大的限制。

1.2.1　放射性核素污染的物理、化学处理方法

对于受到放射性核素污染的土壤，以前大多采用物理或化学法对其进行去污处理。

1. 铲土去污

铲土去污即将被核物质污染的土壤(一般是表层土)铲走运至专门的核处置场地进行处理和处置，防止放射性元素进一步扩散和进入食物链。

但是铲土去污方法劳动强度大，操作人员易遭受核辐射；而且大量铲土会增加处理和处置成本；表层土中还含有可供作物生产的大量有机物质，全部铲走又进一步加剧了土地危机。

2. 深翻/覆盖客土

本土是指被污染的土，客土指未被污染的土。深翻客土就是将下层未受污染的土壤翻至表面。覆盖客土是直接从外界运来未受污染的土壤将污染土覆盖。但随着时间的推移，底部的放射性核素会扩散到客土或深层土壤中，或转移至水相，造成二次污染。

3. 可剥离性膜法

在受到污染的土壤上快速喷洒带有多种官能团的高分子化合物去污液，将成膜去污材料覆盖在污染物上，并迅速固定核污染物。材料凝固成膜后，污染表面的核污染物在剥离黏附的作用下迅速集结成型，再进行回收清除。这种方法的去污系数能达到 100%，而且经济成本相对较低，但是对已渗入土壤内部的核污染物质基本没有去除作用。

4. 其他

除此之外，对受污染的土壤和水体的物理化学处理方法还有土壤清洗、离子交换、螯合剂浸取及反渗透超滤技术等方法。

物理法和化学法是传统土壤修复技术中的常用方法，但若污染物的去除不彻底，就会存在二次污染的可能性，进而带来一定程度上的环境风险及健康危害。

1.2.2　放射性核素污染的生物修复技术

运用物理和化学方法对污染土壤进行处理，会改变土壤的原有结构，破坏土壤生态，花费大量的人力和财力，并有可能造成"二次污染"。而且目前受到放射性污染的土壤大多具有土壤面积大与放射性核素剂量低的特点，物理和化学方法并不适用。

近些年作为研究重点的生物修复是利用生物技术治理污染土壤的一种新方法，其利用生物消减、净化土壤中的放射性核素和重金属或降低重金属毒性，对土壤的干扰较少，能逐渐减少甚至清除其中的放射性核素，具有成本低廉、操作简便、运用范围广、环境友好及循环利用等优点，利于我国经济与环境的和谐发展。

（1）植物修复（Satl et al.，1995；沈振国和刘有良，1998）：是一种利用自然生长或遗传培育植物修复重金属污染土壤的技术。根据其作用过程和机理，核素及其伴生重金属污染土壤的植物修复技术可分为植物提取、植物挥发和植物稳定三种类型。

（2）微生物修复（陈志良和仇荣光，2001）：主要利用微生物能降低土壤中重金属的毒性、吸附积累重金属、改变根际微环境的特性，从而提高植物对重金属的吸收、挥发或固定效率。

（3）低等动物修复：利用某些低等动物，如蚯蚓和鼠类等，但蚯蚓吸收重金属后可能再释放到土壤中造成二次污染，鼠类对庄稼又有危害。

生物措施的优点是实施较简便、投资较少和对环境扰动少，缺点是治理效率低（如超积累植物通常都矮小、生物量低、生长缓慢且周期长,不能治理重污染土壤(因高耐重金属植物不易寻找)和被植物摄取的重金属因大多集中在根部而易重返土壤等。

(4) 与生物修复相结合的农业技术:在生物修复过程中采用与之相结合的农业技术是必不可少的,包括在治理农田土壤污染期间调整农业结构,将生产食用型农产品改种为生产非食用型农产品,既保证土壤经济效益又能避免污染物通过食物链进入人体。同时将几种具有不同修复功能的修复植物进行套种和轮种种植,既可提高修复效果又可节省修复时间;改变耕作制度,对于某些中轻度污染土壤,可通过改变水分,调节 pH 值以减少污染的危害;选种抗污染农作物品种;施用改良材料,这主要是利用改良剂对土壤重金属的沉淀作用、吸附作用和拮抗作用,以降低重金属的移动性和生物有效性。

农业措施特别适合于中、轻度污染土壤的治理,具有可与常规农事操作结合起来进行、费用较低、实施较方便、无副作用等优点,但存在方法周期长和效果显现慢等缺点。

1.3　核素及重金属污染土壤的植物修复技术

1.3.1　放射性污染植物修复技术概念及意义

植物修复技术(phytoremediation)是以植物忍耐和超量积累某种或某些化学物质的理论为基础,利用植物及其共存微生物体系清除或钝化环境中污染物的一门环境污染治理新技术。其概念最早由 Chaney 和 Baker 等提出,指利用超积累植物从土壤中吸取一种或几种重金属元素,并将其转运、富集,最后收获富集部位集中处理,这样通过种植一季或多季此种植物即可以有效地减少土壤受污染的程度,并可以将回收的重金属循环利用。特别适合于低剂量、大面积的核素及重金属污染土壤治理。

在自然环境适宜的条件下,植物修复技术的投资和维护成本较低、污染物在原地被降解,操作简便;消除、修复的时间短,不破坏土壤生态环境,通过对植物的集中处理造成二次污染的机会较少,对一些植物的核素和重金属还可以回收利用,同时植物修复属于自然过程容易被公众所接受,且有可能通过资源化利用而取得一定的经济效益;植物修复是一种环境治理的最终技术,其应用有利于环境生态的恢复及土壤资源的可持续利用。

1.3.2　放射性污染植物修复技术类型

按对土壤及污染水体的修复机理和过程,植物修复技术可分为植物稳定、植物挥发、植物提取、植物过滤四种类型。

(1)植物稳定(phytostabilization):指利用植物根际的一些特殊物质使土壤中的核素及重金属固定在相对区域,而不被或少被植物根部吸收,或利用植物促进核素和重金属转变成低毒性形态的过程(Gartenjr,1999)。采用植物稳定技术可减缓放射性核素在生物圈的迁移和扩散。但植物稳定作用并没有将土壤中的核素及重金属去除,只是暂时将其固定,使其不对环境中的生物产生毒害作用,是一种回避技术。

(2) 植物挥发(phytovolatilization):指通过植物的吸收将某些核素及重金属以可挥发态挥发出土壤和植物表面的过程(Cunningham et al., 1995)。如利用植物使土壤中的重金属如 Hg、As 等甲基化而形成可挥发的分子释放到大气以降低重金属对环境的危害。但这一方法只适用于具有挥发态的放射性核素及重金属,所以应用受到一定限制。

(3) 植物提取(phytoextraction):指利用植物对核素和重金属的吸收及向地上部的转运和积累,通过收获地上部来达到降低土壤核素和重金属含量的目的。这些植物包括超积累植物及诱导的超积累植物。这里富集是指生物个体或处于同一营养级的许多生物种群,从周围环境中吸收并积累某种元素或难分解的化合物,导致生物体内该物质的平衡浓度超过环境中浓度的现象(Wilfried, 2005)。植物提取的效果依赖于核素在土壤中的生物有效性、在维管组织中迁移效率及根部摄取的速度等因素。

(4) 植物过滤(phytofiltration):利用植物根系的吸收能力或巨大的表面积或利用整个植株去除污染水中的核素和重金属。水生植物、半水生植物、陆生植物均可用于根系过滤。但其主要用于对水污染的治理。

1.3.3 植物提取修复核素及重金属污染土壤原理及应用

植物提取修复是目前研究最多且最有发展前景的一种植物修复技术,其概念最早由 Chaney 和 Baker 等提出,指利用超积累植物从土壤中吸取一种或几种重金属元素,并将其转运、富集,最后收获富集部位集中处理。目前已经发现 45 个科 500 多种超富集植物,其中十字花科为超富集植物种类最多的科,而针对 Ni 的超富集植物种类最多。2002 年, Mark Fuhrmann 研究宽叶菜豆、反枝苋、印度芥菜三种植物对 ^{137}Cs 和 ^{90}Sr 的富集情况,发现对放射性核素吸收最高的植物为苋属植物(Fuhrmann et al., 2002)。唐世荣等(2004)研究发现苋科植物能富集大量 ^{134}Cs,其中籽粒苋富集 ^{134}Cs 的能力最强。据有关报道,美国 Viridian 环境公司利用植物提取修复技术修复被 Ni 污染的土壤,并对金属 Ni 进行回收利用,结果可获取 2500 美元/(hm^2·a)的额外收益(封功能等, 2008)。

植物提取修复可以分成两大类,即利用超富集植物吸收土壤或水体中的核素和重金属的持续植物提取技术和利用植物修复强化技术促进植物吸收重金属的诱导植物提取技术。植物提取的效果依赖于核素及重金属在土壤中的生物有效性、在植物维管组织中迁移效率及根部摄取污染物的速度等因素。因此,超积累植物的选择至关重要。

1. 植物提取修复核素及重金属污染土壤原理

重金属元素和放射性核素在土壤中一般呈难溶态,只有把它从土壤固相中溶解活化到溶液中才能被植物吸收,质子和有机酸对很多元素具有溶解效力,而超积累植物可分泌质子和有机酸,且分泌的能力比一般植物强。Xian 和 Shokohifard(1989)研究植物对重金属的吸收时发现,吸收效率与碳酸盐结合态存在紧密的联系,pH 可以通过改变碳酸盐结合态的有效性而影响重金属元素的生物有效性,Ni 超积累植物 A. serpyllifolium 中有机酸的含量比其他植物要高(Cohen et al.，1998)，可以活化土壤中不溶态的重金属和放射性核素，通过生物代谢产生的特种有机酸对重金属元素和放射性核素产生包被螯合作用，从而促进植物对其吸收。

植物忍耐重金属胁迫的主要机理之一为重金属胁迫能提高植物体内抗氧化酶浓度水平和活性，抗氧化酶可以清理重金属胁迫产生的自由基，从而提高植物的抗逆能力(Koricheva et al.，1997)。超积累植物对重金属的吸收能存在主动吸收的过程，运输与转移金属离子被植物根吸收后，需要其他有机物如柠檬酸、苹果酸等作为选择体才能进入根内部，Lasat 等(1996)研究非超积累植物 *T. arvense* 和超积累植物 *T. caerulescens* 的根系对 Zn^{2+} 的吸收状况时发现，*T. caerulescen* 对 Zn 的最大吸收速率是非超积累植物 *T. arvense* 的 4.5 倍，而且其木质部汁液中 Zn 的浓度约是 *T. arvense* 的 5 倍，研究发现其根细胞膜中具有更多的运输位点，说明超积累植物的运输能力强。

Küpper 等(1999)研究发现成熟叶片中 Zn 主要积聚在表皮细胞中，而叶绿素细胞中 Zn 的含量较低，可见重金属离子被植物吸收体内后，主要集中在表皮毛、细胞壁、液泡等一些非生理活动区，从而减少了重金属对植株的毒害效应。

2. 核素及重金属超积累植物

核素及重金属对植物生长的影响随植物种类、元素种类、污染浓度和土壤理化性质的不同而存在较大差异，可能使多数植物产生毒害，仅有极少的耐性植物可以正常生长。植物提取往往依赖于超(富集)植物。超富集(积累)植物是指植物能够大量吸收污染土壤中的重金属，并将积累在根部的核素或重金属元素转移到地上部分的植物，而且根据元素的不同对其富集量的界定也有所不同。超富集植物的选择应用是植物提取修复的核心。

1.3.4　影响植物修复效率的因素

1. 核素和重金属的形态与性质

核素溶解态的阳离子迁移力不同，导致植物吸收核素的能力呈现出差异(董武娟和吴仁海，2008)。Soudek 等(2006)研究了 ^{137}Cs 和 ^{90}Sr 在向日葵体内的富集情况，结果表明，^{90}Sr 主要富集在向日葵的气孔、叶脉、主根中，而 ^{137}Cs 主要富集于向日葵的幼叶、节间、叶脉中。

2. 植物种类的影响

不同科、属的植物对放射性核素的积累不同，这些植物在科、属内分布具有某些特点，^{90}Sr 和 ^{137}Cs 都是水溶性的长寿命金属核素，它们分别与营养元素 Ca、K 的化学行为相近，具有重要的生态学意义，以放射性核素 Cs 和 Sr 为例，放射性核素 ^{137}Cs 积累植物和超积累植物主要分布在苋科(Amaranthaceae)、藜科(Chenopodiceae)和菊科(Compositae)内，例如，2002 年 Fuhrmann 等(2002)对反枝苋、印度芥菜和宽叶菜豆三种植物对 ^{137}Cs 和 ^{90}Sr 的富集情况进行研究，发现对放射性核素吸收最高的植物为苋属植物。2003 年 Dushenkov 等(2003)对切尔诺贝利核电站泄漏后大面积土壤放射性污染进行植物修复时发现，苋属植物中反枝苋(*Amaranthus retroflexus* L.)可富集土壤中 20.7%的 ^{137}Cs，且生物量较大。他们也发现印度芥菜的修复能力也很强，结果土壤中 ^{137}Cs 平均活度从 2558Bq/kg 降至 2239Bq/kg。单季修复使得 3000Bq/kg 污染水平土壤的面积占比从 29.4%降至 7.7%。唐世荣等(2004)研究发现，苋科植物能大量富集 ^{134}Cs，特别是籽粒苋对 ^{134}Cs 的富集效率较高。而相同土培条件下菊科中的某些植物对 ^{134}Cs 的富集量远高于藜科中的甜菜属植物。在藜科方面，Broadley 和 Willey(1997)对 30 种植物富集 Cs 的能力进行研究，结果表明藜科甜菜属植物对 Cs 有较强的富集能力。在菊科方面，Sawidis(1988)对发生切尔诺贝利事故附近的野生植物进行调查后发现，唇形科、菊科、木灵藓科、蔷薇科等科属中的植物对 Cs 的积累量也相当大(>1000Bq/kg)。而对放射性 ^{90}Sr 积累植物来说，葫芦科植物的积累能力较禾本科强(Watanabe，1997)。

3. 同种植物的不同器官对低放核素的积累和分布影响

Carini 和 Lombi(1997)研究发现，葡萄根和叶吸收放射性 Cs 和放射性 Sr 的途径不同。植株叶片吸收 ^{134}Cs 比吸收 ^{95}Sr 更容易，但是根系吸收 ^{95}Sr 要更容易些。Baeza 等(2002)研究了芜菁和宽叶扁豆通过根和叶片对 ^{134}Cs 和 ^{85}Sr 的富集情况，发现通过根可迅速从土壤中吸收 ^{134}Cs 和 ^{85}Sr。叶片在植物生长发育的三个时期都可吸收，并且可以通过收获植物可食用的部分，把土壤中的放射性核素转运出来。Baeza 等(2006)在实验室条件下研究了放射性核素在蘑菇不同部位的分布，发现 ^{134}Cs、^{85}Sr 和 ^{60}Co 在子实体有最大吸收，并且随着蘑菇的生长，子实体中放射性核素分布变得不均匀。本研究团队的闻方平等(2009 b)通过露地盆栽试验研究了苏丹草对土壤中不同浓度 Cs、Sr 的吸收积累。试验结果表明，土壤中的高浓度 Cs 与 Sr 对苏丹草有毒害作用，使植株受到损伤，但对苏丹草的生物量影响不大。随着处理浓度的增加，苏丹草体内 Cs 或 Sr 含量增加，并且根系含量大于地上部含量，相同处理浓度下，苏丹草对 Cs 的积累量明显高于 Sr 的积累量。

4. 不同土壤类型对植物富集低放核素和重金属的影响

土壤理化性质，如质地、pH、有机质、土壤水分等，对核素的生物有效性有重要影响，部分积累植物在不同的土壤类型中，对低放核素的积累能力不同。植物的根际环境，土壤的理化性质、氧化还原电位、pH、水分含量、根系微生物以及根际分泌物等的差异性可能使植物吸收、转运金属离子方面存在不同。

pH 对土壤中各种矿物的溶解度有决定性作用，同时对土壤溶液中各种离子在固相上的吸附程度有重要影响。通常情况下，土壤 pH 的降低有利于提高土壤重金属的生物有效性。重金属在土壤溶液中有效态含量的增加能为植物吸收重金属创造更好的条件(伍钧等，2005)。

部分积累植物在不同的土壤类型中，对低放核素的积累能力不同。Savinkov 和 Semioshkin(2007)研究了不同土壤类型中不同植物富集 ^{90}Sr 的情况，针茅对 ^{90}Sr 的富集情况明显高于其他草本植物，而植物对黑钙土中 ^{90}Sr 的富集能力明显低于其他文献中提到的土壤类型。Rota 和 Vallejo(1995)研究得出，莴苣对沙壤土中 ^{134}Cs 的吸收为 0.04%，^{85}Sr 的吸收为 1.33%；对沙土中 ^{134}Cs 的吸收为 0.28%，^{85}Sr 的吸收为 5.17%。他们得出结论认为土壤性质和土壤中营养元素会影响植物对放射性核素的富集。

一些研究显示，植物中吸收的 ^{137}Cs 含量与土壤中 ^{137}Cs 的含量呈线性关系，并且 ^{137}Cs 的比活度与 ^{137}Cs 的施入量呈正相关。Fuhrmann 等(2002)研究发现反枝苋、印度芥菜和宽叶菜豆三种植物中吸收的 ^{137}Cs 的含量与土壤中 ^{137}Cs 的含量呈线性关系，但植物中吸收的 ^{90}Sr 的含量却与土壤中 ^{90}Sr 的含量无关。该工程实验结果与 Dushenkov(2003)植物修复研究结果相似，但扩大了植物修复的范围。这些不同的工程实验结果证实了植物修复放射性污染的可行性(Fuhrmann et al.，2002)。杨俊诚采用我国大亚湾、秦山和北京土壤，模拟不同土污染水平，研究土壤-小麦系统的污染影响与 ^{137}Cs 核素的转运规律。结果表明：小麦分别在 3 个污染水平下与试验用的 3 种土壤中吸收 ^{137}Cs 的趋势是一致的；小麦植株中 ^{137}Cs 的比活度随 ^{137}Cs 施入量相应以数量级增加，两者间呈十分显著的正相关；^{137}Cs 在土壤-小麦系统中的转运系数随土壤的性质不同而变化；在同一种土壤中，随土壤污染水平的提高，转运系数也有所提高，但变化范围不大(杨俊诚等，2002)。Rota 和 Vallejo(1995)研究得出，莴苣对沙壤土中 ^{134}Cs 的吸收为 0.04%，^{85}Sr 的吸收为 1.33%；对沙土中 ^{134}Cs 的吸收为 0.28%，^{85}Sr 的吸收为 5.17%。他们得出结论认为土壤性质和土壤中营养元素会影响植物对放射性核素的富集。

5. 土壤微生物对核素和重金属污染植物修复的影响

自然条件下，植物生长是与根际微生物密不可分的。植物的共生微生物对改善植物的矿质营养有着不可替代的作用。在重金属或放射性核素污染地带(尤其是尾矿)，往往缺乏植物必需的矿质养分，这些共生体系对于植物适应矿区恶劣环境从而保障植物修复的成功可能具有极其重要的意义。在另一方面，共生微生物可能直接或间接参与元素活化与植物吸收过程，对植物修复效果产生不可忽视的影响。事实上，应用植物-微生物共生体强化植物重金属耐性，提高污染土壤生物修复效率已经成为相关研究领域新的研究热点。在各类植物共生微生物中，菌根真菌是唯一直接联系土壤和植物根系的一类，在植物矿质营养与逆境生理中起着重要的作用，因而受到格外的关注。

大量研究表明，丛枝菌根真菌(AMF)可以直接影响包括植物的矿质营养、生长发育及抗逆性、抗病性等许多方面的生理机能，并通过对土壤结构及生物群落结构的影响间接地影响宿主植物的生长(Zhang et al.，2003)，钟伟良等在研究菌根时发现，百喜草、黑麦草都容易与内生菌根菌形成内生菌根，而内生菌根和其他土壤微生物都不同程度地降低了黑麦草和百喜草对 ^{89}Sr 的吸收(钟伟良和刘可星，2006)。Ehlkens 等于 2002 年研究黑麦草对 Sr 的吸收时得出结论：黑麦草根部对 ^{89}Sr 的吸收量下降，可能由于土壤的根际微生物作用会降低植物根际 ^{89}Sr 的浓度，从而使黑麦草对 ^{95}Sr 的吸收能力降低。

6. 施肥技术

肥料为植物生长提供营养,是植物生长良好的重要保证。当土壤施肥后,立刻就会影响土壤组分中的活性 Si、Fe、Al、Mn,黏粒种类、胶体组分以及土壤环境中的 pH、温度、氧化还原电位、离子强度、重金属浓度等,而这些要素会直接影响土壤对重金属的吸附,从而影响植物对重金属的吸收。由于 ^{137}Cs 与 ^{90}Sr 分别同 K 和 Ca 具有相似的化学性质,土壤中施入 P、Ca 肥会抑制植物对 Sr 的吸收,而在 ^{137}Cs 污染的土壤中施用大量的 K 肥会减少植物对 Cs 的吸收(唐世荣等,2004)。Tang 等(2003)研究得出,*Amaranthus tricolor* 和 *Amaranthus cruentus* 随着土壤中 ^{134}Cs 浓度的增加,其芽中 ^{134}Cs 的浓度也在增加。而且在土壤中施加了 $(NH_4)_2SO_4$ 能降低 *Amaranthus tricolor* ^{134}Cs 的富集能力,但却能增加 ^{134}Cs 在 *Amaranthus cruentus* 内的积累。

施肥可改变土壤的理化特征,增加土壤中核素的植物可利用性,降低这类污染物在土壤中的流动性。

7. 土壤改良剂对核素和重金属污染土壤植物修复的影响

在严重污染地带或尾矿废弃地,添加土壤改良剂对于建立植被覆盖可能是必需的措施。土壤改良剂的添加能够改变土壤特性或核素和重金属的化学形态。土壤改良剂主要包括螯合剂(有机酸)、表面活性剂、植物生长调节剂等。大量研究显示,向土壤中添加某些种类的有机酸(尤其是柠檬酸)改良剂能够大幅度提高 U 的植物有效性,增加核素从污染土壤向植物嫩枝的迁移量,从而强化植物提取,这实际上是一种诱导植物提取过程。

表面活性剂对土壤重金属具有解吸作用。有人认为,表面活性剂的作用机制是先吸附在土壤表面与重金属的结合物上,然后将重金属从土壤颗粒上分离,进入土壤溶液,进而进入表面活性剂胶束中。

向土壤中施加人工合成的螯合剂乙二胺四乙酸(EDTA)、二乙烯三胺五乙酸(DTPA)、乙二醇二乙醚二胺四乙酸(EGTA)、柠檬酸等,能够活化土壤中的重金属,提高重金属的生物有效性,促进植物吸收。

螯合诱导修复技术是施用螯合剂到重金属污染土壤中,通过增加土壤中重金属的生物有效性进而强化植物超富集作用的方法(Garbisu and Alkorta,2001)。螯合剂能与单一金属离子形成杂环化学复合物是由于其具有多齿状的配位基,螯合剂的主要作用是作为化学肥料或土壤微量元素提取剂(Salt et al.,1995)。此外,由于螯合剂可以促进重金属离子从土壤颗粒表面的解吸从而增加其浓度,更能促进重金属离子向植物地上部的运输(Alkorta et al.,2004),并降低其细胞毒性,减轻对植物的伤害(程国玲等,2008)。

8. 栽培技术措施对核素和重金属污染土壤植物修复的影响

在植物修复的实际应用过程中主要的栽培措施包括轮作、间作、套作、收割以及育苗、翻耕、种植、除草等。植物对重金属的吸收能力受互作植物影响较大,通常情况下种间互作可提高植物的富集能力(Whiting et al.，2001)。Banelos(1998)研究发现将普通植物与 Se 的超积累植物轮作，可以提高其超富集植物的生物量和 Se 提取量。也有研究发现，在处理重金属超标城市污泥时，采用将普通作物玉米和超富集植物东南景天、*Thlaspi caerulescens* 套作的方式，可以明显降低重金属含量；而且玉米籽粒中重金属含量均完全符合食品或动物饲料的卫生标准(Liu et al.，2005；Wu et al.，1999)。

1.4 核素及重金属污染土壤的微生物修复技术

土壤污染的微生物修复是利用对有毒重金属离子有抗性的微生物来改变和转化金属离子形态。对微生物本身而言具有很好的解毒作用，对环境而言则有很好的修复作用。目前微生物多被用于进行土壤生物改造或改良以及利用高效微生物的降解活性就地净化污染土壤(蔺昕等，2006)。

微生物修复是指在人为强化的条件下，利用自然环境中的土著微生物或人为投加的外源微生物的代谢活动，对环境中的污染物进行转化、降解与还原的方法(Tsuruta，2006；罗义和毛大庆，2003)。与物理、化学、植物修复相比，微生物修复的安全性、非破坏性和经济性等优点，使其成为最具前途的污染土壤修复技术之一。虽然微生物不能降解重金属，但它们能通过自身的生理代谢活动影响土壤物理化学过程，同时改变重金属的化学性质，减少重金属的毒害。目前用到的土壤修复微生物包括细菌中的大肠杆菌(*Escherichia coli*)、芽孢杆菌(*Bacillus* sp.)、弗兰克氏菌(*Rhizobium* Frank.)、恶臭假单胞菌(*Pseudomonas putida*)、链霉菌(*Streptomyces*)、球菌(*Micrococcus*)、氧化亚铁硫杆菌(*Thiobacillus ferrooxidans*)等，真菌中的青霉菌(*Penicillium*)、酿酒酵母(*Saccharomyces cerevisiae*)、黑曲霉(*Aspergillus niger*)、出芽短梗霉(*Aureobasidium pullulans*)、哈茨木霉菌(*Trichoderma harzianum*)及一些腐木真菌(*Phellinusribis*)，以及放线菌如链霉菌等(郜雅静等，2018；董发勤等，2018；张冬雪等，2017；吴翰林等，2016)。如 Wang 等(2015)研究了 *Pannonibacter phragmitetus* BB 在强化 Cr 污染修复过程中的作用，该菌在 Cr^{6+} 浓度为 518.84mg/kg、pH 为 8.64 的条件下可以在 2d 内将 Cr^{6+} 全部还原。该菌在接入土壤后的 48h 内数量显著上升，相对比例由 35.5%上升至 74.8%并维持稳定。徐在超等(2016)发现 3 株油菜内生真菌 *Fusarium* sp. CBRF14，*Penicillium* sp. CBRF65 和 *Alternaria* sp. CBSF68 可在含重金属液体条件下生长并具有良好的重金属富集能力，它们对 Cd 的最大富集量介于 20.5~53.4mg/g，对 Pb 的最大富集量介于 188.9~356.6mg/g，对 Zn 的最大富集量介于 28.4~292.8mg/g。

用微生物治理重金属污染主要是利用微生物的两种作用：一是通过微生物的吸附、代谢达到对重金属的消减、净化和固定作用；二是通过微生物改变重金属的化学形态，使重金属固定或生物可利用性降低，减少重金属的危害。

1.4.1 微生物对重金属的生物固定

微生物对重金属的生物固定作用主要表现在胞外络合、胞外沉淀以及胞内积累 3 种作用方式上。由于微生物对重金属具有很强的吸附性能，金属离子可以沉积在细胞的不同部位或结合到胞外基质上，或被轻度螯合在可溶性或不溶性生物多聚物上，降低金属离子的移动性和生物可利用性。一些微生物如动胶菌、蓝细菌、硫酸盐还原菌以及某些藻类，能够产生具有大量阴离子基团的胞外聚合物如多糖、糖蛋白等，与重金属离子形成络合物。研究表明，酵母菌在运输 Cr 时，需先把体内作为能量贮备源的糖类和蛋白质等生物大分子分解为小分子，此过程与体外 H^+ 的运输和体内阳离子的释放相耦合，产生能量并向体外运输小分子蛋白或其他小分子生物物质，作为 Cr^{6+} 的还原物和结合物，降低 Cr 的毒性，使 Cr-生物物质附着于细胞表面，并进一步把 Cr 运输进体内。

　　微生物的细胞壁在生物吸附重金属离子的过程中起着重要作用。细胞壁的特殊结构在很大程度上决定着微生物对重金属离子的吸附能力，如细胞壁的多孔结构使活性化学配位体在细胞表面合理排列，使细胞易于与金属离子结合。同时，微生物细胞的细胞壁上存在着许多种官能团，这些官能团中 N、O、P、S 原子可作为配位原子，与重金属离子配位络合。细胞外多糖在某些微生物吸附重金属离子的过程中也有一定的作用。

1.4.2　微生物对重金属的生物转化

　　微生物能通过氧化还原、甲基化和去甲基化作用转化重金属，将有毒物质转化成无毒或者低毒物质。能够改变金属存在的氧化还原形态，如某些细菌对 As^{5+}、Fe^{3+} 等元素有还原作用，而另一些细菌对 As^{3+}、Fe^{2+} 和 Fe 等元素有氧化作用。随着金属价态的改变，金属的稳定性也随之变化。肖伟等（2008）、Puzon 等（2002）研究表明细菌体内的生理还原剂或还原酶可将体内的重金属还原，降低其毒性。而何宝燕等（2007）的研究则表明，细胞能分泌酰胺和蛋白等大分子物质将高毒性状态的重金属还原，且蛋白可作为离子主动运输的载体，协助细胞内外的离子交换，促进重金属的生物富集。

　　微生物修复的局限性在于：微生物有些情况下不能将污染物全部去除；微生物对环境的变化响应比较强烈，环境条件的改变能大大影响微生物修复效果；加入修复现场中的微生物可能会与土著菌株竞争或难以适应环境，从而导致作用结果与实验结果有较大出入（程国玲和李培军，2007）；同植物修复技术一样，微生物修复污染土壤的周期也相对较长（尤民生和刘新，2004）。

1.4.3　微生物与重金属相互作用的主要机理

　　目前，微生物与重金属的作用方式大致可分为：①吸附作用，主要包括胞外吸附、细胞表面吸附以及胞内吸附与转化。②沉淀作用，主要包括还原作用即改变金属离子价态，使其从高价态还原为低价态，从而降低重金属毒性及迁移性；矿化作用即通过微生物的一些代谢产物如 SO_4^{2-}、CO_3^{2-}、PO_4^{3-} 离子与金属离子发生沉淀反应，使有毒金属转变为低毒或无毒的金属沉淀物。③氧化作用，使重金属从低价态氧化为高价态。

1. 微生物的吸附作用

1) 胞外络合

一些微生物可以分泌有机酸、多聚糖、糖蛋白、脂多糖、可溶性氨基酸等胞外聚合物质，这些物质具有络合或沉淀金属离子作用(张宝刚等，2008)。Gadd(2000)将分离得到的能够代谢柠檬酸的铜绿假单细胞菌(*Pseudomonas aeruginosa*)和恶臭假单细胞菌(*Pseudomonas putida*)应用于去除溶液中的 Co 和 Ni，这些金属通过与沉淀剂-无机磷酸盐的相互作用达到去除目的。研究发现苗芽短梗霉(*Aureoba sidiumpullulans*)分泌的 EPS(胞外聚合物质)能使 Pb^{2+} 聚集在整个细胞表面，且 Pb^{2+} 的富集水平与细胞 EPS 的分泌量成正比，而 EPS 的分泌量与细胞的存活时间有很大关系；一般细胞存活时间越长，EPS 的分泌量就越多，Pb^{2+} 的富集水平也就越高；研究还发现当除去 EPS 后 Pb^{2+} 便会渗透到细胞内，但积累量明显降低(Suh et al.，1999)。

2) 细胞表面吸附

微生物的细胞表层主要由多聚糖、蛋白质和脂类等组成，这些物质中可与重金属相结合的主要官能团有羧基、磷酰基、羟基、硫酸脂基、氨基和酰胺基等。陈佩林(2003)认为，吸附作用按是否消耗能量可分为活细胞吸附和死细胞吸附两种，而且活细胞与死细胞的吸附量没有太大区别，其中死细胞吸附是由于肽聚糖高的通透性以及细胞壁中含有较多的磷壁酸，其带有较强的负电荷，能吸附阳离子。革兰氏阴性细菌细胞壁外膜带有较强的负电荷，故能吸附较多的重金属阳离子。而活细胞吸附有两个阶段，除了通过细胞壁吸附外还需其他代谢机制。目前已提出的金属运送机制有离子交换、载体协助、脂类过度氧化、络合和复合物渗透等。

Kratochvil 等(1998)认为离子交换是藻类及真菌吸附金属离子的主要机制。Pal 等(2006)从印度安达曼群岛的蛇纹岩土中筛选到了 11 株抗 Co^{2+} 的真菌，它们属于黑曲霉(*Aspergillus*)、被孢霉属(*Mortierella*)、拟青霉属(*Paecilomyces*)、青霉(*Penicillium*)、腐霉属(*Pythium*)和木霉属(*Trichoderma*)，通过吸附作用能耐受高于 350mg/L 的 Co^{2+} 浓度。特别是被孢霉 SPS 403 (*Mortierella* SPS 403)，它能吸附几乎 50%的 235mg/L Co^{2+} 水溶液中的 Co。Mamba 等(2009)选用希瓦氏菌属(*Shewanella* spp.)研究发现，当 Co^{2+} 初始浓度为 3850mg/L 时吸附率能到达最大，即 27%。Italiano 等(2009)对类胡萝卜素缺乏的突变株红假单胞菌(*Rhodopseudomonas*)进行 Co 的吸附研究，通过傅里叶红外光谱和 pH 滴定证明细胞壁上的 R—COO—基团在金属离子的固定中扮演着重要的角色。圆形芽孢杆菌(*Bacillus sphaericus*) JG-A12 的 S-层可与 U 发生相互作用，通过 X 射线衍射分析也证实 U 与羧基结合并密集堆积在细胞表面(Mohamed，2005)。此外，微生物还可以通过细胞壁与溶液的离子交换作用降低溶液中的重金属离子浓度。相关研究表明，微生物细胞在吸附铀酰离子时，伴随着其他阳离子的释放(杨晶等，2006)。另外，值得注意的是，pH、温度以及共存离子均会影响吸附作用(王亚雄等，2001)。

3) 胞内富集

一些重金属能透过细胞膜进入细胞内，细胞内则具有隔离作用和解毒作用。生物可通过区域化作用将其分布于代谢不活跃的区域（如液泡），或将金属离子与热稳定蛋白结合，转变成为低毒的形式。这即所谓的胞内富集与转化，其特点是速度慢、不可逆，与细胞的代谢有关。

Vijver(2004)认为，胞内的金属硫蛋白(MT)富含半胱氨酸，可被 Co、Cd、Cu、Hg、Zn 等诱导，并与这些金属结合。此外，谷胱甘肽(GSH)、植物凝集素(phytochelatins)和不稳定硫化物(labile sulfide)，也具有储备、调节和解毒胞内重金属离子的作用。White 和 Gadd(1986)报道，有三种酿酒酵母(*Saccharomyces cerevisiae*)能胞内富集 Co、Cd 和 Cu，而当重金属 Co 的浓度增加时，其会通过减少吸收并改变胞内积累来增加其耐受性。

2. 氧化作用

微生物还能将环境中一些重金属元素氧化，使这些金属离子的活性降低。假单胞杆菌(*Pseudomonas*)能使 As^{3+} 等发生氧化，从而使活性降低。

另外，在植物与微生物共同修复污染时，由于微生物的氧化作用，重金属迁移性或废矿中重金属的溶解性增加，这使得重金属更容易移动到植物的体内。如 Siegel 等(1986)报道，真菌可以通过分泌氨基酸、有机酸以及其他代谢产物溶解重金属及含重金属的矿物。代群威等(2010)利用黑曲霉(*Aspergillus*)菌浸取蛇纹石尾矿中的 Co、Ni，当矿物的加入量为 1% 时，浸出液中 Co^{2+}、Ni^{2+}的含量比其在未加细菌的浸出液中的含量增大了 2～3 倍，最高浸出率分别为 27.2%和 5.3%。

3. 还原作用

微生物的还原作用是指微生物通过自身新陈代谢或分泌某些酶类，改变金属离子价态，使其从高价态还原为低价态从而降低重金属毒性及迁移性的过程。

据报道，某些细菌能从产 U 的氧化还原过程中获得生存能力，如 Fe^{3+}-还原细菌 *G. sulfurreducens*(GS)能在氧化乙酸的同时异化还原 U(Gorby and Lovley, 1992)，并将固定的 U 沉积于细胞表面(Lovley and Phillips, 1992)。Kashefi 等(2000)发现嗜热微生物冰岛热棒菌(*Pyrobaculum islandicum*)在 100℃条件下以氢作为电子供体在培养基中生长时，能将 Co(III)还原为 Co(II)，胞外还原 U(VI)为不可溶的 U(IV)晶质铀矿，Tc(VII) 还原为不可溶的 Tc(IV) 或 Tc(V)，Cr(VI) 则被还原为低毒、低溶解性的 Cr(III)。通过对从 Fe(III)还原获得能量的细菌 *Shewanclla putrefaciens* 的研究，发现其可能的电子传递途径为：脱氢酶→CymA→MtrA→MtrB→OmcA/MtrC→Fe^{3+}，其中外膜细胞色素 OmcA/MtrC 对 U(VI)的还原影响相对较大(Beliaev and Saffarini, 1998；Myers and Myers, 2000；Beliaev et al., 2001)。细菌能通过酶的作用还原以氧化物形式存在的 U 元素，这是酶还原 U 的基本原理；具有这一特点的元素还有 C、P、S、V、Cr、Mn、Fe、Co、As、Se、Mo、Sb、Bi、Te、Hg、W。因此可将此类微生物或其功能酶类用于修复治理重金属污染的水域或废水。

第2章 核素污染对植物生长发育的影响

在核素及重金属污染环境的植物修复中,用于植物修复的富集或超富集植物必然要在污染土壤中生长,污染土壤必然要影响其正常的生长发育。植物受污染土壤影响的程度与土壤中污染物的含量有明显的关系。一般在土壤中核素及重金属含量低,不能达到影响植物生长的临界浓度条件,植物能正常生长发育,且在一定浓度下还能刺激或者促进植物的生长。而一旦土壤中核素及重金属含量超过其临界浓度则植物的正常生长发育受到影响,植物会表现出一系列形态、解剖、生理生化等变化,如株高、成活率、叶片数、叶绿素含量等降低,最终表现为植株生物量降低。

植物生长离不开环境,光照、温度、水分、土壤以及其他介质等诸多环境因素都会对植物生长产生影响。在核素污染环境中,修复植物有效生长是植物修复的关键。一般说来,核素及其伴生重金属对于植物总是有害的,其会抑制种子的发芽与植物的生长,但凡事都有其两面性,这些自然界中存在的元素也体现出了它们的两面性。适度与适量是一个奇妙的表达,也是一个界的鉴定,看似对植物有害的核素及其伴生重金属也是这样。研究表明,低浓度常能促进种子发芽与植物生长,而较高浓度下则表现出强抑制作用,不同植物也表现出一定的差异性。

2.1 Co 对植物种子萌发的影响

以浓度为 0mg/L(对照)、20mg/L、40mg/L、80mg/L、120mg/L 的 $CoCl_2$ 溶液处理 36 种植物的种子,研究 Co 对植物种子发芽及其生物量的影响。

2.1.1 Co 对植物种子发芽率的影响

相对发芽率是各 Co 浓度处理下植物种子发芽率与对照组种子发芽率的百分比。从表 2-1 可以看出,各浓度处理下多数植物种子的相对发芽率与对照差异不显著,但多表现为低浓度处理刺激种子发芽,高浓度处理抑制种子发芽,其中高羊茅、石竹、菊苣、辣椒、大豆、蚕豆表现较为明显,而石竹表现最突出。在 80mg/L、120mg/L Co 浓度处理下的相对发芽率分别仅为对照的 41.67% 和 25.00%。莴苣、苏丹草、旱金莲及三色旋花则表现出高浓度处理下有更高的发芽率,特别是莴苣在 80mg/L、120mg/L Co 浓度处理下的相对发芽率则高达 250%。

不同 Co 浓度处理下甜高粱和油菜种子相对发芽率间不存在显著差异($P>0.05$),说明甜高粱和油菜种子在 Co 胁迫下表现出较强的耐性。其余 7 种植物种子发芽率和相对发芽率间存在显著差异（$P<0.05$），随着 Co 浓度的增加，各植物种子相对发芽率的变化趋势呈现两种情况，一种是大多数种子在低浓度 Co 条件下的相对发芽率明显高于对照组，相对发芽率呈现先增加后减小的趋势，如蕹菜、豇豆、狼尾草、豌豆和萝卜，说明低浓度 Co 对种子萌发有一定的促进作用。另一种情况是随着 Co 浓度的增加相对发芽率呈现明显的下降趋势，但只有少数品种属于这种情况，如玉米和红豆。

　　不同品种对 Co 的抗性存在显著差异（$P<0.05$），在低浓度时，萝卜、狼尾草的相对发芽率显著高于其他种子，分别为 124.32% 和 111.84%，红豆、甜高粱和油菜的相对发芽率低于 100%，豌豆、玉米、豇豆和蕹菜的相对发芽率介于 100%～105.41%。在中低浓度时，萝卜和狼尾草的相对发芽率显著高于其他种子，其中萝卜的相对发芽率最高，为 113.51%，比相对发芽率最低的玉米高出 15.68%。在中高浓度时，各供试种子的相对发芽率大多数都低于 100%，如豌豆、玉米、红豆、豇豆和狼尾草，蕹菜、甜高粱和油菜的相对发芽率为 100%，仅有萝卜的相对发芽率大于 100%，为 110.81%。在高浓度 Co 污染条件下，除萝卜和甜高粱的相对发芽率分别为 108.11% 和 100% 外，其余种子的相对发芽率均低于 100%，相对发芽率最低的红豆仅为 89.36%。总体来看，在低浓度和中低浓度时，萝卜和狼尾草的相对发芽率要显著高于其他种子，在中高浓度和高浓度时萝卜和甜高粱的相对发芽率高于其他品种。

表 2-1　Co 对植物种子相对发芽率的影响　　　　　　　（单位：%）

品种	相对发芽率				
	0mg/L Co	20mg/L Co	40mg/L Co	80mg/L Co	120mg/L Co
豌豆	100	102.08±0.81	100.00±1.48	95.83±1.37	91.67±1.84
玉米	100	100.00±1.61	97.83±1.09	95.65±1.38	93.48±1.14
红豆	100	97.87±1.59	97.87±1.87	91.49±0.91	89.36±1.69
豇豆	100	104.88±0.48	102.44±0.69	90.24±0.87	90.24±1.86
蕹菜	100	105.41±0.80	102.70±0.89	100.00±1.77	97.30±1.00
甜高粱	100	98.00±0.89	100.00±1.31	100.00±1.19	100.00±1.34
萝卜	100	124.32±1.75	113.51±1.94	110.81±0.83	108.11±1.35
狼尾草	100	111.84±0.88	109.21±1.17	98.68±0.66	96.05±0.68
油菜	100	99.00±1.34	100.00±0.76	100.00±0.47	98.00±0.86
绿豆	100	102.22±2.65	102.50±2.23	106.67±2.10	106.67±2.10
花生	100	100.00±1.73	102.17±0.90	100.00±1.69	95.00±1.13
豆薯	100	106.25±0.65	85.42±1.67	96.88±1.92	93.75±1.08
大豆	100	110.00±1.73	105.68±1.01	97.50±1.68	77.50±1.00
蚕豆	100	106.67±0.61	105.56±1.68	93.33±1.33	86.67±1.75
紫云英	100	105.63±1.24	128.00±2.87	101.88±1.97	100.00±0.00
紫花苜蓿	100	102.17±0.91	114.06±1.98	97.82±0.84	97.83±0.84
白三叶	100	91.67±0.80	86.96±2.41	60.42±1.55	50.00±1.00

品种	相对发芽率				
	0mg/L Co	20mg/L Co	40mg/L Co	80mg/L Co	120mg/L Co
高丹草	100	104.55±1.82	115.12±2.34	105.68±1.04	106.82±2.10
苏丹草	100	100.00±1.00	94.84±1.79	116.67±1.26	138.89±2.64
水稻	100	124.00±0.92	100.00±0.74	116.00±1.71	112.00±3.29
雀稗	100	110.94±0.05	233.33±3.77	114.06±1.99	110.94±2.01
高羊茅	100	97.10±1.06	106.11±1.32	84.06±1.77	66.67±2.23
黑麦草	100	113.95±0.88	61.11±1.91	119.77±2.08	120.93±1.19
小白菜	100	96.77±2.00	262.50±3.62	98.06±1.07	96.13±1.00
上海青	100	99.50±0.52	76.92±1.79	100.50±0.62	100.00±0.67
旱金莲	100	133.33±0.67	110.67±2.16	233.33±3.77	233.33±3.33
满天星	100	106.87±0.91	102.15±3.52	102.29±2.22	98.47±2.67
石竹	100	86.11±3.02	112.50±1.11	41.67±1.34	25.00±0.60
莴苣	100	87.50±1.04	96.05±1.13	250.00±5.82	250.00±5.82
菊苣	100	97.44±0.92	102.08±2.04	74.36±2.13	58.97±2.79
辣椒	100	117.33±1.10	115.53±1.88	86.67±2.04	84.00±1.72
马蹄金	100	101.08±3.86	102.50±2.23	100.00±3.67	98.92±1.92
三色旋花	100	106.25±1.08	102.17±0.90	118.75±1.05	131.25±1.15
芝麻	100	94.92±0.09	85.42±1.67	95.48±1.51	94.35±1.30
凤仙花	100	106.52±2.04	105.68±1.01	100.00±0.04	100.00±0.04
驱蚊草	100	119.42±0.62	105.56±1.68	93.20±2.16	90.29±0.16

2.1.2　Co 胁迫下植物种子生物量的变化

将发芽后的植物烘干至恒重，称重所得值为该植物的生物量，将每次处理的生物量与对照生物量进行比较得到相对生物量。同时，根据植物在 Co 处理下种子的发芽和生物量变化情况，给予每种植物耐 Co 性综合评价，得到不同植物种类种子 Co 耐性指数，见表 2-2。

表 2-2　Co 对植物种子相对生物量和耐性指数的影响

品种	20mg/L Co		40mg/L Co		80mg/L Co		120mg/L Co	
	相对生物量 （干重）/%	耐性指数	相对生物量 （干重）/%	耐性指数	相对生物量 （干重）/%	耐性指数	相对生物量 （干重）/%	耐性指数
豌豆	103.99±1.62	101.92	99.84±1.29	95.47	98.13±2.26	89.31	96.67±1.85	83.25
玉米	98.17±3.84	58.78	93.64±4.31	94.79	89.55±4.11	91.48	81.68±2.16	86.10
红豆	97.84±1.05	96.20	95.92±0.64	94.42	95.14±0.71	91.85	82.67±0.61	85.94
豇豆	93.91±1.78	78.15	90.38±1.75	95.67	80.64±1.19	83.77	74.89±0.56	80.73

品种	20mg/L Co		40mg/L Co		80mg/L Co		120mg/L Co	
	相对生物量（干重）/%	耐性指数	相对生物量（干重）/%	耐性指数	相对生物量（干重）/%	耐性指数	相对生物量（干重）/%	耐性指数
蕹菜	93.88±0.75	97.80	85.95±1.84	93.32	63.48±1.53	84.44	43.05±1.66	73.00
甜高粱	87.24±0.52	94.00	82.70±0.48	92.69	65.72±0.60	85.74	53.41±0.24f	80.71
萝卜	122.71±0.18	123.59	111.36±0.46	113.91	108.52±0.35	109.84	103.47±0.23	105.92
狼尾草	132.26±0.13	117.66	75.18±0.09	93.44	65.25±0.14	84.84	51.77±0.26	77.02
油菜	85.92±0.25	93.77	81.43±0.29	92.30	72.15±0.17	88.40	28.69±0.29	69.72
绿豆	114.64±1.71	86.05	125.44±2.66	111.31	124.17±2.53	114.10	106.85±1.64	107.80
花生	93.63±0.59	97.45	92.97±1.38	97.29	91.90±2.19	94.47	87.59±1.97	90.68
豆薯	91.67±0.89	100.14	102.36±1.66	93.80	75.42±1.21	90.06	70.73±2.98	84.50
大豆	101.09±1.25	107.37	101.26±1.33	102.86	94.18±0.96	99.47	86.01±0.79	77.96
蚕豆	97.41±1.35	123.99	90.77±1.06	96.74	96.30±2.10	96.43	94.47±2.59	91.32
紫云英	84.59±2.56	93.42	85.04±3.19	104.28	83.68±2.21	91.71	82.86±1.87	92.34
紫花苜蓿	100.04±1.53	101.64	98.40±2.48	102.60	84.22±1.73	91.60	61.47±1.69	81.48
白三叶	105.71±0.70	97.17	120.94±2.66	95.11	103.11±2.15	62.29	105.71±0.45	60.70
高丹草	111.99±3.78	107.31	119.96±2.43	116.96	127.96±1.57	114.89	131.84±1.68	116.37
苏丹草	106.20±3.89	104.69	105.09±3.45	101.78	106.58±2.79	113.37	112.32±1.10	131.55
水稻	102.60±5.21	114.57	107.06±3.55	107.56	109.35±2.48	113.84	115.86±2.22	114.54
雀稗	106.46±3.44	105.62	105.90±3.07	169.79	110.28±2.65	106.54	114.20±1.34	110.74
高羊茅	96.91±2.57	97.60	105.27±2.31	101.11	104.34±2.04	89.82	109.31±0.19	85.32
黑麦草	96.09±1.73	112.39	99.53±2.14	85.23	99.62±2.00	118.31	98.98±1.87	124.31
小白菜	100.03±3.10	97.75	104.10±3.85	141.63	100.48±2.82	97.17	109.16±0.17	98.73
上海青	104.26±1.87	101.44	104.95±0.92	92.60	111.03±1.74	104.58	116.58±1.08	106.46
旱金莲	94.21±1.73	138.51	92.05±1.66	117.88	91.60±1.78	179.90	79.29±0.96	211.09
满天星	104.10±2.82	104.69	109.07±3.37	105.23	108.04±3.00	102.90	115.16±1.10	102.44
石竹	118.26±2.35	94.71	108.37±2.13	96.80	121.32±2.95	71.74	121.85±0.95	60.80
莴苣	114.76±3.32	114.50	115.62±3.09	123.66	126.45±2.39	205.61	130.84±2.02	219.39
菊苣	99.13±3.26	98.33	104.11±2.17	96.92	102.02±3.43	76.17	101.14±0.89	74.52
辣椒	101.11±4.29	108.09	102.58±3.28	111.07	104.68±3.00	91.37	109.71±2.75	92.49
马蹄金	104.85±3.36	103.66	105.45±2.67	102.50	110.19±2.17	103.05	108.07±1.11	102.47
三色旋花	99.97±6.19	101.57	91.23±3.58	97.74	89.23±0.16	106.59	68.57±1.38	106.11
芝麻	118.91±5.50	103.66	142.64±3.36	107.57	101.57±1.70	94.52	101.74±0.35	92.15
凤仙花	114.28±4.55	111.65	113.07±2.45	118.80	100.95±0.43	100.66	125.64±1.77	110.26
驱蚊草	96.77±4.30	114.17	93.18±3.67	102.96	86.51±0.09	86.50	75.68±1.00	84.76

　　从表 2-2 可以看出，在不同 Co 浓度处理下，各种植物的相对生物量不同，普遍表现为低浓度(20mg/L、40mg/L) Co 处理下各种植物生物量与对照差异不显著，但狼尾草、萝卜在 20mg/L 处理下的相对生物量增高，分别达到对照的 132.26%和 122.71%；随 Co 处理浓度的升高，植物种子的相对生物量却降低，其中表现最突出的是油菜，在 120mg/L Co 浓度处理下其相对生物量仅为对照的 28.69%。此外，甜高粱、蕹菜的相对生物量也较低，分别为 53.41%和 43.05%。在高浓度(120mg/L) Co 处理下，高丹草、莴苣、凤仙花则表现相对生物量较高，分别为 131.84%、130.84%和 125.64%。

　　由表 2-2 还可知，无论在哪种 Co 浓度处理下，莴苣耐性指数均高，特别是在高浓度处理下耐性指数表现较高，达到 200 以上，表明其对 Co 的耐受性最强；其次是旱金莲，再其次为苏丹草、水稻、高丹草、雀稗、萝卜，各种 Co 浓度处理下的耐性指数均在 100以上。白三叶、石竹在高浓度 Co 处理下的耐性指数最低，其次为菊苣、豇豆、蕹菜、甜高粱、豌豆、狼尾草、油菜，表明其对 Co 的耐受性差。

　　植物的生长情况受到种子萌发时期生长状况的直接影响。Co 是植物的重要有益元素，在植物抗病、叶绿素合成和氮代谢等方面都有十分重要的作用，但高浓度的 Co 则对植物的生长有明显的抑制作用。在相同 Co 浓度处理下，豌豆和豇豆的发芽特性最差，说明 Co对其影响最大；而萝卜、甜高粱和油菜的发芽特性明显优于其他品种，表明 Co 对其影响最小。

2.2　Co 对植物生长的影响

2.2.1　Co 污染土壤对草坪植物生长的影响

　　目前修复土壤重金属污染的植物材料普遍存在生长速度慢、气候环境适应性差、不利于机械化收获等限制因素，所以利用植物材料解决土壤中重金属污染的问题尚无法大规模应用。草坪植物生命力顽强，生物量大，生长速率快。重金属污染土地一般植物稀少，贫瘠，出现大规模荒秃，而草坪植物的顽强生命力及较强的抗性使此类植物利于土地恢复绿色，保持水土，防风固沙，对环境有良好的修复作用，同时可以一定程度上消除重金属的危害。

　　在土壤高浓度 Co 胁迫条件下，从 32 种草坪植物中筛选出来 4 种：品种 I，高羊茅(*Festuca elata* Keng ex *E. Alexeev*)；品种 II，一年生黑麦草(*Lolium multiflorum* Lam.)；品种 III，提摩西草[*Uraria crinita* (L.) Desv. ex DC.]；品种 IV，鸭茅(*Dactylis glomerata* L.)。

　　取大田土壤，Co^{2+}浓度设置：0mg/kg、5mg/kg、25mg/kg、50mg/kg、100mg/kg(风干土重)。将 4 种草坪植物的种子分别放在铺有滤纸的培养皿中，置于 $24^{\circ}C$ 的培养箱中黑暗发芽，将已发芽的种子点入盆中。在植物成苗期(抽穗初期即营养生长刚结束和生殖生长刚开始的一个过渡阶段)收获，对各材料株高、地上部生物量干重、地下部生物量干重进行测定，得到结果如表 2-3 至表 2-5 所示。

表 2-3　土壤 Co 胁迫对 4 种草坪植物株高的影响　　　　　　（单位：cm）

品种	株高				
	0mg/kg Co	5mg/kg Co	25mg/kg Co	50mg/kg Co	100mg/kg Co
I	87.66±1.15c	89.67±1.42cd	92.10±1.21d	75.80±2.69b	64.33±0.61a
II	74.80±1.27e	69.73±0.72d	60.30±0.15c	51.90±0.46b	43.23±1.01c
III	35.37±0.55c	41.50±1.12d	43.60±1.34e	31.87±1.47b	24.33±0.70a
IV	52.33±1.70e	49.00±0.10d	46.74±1.11c	40.67±1.24b	31.70±1.21a

注：同行不同小写字母表示处理间差异显著（$P<0.05$）。

表 2-4　土壤 Co 胁迫对 4 种草坪植物地上部生物量的影响　　　　　　（单位：gDW）

品种	地上部生物量				
	0mg/kg Co	5mg/kg Co	25mg/kg　Co	50mg/kg Co	100mg/kg Co
I	0.2153±0.0068a	0.2693±0.0040c	0.3070±0.0080d	0.2139±0.0130b	0.1673±0.0070a
II	0.2350±0.0060e	0.2126±0.0086d	0.1840±0.0040c	0.1616±0.0015b	0.1410±0.0012a
III	0.0486±0.0003d	0.0509±0.0009e	0.0455±0.0001c	0.0316±0.0006b	0.0223±0.0010a
IV	0.1450±0.0010e	0.1383±0.0011e	0.1111±0.0111c	0.0903±0.0006b	0.0712±0.0011a

注：同行不同小写字母表示处理间差异显著（$P<0.05$）。

表 2-5　土壤 Co 胁迫对 4 种草坪植物地下部生物量的影响　　　　　　（单位：gDW）

品种	地下部生物量				
	0mg/kg Co	5mg/kg Co	25mg/kg Co	50mg/kg Co	100mg/kg Co
I	0.0816±0.0006c	0.1110±0.0023d	0.1190±0.0010e	0.0703±0.0006b	0.0637±0.0015a
II	0.0845±0.0004e	0.0733±0.0005d	0.0670±0.0017c	0.0556±0.0003b	0.0444±0.0012a
III	0.0069±0.0001a	0.0103±0.0001d	0.0130±0.0001e	0.0094±0.0001c	0.0088±0.0002b
IV	0.0259±0.0002c	0.0239±0.0135c	0.0221±0.0015c	0.0207±0.0009b	0.0200±0.0010a

注：同行不同小写字母表示处理间差异显著（$P<0.05$）。

　　由表 2-3 至表 2-5 可以看出，在土壤 Co 胁迫下，4 种草坪植物的株高、地上部生物量、地下部生物量均出现了不同的变化，且各处理间存在着显著差异（$P<0.05$）。对高羊茅来说，当 Co 浓度达到 5mg/kg 和 25mg/kg 时，高羊茅的株高、地上部生物量干重及地下部生物量干重均出现了上升趋势，且上升差异显著（$P<0.05$）。当 Co 处理浓度达到 50mg/kg 和 100mg/kg 时，3 个生理指标均出现下降，且 Co 浓度越大，其下降越显著，与最高值相比株高下降幅度达到了 30.15%，地上部生物量减少了 45.50%，地上部生物量干重减少了 46.47%。上述结果初步表明，低浓度的 Co 对高羊茅的生长是有益的；高浓度的 Co 对植物生长有胁迫伤害，抑制了植物生长。

　　对提摩西草来说，不同浓度的 Co 处理对地下部生物量的提高均有一定的促进作用，在浓度为 25mg/kg 时达到最大；低浓度的 Co 处理对提摩西草株高和地上部生物量的提高具有一定的促进作用。当 Co 处理浓度达到 100mg/kg 时，株高和地上生物量均出现显著下降，与最高值相比，分别减少了44.20%、56.19%。

一年生黑麦草和鸭茅的3种指标随着Co浓度的提高均呈现出了一种下降的趋势，并且Co浓度越大，下降越显著，这一结果初步表明这两种植物对Co的耐受能力较弱。

2.2.2 Co污染水体对植物生物量的影响

以分属19科的29种植物为材料，在不同浓度Co处理（0mg/L、40mg/L、80mg/L、120mg/L、160mg/L）的Hoagland营养液中进行植物幼苗培养，处理15d后收获植物并进行生物量的测定，结果如表2-6和表2-7所示。

表2-6 Co浓度为40mg/L、80mg/L时植物的生物量 （单位：gDW）

品种	对照组			40mg/L Co			80mg/L Co		
	地上部	根部	单株	地上部	根部	单株	地上部	根部	单株
皱叶薄荷	1.04	0.31	1.35	0.76±0.07	0.20±0.03	0.96±0.10	0.79±0.08	0.22±0.05	1.01±0.12
一串红	1.03	0.29	1.32	0.59±0.02	0.25±0.01	0.84±0.03	0.52±0.02	0.20±0.01	0.72±0.03
迷迭香	1.18	0.28	1.46	1.26±0.10	0.31±0.01	1.58±0.16	1.75±0.01	0.44±0.00	2.19±0.01
活血丹	0.71	0.08	0.79	0.54±0.05	0.05±0.02	0.59±0.06	0.59±0.04	0.06±0.00	0.65±0.04
钻形紫菀	1.08	0.52	1.60	0.84±0.00	0.30±0.01	1.13±0.01	0.874±0.07	0.349±0.01	1.22±0.08
艾草	0.83	0.33	1.15	0.86±0.03	0.28±0.02	1.15±0.05	1.27±0.03	0.42±0.04	1.69±0.04
白掌	3.81	1.20	5.01	3.11±0.02	1.02±0.02	4.13±0.04	3.48±0.10	1.08±0.07	4.56±0.15
金钱树	1.58	1.36	2.94	1.51±0.08	1.46±0.02	2.97±0.10	1.52±0.06	0.95±0.04	2.47±0.10
土荆芥	0.82	0.18	1.01	0.77±0.00	0.19±0.00	0.96±0.00	0.61±0.01	0.16±0.01	0.77±0.01
扫帚草	2.30	0.27	2.56	1.47±0.03	0.20±0.00	1.67±0.03	1.69±0.03	0.22±0.02	1.92±0.05
红叶牛膝	0.30	0.07	0.37	0.22±0.00	0.04±0.01	0.26±0.01	0.28±0.01	0.05±0.01	0.33±0.01
马齿苋	0.64	0.29	0.93	0.33±0.01	0.16±0.01	0.50±0.04	0.41±0.04	0.19±0.02	0.60±0.06
灯芯草	1.34	0.56	1.90	1.16±0.11	0.45±0.04	1.61±0.15	1.14±0.03	0.42±0.02	1.56±0.03
碰碰香	0.36	0.11	0.47	0.46±0.01	0.13±0.01	0.59±0.01	0.53±0.01	0.15±0.00	0.68±0.01
竹芋	0.61	0.18	0.79	0.62±0.01	0.19±0.02	0.81±0.03	0.60±0.01	0.23±0.01	0.83±0.02
大豆	0.20	0.22	0.42	1.15±0.02	0.17±0.01	1.33±0.02	1.01±0.01	0.12±0.01	1.13±0.02
石龙芮	0.33	0.09	0.42	0.34±0.00	0.09±0.00	0.43±0.01	0.29±0.01	0.06±0.00	0.35±0.01
菜豆树	0.56	0.10	0.66	0.54±0.01	0.11±0.00	0.65±0.02	0.54±0.01	0.10±0.01	0.65±0.03
铜钱草	0.25	0.12	0.38	0.32±0.00	0.19±0.03	0.51±0.04	0.24±0.01	0.12±0.00	0.36±0.01
九里香	0.67	0.16	0.83	0.71±0.01	0.18±0.01	0.89±0.02	0.71±0.04	0.16±0.01	0.87±0.05
蜡烛草	1.41	0.40	1.81	1.48±0.12	0.34±0.01	1.82±0.13	1.52±0.07	0.34±0.01	1.86±0.08
水蓼	1.33	1.19	2.52	1.56±0.02	0.95±0.03	2.51±0.04	0.98±0.03	0.45±0.02	1.44±0.05
豆瓣绿	0.69	0.28	0.97	0.74±0.03	0.33±0.01	1.06±0.04	0.61±0.01	0.27±0.01	0.88±0.02
辛氏龙树	5.62	0.40	6.02	5.41±0.10	0.39±0.07	5.80±0.11	7.71±0.29	0.34±0.02	8.06±0.31
竹柏	0.90	0.37	1.27	0.86±0.01	0.25±0.04	1.10±0.01	0.85±0.03	0.24±0.01	1.09±0.03

1. Co 浓度为 40mg/L 和 80mg/L 时植物的生物量变化

从表 2-6 中可以看出，当 Co 浓度为 40mg/L 时，迷迭香、碰碰香、大豆、铜钱草、豆瓣绿生物量较对照显著增加，其中大豆增加最多，增加了 2.18 倍，铜钱草其次，增加了 34.67%，碰碰香增加了 24.74%，豆瓣绿增加了 9.70%，迷迭香增加了 7.80%，其他植物或变化不明显，或显著低于对照；当 Co 浓度为 80mg/L 时，迷迭香、艾草、碰碰香、大豆、辛氏龙树生物量明显高于对照，其中大豆仍然增加最多，增加了 1.70 倍，迷迭香和艾草分别增加了 49.76%、46.75%，碰碰香增加了 44.19%，辛氏龙树增加了 33.82%。由此可见，两种处理浓度下，生物量明显增大的植物中，只有迷迭香和碰碰香的生物量随浓度增大显著增加。供试植物生物量相比，最高的是辛氏龙树，其次是白掌，然后是金钱树，但白掌随浓度增大生物量显著降低，金钱树在低浓度时与对照差异不明显，浓度升高时生物量略有降低。

2. Co 浓度为 120mg/L 和 160mg/L 时植物的生物量变化

从表 2-7 可以看出，在 120mg/L 和 160mg/L 浓度下生物量显著增加的有迷迭香、艾草、金钱树、碰碰香、大豆、豆瓣绿、辛氏龙树，其中迷迭香分别增加了 17.45%、61.26%，艾草分别增加了 43.63%、49.61%，金钱树分别增加了 9.32%、10.68%，碰碰香分别增加了 37.42%、13.53%，大豆分别增加了 1.79 倍、2.25 倍，豆瓣绿分别增加了 11.76%、14.65%，辛氏龙树分别增加了 30.56%、9.70%，比较可知大豆生物量增加最多，迷迭香在 160mg/L 时增加较多。处理组生物量高于对照组，生物量随处理浓度增加而显著增加的是迷迭香、艾草、碰碰香、大豆，而豆瓣绿、金钱树则呈现先升高后降低再升高的趋势，辛氏龙树则表现为先升高后降低的趋势。这说明 Co 在一定程度上对以上 7 种植物的生长有促进作用。由此可知，随 Co 浓度增加，植物生物量呈增大趋势的是迷迭香、豆瓣绿、碰碰香、大豆、辛氏龙树、艾草、金钱树、九里香 8 种，竹芋和蜡烛草生物量表现为先升高后降低，其余植物的生物量均不同程度地低于对照。在生物量增加的植物中，高生物量(1.50g 以上)植物是辛氏龙树、金钱树、蜡烛草，中等生物量(0.80～1.50g)植物是迷迭香、艾草、豆瓣绿、九里香，低生物量(0.80g 以下)植物是竹芋、碰碰香、大豆。

表 2-7　Co 污染浓度为 120mg/L 和 160mg/L 时植物的生物量　　　　　（单位：gDW）

品种	对照组			120mg/L Co			160mg/L Co		
	地上部	根部	单株	地上部	根部	单株	地上部	根部	单株
皱叶薄荷	1.04	0.31	1.35	0.77±0.05	0.26±0.02	1.02±0.04	0.77±0.02	0.20±0.01	0.97±0.02
一串红	1.03	0.29	1.32	0.47±0.02	0.30±0.01	0.77±0.03	0.55±0.06	0.46±0.00	1.01±0.07
迷迭香	1.18	0.28	1.46	1.43±0.01	0.29±0.01	1.72±0.01	1.94±0.00	0.42±0.01	2.36±0.01
活血丹	0.71	0.08	0.79	0.63±0.01	0.07±0.01	0.70±0.01	0.57±0.00	0.04±0.00	0.61±0.00

品种	对照组			120mg/L Co			160mg/L Co		
	地上部	根部	单株	地上部	根部	单株	地上部	根部	单株
钻形紫菀	1.08	0.52	1.60	0.81±0.03	0.27±0.01	1.08±0.03	0.98±0.01	0.36±0.00	1.34±0.01
艾草	0.83	0.33	1.15	1.32±0.05	0.33±0.03	1.66±0.08	1.32±0.03	0.41±0.02	1.73±0.05
白掌	3.81	1.20	5.01	3.56±0.14	1.01±0.082	4.57±0.23	3.45±0.13	1.05±0.07	4.50±0.19
金钱树	1.58	1.36	2.94	1.58±0.12	1.64±0.19	3.22±0.33	1.56±0.09	1.70±0.04	3.26±0.14
土荆芥	0.82	0.18	1.01	0.94±0.01	0.26±0.01	1.20±0.01	0.51±0.00	0.15±0.01	0.66±0.01
扫帚草	2.30	0.27	2.56	1.35±0.02	0.21±0.01	1.56±0.04	1.52±0.05	0.21±0.01	1.74±0.06
红叶牛膝	0.30	0.07	0.37	0.30±0.01	0.04±0.00	0.34±0.01	0.32±0.01	0.04±0.00	0.36±0.01
马齿苋	0.64	0.29	0.93	0.43±0.00	0.21±0.00	0.64±0.01	0.46±0.01	0.20±0.01	0.65±0.02
灯芯草	1.34	0.56	1.90	0.99±0.06	0.36±0.02	1.35±0.05	1.02±0.02	0.39±0.01	1.41±0.03
碰碰香	0.36	0.11	0.47	0.52±0.02	0.13±0.00	0.65±0.02	0.42±0.01	0.12±0.01	0.54±0.01
竹芋	0.61	0.18	0.79	0.54±0.02	0.20±0.01	0.74±0.03	0.53±0.01	0.18±0.010	0.72±0.02
大豆	0.20	0.22	0.42	1.07±0.01	0.09±0.00	1.16±0.01	1.26±0.06	0.98±0.03	1.35±0.08
石龙芮	0.33	0.09	0.42	0.29±0.01	0.06±0.00	0.35±0.01	0.34±0.00	0.08±0.02	0.42±0.01
菜豆树	0.56	0.10	0.66	0.52±0.02	0.13±0.00	0.65±0.02	0.49±0.01	0.12±0.01	0.61±0.02
铜钱草	0.25	0.12	0.38	0.22±0.01	0.11±0.00	0.33±0.01	0.29±0.00	0.18±0.01	0.47±0.01
九里香	0.67	0.16	0.83	0.71±0.02	0.15±0.03	0.87±0.06	0.77±0.03	0.14±0.01	0.90±0.04
蜡烛草	1.41	0.40	1.81	1.57±0.04	0.40±0.02	1.97±0.06	1.47±0.08	0.33±0.03	1.80±0.06
水蓼	1.33	1.19	2.52	1.23±0.08	0.35±0.00	1.580±0.06	1.22±0.03	0.24±0.03	1.46±0.06
豆瓣绿	0.69	0.28	0.97	0.72±0.02	0.36±0.00	1.08±0.02	0.79±0.02	0.32±0.01	1.11±0.02
辛氏龙树	5.62	0.40	6.02	7.46±0.19	0.40±0.02	7.86±0.20	6.27±0.12	0.34±0.02	6.60±0.14
竹柏	0.90	0.37	1.27	0.76±0.02	0.22±0.02	0.98±0.04	0.76±0.01	0.27±0.00	1.03±0.01

2.2.3   Co 污染土壤对植物生长的影响

    在 Co 浓度分别为 60mg/kg、120mg/kg 的模拟污染土壤中种植 10 种植物,对各种植物的生物量进行测定分析得表 2-8。从表 2-8 可以看出竹芋地上部、根部生物量均随 Co 浓度增加而呈增加趋势,与对照相比存在极显著差异,可见 Co 对竹芋的生长起促进作用;碰碰香在低浓度时地上部生物量显著高于对照,可达极显著水平,而根部则在高浓度时较高,极显著高于对照,然而各浓度处理下碰碰香整株植物的生物量在 $P < 0.01$ 水平上无明显差异,在 $P < 0.05$ 水平上高、低浓度处理组无显著差异,但均明显高于对照;一串红地上生物量随 Co 浓度增加略有增加,在 $P < 0.05$ 水平上存在差异,根部则变化不明显,因

此一串红整株植物在 Co 作用下生物量增加幅度较小；龙葵生物量在低浓度时较高，高浓度时与对照差异不明显；牛膝菊表现为低浓度时生物量极显著高于对照，高浓度时显著低于对照。

表 2-8　Co 对植物生物量的影响　　　（单位：gDW）

植物种类		0mg/kg Co	60mg/kg Co	120mg/kg Co
竹芋	地上部	1.43±0.01cB	2.14±0.01aA	2.00±0.01bA
	根部	0.50±0.04 cA	0.83±0.05 aA	0.64±0.03 bA
	单株	1.93±0.04cA	2.97±0.052aA	2.64±0.02 bA
碰碰香	地上部	1.14±0.03bC	1.31±0.04aC	1.15±0.04bBC
	根部	0.39±0.05bB	0.37±0.03bC	0.55±0.04aB
	单株	1.52±0.07bC	1.68±0.01aD	1.70±0.08aB
一串红	地上部	1.02±0.06bCD	1.35±0.13aC	1.20±0.12abB
	根部	0.50±0.049aA	0.48±0.01aB	0.46±0.02aC
	单株	1.52±0.04bC	1.83±0.12aC	1.66±0.14abB
龙葵	地上部	0.98±0.02bD	1.23±0.07aD	1.15±0.05aBC
	根部	0.35±0.05aB	0.32±0.02aD	0.24±0.03bD
	单株	1.33±0.06bD	1.55±0.06aE	1.39±0.07bC
牛膝菊	地上部	1.58±0.12aA	1.78±0.10aB	1.09±0.08bC
	根部	0.11±0.03bC	0.24±0.03aE	0.07±0.02bE
	单株	1.69±0.15bB	2.02±0.12aB	1.16±0.10cD
倒挂金钟	地上部	1.68±0.04	2.01±0.06	3.17±0.02
	根部	0.48±0.02	0.58±0.01	0.55±0.02
	单株	1.16±0.05	2.59±0.07	3.72±0.05
绿萝	地上部	0.60±0.01	0.75±0.01	0.67±0.00
	根部	0.11±0.01	0.16±0.03	0.13±0.04
	单株	0.71±0.02	0.91±0.02	0.80±0.01
常春藤	地上部	0.58±0.01	0.71±0.02	0.68±0.01
	根部	0.09±0.01	0.15±0.02	0.11±0.01
	单株	0.67±0.03	0.86±0.03	0.79±0.02
羽叶鬼针草	地上部	0.43±0.01	0.61±0.01	0.55±0.03
	根部	0.11±0.02	0.14±0.01	0.12±0.01
	单株	0.54±0.02	0.75±0.03	0.67±0.02
紫罗兰	地上部	0.36±0.00	0.44±0.00	0.40±0.00
	根部	0.13±0.01	0.12±0.01	0.11±0.01
	单株	0.49±0.01	0.56±0.01	0.51±0.01

注：不同小写字母表示同一植物在不同 Co 浓度时 $P<0.05$ 水平差异显著，不同大写字母表示同一 Co 浓度下不同植物 $P<0.01$ 水平差异极显著。

倒挂金钟在各浓度下的地上部生物量均显著($P<0.05$)大于其他 4 种植物，紫罗兰的地上部生物量最低，在对照组(CK)时，倒挂金钟地上部生物量为 1.68g，比紫罗兰高出 3.67 倍；在浓度为 60mg/kg 时，倒挂金钟地上部生物量是紫罗兰(0.44g)的 4.52 倍；在 120mg/kg 时，倒挂金钟地上部生物量(3.17g)是紫罗兰的 7.88 倍。随着 Co 浓度的增加，倒挂金钟的地上部生物量表现出显著性增加，绿萝、常春藤、羽叶鬼针草和紫罗兰的地上部生物量均表现出先增加后降低的趋势，且在 120mg/kg 时地上部生物量均大于对照组。

随着 Co 浓度的增加，紫罗兰的根部生物量表现出显著性降低，其余各供试植物的根部生物量呈先增加后降低趋势，且在 120mg/kg 时各植物的生物量均高于对照组。倒挂金钟在各浓度下的根部生物量均显著($P<0.05$)大于其他 4 种植物，各植物根部生物量大小顺序为：倒挂金钟＞绿萝＞常春藤＞羽叶鬼针草＞紫罗兰。

由上述可知，随着 Co 浓度的增加，绿萝、常春藤和羽叶鬼针草的地上部及根部生物量均表现出先增加后降低的趋势，其中倒挂金钟的地上及根部生物量要显著($P<0.05$)高于其他 4 种植物，5 种植物地上部及根部生物量大小顺序为：倒挂金钟＞绿萝＞常春藤＞羽叶鬼针草＞紫罗兰。

2.3　Cs、Sr 对植物生长的影响

2.3.1　Cs、Sr 单一及复合处理对红苋菜生长的影响

人工配制不同 Cs、Sr 污染浓度的土壤以模拟单一核素及其复合污染不同污染程度的土壤，Cs、Sr 处理浓度均为 0mmol/kg、0.1mmol/kg、0.5mmol/kg、1.0mmol/kg、5.0mmol/kg，复合污染为二者之和。采用盆栽方式研究 Cs、Sr 单一污染及复合污染对红苋菜生长的影响。

1. 单一及复合 Cs、Sr 处理对红苋菜株高的影响

从图 2-1 中可以看出，不同浓度梯度下，单一 Sr 处理对红苋菜的株高产生一定影响，表现为随浓度的增加，红苋菜株高均呈下降趋势，低浓度(0.1~0.5mmol/kg)处理的红苋菜株高与对照差异不明显，但高浓度(1~5mmol/kg)处理的红苋菜株高明显下降，与对照存在显著性差异($P<0.05$)。单一 Cs 处理下，红苋菜各处理的株高和对照相比无显著性差异($P>0.05$)，说明 Cs 处理对红苋菜的生长影响不明显。复合处理下，株高的变化趋势与 Sr 处理表现趋势大致相同，但是高浓度(1~5mmol/kg)处理的红苋菜株高与对照相比有极显著性差异($P<0.01$)。Cs 和 Sr 单一及复合处理的最低株高均出现在浓度最大的 5mmol/kg，株高为 64.8cm、60.5cm、50.6cm，分别是对照组的 89.37%、83.45%、69.79%。复合处理比单一 Sr 红苋菜株高下降更明显，复合处理红苋菜株高低于单一 Cs 和 Sr 处理红苋菜的株高，显示出明显的协同效应。

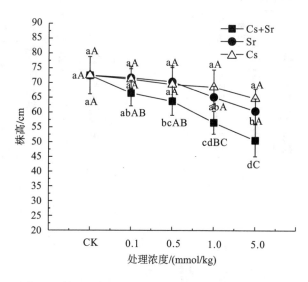

图 2-1 单一及复合 Cs、Sr 处理对红苋菜株高的影响

2. Cs、Sr 单一及复合处理对红苋菜植株生物量及其分布的影响

通过对 Cs、Sr 单一及复合处理红苋菜地上部分和根部生物量的测定得到图 2-2。Sr 单一处理下各处理地上部生物量均低于对照，除 0.1mmol/kg 外，其他处理与对照有极显著性差异（$P<0.01$），5mmol/kg 处理生物量为 7.63g/株，仅是对照的 67.63%。处理之间也存在极显著性差异（$P<0.01$）。各处理根部生物量与对照之间差异显著（$P<0.05$）。红苋菜地上部生物量表现为随 Sr 处理浓度的升高而呈逐渐下降的趋势。Cs 单一处理下各处理地上部分生物量也低于对照（$P<0.05$），其中 5mmol/kg 处理最低，为 8.58g/株，是对照的 76.12%。低浓度 0.1mmol/kg 和 0.5mmol/kg 处理与对照的地上部生物量差异不明显，无显著性差异（$P>0.05$），但高浓度的 1.0mmol/kg 和 5.0mmol/kg 处理与对照存在显著性差异（$P<0.05$），说明低浓度处理（0.1～0.5mmol/kg）对红苋菜地上部生物量影响不明显，但是高浓度的处理使红苋菜生长受抑制，地上部生物量明显减少。各处理根部生物量与对照相比差异不明显（$P>0.05$）。

随着 Cs、Sr 复合处理浓度的增加，红苋菜地上部和根部生物量呈逐渐下降的趋势。各处理红苋菜地上部生物量与对照有极显著性差异，处理之间也存在极显著性差异（$P<0.01$），其中 5mmol/kg 处理生物量为 8.97g/株，仅是对照的 79.57%。各处理红苋菜根部生物量与对照差异显著（$P<0.05$），5mmol/kg 处理生物量为 1.47g/株，仅是对照的 77.78%。综合上述结果，可以看出 Cs、Sr 单一处理与复合处理对红苋菜地上部生物量和根部生物量的影响结果一致。

一定浓度的 Cs、Sr 单一及复合处理对红苋菜的株高、生物量及其分布均产生一定影响，表现为随浓度梯度的增加，株高、生物量均呈下降趋势。但 Cs、Sr 单一处理对红苋菜的株高、生物量影响略有差异，相同浓度下 Cs 单一处理对生物量影响较 Sr 单一处理的影响较小，Cs、Sr 复合处理对生长的抑制作用则更加明显，Cs、Sr 对植物生长的影响有协同作用。

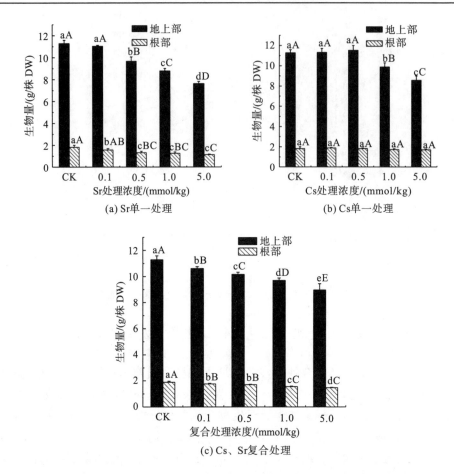

图 2-2 Cs、Sr 单一及复合处理对红苋菜地上部分和根部生物量的影响

综上所述,不同浓度梯度下,单一及复合处理 Cs、Sr 对红苋菜的株高均产生一定影响,表现为随浓度梯度的增加,红苋菜株高均呈下降趋势。红苋菜地上部生物量表现为随着 Sr 处理浓度的升高而呈逐渐下降的趋势。低浓度 Cs 处理对红苋菜地上部生物量影响不明显,但是高浓度的 Cs 处理使红苋菜生长受抑制,地上部生物量明显减少。随着 Cs、Sr 浓度的增加,复合处理红苋菜地上部和根部生物量呈逐渐下降的趋势。Cs 和 Sr 单一处理与复合处理对红苋菜地上部生物量和根部生物量的影响规律一致,三个处理之间红苋菜地上部生物量差别不大。随着 Sr 处理浓度的增加,红苋菜的总生物量逐渐减少,但红苋菜体内积累的 Sr 含量逐渐增加。低浓度的 Sr 对红苋菜总生物量影响不明显。相同浓度下,红苋菜对 Cs 的积累能力远远高于对 Sr 的积累能力。Cs 和 Sr 复合处理对红苋菜的总生物量影响较小。

2.3.2 Cs、Sr 对鸡冠花幼苗生长的影响

研究不同浓度的 Cs 和 Sr 对鸡冠花幼苗株高和根长的影响。观察发现,在低浓度 Cs

和 Sr 处理下，鸡冠花幼苗的长势较好，与对照无显著差异。而当浓度达到 5.0mmol/L 时，两种处理鸡冠花的部分叶片出现黄色斑点，严重的叶片出现干枯现象，Sr 处理较 Cs 处理更明显，结果如图 2-3 和图 2-4 所示。不同浓度处理下 Cs 和 Sr 胁迫对鸡冠花幼苗株高和根长产生的影响，表现出大致相同的规律，即随浓度梯度的增加，株高和根长均逐渐降低。在低浓度 Cs 和 Sr 处理下，鸡冠花幼苗的株高和根长与对照相比降低幅度较小，表明低浓度 Cs 和 Sr 对植株生长影响不大。当 Cs、Sr 处理浓度均达到 5.0mmol/L 时，植株的根长值最小，分别为 4.33cm、3.93cm，分别比对照下降了 35.38%和 41.34%。Cs 和 Sr 处理的株高分别在 1.0mmol/L 和 5.0mmol/L 时呈显著降低，说明高浓度下 Cs 和 Sr 处理对鸡冠花幼苗生长均有一定的抑制作用。

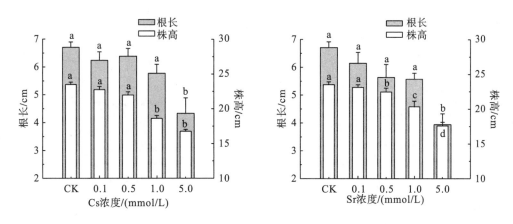

图 2-3　Cs 和 Sr 对鸡冠花幼苗株高和根长的影响

由图 2-4 可知，用不同浓度的 Cs 处理后，鸡冠花根、茎和叶的干重分别低于对照，随着 Cs 浓度的增加，其下降幅度也显著增加。在 5.0mmol/L 的 Cs 处理下，根、茎和叶的干重分别是各自对照的 43.18%、42.89%和 56.95%。同时用不同浓度的 Sr 处理后，鸡冠花根、茎和叶的干重均随着 Sr 浓度的增加而下降，在 5.0mmol/L 的 Sr 处理下，根、茎和叶的干重分别是各自对照的 56.49%、68.15%和 53.20%。

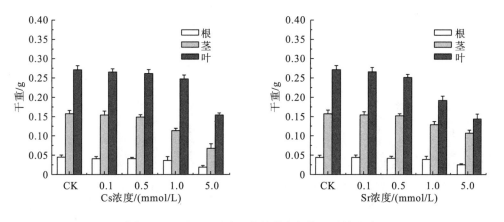

图 2-4　Cs 和 Sr 对鸡冠花幼苗各部位干重的影响

　　对核素污染地区进行植物修复,富集植物能有效生长并保证具有一定的生长量是修复的关键。研究表明,对于大多数植物而言,环境中低浓度的核素能在一定程度上促进种子的发芽与植物的生长,随着浓度的升高,抑制作用表现得越来越明显。当然,不同核素对不同植物的影响具有差异性。

第3章 核素对植物光合作用的影响

大量的研究表明植物的光合作用对环境变化非常敏感,是植物体内对各种环境变化最敏感的生理过程之一。温度、水分、盐、重金属离子等环境胁迫通常都会导致植物光合作用效率的显著下降,从而影响植物的代谢调控和生长发育(Weis and Berry, 1988; Yamori, 2016)。另一方面,用于土壤核素和重金属污染修复的超富集植物在胁迫条件下必须具有较高的生物生长量才可能有较大的应用价值,而植物的生物量大小主要取决于植物光合作用同化的碳水化合物总量的大小,也就是同植物光合作用的效率密切相关,这就必须要保证用于土壤污染修复的植物在胁迫条件下能够维持稳定的光合作用效率,或者选用高光合作用效率的物种来进行植物修复,这样才能够保证修复植物在胁迫条件下的正常生长发育和较高的生物量。因此,研究核素和重金属对植物光合作用的影响及其机理具有重要的科学意义和实践应用价值。近年来我们系统研究了多种核素对植物光合作用的影响,期望为核素生物修复植物的筛选提供一定的理论依据和技术途径。

3.1 核素对植物叶片色素含量和组成的影响

叶绿素是光合作用的物质基础,环境因素的变化往往会引起植物叶片叶绿素含量和组成的变化,因此,研究各种逆境下叶绿素含量和组成的变化是反映各种环境因素对光合作用效率影响的重要手段之一。

3.1.1 Sr 对植物叶片色素含量的影响

小麦采用石英砂培养,在六叶期时用含有不同浓度 Sr^{2+} 的 Hoagland 营养液进行处理。由表 3-1(a)~(d)可知,在不同处理浓度和处理时间下,小麦叶片叶绿素组成呈现显著差异。无 Sr^{2+} 处理时,叶片叶绿素总量[Chl (a+b)]、叶绿素 a(Chl a)、叶绿素 b(Chl b)含量基本保持稳定;用 1mmol/L 和 5mmol/L 的 Sr^{2+} 处理时,叶片的 Chl (a+b)、Chl a 和 Chl b 含量均高于对照,含量呈显著上升趋势,上升值与处理时间呈正比;10mmol/L 和 20mmol/L Sr^{2+} 胁迫下,叶片 Chl (a+b)、Chl a 和 Chl b 含量均低于对照,并且含量逐渐减少,下降幅度与处理时间、处理浓度呈正比。1mmol/L Sr^{2+} 处理时,Chl a、Chl b 和 Chl (a+b)含量最高,处理 7d 时,Chl a、Chl b 和 Chl (a+b)分别比对照升高 7.4%、8.8%和 7.5%;14d 时,三者分别上升 10.7%、5.8%和 9.8%;21d 时,三者分别上升 37%、29.5%和 35%;28d 时,三者分别上升 36.5%、56.3%和 40%,这说明叶绿素总含量的上升幅度与处理时间成正比,浓度在 1mmol/L 范围内

的 Sr^{2+} 处理明显促进了叶绿素的合成，从而促进小麦叶片的光合作用。但随着处理浓度的增大，当 Sr^{2+} 处理浓度为 20mmol/L 时，Chl a、Chl b 和 Chl (a+b) 含量明显下降，处理后第 7d 时分别下降 7.5%、7.8%和 7.6%，第 28 d 时分别下降 37.6%、50%和 43.8%。植物体内的 Chl b 是天线色素，全部存在于捕光色素蛋白复合体中，而 Chl a 既是天线色素，又是参与光化学反应的中心色素，因而叶绿素 a 含量/叶绿素 b 含量（Chl a/b）比值的变化可以捕光天线色素蛋白复合体和反映中心色素蛋白复合体的相对含量变化。处理 7d 时叶片 Chl a/b 比值与对照差异不大，到处理第 28d 时，由于各处理间 Chl a 和 Chl b 含量增加或者减少不同使 Chl a/b 的值出现了差异，表现为高浓度（10mmol/L 和 20mmol/L）处理下 Chl a/b 比值显著高于对照，说明高浓度 Sr^{2+} 处理时 Chl b 降解的速度快于 Chl a 降解的速度，高浓度 Sr^{2+} 处理对 Chl b 含量的影响大于 Chl a。

表 3-1(a)　　不同浓度 Sr^{2+} 处理 7d 小麦叶片叶绿素含量变化

Sr^{2+} 浓度/(mmol/L)	Chl a 含量/(mg/gFW)	Chl b 含量/(mmol/L)	Chl(a+b) 含量/(mg/gFW)	Chl a/b 比值
CK	1.1771±0.0046a	0.2601±0.0002ab	1.4376±0.0036a	4.5257±0.0046a
1	1.2634±0.0079a	0.2831±0.0012a	1.5465±0.0037a	4.4627±0.0021a
5	1.2169±0.0042a	0.2803±0.0009a	1.4973±0.0062b	4.4122±0.0037a
10	1.1466±0.008ab	0.2543±0.0002ab	1.4009±0.0015b	4.5684±0.0026a
20	1.0884±0.0038b	0.2396±0.0005b	1.328±0.0009c	4.5479±0.0066a

注：不同字母表示各处理间差异显著（$P<0.05$）。

表 3-1(b)　　不同浓度 Sr^{2+} 处理 14d 小麦叶片叶绿素含量变化

Sr^{2+} 浓度/(mmol/L)	Chl a 含量/(mg/gFW)	Chl b 含量/(mmol/L)	Chl(a+b) 含量/(mg/gFW)	Chl a/b 比值
CK	1.304±0.0032ab	0.2917±0.0013a	1.5962±0.0023ab	4.4779±0.0032b
1	1.4449±0.0021a	0.3088+0.0034a	1.7537±0.0034a	4.6793±0.0009b
5	1.3163±0.0013a	0.284±0.0056ab	1.6003±0.0056bc	4.6345±0.0058b
10	1.1181±0.0025b	0.221±0.0011bc	1.5331±0.0047ab	5.0592±0.0064a
20	1.0223±0.0037c	0.2074±0.0022c	1.2297±0.0016c	4.2910±0.0032ab

注：不同字母表示各处理间差异显著（$P<0.05$）。

表 3-1(c)　　不同浓度 Sr^{2+} 处理 21d 小麦叶片叶绿素含量变化

Sr^{2+} 浓度/(mmol/L)	Chl a 含量/(mg/gFW)	Chl b 含量/(mmol/L)	Chl(a+b) 含量/(mg/gFW)	Chl a/b 比值
CK	1.3027±0.0023c	0.2853±0.0023bc	1.588±0.0045bc	4.566±0.0032d
1	1.7845±0.0043a	0.3695±0.0023a	2.154±0.0016a	4.9038±0.0009c
5	1.5272±0.0067b	0.3062±0.0008b	1.833±0.0023b	4.9875±0.0058c
10	1.1146±0.0011d	0.204±0.0023c	1.3186±0.0056c	5.466±0.0064b
20	1.0298±0.0037d	0.177±0.0023c	1.2068±0.0056c	5.8180±0.0032a

注：不同字母表示各处理间差异显著（$P<0.05$）。

表 3-1(d)　不同浓度 Sr^{2+} 处理 28d 小麦叶片叶绿素含量变化

Sr^{2+} 浓度/(mmol/L)	Chl a 含量/(mg/gFW)	Sr^{2+} 浓度/(mmol/L)	Chl (a+b) 含量/(mg/gFW)	Chl a/b 比值
CK	1.322±0.0039c	0.2894±0.0025ab	1.6123±0.0045c	4.5711±0.0025c
1	1.805±0.0013a	0.4524±0.0063a	2.2575±0.0017a	3.99±0.0035e
5	1.685±0.0027b	0.4077±0.0027ab	2.0929±0.0034b	4.1334±0.0018d
10	1.007±0.0042d	0.1828±0.0064b	1.1903±0.0056d	5.5114±0.0032b
20	0.826±0.0035e	0.144±0.0059c	0.97±0.0045e	5.7361±0.0046a

注：不同字母表示各处理间差异显著（$P<0.05$）。

除此之外，我们也分析了不同浓度 Sr^{2+} 处理对油菜、苋菜等植物叶绿素含量和组成的影响，叶绿素含量的变化趋势同小麦类似，均表现为低浓度显著促进，高浓度显著抑制的变化趋势；此外，随着处理时间的增加，叶绿素含量下降幅度越大，说明 Sr^{2+} 在植物体内累积时间越久，对植物叶绿素合成的抑制作用或降解的促进作用越大。但 Chl a/b 比值的变化则有一些差异，油菜 Chl a/b 比值的变化同小麦类似，但高浓度 Sr^{2+} 处理下苋菜的 Chl a/b 比值同对照相比差异不显著，这可能是因为物种的差异，苋菜是 C4 植物，而小麦和油菜是 C3 植物。

3.1.2　Cs 对植物叶片色素含量的影响

菠菜用石英砂培养，在六叶期时用含有不同浓度 CsCl 的 Hoagland 营养液处理。表 3-2(a)～(e) 显示了不同浓度 CsCl 处理菠菜 3～15d 时对其叶片叶绿素含量的影响。随 CsCl 处理浓度和处理时间的改变，菠菜叶片的光合色素组成呈现出显著性差异。其中对照组叶片 Chl a、Chl b、Chl (a+b) 以及 Chl a/b 比值基本稳定。处理 3～9d 时，低浓度（0.5～1mmol/L）CsCl 处理的菠菜叶片 Chl a、Chl b 和 Chl (a+b) 含量显著上升，且与处理浓度呈正比，3d、6d、9d 时叶绿素总含量最高值分别较对照组升高了 140.3%、41.9%、54.4%；高浓度（10～20mmol/L）CsCl 处理的叶片 Chl a、Chl b 和 Chl (a+b) 含量依次下降。处理 12～15d 时菠菜幼苗叶片 Chl a、Chl b 和 Chl(a+b) 呈下降趋势，并与处理浓度呈反比，其中 20mmol/L 处理浓度下，叶片 Chl(a+b) 量与对照相比，分别降低了 39.7%、45.81%。叶片 Chl a/b 比值与对照相比较并无显著差异，且各处理间 Chl a/b 比值稳定在一个较小的变化区域内。

表 3-2(a)　不同浓度 CsCl 处理菠菜 3d 时菠菜叶片光合色素含量

CsCl 浓度/(mmol/L)	Chl a 含量/(mg/gFW)	Chl b 含量/(mg/gFW)	Chl (a+b) 含量/(mg/gFW)	Chl a/b 比值
CK	0.5670±0.016c	0.1581±0.003c	0.7257±0.014c	4.3501±0.0020ab
0.5	0.9339±0.024b	0.2341±0.005b	1.1681±0.028b	4.3091±0.0057ab
1	1.3523±0.037a	0.3789±0.010a	1.7323±0.045a	3.9588±0.0024ab
5	0.8649±0.028b	0.2502±0.004b	1.1156±0.020b	4.5271±0.0065a
10	0.7137±0.011bc	0.1889±0.003bc	0.9028±0.014bc	4.3857±0.0022a
20	1.4364±0.019a	0.4095±0.005a	1.8459±0.024a	3.5846±0.0050b

注：不同字母表示各处理间差异显著（$P<0.05$）。

表 3-2(b)　不同浓度 CsCl 处理菠菜 6d 时菠菜叶片光合色素含量

CsCl 浓度 /(mmol/L)	Chl a 含量 /(mg/gFW)	Chl b 含量 /(mg/gFW)	Chl (a+b) 含量 /(mg/gFW)	Chl a/b 比值
CK	0.8888±0.012c	0.1653±0.004c	1.0541±0.019c	4.0392±0.0036a
0.5	0.9753±0.020c	0.2339±0.004b	1.2092±0.026b	4.0731±0.0011a
1	1.0966±0.001b	0.3551±0.008a	1.4517±0.047a	4.0892±0.0003a
5	1.2614±0.015a	0.2384±0.004b	1.4998±0.020b	3.9038±0.0031a
10	1.0544±0.005b	0.199±0.003bc	1.2538±0.015bc	4.2816±0.0044a
20	1.4237±0.002a	0.3980±0.005a	1.8256±0.026a	4.1039±0.0026a

注：不同字母表示各处理间差异显著（$P<0.05$）。

表 3-2(c)　不同浓度 CsCl 处理菠菜 9d 时菠菜叶片光合色素含量

CsCl 浓度 /(mmol/L)	Chl a 含量 /(mg/gFW)	Chl b 含量 /(mg/gFW)	Chl (a+b) 含量 /(mg/gFW)	Chl a/b 比值
CK	0.8147±0.003c	0.1572±0.001c	0.9719±0.023c	4.5500±0.0003a
0.5	0.9809±0.020b	0.1759±0.005b	1.1568±0.019b	3.7880±0.0017c
1	0.9850±0.012b	0.1823±0.002b	1.1673±0.046b	3.9546±0.001bc
5	1.1755±0.013a	0.3335±0.001a	1.5090±0.033a	3.966±0.0046bc
10	0.9488±0.024b	0.2167±0.001b	1.1655±0.023b	4.3706±0.0018a
20	0.6064±0.028d	0.1689±0.002d	0.7753±0.015d	4.078±0.0048ab

注：不同字母表示各处理间差异显著（$P<0.05$）。

表 3-2(d)　不同浓度 CsCl 处理菠菜 12d 时叶片光合色素含量

CsCl 浓度 /(mmol/L)	Chl a 含量 /(mg/gFW)	Chl b 含量 /(mg/gFW)	Chl (a+b) 含量 /(mg/gFW)	Chl a/b 比值
CK	0.8148±0.024a	0.1832±0.004b	0.9980±0.041a	4.2698±0.0022a
0.5	0.6919±0.031b	0.1990±0.009b	0.8906±0.023a	3.5669±0.0009c
1	0.6112±0.026b	0.1116±0.007c	0.7228±0.026b	3.8160±0.0022b
5	0.7016±0.026a	0.1996±0.007b	0.8912±0.009a	3.876±0.0014bc
10	0.5728±0.014c	0.2944±0.003a	0.8672±0.010b	3.8015±0.0012b
20	0.4815±0.013d	0.1203±0.002c	0.6018±0.016c	4.127±0.0044ab

注：不同字母表示各处理间差异显著（$P<0.05$）。

表 3-2(e)　不同浓度 CsCl 处理菠菜 15d 时叶片光合色素含量

CsCl 浓度 /(mmol/L)	Chl a 含量 /(mg/gFW)	Chl b 含量 /(mg/gFW)	Chl (a+b) 含量 /(mg/gFW)	Chl a/b 比值
CK	0.9894±0.007a	0.2290±0.002a	1.2184±0.008a	4.0633±0.0013ab
0.5	0.6158±0.018b	0.1517±0.002c	0.7675±0.013c	4.0779±0.0060ab
1	0.6462±0.028b	0.1783±0.005b	0.8245±0.063b	3.7914±0.0024ab
5	0.5880±0.004c	0.1517±0.003c	0.7397±0.022c	4.2019±0.0062a
10	0.5569±0.001c	0.1304±0.002d	0.6909±0.017d	4.1378±0.0008a
20	0.5440±0.028c	0.1162±0.003e	0.6602±0.033d	3.7110±0.0043b

注：不同字母表示各处理间差异显著（$P<0.05$）。

先前的研究表明，重金属对植物光合色素的影响与重金属处理浓度、处理时间和植物种类显著相关。高浓度 Cd^{2+}、Cu^{2+} 等重金属离子对光合膜上的色素蛋白复合物和多肽组成有显著影响，会导致它们解聚或变性，导致叶绿素含量减少（Siedlecha and Krupa，1996；李德明和朱祝军，2005）。我们的研究表明，不同植物叶片的叶绿素含量受到 Cs^+ 的显著影响，低浓度 Cs^+ 处理促进 Chl a 和 Chl b 的合成，1mmol/L Cs^+ 处理时 Chl a 和 Chl b 含量达到最高，但随着处理时间的延长，Cs^+ 在植物叶片内富集含量不断升高，对叶绿素合成的促进作用逐渐减弱。高浓度 Cs^+ 处理下叶片的 Chl a 和 Chl b 含量显著下降，说明高浓度 Cs^+ 显著抑制 Chl a 和 Chl b 的合成，损伤叶绿体膜，破坏叶绿体功能，导致叶绿素变性和降解，从而抑制光合作用。此外，我们也研究了不同浓度 Cs^+ 处理以及不同处理时间对小麦、油菜、玉米、苋菜等植物叶片叶绿素含量的影响，结果表明叶绿素含量的变化趋势同菠菜类似，均表现为低浓度显著促进，高浓度显著抑制的变化趋势；此外，随着处理时间的增加，叶绿素含量下降幅度增大，说明 Cs^+ 在植物体内累积时间越久，对植物叶绿素合成的抑制作用或降解的促进作用越大。但 Chl a/b 比值的变化则与处理浓度、处理时间和物种的变化没有明显规律，如玉米的 Chl a/b 比值在高浓度下与对照相比无显著变化，但苋菜的 Chl a/b 比值在 Cs^+ 高浓度处理下显著增加。

3.1.3 Co 对植物叶片色素含量的影响

1. 不同浓度 Co 对油菜叶片色素含量的影响

采用土壤盆栽实验，六叶期的油菜用不同浓度 $CoCl_2$ 处理。图 3-1 显示，不同浓度的 Co 处理显著影响油菜叶片的光合色素含量。随着 Co 浓度的变化，Chl a、Chl b、Chl (a+b) 和类胡萝卜素 (Car) 含量呈先增高后降低趋势，Co 处理的 3 个阶段，在 Co 浓度为 10mg/kg 时，均达到最大值，分别比对照组高 23.1%、20.9%、16.9%，35.1%、51.3%、14.1%和 29.3%、5.5%、16.4%以及 20.9%、21.0%、13.4%。在 Co 浓度为 100mg/kg 时处理阶段相应含量达最小值，第 21d 时，Chl a、Chl b、Chl (a+b) 和 Car 含量是对照组平均值的 36.7%、42.9%、42.9%和 46.2%，说明高浓度的 Co 显著抑制油菜光合色素的合成，甚至导致光合色素的分解。随着处理时间的推移，各色素含量均呈下降趋势。

2. 不同浓度 Co 对蚕豆叶片色素含量的影响

图 3-2 显示，蚕豆在处理阶段的生长过程受 Co 浓度影响显著，在整个处理阶段(7～21d)蚕豆叶片 Chl (a+b) 在不同 Co 处理浓度(0mg/kg、10mg/kg、25mg/kg、50mg/kg、100mg/kg)下的含量与对照组相比，分别增加了 28.8%、29.9%、-30.99%、-42.9%。Chl a、Chl b、Car 与 Chl (a+b) 变化趋势基本一致，整个处理阶段在 Co 浓度为 0mg/kg、10mg/kg、25mg/kg、50mg/kg、100mg/kg 处理下与对照组相比分别增加了 30.9%、22.2%、-38.8%、-45.1%，19.9%、62.1%、1.4%、-34.1%和 19.8%、21.2%、-12.8%、-56.25%。Chl a 含量对 Co 浓度变化较为敏感。随着处理时间的推进，各色素含量在各处理浓度均呈下降趋势。

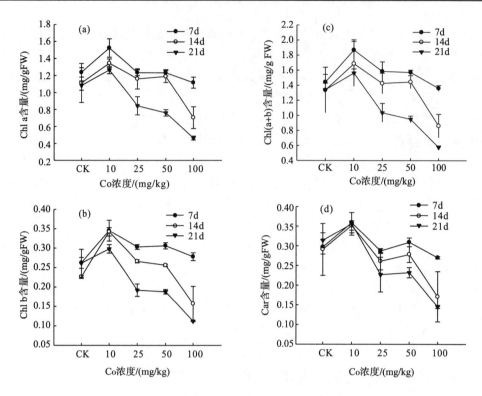

图 3-1　不同浓度 Co 对油菜叶片色素含量的影响

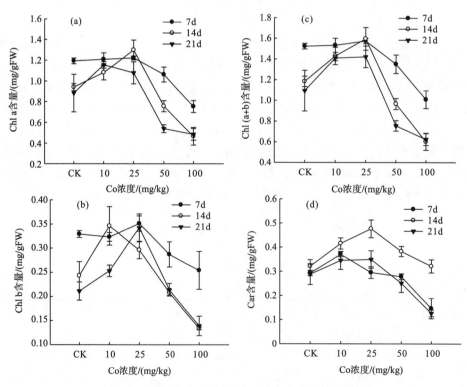

图 3-2　不同浓度 Co 对蚕豆叶片色素含量的影响

3. 不同浓度 Co 对上海青叶片光合色素含量的影响

图 3-3 显示,处理过程中,上海青的生长发育受 Co 浓度的影响,总叶绿素含量 Chl (a+b) 大致呈低浓度促进、高浓度抑制的变化规律。在处理浓度为 25mg/kg 时,Chl(a+b) 含量达最大值,比对照组高 13.6%,而当处理浓度为 100mg/kg 时,比对照组降低了 30.6%。在整个处理阶段,Chl a 和 Chl b 含量的变化规律与 Chl (a+b) 含量基本相同,也表现为先增高后降低的趋势,在处理浓度为 25mg/kg 时达最大值,均值分别比对照组高 11.0%和 48.2%。数据显示,在一定浓度范围内,Co 引起的上海青叶片 Chl a 的降解可通过自身的调节增加 Chl b 的合成,以满足自身光合作用的需要,比如在处理的第 7d,Chl a 含量随 Co 浓度的升高逐渐降低,而 Chl b 的含量在 25mg/kg 时达最大值就是这个原因。Car 含量受 Co 浓度的影响显著,表现为随浓度的递增呈先增高后降低趋势,在处理的第 14d,Co 浓度为 25mg/kg 时达最大值,比对照组含量的平均值高 21.6%。在处理的第 21d,Co 浓度为 50mg/kg 时达最大值,比对照组含量的平均值高 56.8%。

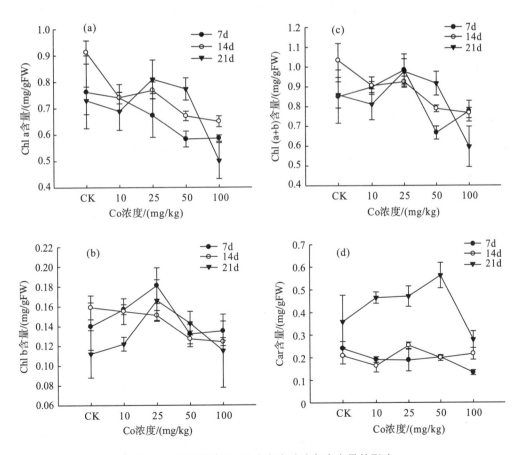

图 3-3　不同浓度 Co 对上海青叶片色素含量的影响

4. 不同浓度 Co 对牛皮菜叶片光合色素含量的影响

图 3-4 显示，Chl（a+b）含量受 Co 浓度的影响显著。在 Co 处理的第一阶段，Chl（a+b）含量随 Co 浓度的升高大致呈升高趋势，在 100mg/kg 时达最大值，是该阶段对照组平均值的 1.24 倍，$P=0.05$ 水平差异显著。随着处理时间的推进，Chl（a+b）值呈低浓度促进、高浓度抑制的变化规律，分别在 Co 浓度为 25mg/kg 时达最大值和在 100mg/kg 时达最小值，在处理的第 14d 和第 21d 分别比对照组平均值高 4.6%、14.9%和比对照组低 25.0%、99.1%。这说明随着 Co 处理时间的推进，低浓度对牛皮菜的促进作用和高浓度的抑制作用逐渐增强。随着整个处理时间的推进，各处理浓度所测定的 Chl（a+b）含量均呈下降趋势，这可能与牛皮菜的发育规律有关。Chl a、Chl b 的变化规律和 Chl（a+b）基本一致，在处理的第 21d，均在 Co 浓度为 25mg/kg 时有最大值，分别比对照组高 9.4%和 16.3%，说明低浓度时 Chl b 促进作用大于 Chl a。在 Co 浓度为 100mg/kg 时均有最小值，比对照组平均值低 56.6%和 62.5%，表明高浓度时 Chl a 较 Chl b 稳定。Car 含量在 Co 处理的初期无规律可循，而在 Co 处理的第 21d 表现为低浓度促进、高浓度抑制的变化规律，在 25mg/kg 时有最大值，均值比对照组高 23.9%。

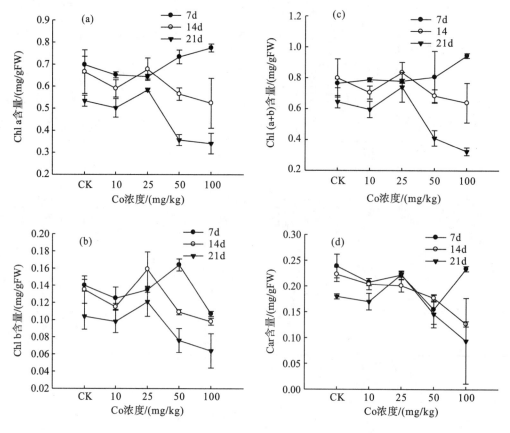

图 3-4　不同浓度 Co 对牛皮菜叶片色素含量的影响

5. 不同浓度 Co 对青菜叶片色素含量的影响

图 3-5 显示，在 Co 处理的第 7 d，Chl a、Chl b、Chl（a+b）含量受 Co 浓度的影响变化规律一致，均呈先升高后降低趋势，在 25mg/kg 时达最大值，分别比对照组平均值高 10.4%、11.3%、10.5%，在大于 25mg/kg 时逐渐降低，当 Co 浓度为 100mg/kg 时达最小值，分别比对照组低 43.2%、40.2%、47.3%。Car 含量随 Co 浓度的变化规律表现为先升高后降低趋势，在 Co 浓度为 10mg/kg 时达最大值，比对照组高 53.0%。低浓度时对叶片 Car 合成促进作用显著，在 Co 浓度为 100mg/kg 时 Car 的合成受到抑制，但这种抑制作用与对照组相比没有达到显著差异，比对照组低 18.3%。在 Co 处理的第 14d，Chl a 和 Car 含量的变化规律基本一致，随着处理浓度的升高，均表现为逐渐降低趋势，且在各处理浓度下的含量均显著低于对照组，分别比对照组平均值低 12.4%、12.7%、26.3%、35.6% 和 17.2%、24.1%、12.0%、25.4%。数据表明 Chl a 含量随 Co 浓度的升高降解明显，但小于 Co 浓度的增加倍数，可能是因为青菜自身调节对 Co 伤害的抵抗作用引起的。在 Co 处理的第 21 d，Chl a、Chl（a+b）、Car 含量受 Co 浓度影响，变化规律一致，随 Co 浓度的递增均呈下降趋势，在 Co 浓度大于 50mg/kg 时各指标含量均小于对照组，$P=0.05$ 水平差异显著。Chl a、Chl（a+b）、Car 含量在 Co 浓度为 100mg/kg 时与对照组相比，分别降低了 85.3%、85.3%

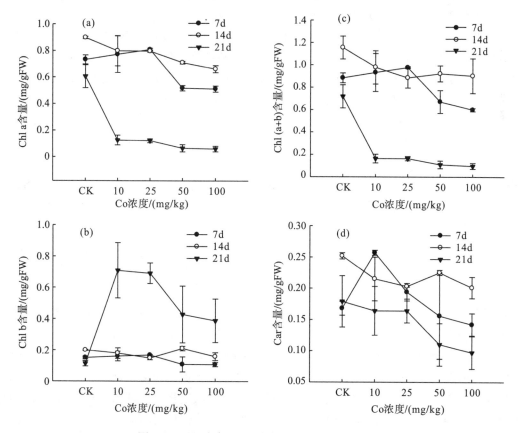

图 3-5　不同浓度 Co 对青菜叶片色素含量的影响

和 84.5%，说明高浓度 Co 对 Chl a、Chl (a+b)、Car 的合成抑制作用显著。Chl b 含量则表现为先升高后降低趋势，分别在 Co 浓度为 10mg/kg 和 100mg/kg 时有最大值和最小值，说明低浓度的 Co 对 Chl b 的合成有促进作用，但这种促进作用在 P=0.05 水平不显著，与对照组相比，均值升高 11.5%。而 100mg/kg Co 浓度已导致 Chl b 降解显著，此浓度含量比对照组均值降低了 85.3%，说明高浓度的 Co 对青菜有毒害作用。

很多报道都曾指出，重金属在低浓度条件下对植物生长有益，而高浓度会对植物产生毒害作用(李红等，2009；高明等，2012；邹洪梅等，2011)。Co 对植物的影响也有类似的规律：低浓度时对植物没有毒害，甚至认为 Co 是植物的有益元素，其适宜浓度对种子萌发及幼苗生长有一定的促进作用(Hewitt，1983；Hansen et al.，2001)，但过量的 Co 会造成环境污染并毒害植物，导致植物叶片发生缺铁性褪绿病，且植物受害症状随 Co 浓度的增加而加强(Chatterjee and Chatterjee，2003)。Fe^{2+} 是光合作用和呼吸电子传递中的重要载体，缺 Fe 会造成光合色素含量下降，影响叶绿体对光能的吸收、传递及在 PSⅡ、PSⅠ之间的分布，进而使 ATP 和 NADPH 的生产量减少(Dorothee，2002)。

我们的研究表明，叶绿素含量对 Co 表现出低毒兴奋效应(低浓度促进高浓度抑制)，可能是 Co 抑制了合成叶绿素必需元素 Fe 的吸收所致(邹洪梅等，2011)。低浓度 Co 处理时叶片中 Fe 含量未达到饱和，Co 代替 Fe 行使了部分生物学功能，使得叶绿素含量增加、光吸收能力加强；高浓度的 Co 处理抑制了植物对铁离子的吸收，会发生 Co 与 Fe 元素的拮抗关系，而使得叶片发生缺铁性褪绿病。

我们的研究表明，不同 Co 浓度处理的 5 种植物均表现出低浓度促进高浓度抑制光合色素的合成的变化规律。同一 Co 浓度下，不同植物叶片色素含量的响应敏感度不同，油菜的光合色素含量的最高值均出现在 10mg/kg 处，说明油菜的 Co 耐受浓度在此浓度左右。蚕豆的光合色素最高含量在本试验设计的 25mg/kg 处，与油菜相比，对 Co 的要求较高，对 Co 浓度的敏感度较小，这也许与豆科植物的固氮作用需要相对较多 Co 的参与有关(郑爱珍等，1988)。而青菜在 Co 处理的 3 个阶段基本呈 Chl a 含量随 Co 浓度的增加而下降的趋势，说明青菜的 Chl a 对 Co 的耐受力低，反应敏感，在 Co 浓度大于 10mg/kg 时 Chl a 就会被抑制和分解，而 Chl b 在 Co 浓度为 10~25mg/kg 时合成量增加，这样可以弥补 Chl a 合成不足对自身光合作用的影响，使得青菜的光合作用效率在一定的 Co 浓度范围得到保持。但是在 Co 浓度超过 25mg/kg 时，5 种植物的光合色素均显著降低，光合色素的含量被显著抑制。在 Co 处理浓度为 100mg/kg 时，油菜 Chl a、Chl b、Chl (a+b) 和 Car 含量是对照组平均值的 36.7%、42.9%、42.9%、46.2%，青菜的 Chl b 降解显著，此浓度含量比对照组均值降低了 85.3%，蚕豆、上海青、牛皮菜的光合色素在此浓度也被严重抑制，说明高浓度的土壤 Co 含量对植物毒害作用很大，而且浓度越高，植物中毒越深，这与乔传英等(2010)研究的高浓度铁锌抑制上海青幼苗生长和叶绿素的合成，以及王秀敏等(1999)施用 Co 盐探索玉米幼苗生理响应结论一致。研究发现在处理的不同时期，植物的光合色素含量会随时间变化有一定的波动，同时在处理的初期，色素最高含量与处理的末期相比会出现从高浓度向低浓度移动的现象。其中原因可能有两个：一是植物对土壤 Co 环境的一种适应机制，通过长时间的适应和自身调节，使得自身形成自我保护能力去适应较高浓度，随着处理时间的推移，自身体内 Co 富集含量升高，打破了自身的防线，色素的最高含量出现位置又会从较高浓度移动到低浓度；二是与植物根系对 Co 的吸收效率有关，根系发达且效率高的植物在很短时间内就会找到自身比较适应的 Co 浓度范围，而根系对 Co 吸收效率比较低的植物，只有通过提高土壤 Co 浓度的方式在短时间内提高富集效率，所以会出现最高色素含量位置飘移的现象。

从表 3-3 光合色素指标与 Co 处理的相关性分析可以看出，参与试验的所有植物的色素含量均与浓度呈负相关，在 Co 处理的第一阶段(7d)，只有蚕豆的 Chl a、Chl (a+b) 及 Car 含量与 Co 浓度显著负相关，牛皮菜 Chl (a+b) 含量也受 Co 影响显著。在 Co 处理的第二阶段(14d)，蚕豆的色素含量与 Co 处理相关性不显著，有可能在一定的 Co 浓度和一定的处理范围，蚕豆自身调节达到了对 Co 处理适应的目的。上海青 Chl b 含量和牛皮菜匠 Car 含量分别达到显著和极显著水平。在处理的第三阶段(21d)，油菜的各色素含量变化与 Co 处理的负相关性均达到显著水平。

表 3-3 光合色素指标与 Co 处理的相关性分析

时间/d	指标	油菜	蚕豆	上海青	牛皮菜	青菜
7	Chl a	−0.634	−0.956*	−0.799	−0.816	−0.818
	Chl b	−0.229	−0.878	−0.422	−0.390	−0.809
	Chl (a+b)	−0.541	−0.952*	−0.516	0.974*	−0.865
	Car	−0.576	−0.891*	−0.866	−0.068	−0.622
14	Chl a	−0.827	−0.797	−0.803	−0.772	−0.924*
	Chl b	−0.707	−0.826	−0.920*	−0.628	−0.313
	Chl (a+b)	−0.876	−0.818	−0.876	−0.723	−0.621
	Car	−0.863	−0.343	0.199	−0.993**	−0.597
21	Chl a	−0.920*	−0.803	−0.713	−0.817	−0.613
	Chl b	−0.913*	−0.609	−0.090	−0.807	−0.041
	Chl (a+b)	−0.920*	−0.794	−0.686	−0.842	−0.605
	Car	−0.898*	−0.889*	−0.375	−0.806	−0.935*

注："*"表示 $P=0.05$ 水平显著相关；"**"表示 $P=0.01$ 水平极显著相关。

综上所述，Sr、Cs、Co 等核素对不同植物叶片色素含量的影响趋势比较类似，主要表现为低浓度促进、高浓度抑制的现象。不同浓度核素处理对植物叶片 Chl a/b 比值的影响没有明显的规律，受处理时间、处理浓度、不同物种等多种因素的影响差异较大。

3.2 核素对植物光合作用气体交换参数的影响

测量植物叶片的光合速率及相关气体交换参数是研究植物光合性能，诊断植物光合机构运转效率，研究环境因素对植物光合作用影响的重要研究方法。

3.2.1　Sr 对植物气体交换参数的影响

油菜采用石英砂培养，在六叶期时用含不同浓度 Sr^{2+} 的 Hoagland 营养液处理。由图 3-6 可知，油菜幼苗叶片的净光合速率(Pn)在低浓度 Sr^{2+} 处理时有所上升，但随着 Sr^{2+} 浓度的增加，叶片的 Pn 显著降低，处理第 7d 的 Pn、气孔导度(Gs)、胞间 CO_2 浓度(Ci)、蒸腾速率(Tr)都最低，可能是由于处理开始油菜还处于幼苗期，光合能力还比较低。随着处理时间的延长，油菜受到的胁迫也越来越严重，在 10mmol/L 和 20mmol/L Sr^{2+} 处理下，Pn 分别比对照下降了 8% 和 29%。Gs 也显著下降，10mmol/L 和 20mmol/L 分别比对照下降了 19.4% 和 31.8%；Ci 分别下降了 2.7% 和 4.6%；Tr 分别下降了 12.2%、16.8%。

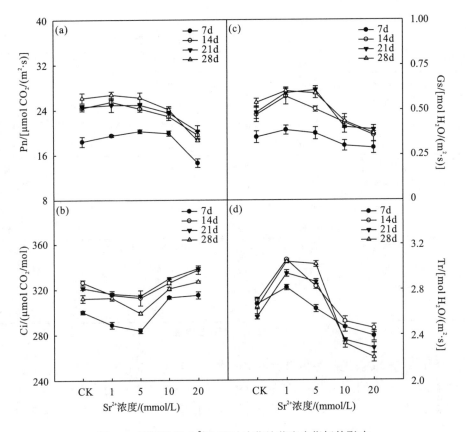

图 3-6　不同浓度 Sr^{2+} 处理对油菜幼苗光合指标的影响

此外，我们也研究了不同浓度 Sr^{2+} 处理对小麦、玉米、苋菜等植物叶片光合作用气体交换参数的影响。各种参数的变化趋势与油菜的结果类似，均表现为低浓度促进、高浓度抑制的趋势。

3.2.2 Cs 对植物气体交换参数的影响

1. Cs 对菠菜叶片气体交换参数的影响

菠菜采用石英砂培养,在六叶期时用不同浓度 CsCl 处理。图 3-7 显示了不同浓度 CsCl 处理对菠菜气体交换参数的影响情况。从图中可以看出,菠菜 Pn、Tr、Ci 和 Gs 随时间的延长,4 种指标对照组变化不明显,与对照组相比较,随着 CsCl 浓度的升高,3~9d 时菠菜 Pn、Tr 和 Ci 呈现先升高后下降趋势,并在 1mmol/L 处达最高值。其中,处理 3~9d 时,Pn 最高值较对照分别增加了 26.3%、16.7%、10.6%;Tr 升高了 75.7%、64.3%、61.4%;Ci 升高了 10.8%、8.9%、2.16%。这表明,随处理时间的延长,CsCl 对 Pn、Tr、Ci 3 种气体交换参数的促进作用幅度逐渐减小。当胁迫时间为 12~15d,3 种指标逐渐下降,Pn 最低值较对照分别减小了 18.2%、21.6%;Tr 降低了 32.2%、52.7%;Ci 降低了 35.9%、67.1%。这表明随处理时间的延长,CsCl 对 Pn、Tr、Ci 3 种气体交换参数的抑制作用幅度逐渐增大。Gs 随 GsCl 浓度的增加,呈现先升高后下降趋势,并在 1mmol/L 处达最高值,20mmol/L 处达最低值。最高值与对照组相比较,分别增加了 33.9%、27.8%、25.6%、18.2% 和 16.7%。最低值与对照组相比较,分别降低了 0.7%、1.1%、14.4%、17.7% 和 19.2%。

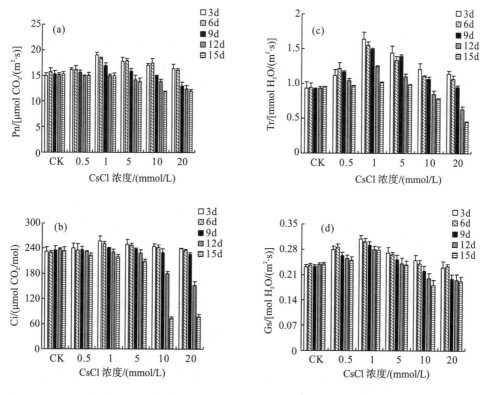

图 3-7 不同浓度 CsCl 处理对菠菜气体交换参数的影响

2. Cs 对杨树叶片气体交换参数的影响

新疆杨采用土壤盆栽实验，在六叶期时用不同浓度 CsCl 处理。如图 3-8 所示，新疆杨叶片 Pn、Tr、Ci 和 Gs 随时间的延长均呈现低浓度促进、高浓度抑制的趋势，并在 $50\sim$ $100mg/kg$ 处促进作用最明显。其中叶片 Pn 在处理 30d、60d、90d 后其最高值与对照相比较分别升高了 21.6%、18.5%、20.5%；Tr 分别升高了 12.4%、19.3%、24%；Ci 升高了 3%、19.1%、5.8%；Gs 升高了 15.1%、65.1%、12.5%。当处理浓度达到 $200\sim400mg/kg$ 时，抑制 4 种气体交换参数的增长，说明高浓度 CsCl 处理逐渐破坏植物的自我调节机制。

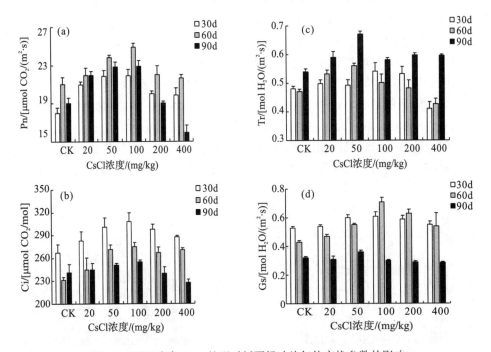

图 3-8　不同浓度 CsCl 处理对新疆杨叶片气体交换参数的影响

此外，我们也研究了不同浓度 CsCl 处理对小麦、玉米、苋菜等植物叶片光合作用气体交换参数的影响。各种参数的变化趋势与菠菜和杨树上的结果类似，均表现为低浓度促进、高浓度抑制的现象。

3.2.3　Co 对植物气体交换参数的影响

1. Co 对油菜叶片光合气体交换参数的影响

图 3-9 显示，Co 浓度对油菜 Pn、Gs、Ci 和 Tr 的影响较大，在同一个处理阶段，Pn、Gs 和 Tr 值随着 Co 处理浓度的增大，大致呈先增高后降低的变化趋势，在 Co 浓度为 $10mg/kg$ 时达最大值，且显著高于对照。当 Co 浓度超过 $25mg/kg$ 时，Pn、Gs 和 Tr 值均

迅速降低，显著低于对照组，此 3 个指标在不同的处理阶段(7d、14d、21d)表现为先降后升，可能是因为植物的不同生长期对 Co 的吸收速率以及自身生理变化有关。在同一处理阶段，C_i 值大致呈先降低后增高的变化规律，但是在处理第 7d 这种规律不明显，表现为逐渐降低趋势。在处理的第 14d 和第 21d，C_i 值分别在 Co 浓度为 10mg/kg 和 25mg/kg 时有最小值，这说明油菜生长所需 Co 浓度可能在 10～25mg/kg。

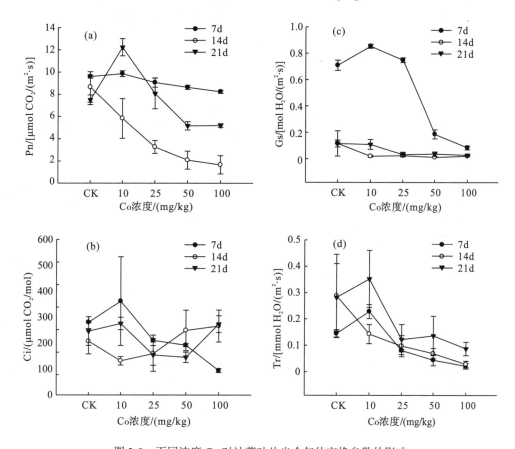

图 3-9　不同浓度 Co 对油菜叶片光合气体交换参数的影响

2. Co 对蚕豆叶片光合气体交换参数的影响

图 3-10 结果表明，随着 Co 处理浓度的增加，蚕豆叶片光合特性表现为低浓度促进、高浓度抑制的规律，但是叶片的 Gs 变化规律性不明显，整个处理阶段最大值在 Co 浓度为 0～10mg/kg 时出现。整个处理过程，蚕豆 Pn 值在 10～100mg/kg 的 4 个处理浓度与对照组相比，分别增加 2.6%、-29.4%、-81.9%、-91.7%，在 Co 浓度为 10mg/kg 时有最大值。

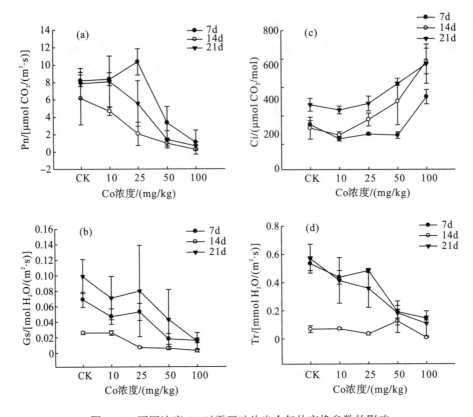

图 3-10　不同浓度 Co 对蚕豆叶片光合气体交换参数的影响

Gs 与 Tr 的变化趋势基本一致，随着 Co 浓度的增加迅速减小，在 100mg/kg 时有最小值，分别比各自对照组减少 78.9% 和 81.2%。Ci 的变化规律为先减小后显著增加，在 10mg/kg 时有最小值，说明低浓度的 Co 有利于蚕豆的光合作用。随着处理时间的不断推进，在不同处理阶段，Pn、Gs 和 Tr 值先降低后升高。Ci 值则随浓度的不断增大而逐渐增大。

3. Co 对上海青叶片光合气体交换参数的影响

图 3-11 结果显示，整个处理阶段，Pn 随 Co 处理浓度的变化没有规律可循，但随着处理时间的不断推进，在浓度为 50mg/kg 时，Pn 值在 7～14d 和 14～21d 两个时间段分别增加了 6.3% 和 12.4%。在浓度为 100mg/kg 时，Pn 值先降低后增加，在 7～14d 和 14～21d 时间段分别增加了 -39.4% 和 104.1%。整个阶段，随着 Co 浓度的增加，Gs 值先升高后降低，处理的第 7d 在浓度为 10mg/kg 时达最大值，均值比对照组高 44.3%，处理的第 14 d 和第 21 d，在 Co 浓度为 10mg/kg 时有最大值，均值分别比对照组高 102.2% 和 1.7%，上海青在处理的生长过程中（7～21d），各处理浓度下 Gs 值均表现出先降低后升高的趋势。Tr 值随 Co 浓度的升高表现为先升高后降低的趋势，在第 7～21d 均在 10mg/kg 浓度时有最大值，其均值分别比对照组高 17.2%、72.5% 和 9.6%，且随着处理过程的推进，各处理浓度呈升高趋势。Co 浓度对 Ci 值影响规律性不明显，整个处理过程，在 Co 浓度大于 50mg/kg 时出现 Ci 的最大值。

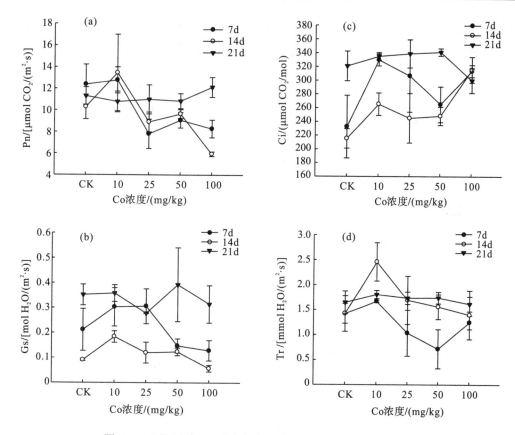

图 3-11　不同浓度 Co 对上海青叶片光合气体交换参数的影响

4. Co 对牛皮菜叶片光合气体交换参数的影响

图 3-12 显示，Pn 在整个处理过程受 Co 浓度影响显著，随 Co 浓度的升高表现为低浓度促进、高浓度抑制，在每个处理阶段均在 10mg/kg 时达最大值，在处理的第 7d、14d、21d 分别比对照组均值高 19.3%、7.8%、3.2%。Tr 与 Pn 变化规律基本一致，处理过程的最后阶段在 Co 浓度为 10mg/kg 时达最大值，比对照组平均值高 6.5%，但没有达到显著差异。随处理时间的延长，Tr 值先降低后升高。Gs 在处理的第 7d 和第 14d，随着处理浓度的升高，呈先升高后降低的变化规律，均在 10mg/kg 时达最大值。在第 21d，Gs 随着 Co 浓度的升高逐渐降低，且在 $P=0.05$ 水平差异显著，说明 Co 对 Gs 影响显著，有明显的抑制作用。Ci 随 Co 浓度的变化，规律不明显，在 Co 处理的第 21d，100mg/kg 浓度有最大值，比对照组平均值高 11.9%。在处理的 3 个阶段，Ci 整体呈先降低后上升趋势，差异性较小，在 $P=0.05$ 水平不显著。

5. Co 对青菜叶片光合气体交换参数的影响

由图 3-13 显示，Pn 在受 Co 处理的整个过程，大致表现为低浓度促进、高浓度抑制的变化规律，在处理的第 14d 和第 21d，均在 10mg/kg 达最大值，但与对照组相比，这种促进作用表现不明显，差异性不显著。在 100mg/kg 时 Co 对 Pn 的抑制作用达到显著水平，在这两个处理阶段对照组平均值分别是各含量的 1.71 倍和 3.62 倍，表明随着处理时间的推进，Co 对青菜生长的抑制作用增强。在整个处理阶段，Gs、Ci 和 Tr 值受 Co 浓度影响变化规律性不明显，随着处理时间的推进，Gs 最大值分别出现在 Co 浓度为 10mg/kg、25mg/kg 和 100mg/kg 处，这可能与青菜对 Co 的转运规律和青菜的根系有关，短时期内 Co 对青菜的伤害作用不显著。在 3 个处理阶段，Ci 在 Co 浓度为 100mg/kg 时分别比各时期对照组平均值高 29.6%、466.9% 和 16.9%。

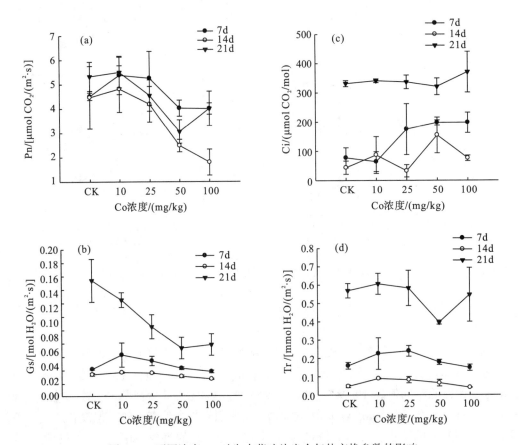

图 3-12　不同浓度 Co 对牛皮菜叶片光合气体交换参数的影响

一般认为，逆境胁迫会导致植物 Pn 下降，Pn 下降的原因主要分为气孔因素和非气孔因素两种，若 Ci 和 Gs 同时下降则表明气孔因素是主要的；若 Ci 升高而 Gs 下降则表明非气孔因素是主要的(Flexas and Medrano, 2002)。本试验中，油菜的净光合速率 Pn 在 Co 处理的第一和第三阶段随 Co 处理浓度的变化呈先升高后降低的变化趋势，在 10mg/kg 达最大值，而在 Co 处理的第二阶段呈下降趋势，原因可能是 Co 处理的第二阶段是油菜自我保护的生理调节阶段。油菜叶片中 Ci 与 Gs 值变化在 0～50mg/kg 趋势一致，说明在此 Co 浓度范围处理时气孔因素是影响光合速率的主要因素。而 Co 浓度大于 50mg/kg 时 Pn 值下降是非气孔因素，Tr 值变化与 Pn 值一致，说明在高浓度的 Co

环境中，油菜的生长和光合作用已被抑制。在处理的第一阶段，蚕豆 Pn 值同油菜一样，也是呈先升高后降低趋势，在 25mg/kg 达最大值，而在第二和第三阶段，Pn 值随 Co 处理逐渐下降，在 25~50mg/kg 下降的幅度最大。蚕豆叶片 Ci 与 Gs 变化趋势相反，说明蚕豆 Pn 下降是非气孔因素，可能的原因是 Co 引起了光合色素的降解或者抑制了光系统的活性。上海青的 Pn 变化规律和油菜一致，在小于 50mg/kg 浓度范围 Pn 的变化属于气孔因素，大于此范围属非气孔因素。牛皮菜叶片 Ci 与 Gs 变化趋势与蚕豆一致，但是在 Co 处理的第三阶段，Tr 值随 Co 浓度的变化呈先下降后升高趋势，说明牛皮菜在受到 Co 胁迫的情况下，蒸腾作用被激发，在光合作用被抑制的情况下可以通过调节蒸腾作用大小来调整体温，降低光照对自身的灼伤，结果与徐向东等(2011)的研究结果一致。青菜光合作用的影响因素是气孔因素，同时在高浓度胁迫下自身有明显的激发蒸腾作用来抵抗胁迫伤害。总之，低浓度 Co 对油菜叶片 Pn 的促进作用，可能是植物对最初伤害的一种保护反应，但随着 Co 浓度的增大，这种保护性反应消失，导致植物光合生理活性下降。

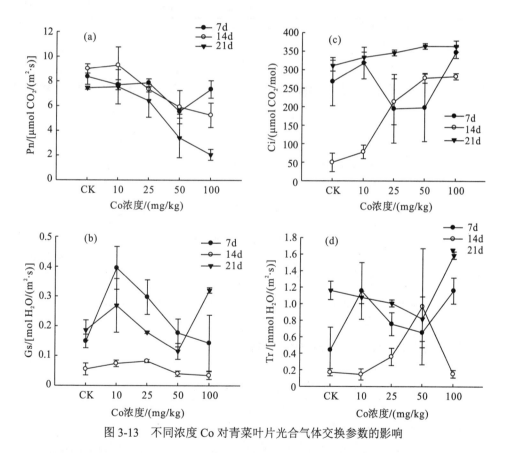

图 3-13 不同浓度 Co 对青菜叶片光合气体交换参数的影响

从表 3-4 可知，5 种植物的光合特性指标除了 Ci 与 Co 浓度呈正相关，其余几乎全部呈负相关，由试验数据可以看出，蚕豆的光合变化与 Co 浓度关系密切，在 Co 处理的最后阶段，所有指标与浓度的相关性均达到显著或极显著水平。

表 3-4　叶片光合气体交换参数与 Co 处理的相关性分析

时间/d	指标	油菜	蚕豆	上海青	牛皮菜	青菜
7	Pn	-0.927*	-0.877	-0.685	-0.675	-0.444
	Gs	-0.894*	-0.875	-0.724	-0.579	-0.479
	Ci	-0.775	0.771	0.316	0.787	0.327
	Tr	-0.789	-0.906*	-0.382	-0.495	0.491
14	Pn	-0.824	-0.875	-0.814	-0.942*	-0.918*
	Gs	-0.524	-0.812	-0.610	-0.902*	-0.708
	Ci	0.751	0.984**	0.853	0.319	0.846
	Tr	-0.812	-0.393	-0.446	-0.518	0.134
21	Pn	-0.672	-0.920*	0.725	-0.676	-0.959**
	Gs	-0.766	-0.957*	-0.153	-0.825	0.416
	Ci	0.070	0.971**	-0.608	0.679	0.837
	Tr	-0.772	-0.929*	-0.502	-0.360	0.581

注：“*”表示 $P=0.05$ 水平显著相关；“**”表示 $P=0.01$ 水平极显著相关。

综上所述，Sr、Cs、Co 等核素对不同植物叶片光合作用气体交换参数的影响趋势比较类似，主要表现为低浓度促进、高浓度抑制的现象，与其他重金属对气体交换参数的影响一致。

3.3　核素对植物叶片叶绿素荧光参数的影响

叶绿素吸收的光能一部分用来进行光化学反应，另一部分通过转化为热能和发射荧光的方式耗散掉，根据能量守恒，三者此消彼长，因此监测叶绿素荧光动力学参数的变化情况可以反映植物光合作用效率和热耗散的变化。叶绿素荧光动力学技术由于具有灵敏、快速、方便和对样品无损伤等特点而作为光合功能的内在探针被广泛应用于植物光合作用机理及其对环境胁迫响应机理的研究（Baker，2008；Murchie and Lawson，2013）。

3.3.1　Sr 对植物叶绿素荧光动力学参数的影响

1. Sr 对小麦幼苗叶片叶绿素荧光参数的影响

小麦采用石英砂培养，在六叶期时用含有不同浓度 SrCl$_2$ 的 Hoagland 营养液处理。由图 3-14 可知，通过叶绿素荧光参数可以快速直观地反映出小麦幼苗受不同浓度 Sr^{2+} 胁迫的情况，在处理后第 28d 受胁迫程度达到最大，PSⅡ的初始荧光（Fo）在 10mmol/L、20mmol/L Sr^{2+} 处理时显著升高，分别上升了 9%、11%。最大荧光（Fm）在 1mmol/L 处理时上升了 7.3%，在 20mmol/L 处理时下降了 6.1%，5mmol/L 和 10mmol/L 处理时 Fm 变化不

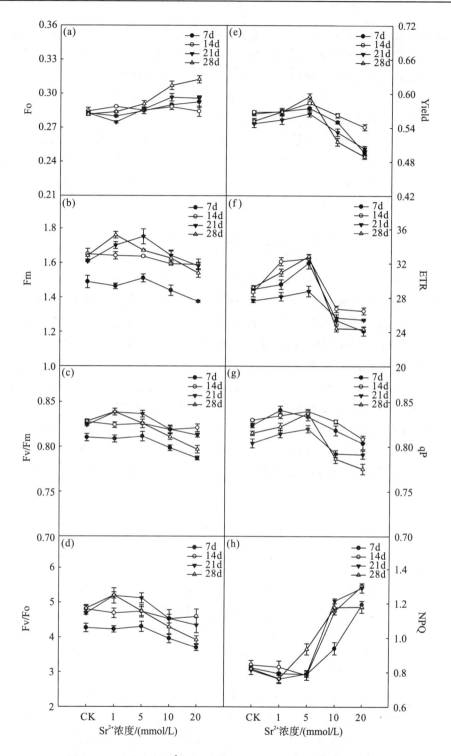

图 3-14　不同浓度 Sr^{2+} 对小麦幼苗叶片叶绿素荧光参数的影响

Fo：初始荧光强度；Fm：最大荧光；Fv/Fm：最大光化学效率；Fv/Fo：PSII 的潜在活性；

Yield：PSII 实际光化学效率；ETR：表观光合电子传递速率；qP：光化学荧光猝灭系数；NPQ：非化学荧光猝灭系数

明显。最大光化学效率(Fv/Fm)在低浓度 1mmol/L 处理时上升了 1.2%，在 10mmol/L、20mmol/L 处理时分别比对照下降 2%和 3.7%，统计分析差异不显著。PSⅡ的潜在活性(Fv/Fo)在 1mmol/L、5mmol/L 处理时分别上升了 7.8%和 1.6%，10mmol/L、20mmol/L 处理分别比对照减少了 11%和 18.6%，差异显著。光化学荧光猝灭系数(qP)、PSⅡ实际光化学效率(Yield)、表观光合电子传递速率(ETR)在高浓度处理时均显著下降。在 10mmol/L 和 20mmol/L 高浓度处理时，与对照相比，qP 分别下降了 3.5%和 4.9%，Yield 分别下降了 6.5%和 11.2%；ETR 分别下降了 16.4%和 16.7%。非光化学荧光猝灭系数(NPQ)在 1mmol/L、5mmol/L 处理时分别下降了 6.9%和 13.9%，但差异不显著；在高浓度处理时 NPQ 显著增加，分别比对照增加了 43.4%和 43.7%，差异极显著。

2. Sr 对油菜幼苗叶片叶绿素荧光参数的影响

由图 3-15 可知，类似于 Sr^{2+} 对小麦幼苗的影响，油菜幼苗在处理后第 28d 受胁迫程度达到最大，Fo 在 10mmol/L、20mmol/L Sr^{2+} 处理时显著升高，分别上升了 6.6%、18%，1mmol/L、5mmol/L 处理时分别下降了 8.5%和 2.6%。Fm 在 1mmol/L 和 5mmol/L 处理时分别上升了 20%和 14.2%，10mmol/L 和 20mmol/L 处理时下降了 4.3%、7.9%。Fv/Fm 在低浓度 1mmol/L 和 5mmol/L 处理下无明显变化，在 10mmol/L、20mmol/L 处理时分别比对照下降 4.4%和 6.2%，统计分析差异不显著。Fv/Fo 在 1mmol/L、5mmol/L 处理时分别上升了 7.4%和 2%，10mmol/L、20mmol/L 处理分别比对照减少了 21.9%和 28.7%，差异显著。qP、Yield、ETR 在高浓度处理时均显著下降。在 10mmol/L 和 20mmol/L 高浓度处理时，与对照相比，qP 分别下降了 6%和 10%；Yield 分别下降了 10.1%和 12.8%；ETR 分别下降了 9.4%和 12%。NPQ 在 10mmol/L、20mmol/L 处理下分别比对照增加了 37%和 73.6%，差异极显著。

3. Sr 对苋菜幼苗叶片叶绿素荧光参数的影响

由图 3-16 可知，苋菜幼苗在 Sr^{2+} 的胁迫下，叶绿素荧光参数发生了明显变化，胁迫程度与处理时间和处理浓度成正比。28d 时，20mmol/L Sr^{2+} 处理下，Fo 和 NPQ 显著上升，分别上升了 37.1%和 150.9%；Fm 下降了 18%；Fv/Fm 下降了 24.2%；Fv/Fo 下降 54.7%，下降幅度高于 Fv/Fm。同时，qP 和 Yield 也显著下降，分别下降了 33.7%和 28.8%。28d 时的 ETR 在低浓度也有所下降，在 1mmol/L、5mmol/L、10mmol/L、20mmol/L 时分别下降了 2.7%、18%、38.2%和 54.2%。由于苋菜是超富集植物，与小麦和油菜相比较，Sr^{2+} 的积累对植物的正常生长也造成了更大的危害，荧光参数的变化也更加明显。本试验的各参数表明：在处理的后期，不同浓度间的 Fv/Fm 差异更显著，低浓度(1mmol/L 和 5mmol/L)处理下 ETR、qP、Yield 等都有下降趋势，这可能是由于苋菜幼苗长时间的富集 Sr^{2+}，即使低浓度的 Sr^{2+} 处理也会对其产生影响。

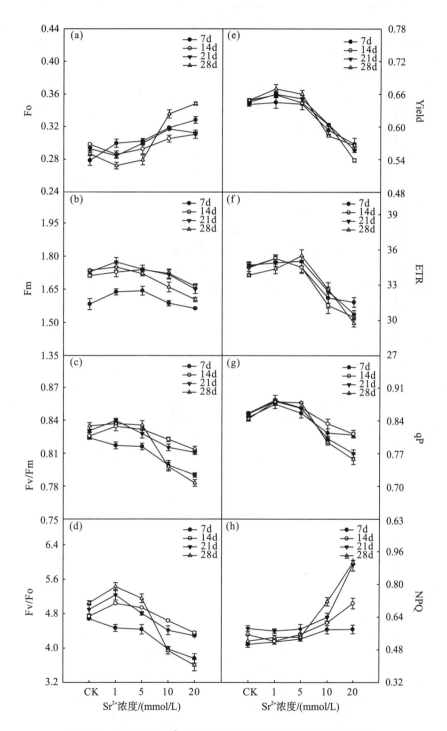

图 3-15　不同浓度 Sr^{2+} 对油菜幼苗叶片叶绿素荧光参数的影响

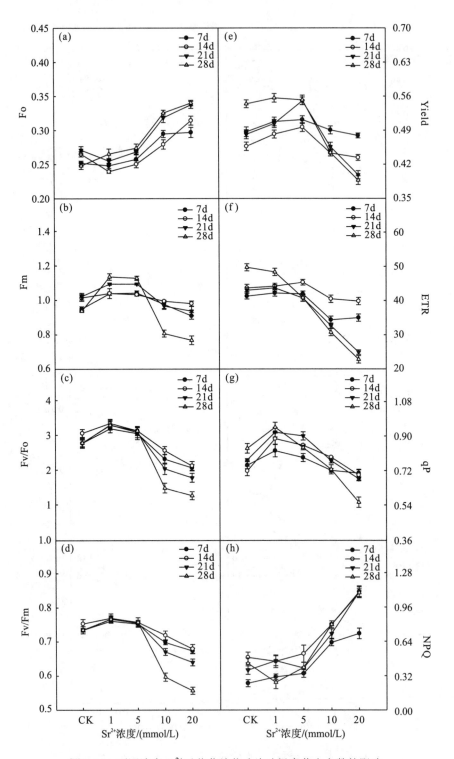

图 3-16　不同浓度 Sr²⁺对苋菜幼苗叶片叶绿素荧光参数的影响

叶绿素荧光诱导动力学参数包含丰富的光合生理信息，Fo 是 PSII 反应中心处于完全开放时的荧光产量，Fo 的变化能够反映捕光天线结构和功能以及反应中心活性的变化。Fv/Fm 和 Fv/Fo 值降低说明 PSII 反应中心的结构和功能受破坏，活性下降，PQ 库容量变小，电子传递受到抑制。qP 值反映的是 PSII 对原初电子受体 Q_A 再氧化的稳定能力，其值越大，表明 Q_A 再氧化量越大，即 PSII 活性中心的有效电子传递效率越高，反之则表明 PSII 活性中心有效电子传递效率越低。NPQ 值反映的是 PSII 活性中心光饱和后的热耗散能力及自身的保护能力。许多研究已表明，当植物受到温度、水分等逆境胁迫时，Fv/Fm 和 Fv/Fo、Yield、ETR、qP 等荧光参数会显著下降，而 NPQ 和 Fo 则会显著上升。3 种植物的 Fv/Fm 在高浓度(10mmol/L 和 20mmol/L)Sr^{2+}的处理时下降明显，而且处理时间越长下降幅度越大，这意味着 Sr^{2+}可能作用于 Q_A 和水光解端的一些位点导致 PSII 的光化学转换效率显著下降(Ouzounidou et al.，1997)。Ouzounidou 等研究小麦在 Cd 胁迫下叶绿素荧光的变化时，发现在 Cd 胁迫下显著降低，Fo 显著上升，Fv/Fm 和 Fv/Fo 显著下降，说明受 Sr^{2+}处理的影响，PSII 的活性中心受到了伤害，电子从 PSII 反应中心向 Q_A、Q_B 及 PQ 库传递过程受到影响，抑制光合作用的原初反应。Fo、Fm、Fv/Fo、Fv/Fm 的变化说明，Sr^{2+}胁迫下从天线色素到 PSII 反应中心的传能效率和原初光化学效率明显下降，苋菜叶片出现了显著的光抑制现象。Fv/Fo 的下降幅度大于 Fv/Fm 的下降幅度，说明 Sr^{2+}对光能传递效率的抑制比对光能转化效率的抑制程度更严重。qP 下降说明 PSII 反应中心的开放程度降低并且影响了 PSII 原初电子受体 Q_A 的还原状态。Yield 的降低反映了 PSII 反应中心在有部分关闭情况下的原初光能捕获效率降低；ETR 减小意味着 PSII 的电子传递活性变小。3 种植物的 NPQ 在高浓度 Sr^{2+}处理下均显著升高，表明热耗散显著增加，植物能够在胁迫下启动一些保护机制，对光合机构起到一定保护作用。

PSII 最大光化学效率 Fv/Fm 是最常用的反映植物受逆境胁迫伤害程度的重要荧光参数，在本研究中，Fv/Fo 对轻度胁迫的反映比 Fv/Fm 的变化更敏感灵敏，同时，Sr^{2+}胁迫 3 种植物的 Fo 都显著上升。这说明，Sr^{2+}胁迫会使 PSII 反应中心受到破坏，在轻度胁迫下这种破坏是可逆的，重度胁迫下反应中心受到严重破坏，发生不可逆的失活。González 等(2012)分别用 Zn、Cd 和 Cr 对大麦进行胁迫处理 29d，研究发现，同样浓度的 Zn、Cd 和 Cr 对大麦的生长和光合特征表现出差异，Fv/Fm 分别下降 2%、23%、29%，Fv/Fo 分别下降 10%、32%和 49%，3 种植物的 Fv/Fo 的变化都比 Fv/Fm 灵敏，与本研究结果相同。因此，Fv/Fo 参数的变化可以作为研究核素对植物光合作用伤害程度的一个很好的衡量指标。

3.3.2　Cs 对植物叶片叶绿素荧光参数的影响

采用土壤盆栽实验，用不同浓度 CsCl 处理新疆杨幼苗。图 3-17 数据显示，随着 CsCl 胁迫浓度的增加，新疆杨叶片的 Fo 值升高($P<0.05$)，且在 CsCl 浓度为 200mg/kg 时达最高值，分别较对照升高了 7%、15.5%、13.7%。相同低浓度 CsCl 处理(0～100mg/kg)下，随胁迫时间的延长 Fo 值也显著升高，高浓度(200～400mg/kg)处理 90d 时 Fo 值较最高值有所降低，但高于对照。Fm 与 Fo 呈现相似的变化趋势，200mg/kg 处理 30～90d 后分别

较对照升高了 6.9%、6.2% 和 15.8%。随着 CsCl 浓度的增加,新疆杨叶片的 Fv/Fm 值显著降低,且在 400mg/kg 处达最小值,处理 30～90d 分别较对照降低了 2.9%、3.6%、4.7%。随 CsCl 处理时间延长,相同 CsCl 浓度处理下,Fv/Fm 的变化趋势为先降低后升高。Fv/Fo 呈现与 Fv/Fm 相似的变化趋势,处理 30～90d 分别较对照降低了 8%、10.6% 和 14.5%。

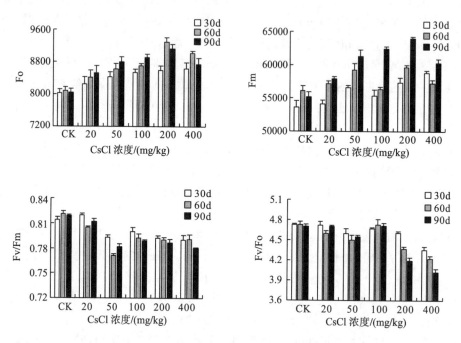

图 3-17　不同浓度 CsCl 处理对新疆杨叶绿素荧光参数的影响

　　此外,采用石英砂培实验,我们也研究了不同浓度 CsCl 对菠菜、玉米等植物叶片荧光参数的影响,结果同杨树的类似。

3.3.3　Co 对植物叶片叶绿素荧光参数的影响

　　采用土壤盆栽实验,用不同浓度 CoCl$_2$ 处理六叶期的油菜幼苗。图 3-18 表明油菜的叶绿素荧光特性受 Co 浓度影响显著,Fo 值在 Co 处理后第 7d 表现为先增大后减小的变化规律,在 10mg/kg 达最大值,比对照组高 26.5%,显著高于对照组。在处理后的第 14d 和第 21d,Fo 值随 Co 浓度的变化均表现为增高趋势,在 Co 浓度为 100mg/kg 时分别达到最大值,比对照组分别高 55.0% 和 83.5%。Fv/Fm、Yield、qP 值,随着 Co 浓度的变化呈低浓度促进、高浓度抑制规律,但在 Co 处理的第 7d,Yield 的变化规律不明显,在处理的第 14d 和 21d,Fv/Fm、Yield、qP 值大概在 Co 浓度为 10～25mg/kg 时有最大值。随着处理时间的增加,Fv/Fm 值减小,而 Yield、qP 值呈先减小后增大的变化规律。整个处理阶段,在 Co 浓度为 0～100mg/kg 时与对照组相比,Fo 值分别升高 7.1%、49.6%、71.7%

和 83.5%；Fv/Fm 值降低了 0.4%、7.6%、15.4%、19.1%；Yield 值降低了 19.2%、12.3%、20.4%、26.8%；NPQ 值增加了 104.2%、52.8%、110.7%、119.7%；qP 值降低了 6.7%、3.0%、14.5%、7.5%。整个处理过程，Co 对油菜荧光特性有较大影响。

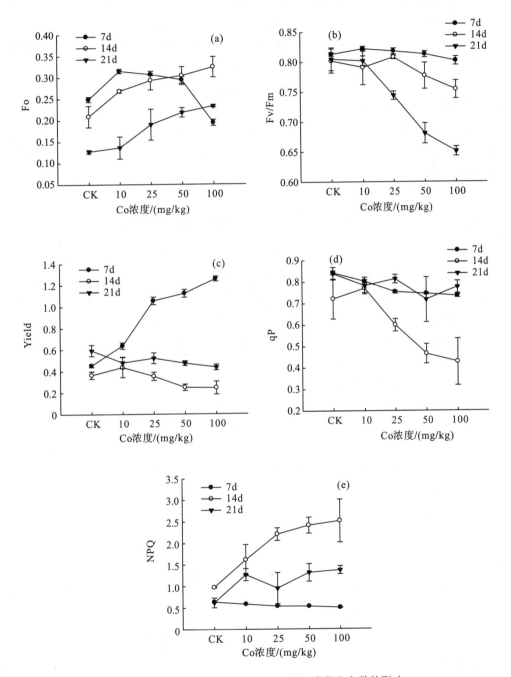

图 3-18　不同浓度 Co 对油菜叶片叶绿素荧光参数的影响

此外，我们也研究了不同浓度 Co 处理对蚕豆、上海青、牛皮菜、青菜等植物叶片叶绿素荧光参数的影响，结果同油菜的变化趋势类似。由于 PSII 比 PSI 对重金属离子更为敏感，当植物受到重金属胁迫时，PSII 所受到的抑制作用会比 PSI 大。Plait 等(1994)报道 Co 显著抑制离体豌豆叶绿体中 PSII 的活性和希尔反应活性，其原因可能是 Co 抑制了 PSII 反应中心受体侧活性，使单位面积反应中心的数量减少，PSII 的捕光能力下降，Co 能使抑制电子从 Q_A 传向 Q_B，或 Q_B 位点被 Co 修饰了，导致 PSII 活性下降。我们的研究结果表明，不同浓度 Co 处理植物叶片导致荧光参数也发生了类似变化，说明不同浓度 Co 处理会显著影响植物叶片 PSII 的结构和功能。低浓度的 Co 处理会改善 PSII 的活性，但高浓度 Co 处理下 5 种植物叶片的 PSII 反应中心的活性和电子传递活性均受到显著抑制作用，且这种抑制作用随处理浓度的增加和处理时间的延长而显著增强。此外，尽管不同植物叶片的荧光参数的变化趋势类似，但变化幅度不一致，可能是因为不同种类植物对 Co 的耐受能力不同。

3.4　核素对植物光合作用关键酶活性的影响

Rubisco 在植物光合碳循环过程中既催化 RuBP 羧化反应，又催化 RuBP 加氧反应，对植物的光合作用起到重要的调控作用，它对 Sr^{2+} 反应极为敏感。图 3-19(a)表明不同浓度 Sr^{2+} 处理对小麦 RuBPCase 活性的影响。1mmol/L 和 5mmol/L Sr^{2+} 处理的酶活性小幅升高，10mmol/L 和 20mmol/L Sr^{2+} 处理的酶活性明显下降，但随着胁迫时间的延长，各处理 RuPBCase 活性均呈现下降趋势。PEPCase 通过催化 CO_2 和 HCO_3^- 之间的快速结合，促进 CO_2 在细胞中扩散并提供羧化底物，图 3-19(b)显示了不同浓度 Sr^{2+} 处理下 PEPCase 活性的变化，与 RuBPCase 活性变化情况类似，无 Sr^{2+} 胁迫下，各处理时期 PEPCase 活性变化不大，1mmol/L 和 5mmol/L Sr^{2+} 处理的酶的活性显著升高，10mmol/L 和 20mmol/L 处理时酶的活性显著下降。但随着胁迫时间的延长，各处理间酶的活性均随胁迫浓度的增加而迅速下降。这说明低浓度的 Sr^{2+} 在短时间内会提高酶的活性，但是随着植物体内 Sr 的积累，逐渐会对其产生抑制作用。

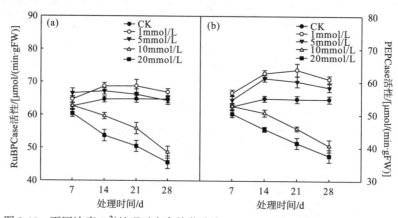

图 3-19　不同浓度 Sr^{2+} 处理对小麦幼苗叶片 RuBPCase 和 PEPCase 活性的影响

RuBPCase 和 PEPCase 是光合碳循环中重要的固碳酶，小麦作为 C_3 植物，RuBPCase 是其暗反应阶段的关键酶，RuBPCase 的活性下降直接导致光合作用的下降。此外，我们也研究了不同浓度 Sr^{2+} 处理对油菜叶片 RuBPCase 活性和 PEPCase 活性的影响，结果同小麦的结果非常类似(Chen et al.，2012)。许多研究表明，RuBPCase 和 PEPCase 的活性不仅受温度、光强、CO_2 浓度、湿度等因素调节，还受植物体内 pH、离子浓度等因素的影响。我们的结果表明，高浓度的 Sr^{2+} 处理(10mmol/L 和 20mmol/L)显著抑制 RuBPCase 和 PEPCase 的活性，并且随着处理时间的延长，抑制程度加强，进而影响了叶片的正常光合作用。Chugh 和 Sawhney(1999)用 Cd 处理的豌豆幼苗，发现在 10mmol/L Cd 处理浓度下，处理第 6d 和第 12d RuBPCase 活性分别下降了 38.9%和 61.8%，下降的原因是 Cd 的大量积累，对 RuBPCase 活性产生了抑制。刘琳(2009)运用实时荧光定量 PCR 技术分析在 As 胁迫下，水稻幼苗 RuBPCase 和 PEPCase 基因表达的差异与两个酶的活性变化趋势一致，说明光合酶基因表达下调是导致酶活降低的另外一个原因。

3.5　核素对植物类囊体膜光合电子传递活性的影响

3.5.1　Sr 对植物类囊体膜光合电子传递活性的影响

图 3-20 表明无胁迫时类囊体膜的 PSI 和 PSII 放氧活性均维持在较高水平，随着胁

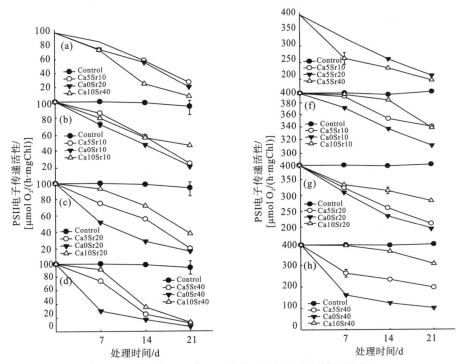

图 3-20　Sr^{2+} 和 Ca^{2+} 对类囊体膜电子传递活性的影响

PSII: $H_2O \rightarrow DCBQ/Ferricya$; PSI: $DCPIP/AsA \rightarrow MV$

迫时间的延长，各处理类囊体膜的 PSI 和 PSII 放氧活性迅速降低，且均明显低于对照(指图中的 Control)。如图 3-20(a)、(e)所示，单一 Sr^{2+} 胁迫下，PSI 和 PSII 放氧活性均随 Sr^{2+} 处理浓度的增加而迅猛下降，但低浓度 Sr^{2+}(Ca5Sr10，表示处理为 5mmol/L Ca^{2+} 和 10mmol/L Sr^{2+}，后面类同)处理下的 PSI 放氧活性下降幅度相对较小。这表明 PSII 放氧复合体的功能在 Sr^{2+} 胁迫下受到严重伤害，且 Sr^{2+} 浓度越高，PSII 放氧复合体功能受伤害越严重。低浓度 Sr^{2+} 胁迫下 PSI 功能的稳定性略高于 PSII 的稳定性。图 3-20 表示，相同 Sr^{2+} 浓度处理下，PSI 和 PSII 放氧活性随着 Ca^{2+} 浓度的增加而升高，表明 Ca^{2+} 有助于维持 PSII 放氧复合体及 PSI 的功能，从而促进光合作用。但胁迫 14d 之前，Ca10Sr10 处理下的 PSII 放氧活性低于 Ca5Sr10 处理下的 PSII 放氧活性，可能是因为 Sr^{2+} 与 Ca^{2+} 在性质上具有相似性，低浓度的 Sr^{2+} 并未伤害到 PSII 放氧复合体及 PSI 的功能，少量的 Sr^{2+} 能代替 Ca^{2+} 维持放氧复合体的功能，大量 Ca^{2+} 的处理反而引起了 Ca^{2+} 过量，加重了胁迫程度，伤害了 PSII 放氧复合体功能，从而抑制光合作用。

3.5.2 Cs 对植物类囊体膜光合电子传递活性的影响

图 3-21 显示了 Cs^+ 处理对小麦幼苗类囊体膜 PSI 和 PSII 电子传递活性的影响。无处理

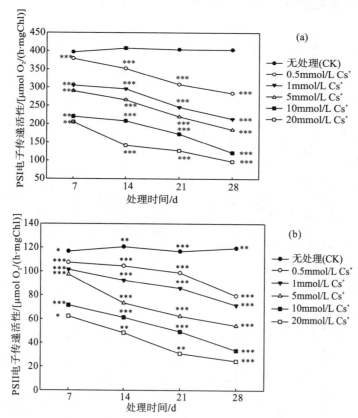

图 3-21　不同浓度 Cs^+ 处理对小麦幼苗叶片囊体膜 PSI(a)和 PSII(b)电子传递活性的影响

*：$P<0.01$；**：$P<0.05$；***：$P<0.001$

情况下，小麦幼苗 PSI 和 PSII 电子传递活性基本稳定，维持在较高的水平。随着处理时间的延长，所有浓度 Cs$^+$ 处理下 PSI 和 PSII 均呈现迅猛下降趋势，明显低于对照，且与处理时间和浓度呈正比。Cs$^+$ 处理 28d 时，PSI 电子传递活性显著下降，分别为对照的 70.5%、53.1%、45.8%、30.2% 和 24.1%。20mmol/L Cs$^+$ 处理时，PSI 电子传递活性下降至最低，随着处理时间的延长，分别为对照的 51.8%、34.8%、31.5% 和 24.1%。PSII 电子传递活性对 Cs$^+$ 反应更为敏感，处理 28d 时，随着浓度的升高，PSII 分别下降至对照的 66.4%、59.9%、45.5%、28.0% 和 20.5%。20mmol/L Cs$^+$ 处理时，PSII 电子传递下降至最低，随着处理时间的延长，分别为对照的 53.3%、40.1%、26.4% 和 20.5%。结果表明，PSI 和 PSII 放氧复合体的功能在 Cs$^+$ 处理下受到严重的伤害，PSII 较 PSI 对 Cs$^+$ 胁迫更为敏感，PSI 的稳定性高于 PSII 的稳定性。

此外，我们也研究了不同浓度 Cs$^+$ 处理对油菜、菠菜和新疆杨等植物叶片类囊体膜电子传递活性的影响，结果同小麦的类似，均表现为高浓度显著抑制 PSII 和 PSI 的电子传递活性，随着处理浓度越高，处理时间越长，抑制程度越强。同样 PSII 较 PSI 对 Cs$^+$ 胁迫更敏感。

3.6 核素对光合膜蛋白结构与功能的影响

3.6.1 Sr 对植物光合膜蛋白结构与功能的影响

1. Sr 对油菜叶片类囊体膜室温吸收光谱的影响

油菜采用石英砂培养，在六叶期时用不同浓度 SrCl$_2$（0mmol/L、10mmol/L、20mmol/L、40mmol/L）和 CaCl$_2$（0mmol/L、5mmol/L、10mmol/L）处理。图 3-22、表 3-5 表明，无胁迫时，类囊体膜室温吸收光谱蓝区最大吸收峰在 439nm 处，红区最大吸收峰在 679nm 处，且在蓝区 471nm 处出现一肩峰。与同期对照相比，单一 Sr^{2+} 胁迫使光谱整体蓝移 0.5～1.5nm，处理 7d 和 14d，Ca5Sr10（表示处理为 5mmol/L Ca^{2+} 和 10mmol/L Sr^{2+}，后面类同）、Ca5Sr20 和 Ca5Sr40 蓝区峰位蓝移 1.0nm，但红区吸收峰在处理 14d 时蓝移 0.5nm。处理 21d，Ca5Sr10、Ca5Sr20 和 Ca5Sr40 蓝区峰位蓝移 1.5nm，但红区吸收峰仅蓝移 0.5nm。这表明，Sr^{2+} 对蓝区和红区蛋白均有一定伤害，且伤害程度随着胁迫时间的延长而加重，但在 Sr^{2+} 胁迫下，捕光色素蛋白相对较稳定，对 Sr^{2+} 有较强的耐受性。Sr^{2+} 和 Ca^{2+} 同时处理下，光谱的变化趋势仅随 Ca^{2+} 浓度的变化而变化。缺 Ca（Ca0）处理时，光谱整体蓝移 0.5～2.0nm，处理 7d，Ca0Sr10、Ca0Sr20 和 Ca0Sr40 蓝区峰位蓝移 2.0nm，红区吸收峰蓝移 1.0nm；处理 14d，Ca0Sr10、Ca0Sr20 和 Ca0Sr40 蓝区、红区最大吸收峰均蓝移 0.5nm，蓝区肩峰蓝移 1.0nm；处理 21d，Ca0Sr10、Ca0Sr20 和 Ca0Sr40 蓝区最大吸收峰蓝移 1.5nm，肩峰蓝移 1.0nm，红区最大吸收峰保持不变。过量 Ca（Ca10）处理时，光谱整体蓝移 0.5～3.0nm，处理 7d，Ca10Sr10、Ca10Sr20 和 Ca10Sr40 蓝区最大吸收峰蓝移 2.0nm，肩峰蓝移 3.0nm，红区最大吸收峰蓝移 0.5nm；处理 14d，Ca10Sr10、Ca10Sr20 和 Ca10Sr40 整体蓝移 0.5nm；处理 21d，Ca10Sr10、Ca10Sr20 和 Ca10Sr40 蓝区最大吸收峰蓝移 1.5nm，肩峰蓝移 1.0nm，红区最大吸收峰则蓝移 0.5nm。这表明，Ca^{2+}对类囊体膜结构和功能的影响大于 Sr^{2+}的影响。捕光色素蛋白稳定性相对较强。

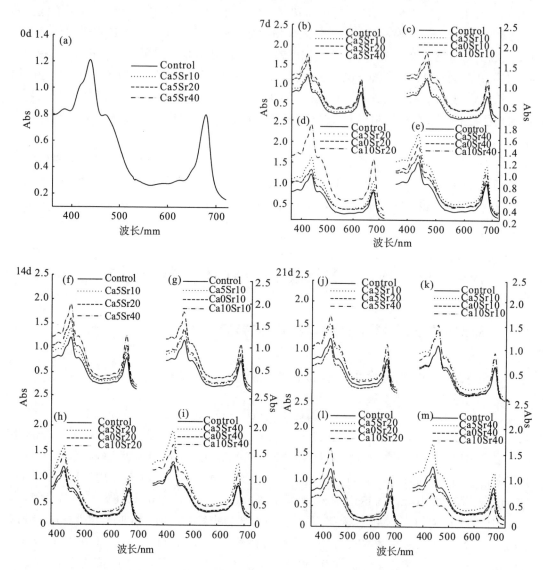

图 3-22　Sr^{2+}和 Ca^{2+}对油菜类囊体膜室温吸收光谱的影响

图中 0d、7d、14d 和 21d 表示处理时间

表 3-5　Sr^{2+}和 Ca^{2+}胁迫下类囊体膜室温吸收光谱最大吸收峰位和峰值的变化

处理时间/d	处理	峰位/nm			吸光度		
0	Control	439	471	679	1.205	0.793	0.797
7	Control	439	471	679	1.208	0.794	0.799
	Ca5Sr10	438	470	679	1.238	0.831	0.807

处理时间/d	处理	峰位/nm			吸光度		
	Ca5Sr20	438	470	679	1.174	0.782	0.756
	Ca5Sr40	438	470	679	1.150	0.776	0.751
	Ca0Sr10	437	469	678	1.263	0.871	0.814
	Ca10Sr10	437	468	678.5	1.237	0.843	0.806
	Ca0Sr20	437	469	678	1.227	0.841	0.786
	Ca10Sr20	437	468	678.5	1.198	0.789	0.782
	Ca0Sr40	437	469	678	1.209	0.838	0.769
	Ca10Sr40	437	468	678.5	1.049	0.698	0.680
14	Control	439	471	679	1.343	0.960	0.868
	Ca5Sr10	438	470	678.5	1.522	1.110	0.949
	Ca5Sr20	438	470	678.5	1.235	0.868	0.792
	Ca5Sr40	438	470	678.5	0.910	0.624	0.585
	Ca0Sr10	438.5	470	678.5	1.081	0.777	0.685
	Ca10Sr10	438.5	470.5	678.5	1.186	0.791	0.769
	Ca0Sr20	438.5	470	678.5	1.060	0.729	0.685
	Ca10Sr20	438.5	470.5	678.5	0.656	0.441	0.416
	Ca0Sr40	438.5	470	678.5	1.030	0.695	0.667
	Ca10Sr40	438.5	470.5	678.5	0.580	0.400	0.371
21	Control	439	471	679	1.273	0.909	0.832
	Ca5Sr10	437.5	469.5	678.5	1.342	0.943	0.878
	Ca5Sr20	437.5	469.5	678.5	1.329	0.915	0.871
	Ca5Sr40	437.5	469.5	678.5	1.294	0.956	0.839
	Ca0Sr10	437.5	470	679	1.389	1.011	0.900
	Ca10Sr10	437.5	470	678.5	1.297	0.935	0.838
	Ca0Sr20	437.5	470	679	1.216	0.863	0.799
	Ca10Sr20	437.5	470	678.5	1.017	0.730	0.654
	Ca0Sr40	437.5	470	679	1.188	0.838	0.786
	Ca10Sr40	437.5	470	678.5	0.805	0.568	0.530

为了进一步理解 Sr^{2+} 和 Ca^{2+} 胁迫下吸收光谱变化的意义,结合四阶导数光谱(图3-23)对红区室温吸收光谱进行高斯解析(图3-24)。在 600~720nm 范围解析出了 7 个有效吸收组分,吸收峰分别在 640nm、650nm、662nm、671nm、679nm、683nm 和 690nm。其中 640nm 和 650nm 组分属于 Chl b 的吸收形式,而 662nm、671nm、679nm、683nm 和 690nm 组分则属于 Chl a 的吸收形式。

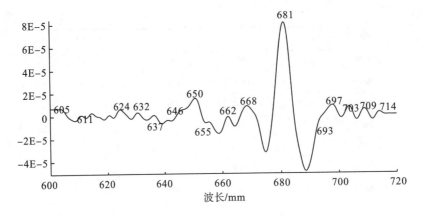

图 3-23　油菜叶片类囊体膜室温吸收光谱的四阶导数光谱

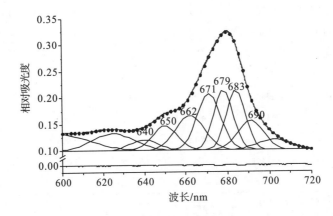

图 3-24　油菜叶片类囊体膜室温吸收光谱的高斯解析

　　在不同浓度 Sr^{2+} 和 Ca^{2+} 处理下的变化趋势如图 3-25 所示。结果表明与同期对照相比，10mmol/L Sr^{2+} 处理下，各个色素组分均有不同程度升高，从 Sr^{2+} 处理浓度为 20mmol/L 开始，各个色素组分均随 Sr^{2+} 浓度的增加而下降，但各个组分下降的趋势明显不同，C683 和 C679 两个组分的下降最快，其次是 C693 和 C640 组分的下降，C650、C662 和 C668 组分下降得最慢。图 3-25 还表明，Sr^{2+} 和 Ca^{2+} 处理 14d 时，各色素组分下降得最快，相同时间下，过量 Ca（Ca10，10mmol/L Ca^{2+}）处理时，各色素组分下降得最快，其次是缺 Ca（Ca0，0mmol/L Ca^{2+}）处理，单一 Sr^{2+} 使各色素组分下降得最慢。这表明，Sr^{2+} 与 Ca^{2+} 在性质上具有一定相似性，低浓度的 Sr^{2+}（Sr10，10mmol/L Sr^{2+}）能够促进各色素组分的合成，促进光合作用，但过量的 Sr^{2+} 会毒害类囊体膜，加速色素组分的降解，从而抑制光合作用。与 Sr^{2+} 相比，各色素组分对 Ca^{2+} 更敏感，正常含量的 Ca^{2+} 在维持类囊体膜色素组分结构和功能的稳定上具有重要作用。过量的 Ca^{2+} 并不能缓解 Sr^{2+} 对色素蛋白的伤害，反而会破坏色素组分的结构和功能，加速色素组分的降解。Sr^{2+} 与 Ca^{2+} 在性质上虽然具有一定相似性，但随着油菜 Sr^{2+} 积累量的增加，过量的 Sr^{2+} 会严重毒害类囊体膜，各色素组分开始迅速降解，从而抑制光合作用。

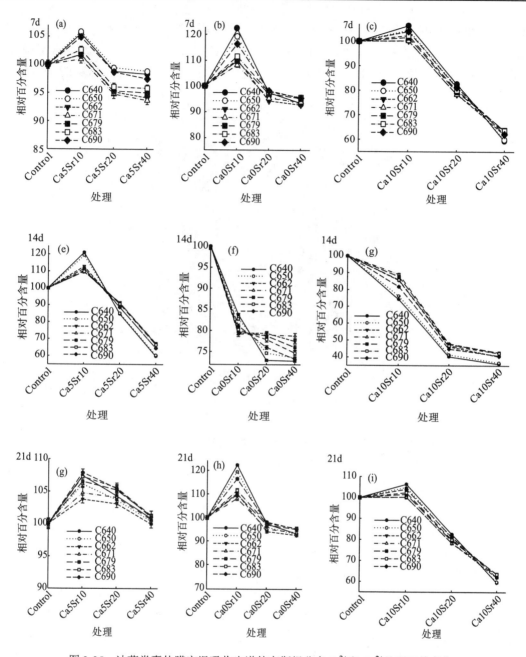

图 3-25　油菜类囊体膜室温吸收光谱的高斯组分在 Sr^{2+} 和 Ca^{2+} 处理下的变化

图中 7d、14d 和 21d 表示处理时间

2. Sr 对油菜叶片类囊体膜多肽组分的影响

图 3-26 显示了不同浓度 Sr^{2+} 和 Ca^{2+} 处理下类囊体膜多肽组分的变化。结果表明，43KD、47KD、D1/D2（31KD/32KD）、33KD、23KD、17KD 等蛋白在高浓度 Sr^{2+} 和 Ca^{2+} 处理下表现出了不同程度的降解。单一 Sr^{2+} 胁迫下，处理 7d，各蛋白差异不显著，Ca5Sr20、

Ca5Sr40 处理 14d, 外周多肽 33KD 蛋白表现出明显降解。放氧的外周多肽 18KD 和 23KD 蛋白、D1 和 D2 蛋白、CP26 和 CP24 蛋白等在不同浓度 Sr^{2+} 处理 21d 也表现出明显降解。PSII 外周天线 CP29、LHCII 等蛋白在单一 Sr^{2+} 胁迫下则表现出相对的稳定性。

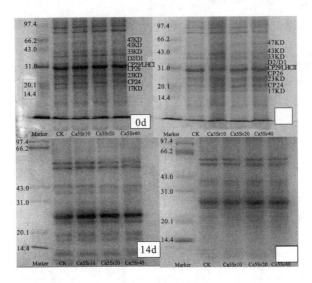

图 3-26　Sr^{2+} 胁迫下油菜类囊体膜的 SDS 电泳图谱

图中 0d、7d、14d 和 21d 表示处理时间

3.6.2　Cs 对植物光合膜蛋白结构与功能的影响

1. Cs 对菠菜类囊体膜室温吸收光谱的影响

图 3-27 显示了不同浓度 CsCl(CK: 0mmol/L, C1: 0.5mmol/L, C2: 1mmol/L, C3: 5mmol/L, C4: 10mmol/L, C5: 20mmol/L)处理菠菜 3～15d, 其类囊体膜室温吸收光谱的变化情况, 所有光谱在 720nm 处进行归一化处理。对照的吸收光谱表明, 菠菜叶片类囊体膜室温吸收光谱蓝区最大吸收峰在 439nm 处, 红区最大吸收峰在 680nm 处, 且在蓝区 473nm 与红区 650nm 处各出现一肩峰。680nm 和 439nm 处的峰来自 Chl a, 650nm 的肩峰来自 Chl b, 473nm 处的峰来自 Car。为了进一步理解室温吸收光谱变化, 表 3-6(a)～(e) 显示了类囊体膜室温吸收光谱最大吸收峰位和峰值的变化。439nm 和 680nm 的最大吸收峰位在处理 12～15d 高浓度(10～20mmol/L)胁迫下开始出现红移现象, 473nm 处的最大吸收峰位在 12d 后出现蓝移现象, 但在 15d 时又恢复正常。与此同时, 最大吸收峰位所对应的吸收峰值随着处理浓度的增加, 在不同时间段内呈现不同的变化趋势。可能由于处理时间、处理浓度以及叶片的发育状态多种因素的影响, 这些变化没有明显的规律。处理 3d 时, 最大吸收峰值从大到小依次为 5mmol/L、10mmol/L、20mmol/L、1mmol/L、0.5mmol/L、0mmol/L; 处理 6d 时, 依次为 5mmol/L、1mmol/L、10mmol/L、20mmol/L、0.5mmol/L、0mmol/L; 处理 9d 时, 依次为 5mmol/L、1mmol/L、0.5mmol/L、0 mmol/L、10mmol/L、

20mmol/L；处理 12d 时，依次为 1mmol/L、0.5mmol/L、0 mmol/L、5mmol/L、10mmol/L、20mmol/L；处理 15d 时，按处理浓度的升高最大吸收峰值依次降低。

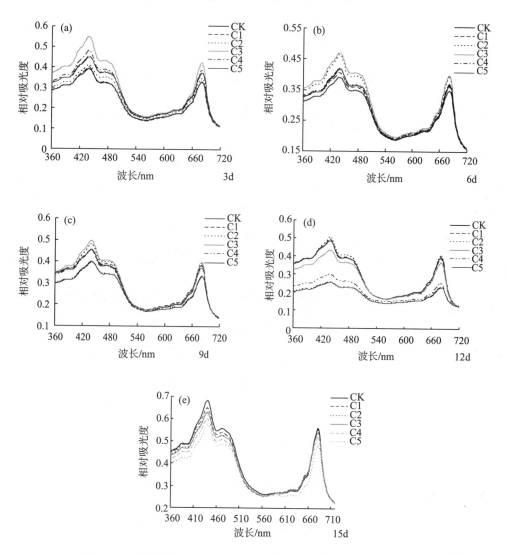

图 3-27　不同浓度 CsCl 处理对菠菜类囊体膜室温吸收光谱的影响

表 3-6（a）　不同浓度 CsCl 处理 3d 对菠菜叶片类囊体膜室温吸收光谱的影响

CsCl 浓度 /(mmol/L)	红区最大吸收峰位/nm	红区最大吸收峰值	蓝区最大吸收峰位/nm	蓝区最大吸收峰值	肩峰峰位/nm	肩峰峰值
CK	680	0.330	439	0.391	473	0.325
0.5	680	0.335	439	0.403	473	0.330
1	680	0.349	439	0.414	473	0.353
5	680	0.424	439	0.550	473	0.432

CsCl 浓度 /(mmol/L)	红区最大吸收 峰位/nm	红区最大吸 收峰值	蓝区最大吸收 峰位/nm	蓝区最大吸 收峰值	肩峰 峰位/nm	肩峰 峰值
10	680	0.390	439	0.484	473	0.391
20	680	0.373	439	0.449	473	0.376

表 3-6(b)　　不同浓度 CsCl 处理 6d 对菠菜叶片类囊体膜室温吸收光谱的影响

CsCl 浓度 /(mmol/L)	红区最大吸收 峰位/nm	红区最大吸 收峰值	蓝区最大吸收 峰位/nm	蓝区最大吸 收峰值	肩峰 峰位/nm	肩峰 峰值
CK	680	0.348	439	0.377	473	0.348
0.5	680	0.371	439	0.394	473	0.361
1	680	0.396	439	0.447	473	0.396
5	680	0.398	439	0.453	473	0.405
10	680	0.364	439	0.406	473	0.365
20	680	0.366	439	0.402	473	0.366

表 3-6(c)　　不同浓度 CsCl 处理 9d 对菠菜叶片类囊体膜室温吸收光谱的影响

CsCl 浓度 /(mmol/L)	红区最大吸收 峰位/nm	红区最大吸 收峰值	蓝区最大吸收 峰位/nm	蓝区最大吸 收峰值	肩峰 峰位/nm	肩峰 峰值
CK	680	0.373	439	0.454	473	0.381
0.5	680	0.387	439	0.455	473	0.390
1	680	0.393	439	0.483	473	0.400
5	680	0.400	439	0.496	473	0.406
10	680	0.385	439	0.455	472.5	0.380
20	680.5	0.331	439	0.397	472	0.342

表 3-6(d)　　不同浓度 CsCl 处理 12d 对菠菜叶片类囊体膜室温吸收光谱的影响

CsCl 浓度 /(mmol/L)	红区最大吸收 峰位/nm	红区最大吸 收峰值	蓝区最大吸收 峰位/nm	蓝区最大吸 收峰值	肩峰 峰位/nm	肩峰 峰值
CK	680	0.397	439	0.485	473	0.391
0.5	680	0.389	439	0.496	473	0.397
1	680	0.412	439	0.508	473	0.409
5	680	0.366	439	0.433	473	0.366
10	680.5	0.255	439	0.302	473	0.263
20	681	0.229	440	0.255	473	0.229

表 3-6(e)　不同浓度 CsCl 处理 15d 对菠菜叶片类囊体膜室温吸收光谱的影响

CsCl 浓度 /(mmol/L)	红区最大吸收峰位/nm	红区最大吸收峰值	蓝区最大吸收峰位/nm	蓝区最大吸收峰值	肩峰峰位/nm	肩峰峰值
CK	680	0.561	439	0.682	473	0.558
0.5	680	0.553	439	0.652	473	0.537
1	680	0.545	439	0.632	473	0.529
5	680	0.543	439	0.627	473	0.526
10	680.5	0.525	439	0.602	473	0.509
20	681	0.487	440	0.573	473	0.489

此外，我们研究了不同浓度 CsCl 对新疆杨叶片类囊体膜室温吸收光谱的影响，结果同菠菜类似。研究结果表明，高浓度 CsCl 处理会显著改变植物类囊体膜的结构，影响叶绿素分子与膜蛋白结合的构象与功能，导致部分色素蛋白复合体的结构与功能受损，类囊体膜上光能的吸收传递及分配受到抑制。

2. Cs 对菠菜类囊体膜低温荧光光谱的影响

图 3-28 显示了不同浓度 CsCl(CK：0mmol/L，C1：0.5mmol/L，C2：1mmol/L，C3：5mmol/L，C4：10mmol/L，C5：20mmol/L)处理菠菜 3～15d，其叶片类囊体膜在 77K 低温荧光光谱的变化。叶绿素荧光光谱特性可反映周围环境影响下膜结构的能量转化状态。结果表明，菠菜类囊体膜的低温荧光光谱分别在 684nm、695nm 和 733nm 处有荧光峰，其中 684nm 和 695nm 的荧光峰主要来源于 PSII 内周天线 CP43 和 CP47，而 733nm 的荧光峰主要来源于 PSI 核心和外周天线(LHCI)的荧光发射。经 CsCl 处理后的样品，荧光峰的位置并没有变化，但荧光强度(荧光峰的面积)随不同浓度的处理而呈现一定的变化趋势[表 3-7(a)～(e)]。当胁迫时间达到 15d，随胁迫浓度延长，荧光强度逐渐减小，这表明 CsCl 处理导致了类囊体膜上 PSII 和 PSI 膜蛋白复合体不同程度的降解。

77K 低温荧光光谱显示，436nm 激发菠菜类囊体膜时，荧光峰的位置并没有改变，但荧光强度随不同浓度的处理而呈现下降趋势。研究表明，在高温胁迫下，CP43、CP47、LHCI、PSI-RC、LHCII 均表现出不同程度的降解。CsCl 处理时，类囊体膜可能是由于各组分的降解，导致荧光强度的降低，也可能是因为 CsCl 处理抑制了叶绿素的生物合成，Cs^+影响结合在色素蛋白跨膜区的 Chl a 等色素分子的微环境，使色素分子吸收光能或传递激发能的能力受到影响，进而引起叶绿素荧光的改变，使类囊体膜的荧光峰峰值发生变化。此外，我们也研究了不同浓度 CsCl 对新疆杨叶片类囊体膜低温荧光光谱的影响，其变化趋势与菠菜的结果类似。

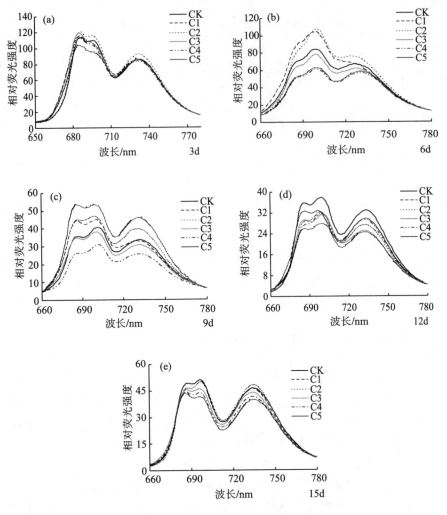

图 3-28　不同浓度 CsCl 处理对菠菜类囊体膜 77K 荧光光谱的影响（436nm 激发）

表 3-7(a)　不同浓度 CsCl 处理 3d 对菠菜叶片类囊体膜 77K 荧光光谱的影响

CsCl 浓度 /(mmol/L)	源于 CP43 的最大吸收峰位/nm	源于 CP43 的最大吸收峰值	源于 CP47 的最大吸收峰位/nm	源于 CP47 的最大吸收峰值	源于 PSI 核心和 LHCI 的最大吸收峰位/nm	源于 PSI 核心和 LHCI 的最大吸收峰值
CK	684	110.095	695	108.84	733	85.440
0.5	684	114.191	695	107.334	733	85.549
1	684	117.564	695	115.733	733	92.467
5	684	117.846	695	107.344	733	84.930
10	684	111.723	695	105.077	733	83.625
20	684	103.409	695	96.127	733	85.787

表 3-7(b)　不同浓度 CsCl 处理 6d 对菠菜叶片类囊体膜 77K 荧光光谱的影响

CsCl 浓度 /(mmol/L)	源于 CP43 的最大吸收峰位/ nm	源于 CP43 的最大吸收峰值	源于 CP47 的最大吸收峰位/ nm	源于 CP47 的最大吸收峰值	源于 PSI 核心和 LHCI 的最大吸收峰位/nm	源于 PSI 核心和 LHCI 的最大吸收峰值
CK	684	67.380	695	84.176	733	64.119
0.5	684	85.324	695	104.637	733	62.080
1	684	76.332	695	107.651	733	71.424
5	684	61.485	695	77.811	733	60.0045
10	684	49.464	695	61.606	733	56.727
20	684	50.503	695	63.263	733	58.381

表 3-7(c)　不同浓度 CsCl 处理 9d 对菠菜叶片类囊体膜 77K 荧光光谱的影响

CsCl 浓度 /(mmol/L)	源于 CP43 的最大吸收峰位/ nm	源于 CP43 的最大吸收峰值	源于 CP47 的最大吸收峰位/ nm	源于 CP47 的最大吸收峰值	源于 PSI 核心和 LHCI 的最大吸收峰位/nm	源于 PSI 核心和 LHCI 的最大吸收峰值
CK	684	34.670	695	36.808	733	33.592
0.5	684	43.500	695	43.493	733	32.777
1	684	43.822	695	46.114	733	39.588
5	684	34.162	695	35.683	733	30.825
10	684	25.691	695	27.792	733	25.790
20	684	52.194	695	52.228	733	46.126

表 3-7(d)　不同浓度 CsCl 处理 12d 对菠菜叶片类囊体膜 77K 荧光光谱的影响

CsCl 浓度 /(mmol/L)	源于 CP43 的最大吸收峰位/ nm	源于 CP43 的最大吸收峰值	源于 CP47 的最大吸收峰位/ nm	源于 CP47 的最大吸收峰值	源于 PSI 核心和 LHCI 的最大吸收峰位/nm	源于 PSI 核心和 LHCI 的最大吸收峰值
CK	684	35.653	695	36.641	733	32.892
0.5	684	32.628	695	32.612	733	29.842
1	684	28.450	695	31.227	733	27.490
5	684	29.081	695	29.466	733	25.049
10	684	27.083	695	30.457	733	29.392
20	684	25.791	695	27.042	733	24.571

表 3-7(e)　不同浓度 CsCl 处理 15d 对菠菜叶片类囊体膜 77K 荧光光谱的影响

CsCl 浓度 /(mmol/L)	源于 CP4 的最大吸收峰位/ nm	源于 CP4 的最大吸收峰值	源于 CP47 的最大吸收峰位/ nm	源于 CP47 的最大吸收峰值	源于 PSI 核和 LHCI 的最大吸收峰位/nm	源于 PSI 核和 LHCI 的最大吸收峰值
CK	684	49.235	695	50.643	733	46.040
0.5	684	49.307	695	50.703	733	46.191
1	684	46.642	695	49.336	733	47.900
5	684	45.364	695	45.801	733	43.660
10	684	44.090	695	43.750	733	41.532
20	684	42.870	695	41.539	733	39.702

第4章 核素胁迫对植物生理生化特性的影响

　　植物修复的前提条件是植物在污染土壤中的核素及重金属胁迫下能基本保持正常的生长发育，特别是其根系生长正常，能从土壤中吸收核素或重金属并转移至地上部分，同时生物量不受明显损失。而在污染土壤中的核素及重金属含量达到临界浓度时会对植物的生长发育产生显著影响，影响植物抗氧化酶活性、根系功能、光合作用、呼吸作用、蒸腾作用及水分吸收，使其生理生化指标发生相应改变。超富集植物表现出有较高的从土壤中吸收核素及重金属的能力以及较高的转运系数和富集系数，其生长发育过程中的一系列生理生化指标的变化能揭示其成为超富集植物的生理基础及其机制。

　　核素胁迫影响植物的呼吸作用、蒸腾作用及水分吸收，导致细胞膜透性改变，细胞脂质过氧化加剧，干扰必需物质的正常吸收。丙二醛(MDA)含量是衡量脂质过氧化程度的一个非常重要的生理指标，是脂质过氧化的产物，其含量反映植物遭受重金属伤害的程度。MDA含量越高表明植物在核素及重金属胁迫下脂质过氧化作用进程越快，增加植物体内的活性氧，打破活性氧的代谢平衡，从而启动脂质过氧化作用或膜脂脱脂作用，破坏膜的结构，影响膜的功能。核素及重金属是脂质过氧化的诱变剂，质量浓度越高，脂质过氧化产物MDA积累越多，植物受害越严重。在逆境胁迫条件下，渗透调节也是植物提高自身耐性的一个重要途径。植物可溶性蛋白在植物体的渗透调节中起着重要的作用，主要作用为调节植物细胞的渗透势，其含量的多少在一定程度上反映了植物对污染耐性的强弱。可溶性蛋白含量高可帮助植物细胞维持较低的渗透势，抵抗污染带来的威胁。

　　植物在代谢过程中会产生多种氧自由基，对细胞产生过氧化作用而造成伤害。在正常生理条件下，植物体内抗氧化系统可提供足够的对抗活性氧损伤的保护作用，该系统包括酶促的抗氧化体系[如超氧化物歧化酶(SOD)、过氧化氢酶(CAT)、过氧化物酶(POD)等]和非酶促的抗氧化体系。在外界逆境胁迫下，植物体内会产生大量活性氧，这类物质在植物体内如不能及时清除，将会对植物的生长发育产生严重的毒害作用。植物为了维持正常的生长，通过抗氧化酶系统和抗氧化剂对活性氧进行清除。

　　POD是酶保护系统中的重要组成成分，它与SOD、CAT相互协调配合，能有效地控制植物体内活性氧的积累，清除过剩的自由基，使体内自由基维持在一个正常的水平。在抗氧化酶系统中，SOD是植物抗氧化的第一道防线，能清除细胞中多余的超氧阴离子，而CAT和POD可以使H_2O_2歧化成H_2O和O_2。抗氧化酶可以作为检测环境污染物胁迫的生物标记物。郑世英等(2007)研究了Cd胁迫对蚕豆抗氧化酶活性及MDA含量的影响，得出在Cd胁迫浓度为0～50mg/L条件下，POD及CAT活性随着胁迫浓度的提高而升高，当Cd浓度继续升高时，其活性呈现逐渐降低的趋势。SOD活性随着Cd胁迫浓度的提高也不断升高，当Cd浓度达到80mg/L时，其活性达到最高，随着Cd浓度继续升高，其活性逐渐降低。MDA 含量随着 Cd 浓度逐渐提高呈不断升高的趋势。李文一等(2007)采用营养液培养法,研究了不同 Zn 浓度对黑麦草幼苗生长、POD 活性、根系活力的影响。结果表明,过度 Zn 胁迫(Zn 浓度≥2mmol/L)将降低黑麦草地上部干质量。随 Zn 胁迫时间增加,幼苗 POD 活性先降后升、根系活力先升后降,Zn 处理植株地上部 POD 活性随 Zn 浓度增加,先降低后增加,而根系活力随 Zn 浓度增加而增加。

4.1　农作物对核素胁迫响应的生理生化特性

4.1.1　Sr 胁迫对油菜幼苗生理生化特性的影响

在石英砂和 Hoagland 营养液培养条件下,用浓度为 0mmol/L(CK)、10mmol/L、20mmol/L 和 40mmol/L 的 Sr(SrCl$_2$)处理油菜幼苗(三叶期到六叶期),动态研究 Sr 胁迫对油菜幼苗抗氧化指标的影响。

1. Sr 胁迫对油菜幼苗 MDA 含量影响

MDA 被认为是植物体在逆境条件下发生脂质过氧化作用的产物之一,通常作为衡量脂质过氧化强弱的一个重要指标。如图 4-1 所示,没有 Sr 的胁迫,油菜幼苗 MDA 含量基本保持稳定。受到 Sr 胁迫后,油菜幼苗 MDA 含量随 Sr 浓度的升高而急剧上升,且在胁迫 7d 时达到峰值。但随着胁迫时间的延长,各处理的 MDA 含量又随胁迫浓度的升高而逐渐下降,胁迫 14d 后均明显低于对照。

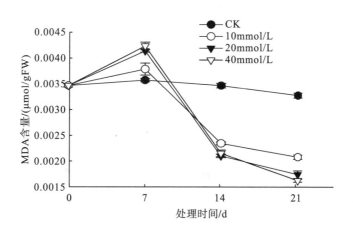

图 4-1　不同浓度 Sr 处理对油菜幼苗 MDA 含量的影响

2. Sr 胁迫对油菜幼苗抗氧化酶系统的影响

图 4-2 表明了不同 Sr 浓度处理下油菜幼苗 POD 活性的变化趋势。在没有 Sr 的情况下,

油菜体内的 POD 活性基本保持稳定。加入 Sr 后，各浓度处理的 POD 活性均不同程度地升高，其中，10mmol/L 处理浓度表现最显著。但随着胁迫时间的延长，各处理 POD 活性均表现为先下降后上升的趋势。处理 14d 后，20mmol/L Sr 处理浓度下的 POD 活性低于同期对照。在图 4-2 中，我们发现 40mmol/L Sr 处理浓度下的 POD 活性始终高于对照和 20mmol/L Sr 处理的 POD 活性，处理 21d 时高于所有浓度 Sr 处理的 POD 活性。这表明 40mmol/L 的 Sr 更利于促进 POD 活性的提高，POD 具有较强的抵御 Sr 诱导的氧化胁迫的作用。

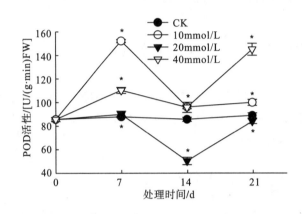

图 4-2　不同浓度 Sr 处理对油菜幼苗 POD 活性的影响

　　如图 4-3 所示，无 Sr 胁迫时，在整个幼苗生长期 SOD 活性相对稳定。Sr 胁迫使 SOD 活性急剧升高，胁迫 7 d 后，各处理 SOD 活性均显著高于同期对照，且随 Sr 浓度的增大而逐渐升高。但随着胁迫天数的延长，各处理的 SOD 活性又急剧下降，至 21d 时均显著低于同期对照，且 Sr 浓度越高，相应的 SOD 活性越低。

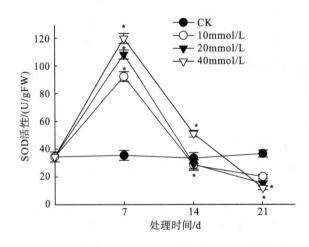

图 4-3　不同浓度 Sr 处理对油菜幼苗 SOD 活性的影响

从图 4-4 可以看出，在没有 Sr 的情况下油菜幼苗的 CAT 活性一直维持在一个较低的水平，加入 Sr 后，随 Sr 浓度的增加，CAT 活性迅速升高，之后随胁迫天数的延长，各处理 CAT 活性均表现出先下降后升高的变化趋势。在 Sr 胁迫下的 CAT 活性始终高于对照。且 Sr 浓度越高，CAT 活性越强，这表明 CAT 具有较强的抵御 Sr 诱导的氧化胁迫作用。

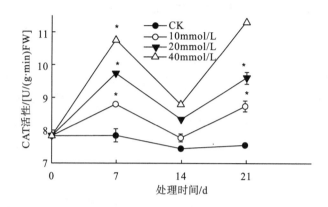

图 4-4　不同浓度 Sr 处理对油菜幼苗 CAT 活性的影响

生物自由基伤害学说已广泛用于需氧生物抗逆境伤害机制的研究。正常情况下，生物细胞代谢产生的活性氧对生物并不造成严重危害，因为细胞内 SOD 等一系列保护酶组成一个清除活性氧的防御过氧化系统，使活性氧的产生和清除处于一个平衡状态，从而使细胞免受伤害，起到保护作用。但在重金属离子胁迫下，植物体内产生大量的活性氧自由基，导致细胞脂质过氧化和生理代谢紊乱。李梅等(2004)报道了 Sr 诱导亚心形扁藻及叉鞭金藻 SOD 等抗氧化酶活性的变化。方晓航等(2006)报道了 Cd 在白菜体内的富集分布以及对叶绿素等生理指标的影响。但关于 Sr 胁迫对农作物生理生化的影响及其与 Sr 富集能力的关系却所知甚少。

本研究结果表明，无胁迫情况下，油菜幼苗细胞内的 POD、CAT、SOD 活性及 MDA 含量在幼苗生长阶段均维持在一个较稳定的水平。随着胁迫时间的延长，SOD 活性和 MDA 含量均表现出先升后降的变化趋势，这与李梅等的研究结果相似，表明 Sr 胁迫激活了油菜幼苗的抗氧化保护机制，提高了其清除活性氧的能力，从而减少了活性氧对细胞的伤害，在胁迫初期表现出对 Sr 较强的耐受能力。但当胁迫程度加重时，活性氧自由基的产生速度远远超过了植物自身清除的能力，过量累积的活性氧已严重伤害到膜脂及膜蛋白，严重破坏 SOD 保护酶。CAT 和 POD 活性在胁迫期间则表现出升高—降低—升高的变化，胁迫 14d 时，两种酶活性最低，这与任安芝和高玉葆(2002)及王兴明等(2006)发现的 POD 和 CAT 活性随重金属胁迫浓度的增加而先升高后降低的结果有所不同，可能是因为胁迫处理的重金属不同，也有可能是因为 POD 和 CAT 对油菜幼苗富集 Sr 能力的变化更敏感。综合 POD、CAT 活性的变化情况和油菜幼苗对 Sr 的富集能力可以看出，试验所设 Sr 浓度并未使此两种酶失活，较高的 Sr 富集能力明显抑制了 POD 和 CAT 活性，但随着 Sr 富集能力的降低，POD 和 CAT 酶活性又不同程度地恢复，因此研究认为，油菜幼苗对 Sr 的富集能力与 POD 和 CAT 活性明显负相关，在胁迫 14d 和 21d 时，表现最为显著。相比

SOD 与 MDA，POD 和 CAT 对植株更具富集 Sr 的能力，而 Sr 的富集能力对抗逆指标的影响比胁迫浓度更大。因此，本研究认为，油菜幼苗对 Sr 胁迫具有较高的耐受能力和富集能力，叶片是最主要的富集 Sr 的器官；POD 和 CAT 活性与 Sr 富集能力显著负相关。

4.1.2　Cs 胁迫对玉米生理生化特性的影响

供试作物为'川单 25 号'，用 Hoagland 营养液进行室内盆栽水培，隔天换一次营养液，室内恒温 24℃，光照时间为 10h/d。三叶期开始用 CsCl 处理，处理浓度分别为 0mmol/L（CK）、0.5mmol/L、1mmol/L、5mmol/L、10mmol/L 和 20mmol/L，在处理 7d、14d、21d 和 28d 后，分别采样进行各指标的测定，每一指标的测定设置 3 个重复。

1. Cs 对玉米 MDA 含量影响

不同浓度 Cs 处理对玉米幼苗叶 CAT、POD 活性和 MAD、H_2O_2 含量的影响示于图 4-5。由图 4-5(c) 和 (d) 可看出，随着 Cs 处理浓度的升高和处理时间的延长，叶内 MDA 和 H_2O_2 含量逐渐上升。Cs 可诱导植物的自由基氧化性损伤，加剧植物体内脂质过氧化作用，使膜上不饱和脂肪酸发生一系列活性氧反应。在一定胁迫强度内，细胞的各种保护机制使 MDA 含量维持在一定水平，但胁迫强度超过一定值后，细胞内代谢失调，自由基积累，脂质过氧化作用加大，MDA 含量升高。因此，在一定程度上，MDA 含量的高低可表示细胞脂质过氧化的程度和植物对逆境条件反应的强弱。

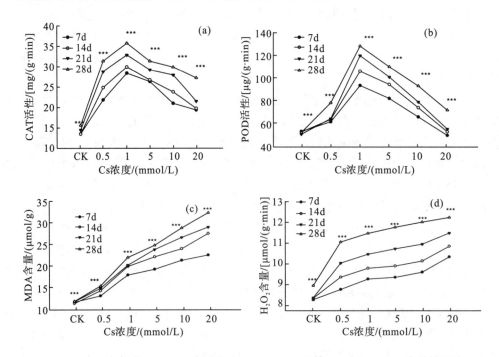

图 4-5　不同浓度 Cs 处理对玉米幼苗叶 CAT、POD 活性和 MDA、H_2O_2 含量的影响

在逆境胁迫下,植物细胞内活性氧自由基代谢失衡引起自由基的积累和膜脂过氧化使膜系统的结构和功能受到损伤是造成细胞伤害的重要原因。随着 Cs 浓度的增加和处理时间的延长,过多的 H_2O_2 不能被及时清除,它们可能质子化成毒性更强的·OH 自由基,对膜脂产生不可逆的氧化性损伤,这与 MDA 含量随 Cs 浓度增加而持续升高的结果相符。

在本试验中,随着玉米叶内 Cs 富集量的升高,MDA 和 H_2O_2 含量呈逐渐上升趋势,说明随着 Cs 处理浓度的增加,导致氧化胁迫和膜脂过氧化程度加剧,同时伴随 CAT 和 POD 活性的提高,对 Cs 诱导的氧化胁迫产生适应性保护反应。在其他重金属胁迫对植物抗逆生理指标的影响研究方面也有类似报道。

2. Cs 对玉米抗氧化酶活性影响

图 4-5(a)表明,在无 Cs 的情况下,玉米幼苗叶的 CAT 活性一直维持在一较低水平,随后活性随 Cs 浓度的升高而迅速增加,在 1mmol/L 处理浓度时,CAT 活性达到最大,较对照分别提高了 1.1 倍、1.2 倍、1.3 倍和 1.3 倍。这表明 CAT 具有较强的抵御 Cs 诱导的氧化胁迫的作用;当 Cs 浓度继续升高时,活性开始下降,在最大浓度为 20mmol/L 时,CAT 活性比最高时分别下降了 32.2%、34.3%、34.8% 和 24.0%,说明 CAT 受到抑制,抗氧化体系在一定程度上被破坏。

由图 4-5(b)可见,玉米幼苗叶的 POD 活性随 Cs 处理浓度的增大表现为先应激性上升后下降,且与胁迫时间呈正相关。当浓度达 1mmol/L 时,玉米幼苗叶的 POD 活性达到最强,分别较对照提高了 0.7 倍、1.0 倍、1.3 倍和 1.4 倍,具有明显的激活效应;随后 POD 的活性呈下降趋势,在处理浓度最大时,分别较最高时下降了 28.9%、29.6%、33.5%和 27.0%,即受到了抑制,表明 POD 清除过氧化物的能力有限。POD 是一含铁的金属蛋白质,它能催化 H_2O_2 氧化酶类的反应,使植物免于毒害,其作用如同氢的接受体,是植物体内重要的代谢酶,参与许多重要的生理活动。同时,POD 也是植物体内抗氧化酶系统的重要组成部分,能催化有毒物质的分解,其活性高低能反映植物受害的程度。出现图 4-5(b)这种趋势的原因可能是由于 Cs 进入玉米组织中,通过一系列生理生化反应产生了一些对植物体有毒害的过氧化物。随 Cs 处理浓度的增加,过氧化物在体内逐渐增加,由于 POD 具有催化这些有害过氧化物氧化分解的功能,因此随着底物 H_2O_2 浓度的增加,POD 的活性也在增加,增加到一定程度便不再增加,因超出了 POD 清除有害过氧化物的能力。

CAT 和 POD 在植物体内的活性氧清除系统中占有重要地位,抗氧化酶和小分子抗氧化物能清除在细胞内生成的活性氧,构成对活性氧的防御体系,通过酶促作用被清除的活性氧仅限于超氧化物、过氧化物及部分自由基。许多研究证实,重金属胁迫导致植物体内活性氧的产生和清除发生失衡,导致植物体内自由基累积,造成对植物的损伤。在一定范围内,CAT 能把具潜在危害的 O_2^- 和 H_2O_2 转化为无害的 O_2 和 H_2O,且能减少具毒性的、高活性的抗氧化酶,以及有效清除 H_2O_2。CAT 和 POD 协调一致,将自由基控制在较低水平,使细胞免受伤害。本试验中,在低浓度 Cs 处理下,玉米叶内 Cs 含量较低,其 POD 和 CAT 活性均高于对照,说明植物为了保护细胞免受氧化胁迫的伤害而提高两种保护酶的活性。但随着 Cs 处理浓度的进一步提高，玉米叶内 Cs 含量不断升高，POD 和 CAT 活性依次下降，表现为抑制作用逐渐加强，该结果与刘莉（2005）的报道相同。造成生物膜伤害的一个重要原因就是活性氧消除系统功能的下降。

4.1.3 Cs 胁迫对小麦生理生化特性的影响

供试小麦品种为'川麦 42 号'，用 Hoagland 营养液室内盆栽水培，隔天换一次营养液，室内恒温 24℃，光强为 $100\mu mol/(m^2 \cdot s)$，光照时间为 10h/d。每处理设置 5 个重复，各处理水肥管理一致。三叶期时开始用 CsCl 处理，处理浓度分别为 0mmol/L（CK）、0.5mmol/L、1mmol/L、5mmol/L、10mmol/L 和 20mmol/L，在处理第 7d、14d、21d 和 28d 时，每处理分别随机采取 3 个样本进行各指标测定。

1. Cs 对小麦 MDA 含量影响

由图 4-6（c）、（d）可以看出，随着 Cs 浓度的升高和胁迫时间的延长，叶片内 MDA 和 H_2O_2 含量逐渐上升。Cs 可诱导自由基氧化性损伤，加剧植物体内脂质过氧化作用，使得膜上不饱和脂肪酸发生一系列活性氧反应。在一定胁迫强度内，细胞的各种保护机制使得 MDA 含量维持在一定的水平，但胁迫强度超过一定阈值后，细胞内代谢失调，自由基积累，膜脂过氧化作用加大，MDA 含量升高。因此，在一定程度上 MDA 含量的高低可以表示细胞膜脂过氧化的程度和植物对逆境条件反应的强弱。

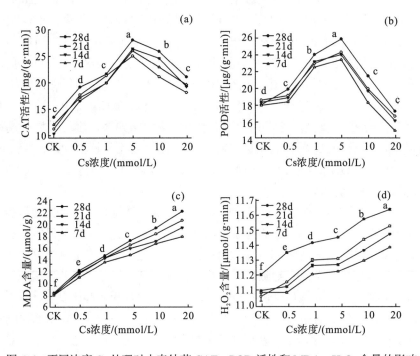

图 4-6 不同浓度 Cs 处理对小麦幼苗 CAT、POD 活性和 MDA、H_2O_2 含量的影响

逆境胁迫下植物细胞内活性氧自由基代谢失衡引起自由基的积累和脂质过氧化使膜系统的结构和功能受到损伤是造成细胞伤害的重要原因。随着 Cs 浓度的增加和处理时间的延长，过多 H_2O_2 不能被及时清除，可能质子化成毒性更强的·OH 自由基，对膜脂产生不可逆的过氧化伤害，这与 MDA 含量随 Cs 浓度增加而持续升高的结果相符。MDA 是膜脂质过氧化作用的产物，其含量的高低表示膜脂质过氧化作用的程度。本试验中，随着小麦叶片内 Cs 富集量的升高，MDA 和 H_2O_2 含量呈现逐渐上升的趋势，说明随 Cs 处理浓度的增加，导致氧化胁迫和脂质过氧化程度加剧，同时伴随 CAT 和 POD 活性提高，对Cs 诱导的氧化胁迫产生适应性保护反应。

2. Cs 对小麦抗氧化酶活性影响

图 4-6(a) 表明，在没有 Cs 的情况下，小麦幼苗的 CAT 活性维持在一个较低的水平，随后随 Cs 浓度的升高其活性迅速升高，5mmol/L 处理时，CAT 活性达到最大。4 个取样时间下分别比对照提高了 1.1 倍、1.3 倍、1.6 倍和 1.2 倍，表明 CAT 具有较强的抵御 Cs诱导的氧化胁迫作用；之后随 Cs 浓度升高，CAT 活性开始下降，在最大浓度 20mmol/L时，CAT 活性比最高时分别下降了 25.4%、28.2%、27.6% 和 25.0%，说明高浓度 Cs 下的CAT 受到抑制，抗氧化体系受到破坏。

由图 4-6(b) 可以看出，小麦幼苗的 POD 活性随 Cs 处理浓度的增大表现出先应激性上升后下降的动态变化，且与胁迫时间呈正相关。当浓度达到 5mmol/L 时，小麦幼苗的POD 活性最强，分别高于对照 30.1%、30.8%、30.5% 和 43.1%，具有明显的激活效应；随后 POD 的活性呈现下降趋势，在最大处理浓度 20mmol/L 时，分别比对照下降 16.6%、11.7%、10.2% 和 4.2%，表明 POD 清除过氧化物的能力是有限的。出现图 4-6(b) 这种趋势的原因可能是由于 Cs 进入小麦组织中，通过一系列生理生化反应产生了一些对植物体有毒害的过氧化物。随着处理浓度的增加，过氧化物在幼苗体内逐渐增加，由于 POD 具有催化这些有害过氧化物自身氧化分解的功能，因此会随着底物浓度的增加，POD 活性也在增加，但增加到一定程度时，便超出 POD 清除有害过氧化物的能力。

本试验中，低浓度 Cs 胁迫下，小麦叶片内 Cs 含量较低，其 POD 和 CAT 活性均高于对照，说明植物为了保护细胞免受氧化胁迫的伤害而提高两种保护酶的活性。但随着 Cs处理浓度的进一步提高，小麦叶片内 Cs 含量不断升高，POD 和 CAT 活性依次下降，表现为抑制作用逐渐加强，这个结果与刘莉(2005)的报道相同。

4.1.4 Cs 和 Sr 单一及复合处理对红苋菜生理生化特性的影响

以 CsCl 或 $SrCl_2$ 溶液配制 Cs、Sr 模拟污染土壤(处理浓度见表 4-1)，研究 Cs 和 Sr单一及复合处理对红苋菜生理生化特性的影响。

表 4-1　Cs 和 Sr 单一及复合处理浓度

处理元素	处理水平/(mmol/kg)				
	0	1	2	3	4
^{133}Cs	0	0.1	0.5	1	5
^{88}Sr	0	0.1	0.5	1	5
^{133}Cs+^{88}Sr	0+0	0.1+0.1	0.5+0.5	1+1	5+5

1. Cs 和 Sr 单一及复合处理对红苋菜 MDA 含量影响

通过对 Cs、Sr 单一及复合各处理下的红苋菜 MDA 含量测定得到图 4-7。从图 4-7 可以看出，除 0.1mmol/kg Cs 处理略有下降外，随 Cs、Sr 单一及复合处理浓度的增加，红苋菜叶片中的 MDA 含量不断上升，其中不同浓度 Sr 处理的 MDA 含量高于相同浓度 Cs 处理，说明 Sr 处理较 Cs 处理对红苋菜 MDA 含量影响更显著，低浓度 Cs 处理下 MDA 含量下降。同时，相同浓度 Cs+Sr 复合处理下的红苋菜 MDA 含量又高于 Cs、Sr 单一处理，表明复合处理比单一 Cs、Sr 处理下的红苋菜脂质过氧化作用要强，细胞受伤害程度较大，Cs 和 Sr 表现出明显的协同作用。

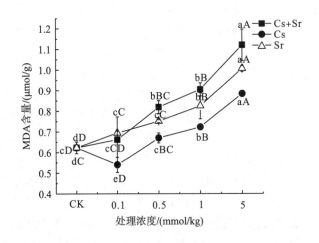

图 4-7　Cs、Sr 单一及复合处理对红苋菜 MDA 含量的影响

MDA 是脂质过氧化的主要产物之一，其含量可以反映脂质过氧化程度。从本试验看，红苋菜植株在不同浓度的 Cs、Sr 作用下，其 MDA 含量均随着核素浓度的增加而升高，尤其是在高浓度下，MDA 的积累量更多，导致膜的功能和机构遭到破坏，稳定性下降，引起一系列生理生化代谢紊乱。这与郑世英(2007)研究 Cd 胁迫对蚕豆 MDA 含量影响的结果一致。

2. Cs 和 Sr 单一及复合处理对红苋菜抗氧化酶活性影响

通过对 Cs、Sr 单一及复合处理红苋菜 CAT、POD、SOD 测定得到图 4-8。

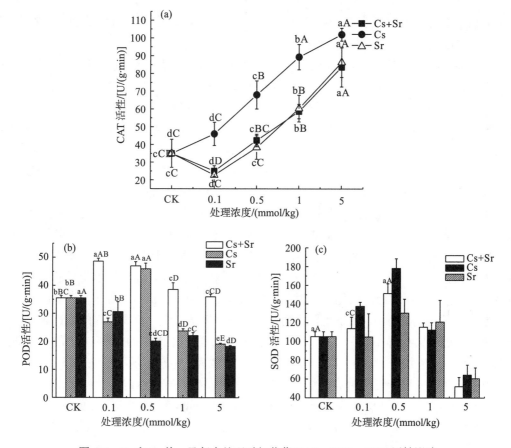

图 4-8　Cs 和 Sr 单一及复合处理对红苋菜 CAT、POD、SOD 活性影响

从图 4-8 可以看出，除 0.1mmol/kg Cs 处理略有下降外，随 Cs、Sr 单一及复合处理浓度的增加，红苋菜叶片中的 CAT 活性均逐渐上升，与 MDA 含量的变化趋势基本一致。Sr 处理及 Cs+Sr 复合处理下的红苋菜 CAT 活性最大值均出现在 5mmol/kg，与对照之间差异极显著（$P<0.01$），分别是对照的 2.47 倍和 2.39 倍，但 Sr 处理及 Cs+Sr 复合处理对红苋菜 CAT 活性的影响效应相当。

在单一 Cs 处理下，随核素浓度的增加，红苋菜 CAT 活性表现为逐渐上升的趋势，相同浓度下，单一 Cs 处理下的红苋菜叶片 CAT 活性高于单一 Sr 处理和复合处理下的红苋菜叶片 CAT 活性，说明单一 Cs 处理下的红苋菜叶片细胞受破坏程度更大，表明其对红苋菜叶片 CAT 活性的影响效应更大。

由图 4-8 可见，在单一 Sr 处理下，红苋菜 POD 活性随着 Sr 浓度的增加，大体呈下降趋势，最小值出现在 5mmol/kg，比对照下降了 58.36%，各处理与对照间红苋菜 POD 活性存在极显著性差异（$P<0.01$）。在单一 Cs 处理下，在 0.5mmol/kg 处有一抗性峰出现，1～5mmol/kg 处红苋菜 POD 活性下降，且均低于对照，各处理与对照间红苋菜 POD 活性存在极显著性差异，且各处理间也有极显著性差异（$P<0.01$）。Cs+Sr 复合处理下，红苋菜 POD 活性随着浓度上升，大体呈先上升再下降趋势，各处理下的红苋菜 POD 活

性值均高于对照，与对照存在显著性差异($P<0.05$)。复合处理各浓度处理下的红苋菜POD活性均大于各单一处理的活性。

由图 4-8 可见，在单一 Sr 处理下，随着核素浓度的增加，SOD 活性表现为先上升后下降的趋势，5mmol/kg 处理下的红苋菜 SOD 活性是对照的 57.59%，与对照有显著性差异($P<0.05$)。在单一 Cs 处理下，在 0.5mmol/kg 处有一抗性峰，SOD 活性随后下降，其中 5mmol/kg 处理下的红苋菜 SOD 活性是对照的 61.11%。在 Cs+Sr 复合处理下，红苋菜 SOD 活性都高于单一处理，但随着浓度梯度的增加大体呈下降趋势，说明植物体内产生的超氧阴离子超过了 SOD 正常的歧化能力。植物体内 SOD 是活性氧自由基清除中的抗性酶，SOD 活性的高低与植物抗逆性之间具有一定的相关性。

在 Cs 和 Sr 单一及复合处理条件下，随浓度梯度的增加，红苋菜 MDA 含量和 CAT 活性升高，原因可能是由于大量活性氧的过氧化伤害，细胞膜组成发生变化，结构遭到破坏。相同浓度处理下，复合处理的红苋菜 POD 活性随着浓度梯度的上升，呈先升后降趋势，SOD 活性都高于单一处理，从试验结果看，Cs 和 Sr 复合处理显示出明显的协同效应趋势，说明 Cs 和 Sr 复合污染加重了对红苋菜的毒害作用。在正常条件下，植物能有效地清除体内的活性氧自由基，使细胞免受伤害，但在逆境条件中，植物体内的活性氧自由基产生速度超过了植物清除活性氧的能力，便会引起伤害。POD、SOD 和 CAT 的共同作用能把植物体内具有潜在危害的活性氧转化为无害的物质。但在本试验的条件下，Cs 和 Sr 的胁迫下，随着处理浓度的增加，红苋菜的活性氧清除系统遭到破坏。

综上所述，在 Cs 和 Sr 的胁迫下，低浓度(0.1～0.5mmol/L)处理下，红苋菜的各项生理指标与对照相比无显著差异，个别处理有略微的促进作用。但高浓度(1～5mmol/L)处理，红苋菜的各项生理指标与对照相比有显著差异。从试验结果可以看出，植物体内积累较多的 Cs 或 Sr，使根系活力下降，抑制了植株对营养元素的吸收，进而导致红苋菜生物量下降，Cs、Sr 胁迫破坏了植物体内保护酶活性的平衡，即使有的保护酶活性升高也不足以有效清除活性氧。这导致植物体内 H_2O_2 和 $\cdot OH$ 等活性氧自由基积累，引起脂质过氧化水平的提高，MDA 含量升高，从而影响植株的正常生长代谢。

4.2　绿肥及花卉植物对核素胁迫响应的生理生化特性

4.2.1　土壤 Cs 和 Sr 胁迫对苏丹草生理生化特性的影响

用浓度分别为 2.5mg/kg、5mg/kg、10mg/kg、20mg/kg 和 40mg/kg 的 CsCl 或 $Sr(NO_3)_2$ 溶液处理配制模拟污染土壤，以苏丹草为试验材料，播种 30d 和 60d 后，分别取相同部位叶片进行生理生化指标的测定，探讨其生理生化特性的变化。

1. Cs 和 Sr 胁迫对苏丹草 MDA 含量影响

由图 4-9 可知，生长 30d 后，各浓度 Cs 处理的苏丹草 MDA 含量与对照差异达到极显著水平($P<0.01$)。并随浓度梯度升高先降后升，最大值出现在 40mg/kg 处，比对照上升 52.8%。Sr 处理最大值出现在 40mg/kg 处，比对照上升 20%。生长 60d 后，Cs 和 Sr 各处理浓度下的 MDA 含量相比 30d 大多有升高，除 5mg/kg 和 10mg/kg Cs 和 Sr 处理无显著差异($P>0.05$)外，其余差异极显著($P<0.01$)。40mg/kg Sr 处理下的 MDA 含量略低于 20mg/kg 处理，但两者之间并无显著差异($P>0.05$)，其原因可能是 60d 后 20mg/kg 处理已使苏丹草细胞膜损伤程度达到一定极限，所以随着处理浓度的进一步增高，MDA 含量并未升高。另外，高浓度(40mg/kg) Cs 处理下的苏丹草 MDA 含量高于 Sr 处理。可见，高浓度的 Cs 或 Sr 使苏丹草细胞膜脂质过氧化作用增强，体内 MDA 含量增高，并且随着植株的生长，MDA 含量进一步增高。

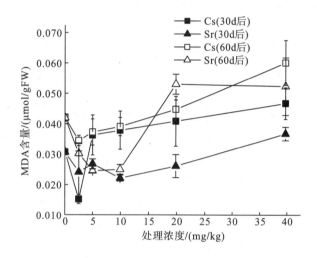

图 4-9　Cs、Sr 处理对苏丹草 MDA 含量影响

植物受到胁迫时会发生膜的脂质过氧化作用，其主要产物是 MDA，所以 MDA 含量的高低反映了膜的脂质过氧化程度的强弱，也代表了膜受到的损伤程度大小。从试验结果看，高浓度(40mg/kg)处理下的 Cs 或 Sr 诱发了膜的脂质过氧化作用，使得苏丹草 MDA 含量升高，对植株造成了伤害。随苏丹草植株的生长，其体内 Cs 或 Sr 不断积累导致膜的脂质过氧化作用增强，使 MDA 含量升高。MDA 与生物膜上的蛋白质、酶等结合，导致蛋白质分子内和分子间发生交联，从而使其失去活性，引起膜丧失正常功能。

2. Cs 和 Sr 胁迫对苏丹草抗氧化酶活性影响

从图 4-10 可看出，苏丹草生长 30d 后，Cs 处理和 Sr 处理下的苏丹草 CAT 活性的最大值均出现在 5mg/kg 处。Cs 处理下的 CAT 活性最小值出现在 40mg/kg 处，比对照下降 33.3%，Sr 处理下的 CAT 活性最小值出现在 20mg/kg 和 40mg/kg 处，比对照下降 33.3%。生长 60d 后，除 2.5mg/kg 外，Cs 处理各梯度下的 CAT 活性都升高，与 30d 的差异极显著($P<0.01$)。Sr 处理下的最大值在 5mg/kg 处，比对照上升 75%，最小值在 40mg/kg 处，比

对照下降 75%。低浓度 Cs 和 Sr 的胁迫使得 CAT 活性出现较大增强，可能是其刺激植物发生了应激反应，使抗逆性增强。同时从图 4-10 中可见，大部分处理浓度下的 CAT 活性随植株生长而升高。

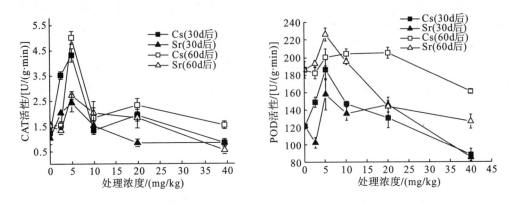

图 4-10　Cs、Sr 处理对苏丹草 CAT、POD 活性的影响

　　图 4-10 表明，植株生长 30d 后，随着 Cs 处理浓度的增加，POD 活性先升后降，最大值在处理浓度为 5mg/kg 处，比对照上升了 52.5%，最小值在 40mg/kg 处，比对照下降了 27.0%。随着 Sr 处理浓度的增加，苏丹草 POD 活性呈先下降再上升而后再下降的趋势，其最大值在 5mg/kg 处，比对照上升了 29.5%。Cs 和 Sr 各处理与对照达到差异极显著水平（$P<0.01$）。生长 60d 后，Cs 各浓度处理下的 POD 活性均升高，与 30d 相比差异极显著（$P<0.01$）。除 20mg/kg 外，其余 Sr 处理浓度下，苏丹草生长 60d 后的 POD 活性都高于 30d 的。可见，无论是 Cs 还是 Sr，高浓度处理下的苏丹草 POD 活性受到抑制，低浓度处理下的 POD 活性增高。

　　为了对 Cs、Sr 含量与苏丹草各生理指标进行相关性分析，分别对 Cs、Sr 处理下，苏丹草生长 60d 后的元素吸收总含量、MDA 含量、叶绿素含量、POD 活性和 CAT 活性各项指标进行相关性分析，发现苏丹草体内 Cs 含量与 MDA 含量呈正相关（$r=0.8963$，$P<0.01$），说明 Cs 使植物膜结构受损，产生了膜的脂质过氧化，使 MDA 含量增加。Sr 含量与叶绿素含量呈负相关（$r=-0.9368$，$P<0.01$），其原因可能是 Sr 会改变植物体内叶绿素合成酶构象，使得叶绿素合成被抑制。Sr 处理下的 MDA 含量与 POD 活性呈负相关（$r=-0.9196$，$P<0.01$），说明在 Sr 高浓度时，POD 受到抑制，其活性降低导致植物生物膜结构破坏，膜的脂质过氧化程度变强，进而 MDA 含量增加。其余指标之间的相关性未达到显著水平。

　　植物在逆境中会产生过量的活性氧，这些性质活跃的活性氧使得植物细胞受到氧化性损伤。但植物体内的 CAT 和 POD 作为酶促系统的重要抗氧化酶，它们相互协作使活性氧保持在较低水平。试验表明，低浓度 Cs 或 Sr 处理对苏丹草的 CAT 和 POD 活性有刺激作用，CAT 将植物体内产生的 H_2O_2 降解成 H_2O 和 O_2，POD 也对 H_2O_2 进行清除，并且有研究发现，逆境下的植物体内形成的部分有毒物质也能通过 POD 被氧化成无毒物质。但高浓度处理使 CAT 和 POD 活性受到抑制，细胞受到损伤。

4.2.2　Cs 和 Sr 单一胁迫对蚕豆苗生理生化的影响

用 Sr 和 Cs 处理蚕豆苗，进行吸收试验。Sr 和 Cs 处理液以 Hoagland 营养液为基础，加入 0mmol/L（CK）、0.5mmol/L、1mmol/L、5mmol/L 和 10mmol/L 的 Sr 或 Cs，每个处理 3 次重复。处理 7d 后，分别取相同部位的组织，进行叶片和根系的活力、MDA 和可溶性糖含量的测定。

1. Cs 和 Sr 单一胁迫对蚕豆 MDA 含量的影响

从图 4-11 可以看出，在所设浓度范围内，随核素浓度的上升，蚕豆苗叶片中的 MDA 含量增加，均高于对照。MDA 是脂质过氧化分解的产物，在一定胁迫强度内，叶片细胞的各种保护机制使得 MDA 含量维持在一定的水平，但胁迫强度超过特定数值后，细胞内代谢失调，自由基积累，脂质过氧化作用加大，MDA 含量升高，说明在所设浓度梯度足以对蚕豆苗叶片产生伤害作用，核素浓度越大，对蚕豆苗的伤害程度也越大。同时也可看出，蚕豆苗叶片对 Cs 较为敏感，在相同浓度下，蚕豆苗富集 Cs 后产生了较多的 MDA，说明 Cs 对蚕豆苗叶片细胞造成的伤害大于 Sr。当营养液中核素浓度达到 10mmol/L 时，蚕豆苗叶片中的 MDA 含量达到最高。而在蚕豆苗的根系中，发现随着核素浓度的上升，根系中的 MDA 含量与对照相比变化不大，说明两种核素在所设浓度范围内对蚕豆苗根系影响不大，但可认定所选核素对蚕豆苗叶片的伤害是很明显的。

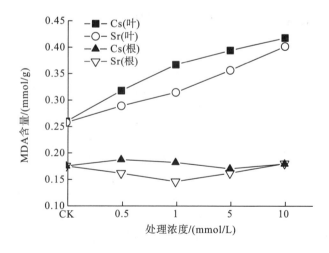

图 4-11　Cs 和 Sr 单一胁迫对蚕豆 MDA 含量的影响

2. Cs 和 Sr 单一胁迫对蚕豆可溶性糖含量影响

由图 4-12 可见，在所设浓度范围内，随着核素浓度升高，可溶性糖含量也随之增加。在核素浓度为 10mmol/L 时，达到最大值，分别为对照组的 2.41 倍（Cs 根），1.90

倍(Sr 根)，3.96 倍(Sr 叶)和 3.51 倍(Cs 叶)。可见，蚕豆苗在核素的胁迫下，体内的碳水化合物代谢发生了较大的改变，导致可溶性糖的增加，这种变化随着核素浓度的升高，更加明显。这表明核素对蚕豆苗植株的生理生化系统造成了伤害，才使得蚕豆苗为抵制这种伤害，加大了可溶性糖的积累。其中，Cs 处理的可溶性糖含量低于 Sr 处理的可溶性糖含量，尤其是在叶片中，说明核素 Sr 对蚕豆苗可溶性糖含量的影响比核素 Cs 更大。

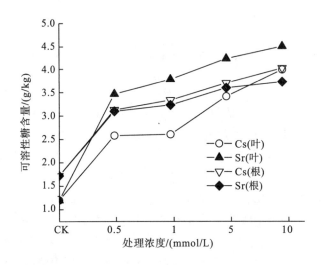

图 4-12　Cs 和 Sr 单一胁迫对蚕豆可溶性糖含量的影响

4.2.3　Cs 和 Sr 对鸡冠花幼苗生理生化的影响

以 Hoagland 营养液为介质，分别加入 0mmol/L(CK)、0.1mmol/L、0.5mmol/L、1.0mmol/L 和 5.0mmol/L 的 Sr 或 Cs，制备 $SrCl_2$ 和 CsCl 处理液。把培养鸡冠花幼苗的营养液更换为 $SrCl_2$ 和 CsCl 处理液，每处理 10 株，3 次重复。处理 7d 后，取植物的第三片叶进行叶绿素和 MDA 含量的测定。

图 4-13 显示，在 Cs 和 Sr 胁迫下，随两种处理浓度的增加，鸡冠花幼苗叶绿素含量均呈先升再降趋势，且最低值都出现在 5.0mmol/L 处。在 5.0mmol/L 浓度下，Cs 处理比对照显著下降 39.7%，Sr 处理比对照显著下降 29.8%($P<0.05$)。这说明随浓度的提高，Cs、Sr 对鸡冠花幼苗叶绿素总含量的抑制作用加强。

从图 4-14 可以看出，Cs 和 Sr 各处理下的鸡冠花幼苗 MDA 含量均随浓度升高呈先降后升趋势，两种处理下的最大值均出现在 5.0mmol/L 处，分别较对照显著上升 43.3% 和 27.4%。在相同浓度下，Cs 对幼苗叶片细胞造成的伤害大于 Sr，表明鸡冠花幼苗叶片对 Cs 较为敏感。

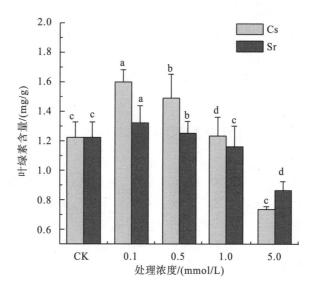

图 4-13　Cs、Sr 对鸡冠花幼苗叶绿素含量的影响

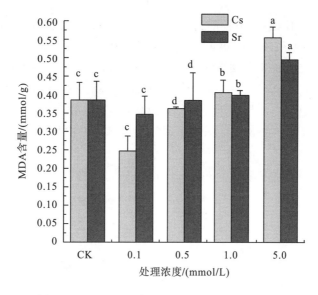

图 4-14　Cs、Sr 对鸡冠花幼苗 MDA 含量的影响

　　叶绿素是植物进行光合作用的主要色素。正常情况下叶绿素代谢保持动态平衡，但在高强度的逆境下，这种平衡会被打破，导致叶绿素含量发生变化。本研究表明，当 Cs 和 Sr 浓度为 0.1mmol/L 和 0.5mmol/L 时，叶绿素总含量高于对照，说明在低浓度 Cs 和 Sr 对叶绿素的合成有刺激作用。Cs 和 Sr 浓度大于 0.5mmol/L 时，叶绿素含量明显下降。

　　MDA 是脂质过氧化分解的产物，在一定胁迫下，叶片细胞的各种保护机制使得 MDA 含量维持在一定的水平，但胁迫强度超过特定数值后，细胞内代谢失调，自由基积累，脂质过氧化作用加大，MDA 含量升高。本研究中，MDA 含量均随 Cs 和 Sr 浓度升高呈先降后升趋势。当浓度大于 0.5mmol/L 时，鸡冠花幼苗 MDA 含量升高，说明在该浓度范围内的 Cs 和 Sr，对鸡冠花幼苗叶片产生了一定毒害。

4.3　木本植物对核素胁迫响应的生理生化特性

4.3.1　Cs 胁迫对康定柳生理生化的影响

本研究以康定柳为材料，取长约 12cm、粗细一致的幼苗进行水培处理，预培养 2d，再用改良的 Hoagland 营养液进行培养，培养液每盆 5L，每盆 5 株幼苗，每个处理梯度 3 盆。处理液用 CsCl 配制，Cs 处理浓度为：0μmol/L（CK）、50μmol/L、200μmol/L。处理过程中每 3d 更换一次营养液，处理 10d 后取样测定 SOD、POD、CAT、脯氨酸（Pro）、MDA 含量和叶绿素含量。

1. Cs 胁迫对康定柳 Pro 含量影响

Pro 是植物主要的渗透调节物质之一。植物受到胁迫时大量积累 Pro，有助于防止细胞脱水，保护细胞膜系统。由图 4-15 可以看出，Pro 积累量与处理浓度成正比，表现出增加的趋势。Cs 50μmol/L 处理组和 Cs 200μmol/L 处理组 Pro 积累量分别达到 2.65μg/gFW 和 6.07μg/gFW，与 CK 相比分别增加了 184.16% 和 549.62%。各处理组之间存在显著差异（$P<0.05$）。试验表明，不同浓度的 Cs 胁迫处理下，康定柳均受到不同程度的渗透胁迫，导致体内 Pro 大量积累以调节渗透势，保护膜系统。

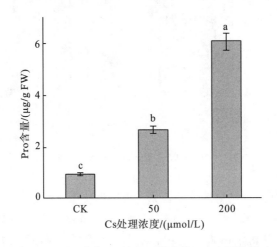

图 4-15　不同浓度 Cs 处理对康定柳 Pro 含量的影响

2. Cs 胁迫对康定柳抗氧化酶活性、MDA 含量的影响

由图 4-16（a）～（c）可以看出，在 Cs 高低浓度处理下，SOD、POD、CAT 活性均表现出先升后降的趋势，各组之间与 CK 差异显著（$P<0.05$）。浓度为 Cs 50μmol/L 的处理组

SOD、POD、CAT 活性达到峰值，分别为 CK 的 116.77%、131.79% 和 121.05%。而高浓度的 Cs 200μmol/L 处理组 SOD、POD、CAT 活性是 CK 的 87.89%、68.56% 和 69.29%。MDA 作为脂质过氧化作用的产物，是判断膜损伤程度的重要标志。如图 4-16(d) 所示，Cs 200μmol/L 处理组 MDA 含量达到最大值，为 CK 的 138.05%，且各处理组之间存在显著差异($P < 0.05$)。试验结果表明，低浓度 Cs 50μmol/L 诱导了康定柳体内大量 SOD、POD、CAT 的产生，以减轻氧化胁迫，而高浓度 Cs 200μmol/L 导致了康定柳抗氧化酶系统过氧化损伤，体内产生大量过氧化产物，脂质过氧化程度加剧。

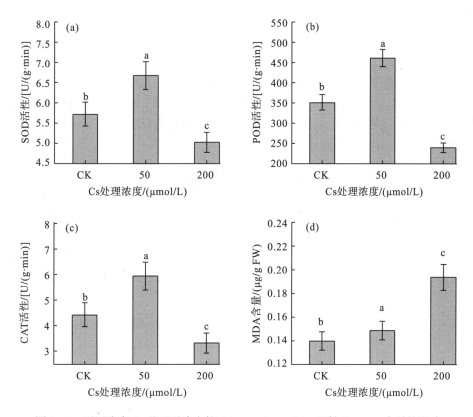

图 4-16　不同浓度 Cs 处理对康定柳 SOD、POD、CAT 活性及 MDA 含量的影响

张晓雪等(2010b)在对鸡冠花的研究中发现，低浓度 Cs 处理下植物生长情况与对照无差异，而高浓度的 Cs 会抑制植物生长，使植物叶绿素含量下降，MDA 含量上升。在本试验中，Cs 胁迫浓度增加，康定柳的正常生长受到不同程度的抑制，光合色素含量降低，生物量逐渐下降，抗氧化酶活性呈现出显著的先升后降的趋势，而 MDA、Pro 含量逐渐上升。这可能是由于 Cs 和 K 的化学性质相似，其取代了 K 进入到植物体内，对植物产生了氧化胁迫，引起脂质过氧化作用，抗氧化酶系统做出反应，同时康定柳体内积累 Pro 来调节细胞渗透压，防止细胞脱水，保护膜系统。安冰等(2011a)在小麦抗氧化能力对 Cs 胁迫响应的研究中也发现类似结果。

随着 Cs 胁迫浓度的增加，康定柳生物量、SOD、POD 和 CAT 活性均表现出先升后降的趋势，而 MDA 和 Pro 含量逐渐增加，表明在不同胁迫处理条件下，康定柳的抗氧化系统均受到了一定程度的破坏；植物通过提高渗透调节能力(Pro 含量)和抗氧化能力(SOD、POD、CAT 活性)应对低浓度胁迫，但高浓度胁迫却显著抑制了植株抗氧化系统的作用。此外，低浓度 Cs 处理对康定柳的光合色素含量、光合效率及生长有一定促进作用。

4.3.2　土壤 Cs、Sr 胁迫对麻疯树幼苗的影响

处理核素使用分析纯 CsCl、SrCl$_2$·6H$_2$O，分别以纯 Cs、Sr 计，对照组不添加任何核素。两种试验土壤(分为壤土和砂土)中分别拌有不同处理浓度的核素，平衡两周待其均匀分布，每处理 5 个重复分别装盆。麻疯树幼苗长到三叶期，选择长势一致、健壮、无病虫害的幼苗定植于 5L 塑料育苗盆中，每盆装有 4kg 匀质试验土壤，每盆一株幼苗。适时补充足够的水分，定时除去杂草，定时进行苗期生长观察和指标测定试验。土壤核素浓度如表 4-2，定植后各处理顺序如表 4-3。

表 4-2　土壤 Cs、Sr 浓度

胁迫浓度	Cs/(mg/kg)	Sr/(mg/kg)	Cs+Sr 复合/(mg/kg)
低	100	100	100Cs+100Sr
中	200	200	200Cs+200Sr
高	400	400	—

表 4-3　不同质地土壤处理顺序

序号	处理浓度/(mg/kg)	序号	处理浓度/(mg/kg)
对照	壤土+幼苗+0Cs	对照	砂土+幼苗+0Cs
LL1	壤土+幼苗+100Cs	LS2	砂土+幼苗+100Cs
ML1	壤土+幼苗+200Cs	MS2	砂土+幼苗+200Cs
HL1	壤土+幼苗+400Cs	HS2	砂土+幼苗+400Cs
对照	壤土+幼苗+0Sr	对照	砂土+幼苗+0Sr
LL3	壤土+幼苗+100Sr	LS4	砂土+幼苗+100Sr
ML3	壤土+幼苗+200Sr	MS4	砂土+幼苗+200Sr
HL3	壤土+幼苗+400Sr	HS4	砂土+幼苗+400Sr
FL1	壤土+幼苗+100Cs+100Sr	FS1	砂土+幼苗+100Cs+100Sr
FL2	壤土+幼苗+200Cs+200Sr	FS2	砂土+幼苗+200Cs+200Sr

1. Cs、Sr 单一及复合胁迫对麻疯树幼苗膜脂 MDA 的影响

图 4-17 为不同浓度 Cs 处理下的麻疯树幼苗 MDA 含量随时间的变化趋势。从图中可以看出，随胁迫浓度和胁迫时间的增加，幼苗叶片 MDA 含量在逐渐上升，壤土介质中，

低浓度处理 30d 时 MDA 含量变化很小，70d 时随时间延长迅速上升，120d 时受浓度影响较大，高浓度胁迫 MDA 达到最大值。砂土介质中 MDA 含量变化趋势和壤土介质基本一致，但对照组 MDA 含量随时间的延长也有微小的上升趋势，MDA 含量与胁迫时间成正比，高浓度 Cs 胁迫时，MDA 变化率最大。

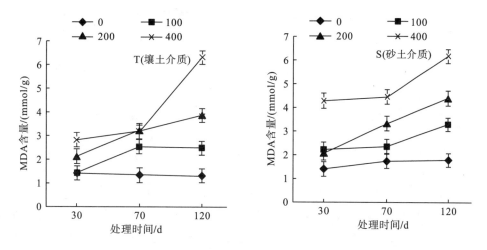

图 4-17　不同土壤中不同浓度 Cs 处理对麻疯树幼苗 MAD 含量的影响

　　由图 4-18 左图显示，在壤土介质中，低浓度 Sr 胁迫时，MDA 变化不显著，与对照基本一致，随着浓度升高，MDA 含量迅速增加，且与胁迫时间成正比。在砂土介质中，高浓度 Sr 胁迫时，随时间增加，MDA 逐渐上升，与对照组差异极显著。在低浓度和中浓度 Sr 胁迫下，MDA 含量随时间延长呈较小上升趋势，但处理浓度间 MDA 含量差异不显著。

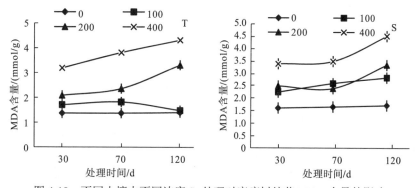

图 4-18　不同土壤中不同浓度 Sr 处理对麻疯树幼苗 MAD 含量的影响

　　由图 4-19 得出，在壤土介质中，Cs、Sr 复合胁迫处理 30d 与对照相比，MDA 几乎没有变化，70d 后 MDA 含量逐渐上升，120d 达到最大值，且复合浓度越大，MDA 含量越高。在砂土介质中，随着处理时间的变化，MDA 含量一直在增加，且显著高于对照，不同复合处理浓度间 MDA 含量差异不显著。

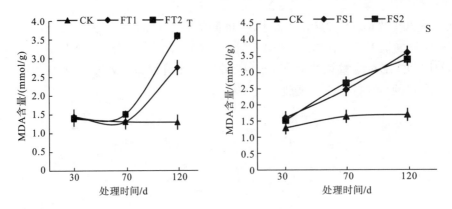

图 4-19　不同土壤中不同浓度 Cs、Sr 处理对麻疯树幼苗 MAD 含量的影响

2. Cs、Sr 单一及复合胁迫对麻疯树幼苗 Pro 含量的影响

由图 4-20 可以看出，不同浓度 Cs 处理下的麻疯树幼苗叶片 Pro 含量随时间的变化逐渐增加，处理 30d 时，各浓度间 Pro 含量差异不显著，处理 120d 时，Pro 含量与处理浓度成正比例。在两种土壤介质中，Pro 含量变化趋势基本一致，砂土处理 70d 时，Pro 含量与处理浓度差异显著，且在处理时间内，砂土介质 Pro 含量增幅大于壤土介质。

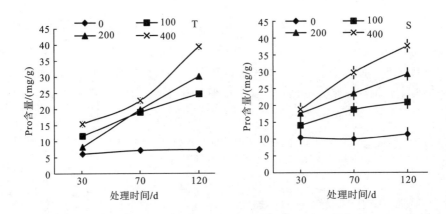

图 4-20　不同土壤中不同浓度 Cs 处理对麻疯树幼苗 Pro 含量的影响

由图 4-21 看出，在壤土介质中，对照组 Pro 含量基本稳定，且含量处于最低水平，随着 Sr 处理浓度的增加，Pro 含量逐渐升高，且与胁迫时间成正比，在胁迫 120d 时达到最大值，比 30d 时分别高出 85.29%、201.41% 和 100.01%，但处理浓度间 Pro 含量差异不显著。在砂土介质中，叶片 Pro 含量与浓度和处理时间均成正比，且处理间 Pro 含量差异显著。

由图 4-22 可以看出，不同浓度 Cs、Sr 复合处理对麻疯树幼苗叶片 Pro 含量有显著的影响，在壤土介质中，处理 30d 时，不同浓度间变化不显著，随着处理时间的延长，Pro 积累量逐渐增加，且与浓度成正比，在 120d 时与对照组 Pro 含量差异达到极显著水平。在砂土介质中，Pro 含量与复合处理时间和浓度均成正比。

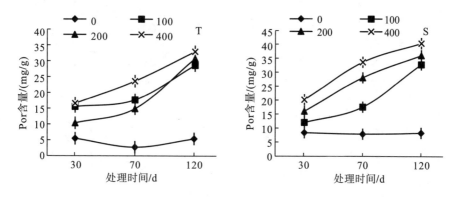

图 4-21　不同土壤中不同浓度 Sr 处理对麻疯树幼苗 Pro 含量的影响

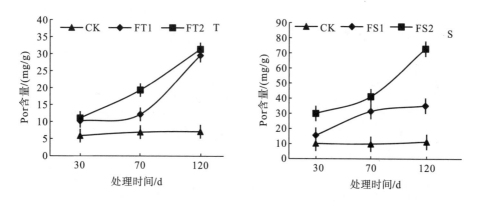

图 4-22　不同土壤中不同浓度 Cs、Sr 处理对麻疯树幼苗 Pro 含量的影响

3. Cs、Sr 单一及复合胁迫对麻疯树抗氧化酶系统的影响

由图 4-23 可以看出，不同浓度 Cs 处理对麻疯树幼苗 POD、SOD、CAT 活性影响，对照组在处理时间内 POD、SOD、CAT 活性都处于稳定状态。在壤土介质中，低浓度 Cs 处理下的 SOD 活性随着胁迫时间延长先降低后升高。随着处理浓度升高，POD、SOD、CAT 活性先升高后降低，高浓度胁迫下活性迅速下降，且随着时间的延长，下降幅度逐渐增加，而 SOD 活性变化最显著。在砂土介质中，低浓度 Cs 处理下的 POD、SOD、CAT 活性随着胁迫时间延长逐渐上升，而在高浓度 Cs 处理下，3 种抗氧化物酶活性随时间先上升后下降，且 POD 活性变化最显著。

由图 4-24 看出，壤土幼苗在不同浓度 Sr 处理下，POD、SOD、CAT 活性与浓度成正比，POD 活性与处理时间成正比，SOD 活性在高浓度时随时间变化先上升后下降，而 CAT 活性在低浓度时与胁迫时间成正比，在高浓度时与胁迫时间成反比。砂土介质幼苗 POD、SOD、CAT 活性随着胁迫浓度增大先上升后下降，低浓度胁迫时的活性与时间成正比，在高浓度胁迫下，POD 和 SOD 活性在胁迫时间内均先上升后下降，CAT 活性随时间延长而逐渐下降，但 3 种抗氧化物酶活性均高于对照组。

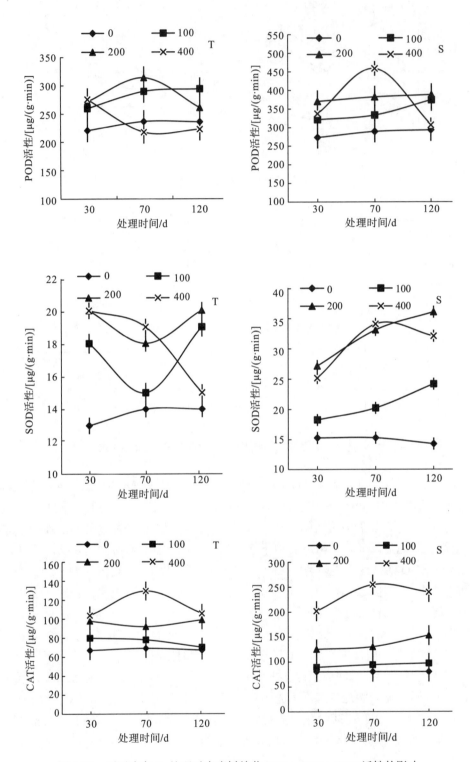

图 4-23　不同浓度 Cs 处理对麻疯树幼苗 POD、SOD、CAT 活性的影响

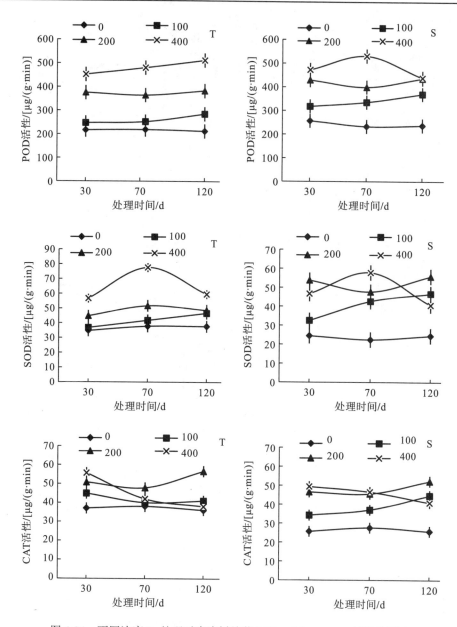

图 4-24　不同浓度 Sr 处理对麻疯树幼苗 POD、SOD、CAT 活性的影响

由图 4-25 可以看出，在 Cs、Sr 复合处理下，壤土介质中处理 30d 时的 POD 活性与浓度成正比，随时间延长 POD 活性先升高后降低；而 SOD 活性与胁迫浓度和胁迫时间成正比，在 120d 高浓度胁迫下，SOD 活性有微小的下降；CAT 活性在 30d 时变化不显著，在 70d 时随复合浓度升高活性逐渐升高，在 120d 时 CAT 活性迅速下降，但均高于对照组。在砂土介质中，胁迫 30d 时的 POD、SOD 活性与浓度成正比，低浓度胁迫下的 POD 活性先升高后降低，高浓度复合胁迫的 POD 活性变化极小；高浓度复合胁迫 120d 时的 SOD 活性低于低浓度复合胁迫；胁迫 30d 时的 CAT 活性与对照差异不显著，随胁迫时间延长，CAT 活性先升高后降低。

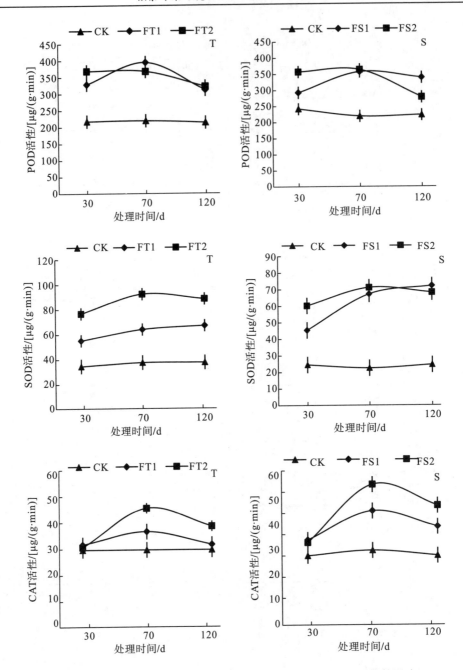

图 4-25　不同浓度 Cs、Sr 对麻疯树幼苗 POD、SOD、CAT 活性的影响

4. Cs、Sr 单一及复合胁迫对麻疯树幼苗叶片电导率的影响

图 4-26 为不同浓度 Cs 处理对麻疯树幼苗电导率的影响,在壤土介质中,电导率与胁迫浓度和胁迫时间成正比关系,胁迫 30d 时各处理下的电导率和对照组差异不显著;在砂土介质中,胁迫 30~70d 内各处理下的电导率变化不显著,120d 时各处理下的电导率迅速上升,与对照差异呈极显著水平。

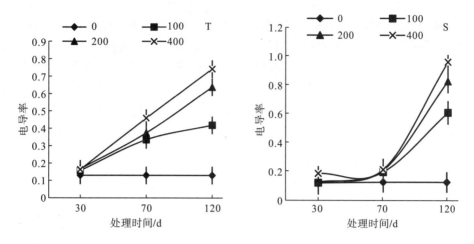

图 4-26　不同土壤中不同浓度 Cs 处理对麻疯树幼苗电导率的影响

由图 4-27 看出，在壤土介质中，不同浓度 Sr 处理下的幼苗叶片电导率在 30d 时，各处理差异不显著，之后开始迅速上升，在 120d 时达到最大值，与对照差异极显著($P<0.01$)，而处理间差异不显著($P>0.05$)。在砂土介质中，不同浓度 Sr 处理下的电导率与胁迫时间和浓度成正比关系，在 120d 时，各处理下的电导率差异显著，均达到最大值，且都与对照组差异显著。

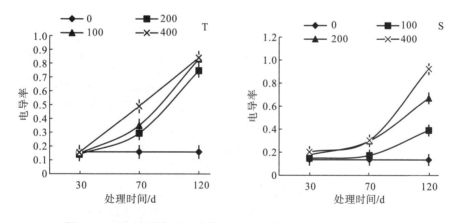

图 4-27　不同土壤中不同浓度 Sr 处理对麻疯树幼苗电导率的影响

由图 4-28 可以看出，在壤土介质中，不同浓度 Cs、Sr 复合处理 30d 时的电导率值均高于对照，处理间差异不显著，70d 时电导率值迅速升高，胁迫 120d 时分别达到最大值，与处理浓度成正比，与对照形成极显著差异。在砂土介质中，电导率的变化趋势和壤土介质处理下基本一致，胁迫 70d 时处理间差异显著。

植物生理生化指标的变化可作为植物对逆境环境的适应性反映，表现得比形态指标更为迅速直观，因此作为植物体内部分生理生化物质含量的变化，可以反映作物受伤害的程度。在 Cs、Sr 单一胁迫和 Cs、Sr 复合胁迫处理下，随处理浓度和时间的变化，麻疯树幼苗叶片 MDA 含量呈先降后升趋势，Pro 含量逐渐增加，POD、SOD 和 CAT 活性均呈先升再降趋势。产生这些现象的原因可能是低浓度的 Cs 和 Sr 对麻疯树幼苗有微小的应激诱导作用，促进其生长发育。高浓度的 Cs 和 Sr 进入麻疯树幼苗体内通过影响酶促生理活动，进而对植物的呼吸代谢功能产生不良影响，阻碍植株的正常生长。高浓度胁迫下随着时间延长，POD、SOD 和 CAT 活性迅速下降，说明长时间高浓度胁迫导致麻疯树幼苗体内自由基的产生和清除不平衡，从而出现自由基的积累，并由此引发或加剧了细胞的脂质过氧化，造成膜的损伤。

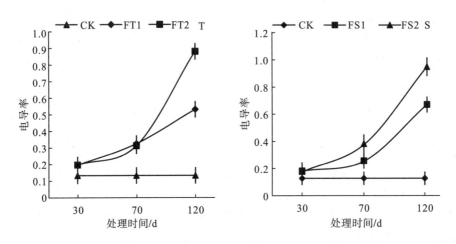

图 4-28　不同土壤中不同浓度 Cs、Sr 处理对麻疯树幼苗电导率的影响

在逆境胁迫下，植物细胞内活性氧自由基代谢失衡引起自由基的积累和脂质过氧化使膜系统的结构和功能受到损伤是造成细胞伤害的主要原因。Cs、Sr 可诱导自由基氧化性损伤，加剧植物体内脂质过氧化作用，使得膜上不饱和脂肪酸发生一系列活性氧反应。在一定胁迫强度内，细胞的各种保护机制使得 MDA 含量维持在一定的水平，在低浓度胁迫时，短时间内的 MDA 含量相对较低，但胁迫强度超过一定阈值后，细胞内代谢失调，自由基积累，脂质过氧化作用加大，MDA 含量随之升高。因此，在一定程度上，MDA 含量的高低可以表示细胞脂质过氧化的程度和植物对逆境条件反应的强弱。随着 Cs、Sr 浓度的增加和处理时间的延长，过多的 H_2O_2 不能被及时清除，可能质子化成毒性更强的 ·OH 自由基，对膜脂产生不可逆的过氧化伤害，这与 MDA 含量随 Cs、Sr 浓度增加而持续升高的结果相符。而在不同胁迫环境下，植物通过代谢活动增加细胞内游离 Pro 含量来降低渗透势，以缓解温度过低对其造成的伤害。在本试验中，低浓度胁迫 30d 时，麻疯树幼苗体内的游离 Pro 含量显著低于高浓度 120d 胁迫时的含量，这与阮成江和谢庆良（2002）对沙棘的研究结果一致，说明麻疯树体内高含量的渗透调节物质是通过调节细胞内渗透势缓解了 Cs、Sr 对它造成的伤害。

核素对植物的伤害与自由基的产生有关。自由基是指含有未配对电子的原子、原子团或特殊状态的分子，其中以活性氧自由基对生物体的危害最大。生物体主要通过抗氧化酶系统防御自由基损伤，此酶系统包括 SOD、CAT 和 POD。当核素污染时，产生大量自由基引起膜组分不饱和脂肪酸的过氧化，从而影响细胞膜的结构和功能，进而引起 DNA 损伤，改变 RNA 从细胞核向细胞质的运输。另外，活性氧自由基的累积可引发并加剧脂质过氧化作用，脂质过氧化的最终产物是 MDA，MDA 可与质膜内的氨基酸、蛋白质、不饱和脂肪酸等生物大分子发生反应，阻止新脂类的合成，使膜受到损伤，破坏膜的结构。所以，脂质过氧化作用一方面可引起 DNA 损伤，改变 RNA 从细胞核向细胞质的运输，同时也可影响细胞膜的结构和功能。因此，常把 MDA 含量作为反映脂质过氧化作用强弱的一个指标。本书主要总结了在核素污染条件下，各类型植物受到的脂质过氧化胁迫及抗氧化酶系统的变化特征。若要从更全面的尺度认识和探讨核素胁迫下植物的生理生化特征，则还需要进一步对植物代谢途径、呼吸作用、光合作用和激素活性等方面开展更深入的研究。

第5章 植物对污染土壤中核素的转运富集能力

对于受到放射性核素污染的土壤，以前大多采用物理或化学方法对其进行去污处理，但这样会改变土壤的原有结构，破坏土壤生态，花费大量的人力和财力，并有可能造成"二次污染"。而且，目前受到放射性污染的土壤大多具有土壤面积大与放射性核素剂量低的特点，上述物理化学方法不太适用。1983 年，美国科学家 Chaney 提出利用超积累植物清除重金属污染土壤的设想，随后这一"绿色修复技术"因具有安全、廉价的特点而成为国际上研究和开发的热点。植物修复技术具有不可替代的优势，不仅对土壤的干扰较少，能逐渐减少甚至清除其中的放射性核素，而且成本低，是修复剂量低、污染面积大的土壤和水体的有效技术。

植物提取修复效率的高低取决于超积累植物的根系吸收核素的能力及其向地上部转移的能力，与其生物量也有密切的关系。植物单株核素累积量为地上部分累积量与根系累积量之和，而累积量又为单位质量元素含量与生物量之积。其中，植物单位质量元素含量大小表明植物从土壤中吸收核素的能力强弱，核素污染水体和土壤进行植物提取修复的关键就是找到对放射性核素具有富集作用并且适应特定环境的积累型和超积累型植物(超富集植物)。超富集植物的筛选除了考察植物对污染土壤中污染物的耐性，即植物在污染土壤中的生长状况及其适应性外，还要更多地考虑植物对污染介质中核素的吸收、转运和富集能力，应测试筛选出的植物的修复效率，并综合植物自身、周围环境等因素来进行整体考虑，筛选出符合植物提取修复要求的超富集植物。

^{137}Cs 和 ^{90}Sr 是比较常见的放射性污染物，都是水溶性的长寿命金属核素，分别与 Ca、K 元素的化学性质相近。^{137}Cs 属于中毒性核素，是 β-γ 衰变核素，半衰期为 30.17 年。在核武器爆炸过程中产生的 ^{137}Cs 已经广泛分布在整个生物圈，而且由于它的迁移性和生理性使得它在几乎所有生物中都达到可检测的浓度。^{137}Cs 发射高能光子，因而测量简单。^{90}Sr 是纯 β-衰变核素，β-射线的最大能量为 0.546MeV。^{90}Sr 的半衰期为 28.5 年。有很多研究已证明，待测植物对稳定性的 ^{133}Cs 和 ^{88}Sr 及放射性的 ^{137}Cs 和 ^{90}Sr 吸收能力相同，有无放射性不影响植物对核素的吸收、转运和富集能力，因此 ^{133}Cs、^{88}Sr 分别作为 ^{137}Cs、^{90}Sr 的稳定性同位素，能很好地模拟 ^{137}Cs 和 ^{90}Sr 在植物-土壤系统中的迁移分布情况。

5.1　绿肥及花卉水培对 Cs、Sr 的吸收、转运及富集特性

已有研究表明，大多数植物对放射性核素的吸收量很低，因此筛选出对放射性核素具有较高富集能力的植物，使之将水体或污染土壤中的放射性核素有效地去除，是对受污染水体和土壤进行生物修复和治理的重要前提。

在植物核素及重金属胁迫试验中，水培试验是一种快捷、有效的试验方法，容易控制植物的生长条件并为植物创造良好的环境，并充分排除环境因素影响造成的实验误差。水培试验与土壤栽培试验存在差异，但二者的结果仍具有一致性，可有效模拟重金属向植物体内的迁移、富集过程。虽然将植物的根部浸没在含核素溶液中，会引起植物核素含量高于生长在土壤中的核素含量，但是仍然能够反映植物对核素的富集能力。因此，在超富集植物筛选中常用水培方法进行大量植物的初步筛选。

绿肥植物可以丰富土壤中的营养物质，直接增加土壤养分，还可提高磷酸盐和某些微量元素的有效性，改良土壤物理性状，提高土壤保水保肥性能。花卉资源相当丰富、利用潜力巨大，在用于土壤修复的同时，也能够美化环境，并且花卉属观赏性植物，不会进入食物链，可减少对人体的危害。因此，核素污染土壤修复的超富集植物筛选在绿肥和花卉植物中进行有重要应用价值。

5.1.1　水培体系绿肥及花卉对 Cs、Sr 的吸收特性

参试植物的种子，播种于装有珍珠岩的土壤中。待幼苗长至 5、6 片叶子时移栽至装有 1000mL Hoagland 营养液中培养 1 个月。1 个月后将 Cs、Sr 处理液以 Hoagland 营养液为基础，调整 Cs 和 Sr 的浓度为 1mmol/L，处理 7d 后收获植株并进行分析。

图 5-1(a) 列出了绿肥植物体内 Cs、Sr 的含量。总体来看，在 Cs 单一胁迫下，不同种类的绿肥对 Cs 的吸收能力有显著性差异($P<0.01$)，其中，红苋菜和蚕豆对 Cs 表现出较强的吸收能力，红苋菜和蚕豆吸收 Cs 的含量，地上部分别达到 6.08mg/gDW 和 2.06mg/gDW，根部分别达到 2.83mg/gDW 和 1.49mg/gDW。豌豆和莴苣对 Cs 的富集能力相对较弱。同一科属的绿肥植物对 Cs 的吸收能力也有不同。蚕豆、豌豆和大豆均为豆科植物，但它们对 Cs 的吸收能力却大不相同，蚕豆吸收 Cs 的能力明显强于豌豆和大豆，这可能与蚕豆具有发达的根系有关。

在 Sr 胁迫下，不同种类的绿肥对 Sr 的吸收能力也存在明显的差异，红苋菜表现出较强的富集能力，红苋菜地上部 Sr 的含量达到 1.34mg/gDW。同一豆科的 3 种植物，蚕豆、豌豆和大豆对 Sr 的富集能力也有所不同，蚕豆的地上部和根部 Sr 的含量仍高于豌豆和大豆。

从图 5-1(b) 可以看出，不同花卉吸收 Cs、Sr 能力不同。鸡冠花对 Cs、Sr 表现出较强的吸收能力，其地上部和根部 Cs、Sr 含量均高于其他花卉，同时其吸收 Cs 的能力强于对

Sr 的吸收能力。石竹对 Cs 的吸收能力最弱,地被菊地下部对 Sr 的吸收能力最弱。同属菊科的 4 种植物对 Cs 的富集能力也有所不同,菊科植物地上部和根部 Cs 含量大小顺序均为瓜叶菊>翠菊>地被菊>金盏菊。所有花卉均表现根部 Cs、Sr 含量高于地上部。

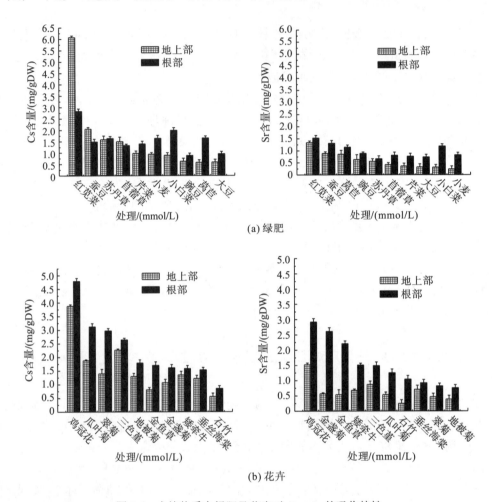

(a) 绿肥

(b) 花卉

图 5-1　水培体系中绿肥及花卉对 Cs、Sr 的吸收特性

5.1.2　水培体系中绿肥及花卉对 Cs、Sr 的转运及富集特性

从表 5-1 可以看出,不同植物对 Cs、Sr 转运能力不同,红苋菜、蚕豆和苏丹草富集 Cs 地上部大于根部,转运系数大于 1,说明这 3 种植物体内有较好的运输 Cs 的机制。其中红苋菜的转运系数最高,达 2.15,说明红苋菜不仅对 Cs 富集能力较强,而且能把吸附的 Cs 大部分转运到地上部,其体内可能存在良好的运输机制。

对 Sr 的转运情况不同,参试的 10 种绿肥植物的转运系数均小于 1,其中红苋菜、苏丹草、蚕豆、豌豆的转运系数为 0.72~0.88,红苋菜的转运系数最高为 0.88,同一豆科的 3 种植物的转运系数相比,蚕豆转运系数最高为 0.76,豌豆仅次之,大豆转运系数最小为

0.43。这说明同一科属的植物不仅对 Sr 富集能力不同，对 Sr 的转运能力也有所不同。

表 5-1　水培体系中绿肥及花卉的转运系数

花卉	垂丝海棠	三色堇	翠菊	鸡冠花	地被菊	矮牵牛	瓜叶菊	石竹	金鱼草	金盏菊
Cs	0.86	0.85	0.81	0.77	0.73	0.66	0.66	0.60	0.48	0.47
Sr	0.76	0.58	0.57	0.52	0.51	0.45	0.43	0.24	0.24	0.22

绿肥	红苋菜	苏丹草	蚕豆	豌豆	莴苣	苜蓿草	芹菜	大豆	小麦	小白菜
Cs	2.15	1.38	1.13	0.97	0.72	0.70	0.61	0.57	0.45	0.35
Sr	0.88	0.84	0.76	0.72	0.69	0.52	0.47	0.43	0.29	0.26

从表 5-1 中还可看出，不同花卉吸收运输和分配核素 Cs、Sr 情况不同，参试的花卉转运系数均小于 1，积累 Sr、Cs 的主要器官是根系，同时同种花卉普遍表现对 Cs 的转运系数大于对 Sr 的转运系数，表明花卉对 Cs 的转运能力强于对 Sr 的转运能力。同属菊科花卉对 Cs 的转运系数大小顺序为翠菊＞地被菊＞瓜叶菊＞金盏菊，对 Sr 的转运能力大小顺序为翠菊＞地被菊＞瓜叶菊＞金盏菊。其中金盏菊的根系对 Sr 积累能力较强，但是其转运系数最小，只把很少的部分转运到了地上部。在参试的花卉植物中，鸡冠花对 Cs 和 Sr 积累能力较强。

不同绿肥植物种类对 Cs、Sr 富集能力存在明显差异，但大体可以看出，对 Cs 富集能力较强的植物对 Sr 的富集能力也相对较强(个别植物除外)，同种绿肥植物种类的不同器官对 Cs 和 Sr 富集能力也各不相同。同一科属的植物对 Cs 和 Sr 富集能力不同，对 Cs 和 Sr 转运能力也不相同。通常富集植物吸收的重金属或放射性核素在体内的分布有两种情况：一种情况是大部分积累在根系；另一种情况是把根系吸收的重金属和放射性核素运输到地上部。在 Cs 的胁迫下，红苋菜和蚕豆表现出较强的富集能力，红苋菜和蚕豆富集 Cs 的含量，地上部达到 6.08mg/gDW 和 2.06mg/gDW，根部达到 2.83mg/gDW 和 1.49mg/gDW，红苋菜和蚕豆的转运系数均大于 1，说明二者也具有较强的运输能力。在 Sr 的胁迫下，红苋菜的转运系数为 0.88，蚕豆为 0.76，虽然二者转运系数没有超过 1，但是它们对 Sr 富集能力强于其他参试植物。由于放射性污染环境中 Cs 和 Sr 大部分情况下是同时存在的，所以在筛选过程中选取对 Cs、Sr 均具有一定富集能力的植物。同时蚕豆属豆科绿肥，其根系有固氮细菌共生，其对土壤有一定改良作用。综上所述，在所选的绿肥植物种类中，红苋菜和蚕豆有待进一步研究其富集机理和生理机制。

我国花卉资源相当丰富，达到数万种之多，在进行土壤修复的同时，也能够美化环境，而且花卉属观赏性植物，不会进入食物链，可减少对人体的危害。从试验结果可以看出，所选的花卉植物地上部和根部对 Cs、Sr 均有一定的积累，在 Cs 处理下，鸡冠花的地上部和根部积累的 Cs 的量高于其他花卉植物，对 Cs 富集能力较强，说明鸡冠花体内具有运输 Cs 的良好机制。在 Sr 处理下，鸡冠花和金盏菊的根系均表现出较强的积累 Sr 的能力，但鸡冠花地上部积累 Sr 高于金盏菊，而且金盏菊对 Sr 的转运能力较低，不符合富集植物筛选的标准。参试的花卉植物积累 Sr 主要部位均是根部，但相对来说，鸡冠花的地上部积累 Sr 的能力强于其他花卉植物。综合来看，不同花卉植物种类对 Cs 和 Sr 富集能力不同，同种花卉植物种类的不同器官对 Cs 和 Sr 富集能力也各不相同。鸡冠花对 Cs 和 Sr 积累能力相对较强，其富集机理有待于进一步研究。从表 5-1 可以看出，参试的花卉植物积累 Cs 的主要器官是根系，其中垂丝海藻的转运系数最高为 0.86。但从图 5-1 可以看到，该植物地上部和根系积累 Cs 的量远小于鸡冠花，而且鸡冠花的转运系数为 0.77，在参试植物中也相对较高。同一菊科花卉植物对 Cs 的转运系数也有所不同，其转运系数大小顺序为地翠菊(0.81)＞地被菊(0.73)＞瓜叶菊(0.66)＞金盏菊(0.47)。在所有参试花卉植物中，鸡冠花地上部和根部积累 Cs 的量最高，有待于进一步研究。

5.2　Cs、Sr 单一及复合处理模拟污染土壤对红苋菜富集能力的影响

人工配制不同 Cs、Sr 污染浓度的土壤以模拟单一核素不同污染程度的土壤及其复合污染土壤，Cs、Sr 处理浓度均为 0mmol/kg、0.1mmol/kg、0.5mmol/kg、1mmol/kg、5mmol/kg，复合污染为二者之和。采用盆栽方式研究不同 Cs、Sr 污染浓度单一及复合污染处理对红苋菜富集能力的影响。

5.2.1　Cs、Sr 单一及复合处理模拟污染土壤对红苋菜吸收和转运特性的影响

通过对红苋菜单一处理体内 Cs、Sr 含量测定得到表 5-2。

表 5-2　Cs、Sr 单一处理在红苋菜体内的吸收和分布

处理 /(mmol/kg)	Cs			Sr		
	地上部含量 /(mg/gDW)	根部含量 /(mg/gDW)	转运系数 (TF)	地上部含量 /(mg/gDW)	根部含量 /(mg/gDW)	转运系数 (TF)
0.1	0.130±0.24d	0.170±0.06d	0.74	0.120±0.04d	0.130±0.02d	0.93
0.5	0.460±0.06c	0.470±0.11c	0.96	0.160±0.12c	0.160±0.36c	0.98
1	0.910±0.32b	0.750±0.29b	1.21	0.220±0.13b	0.200±0.18b	1.08
5	1.820±0.17a	1.720±0.13a	1.06	0.310±0.25a	0.260±0.16a	1.22

注：结果代表平均值±标准误；转运系数(TF)为地上部含量/根系含量。不同小写字母表示 $P=0.05$ 水平差异显著。

从表 5-2 可见，在 Cs 单一处理下，红苋菜地上部的 Cs 含量随 Cs 浓度升高而增加，各处理间均达到极显著差异($P<0.01$)。红苋菜根部的 Cs 含量也随土壤中 Cs 浓度的升高而增加，各处理间均呈极显著差异($P<0.01$)。这说明 Cs 浓度的高低是影响植物体内 Cs 含量多少的重要因素。在 0.1mmol/kg 和 0.5mmol/kg 处理下，红苋菜地上部 Cs 含量均小于根部 Cs 含量，在 1mmol/kg 和 5mmol/kg 处理下，红苋菜的地上部 Cs 含量均大于根部 Cs 含量，其转运系数均大于 1。这说明，在高浓度下，红苋菜能较好地运输 Cs 到地上部。Sr 处理，红苋菜地上部和根部 Sr 含量均随处理浓度增加而升高。红苋菜各处理下的地上

部 Sr 含量存在显著性差异（$P<0.01$）。红苋菜各处理下的根部 Sr 含量，除 0.5mmol/kg 浓度和 1mmol/kg 浓度处理之间无显著性差异（$P>0.05$），其他处理之间均达到极显著差异（$P<0.01$）。从转运系数可知，在高浓度范围内，红苋菜转运核素到其地上部的能力较强。从试验结果来看，红苋菜积累 Cs 的能力明显强于积累 Sr 的能力。

通过对红苋菜复合处理体内 Cs、Sr 含量测定得到表 5-3。从表 5-3 可以看出，红苋菜在复合处理下对各处理间的 Cs、Sr 含量都存在极显著性差异（$P<0.01$）。这说明植株体内的 Cs、Sr 随着处理浓度的变化而呈显著变化。红苋菜地上部 Cs 含量大于根部 Cs 含量，其转运系数均大于 1，说明红苋菜对 Cs 转运能力较强。复合处理下的红苋菜地上部和根部 Cs 含量均低于单一处理下的红苋菜地上部和根部 Cs 含量，说明 Cs、Sr 复合处理对红苋菜吸收 Cs 有一定的抑制作用。对于 Sr 处理来说，在低浓度（0.1～0.5mmol/kg）处理中，红苋菜地上部 Sr 含量小于根部 Sr 含量，其转运系数均小于 1，复合处理下的红苋菜地上部和根部 Sr 含量均高于单一处理下的红苋菜地上部和根部 Sr 含量。这说明 Cs、Sr 复合处理对红苋菜吸附 Sr 有一定的促进作用。

表 5-3　Cs、Sr 复合处理在红苋菜体内的吸收和分布

处理 (mmol/ kg)	Cs			Sr			Cs+ Sr		
	地上部含量 /(mg/gDW)	根部含量 /(mg/gDW)	转运 系数 (TF)	地上部含量 /(mg/gDW)	根部含量 /(mg/gDW)	转运 系数 (TF)	地上部含量 /(mg/gDW)	根部含量 /(mg/gDW)	转运 系数 (TF)
0.1	0.124±0.14d	0.138±0.33d	1.42	0.140±0.04d	0.193±0.62d	0.73	0.264	0.331	0.80
0.5	0.354±0.36c	0.185±0.07c	1.91	0.202±0.15c	0.229±0.14c	0.88	0.556	0.414	1.34
1	0.720±0.31b	0.422±0.22b	1.71	0.260±0.92b	0.286±0.87b	0.93	0.980	0.708	1.38
5	1.156±0.17a	0.994±0.08a	1.16	0.343±0.25a	0.383±0.16a	0.90	1.499	1.377	1.09

注：结果代表平均值±标准误；转运系数(TF)为地上部分含量/根系含量；不同小写字母表示 $P=0.05$ 水平差异显著。

5.2.2　Cs、Sr 单一及复合处理模拟污染土壤对红苋菜积累特性的影响

通过对红苋菜体内 Cs 和 Sr 总含量和总生物量的测定得到图 5-2。在图 5-2(a)中，随着 Sr 处理浓度的增加，红苋菜的总生物量逐渐减少，但红苋菜体内积累的 Sr 含量逐渐增加，当 Sr 处于最高浓度 5mmol/kg 时，红苋菜总生物量最少为 8.77g，仅为对照的 66.91%，但红苋菜体内 Sr 积累量最高为 3.21mg/株 DW。除 5mmol/kg 处理外，其余处理与对照差异不显著（$P>0.05$）。红苋菜各处理下的 Sr 积累总含量差异达到显著性水平（$P<0.05$）。

由图 5-2(b)可见，随 Cs 处理浓度的增加，红苋菜总生物量在 0.1mmol/kg 和 0.5mmol/kg 处理时与对照无显著性差异（$P>0.05$），但在 1mmol/kg 和 5mmol/kg 处理时与对照差异极显著（$P<0.01$）。这说明低浓度的 Cs 对红苋菜总生物量影响不明显。0.5mmol/kg 处理的生物量最高为 13.35g/株 DW，红苋菜各处理下的 Cs 积累总含量达到显著性水平（$P<0.05$），并随处理浓度的增加，呈逐渐升高的趋势。当 Cs 处理浓度为 5mmol/kg 时，红苋菜积累 Cs 含量最高为 18.55mg/株 DW。这与 Sr 的积累规律相同，但相同浓度下，红苋菜对 Cs 积

累能力较强，远远高于对 Sr 的积累。

图 5-2(c)可见，随着 Cs、Sr 复合处理浓度的增加，红苋菜的总生物量呈逐渐递减的趋势，当浓度为 5mmol/kg 时，红苋菜总生物量最小，为 10.44g/株 DW，是对照的 79.27%。但对照的生物量与各处理间差异不显著($P>0.05$)，各处理间差异也不显著，说明 Cs、Sr 复合处理对红苋菜的总生物量影响较小。随着 Cs、Sr 复合处理浓度的增加，红苋菜体内 Cs、Sr 积累量也不断增加，而且各处理间差异极显著($P<0.01$)。同时，在 Cs、Sr 复合处理下，无论是高浓度还是低浓度处理均表现红苋菜对 Cs 的积累高于对 Sr 的积累。

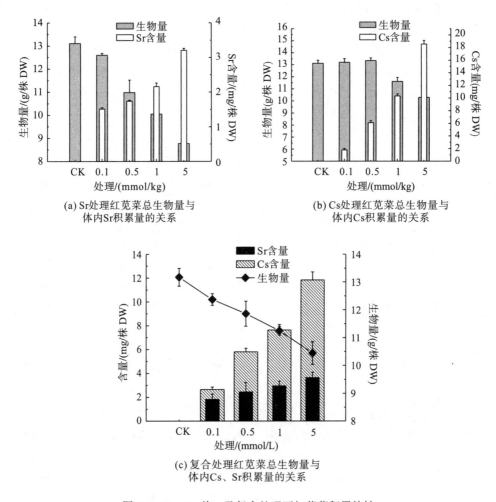

(a) Sr处理红苋菜总生物量与
体内Sr积累量的关系

(b) Cs处理红苋菜总生物量与
体内Cs积累量的关系

(c) 复合处理红苋菜总生物量与
体内Cs、Sr积累量的关系

图 5-2   Cs、Sr 单一及复合处理下红苋菜积累特性

5.2.3   不同介质中红苋菜对 Cs 和 Sr 富集情况比较

对不同介质水培和土壤盆栽中红苋菜对Cs、Sr富集情况进行比较得图5-3。从图5-3(a)可以看出，水培红苋菜地上部和根部对 Cs 的积累量远远大于盆栽红苋菜对 Cs 的积累量。这说明红苋菜在水溶液介质中，对 Cs 的积累能力更强。在水-土介质中，随着处理浓度的

增加，红苋菜对 Cs 的积累量也不断增加，浓度越高积累量就越大，红苋菜在这两种介质中的积累规律是一致的。水培红苋菜各 Cs 处理的转运系数均大于 1，盆栽红苋菜在高浓度 Cs 处理时其转运系数大于 1，低浓度 Cs 处理时转运系数小于 1。可以看出，水培红苋菜对 Cs 的转运能力强于盆栽红苋菜对 Cs 的转运能力。

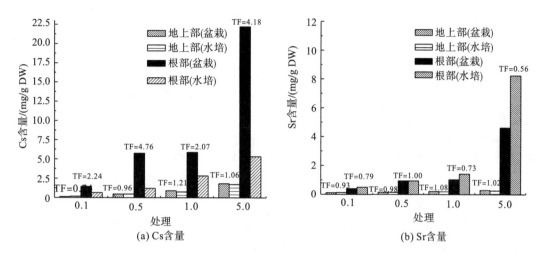

图 5-3　盆栽和水培红苋菜地上部和根部吸收 Cs、Sr 含量

从图 5-3(b) 可以看出，与积累 Cs 的规律一致，红苋菜在水溶液介质中对 Sr 的积累量高于在土壤介质中对 Sr 的积累量，说明红苋菜在水介质中对 Sr 的积累能力高于在土壤介质中对 Sr 的积累能力。在土壤介质中，红苋菜各处理的转运系数相对较高，为 0.93~1.08。在水介质中，红苋菜各处理的转运系数仅为 0.56~1，相比之下，虽然盆栽红苋菜对 Sr 积累量低于水培红苋菜对 Sr 的积累量，但盆栽红苋菜对 Sr 的转运能力强于水培红苋菜对 Sr 的转运能力，这一点与 Cs 处理恰好相反。

水培红苋菜对 Cs、Sr 的积累能力均强于盆栽红苋菜对 Cs、Sr 的积累能力，水培红苋菜对 Cs 的转运能力强于盆栽红苋菜对 Cs 的转运能力，但盆栽红苋菜对 Sr 的转运能力强于水培红苋菜对 Sr 的转运能力，这一规律两者恰好相反。

从研究结果来看，介质不同，红苋菜对 Cs、Sr 的积累能力也不同。水培红苋菜对 Cs、Sr 的积累能力均强于盆栽红苋菜对 Cs、Sr 的积累能力。原因可能是水培的环境简单，受外界影响较小，核素都是离子状态，其他离子含量较少，对植物吸收核素的影响小，并且直接和根系接触，便于植物的吸收。相对来说，土壤的环境比较复杂，除了核素影响以外，还有其他的土壤因素影响，如土壤微生物、土壤有机质含量、土壤含水量、土壤 pH、其他金属离子等，所以不同介质的内部环境不同，对植物吸收核素影响也不同。

5.3　植物对污染环境中 Co 的富集特性

人类的活动导致生态环境中核素的本底值不断增加(郑洁敏和宋亮，1996)。在核电站液态流出物中，核素 Co 是主要的成分之一(施仲齐，1984)。由于 ^{60}Co 常以放射源的形式存在，广泛应用于各行业。如农业上用于辐射诱变育种；工业上用于无损探伤、辐射加工消毒等。在这样广泛的应用过程中，核泄漏的事件时有发生。核素的废液排入环境后，部分会从土壤转移到其他生物体中，并进行不同程度的富集，甚至在人体中也会有一定的富集(曾娟等，2012)。由于过量的 Co 会损害人体健康，严重时可致畸致死。因此，探索对土壤 Co 污染的有效去除方法极为关键。

目前有关核素及重金属对植物的耐性研究方法主要有 3 种，即根伸长试验、种子发芽试验和早期植物幼苗生长试验。种子萌发时期的生长状况直接影响植物的生长量和生物产量，核素及重金属不可避免地影响到种子萌发、生长、产量等方面，研究核素及重金属污染在种子萌发阶段的影响具有更重要的现实意义。

Co 参与维生素 B_{12} 的合成，是人和动物所必需的微量元素之一，也是豆科植物固氮作用所必需的元素，浓度较低时对人体、动物、植物均有积极的作用。Co 元素不仅可以促进植物体内营养物质含量的增多，促进植物愈伤组织的生长，还可以提高植物的抗逆境能力，如对干旱、病虫害、低温的抵抗能力。有关实验结果表明，Co 在土壤溶液中浓度为 0.10～0.27mg/L、1.00mg/L、5.90mg/L 时分别对西红柿、亚麻、甜菜有毒害作用(Kabata，1984；Aery and Jagetiya，2000)。Co 浓度为 10mg/L 时可致农作物死亡。Rosbrook 等(1992)评述了土壤中微量元素化学与植物利用率的关系，土壤中含 Co 4(7)～40mg/kg 最为适宜，含 Co 低于 4(7)mg/kg 对植物生长发育有明显抑制作用。

种子萌发期的生长状况直接影响植物的生长。辛宝宝等(2012)研究发现，Co 浓度较低时，对参试的 9 个品种的黑麦草发芽时期的影响表现为促进，各种子的发芽率、发芽势以及发芽指数等用来评估种子生长的指标均显著高于对照，而当 Co 浓度升高至 50mg/L 时，表现出毒害作用，各生长指标明显降低，当 Co 浓度上升一倍时，种子生长受到严重抑制。由此可见，不同植物种类对 Co 的吸收及忍耐能力是不同的。对 Co 污染土壤的修复，必须了解植物种子对 Co 的吸收及忍耐能力，为植物修复 Co 污染奠定基础。

5.3.1　不同植物种子对 Co 的吸收积累特性

以 Co 处理浓度分别为 0mg/L(CK)、20mg/L、40mg/L、80mg/L、120mg/L 的溶液处理 36 种植物种子以研究不同植物种子对 Co 的吸收特性，对不同植物种子在不同 Co 浓度处理下的 Co 含量进行分析测定，得表 5-4。

表 5-4　不同植物种子在不同 Co 浓度处理下的 Co 含量　　　　(单位：mg/kg)

植物种类	Co 含量				
	0mg/L Co	20mg/L Co	40mg/L Co	80mg/L Co	120mg/L Co
绿豆	1.36±0.09	75.76±0.67	207.72±3.45	474.23±1.28	742.50±4.50
花生	15.98±0.27	23.71±0.29	28.45±0.53	58.13±1.24	79.10±0.65
豆薯	5.03±0.19	34.92±0.95	60.19±0.85	134.35±0.40	244.28±1.37
大豆	11.02±0.54	29.98±0.36	44.68±0.30	64.22±1.25	102.30±1.04

植物种类	Co 含量				
	0mg/L Co	20mg/L Co	40mg/L Co	80mg/L Co	120mg/L Co
蚕豆	0.68±0.09	19.90±0.49	36.22±1.00	89.13±0.52	133.61±3.36
紫云英	5.41±0.30	116.01±1.23	206.84±1.72	446.58±2.55	626.81±8.83
紫花苜蓿	25.16±1.31	726.15±3.65	1386.15±7.91	2651.85±29.07	4954.55±58.61
白三叶	84.50±0.18	677.84±8.18	830.14±2.80	1310.91±3.28	1615.25±4.76
高丹草	9.09±0.37	58.53±0.26	118.73±0.23	209.52±2.16	295.70±0.85
苏丹草	6.81±0.26	30.22±0.40	71.89±1.27	91.99±2.35	127.57±0.11
水稻	14.22±0.33	79.03±1.89	144.73±1.08	250.23±3.23	326.45±1.95
雀稗	10.05±0.09	243.01±0.98	453.42±1.41	848.40±12.27	1085.35±3.88
高羊茅	10.18±0.77	265.68±7.72	462.07±7.82	821.83±5.19	966.58±7.39
黑麦草	2.81±0.09	143.61±3.48	300.33±2.69	525.87±7.17	731.74±9.83
小白菜	8.06±0.10	304.43±0.72	606.41±1.70	1299.04±1.16	1835.67±0.61
上海青	29.33±0.30	510.76±15.70	785.02±31.58	1542.20±20.41	2282.12±26.37
旱金莲	8.36±0.23	36.05±0.41	79.58±0.62	120.18±0.44	202.71±2.37
满天星	15.67±0.34	480.70±5.15	1144.98±5.73	1889.93±11.97	2314.35±11.29
石竹	1.57±0.16	11.84±0.78	21.71±2.01	47.38±2.83	68.75±5.77
莴苣	6.67±0.37	24.57±3.82	80.26±0.80	114.46±0.92	152.03±0.83
菊苣	3.04±0.47	40.85±3.45	89.42±2.96	132.43±1.37	149.29±3.081
辣椒	4.46±0.21	70.37±1.53	163.38±1.32	250.51±5.02	410.00±4.83
马蹄金	13.18±0.12	371.50±9.60	886.32±6.59	1358.39±5.69	1795.57±5.18
三色旋花	4.17±0.17	264.75±5.37	553.97±4.66	871.22±7.75	1343.39±4.55
芝麻	6.20±0.11	168.61±5.40	359.11±3.98	697.77±7.51	1088.72±3.41
凤仙花	74.58±4.02	306.94±13.67	531.41±37.52	1053.83±48.45	1260.03±8.96
驱蚊草	3.61±0.10	7.92±0.38	12.95±0.97	27.62±1.53	57.58±3.01
豌豆	13.30±0.31	15.93±0.41	23.46±0.82	44.97±2.11	76.86±1.88
玉米	4.16±1.91	20.49±0.43	32.71±2.10	50.79±1.98	72.45±2.01
红豆	4.75±0.35	37.91±0.60	86.31±0.97	154.81±1.50	267.46±1.68
豇豆	5.75±0.94	36.30±0.79	71.03±0.43	162.78±0.87	244.36±0.91
蕹菜	9.97±1.94	70.93±1.54	153.63±2.31	378.43±1.97	581.63±1.91
甜高粱	8.02±0.19	186.35±1.49	248.63±1.61	419.16±1.99	530.75±1.24
萝卜	12.18±0.43	375.38±1.85	516.93±1.64	636.78±2.01	735.59±2.32
狼尾草	7.69±0.30	304.42±0.76	487.01±0.59	596.11±0.90	692.90±0.40
油菜	5.23±0.79	337.18±1.25	749.90±1.73	1348.11±2.25	2399.15±2.35

注：单位质量（干重）的植物中所含 Co 单质的量即为植物的 Co 含量，其值大小代表种子对培养皿中 Co 的吸收能力。

　　从表 5-4 可看出，随着 Co 处理浓度的增加，各供试植物种子中 Co 含量也随之显著增加。在 20mg/L 浓度处理时，各种子的 Co 含量可分为 5 个层次，其中最高的为紫花苜蓿和白三叶，Co 含量分别达到 726.15mg/kg 和 677.84mg/kg；其次为上海青和满天星，Co 含量分别为 510.76mg/kg 和 480.70mg/kg；第三层次为马蹄金、凤仙花、萝卜、狼尾草、油菜、小白菜，其 Co 含量在 304.42～375.38mg/kg；第四层次为高羊茅、雀稗、黑麦草、三色旋花、芝麻、甜高粱、紫云英。其余种类的 Co 含量均低于 80mg/kg，其中含量最低的为驱蚊草，其 Co 含量仅为 7.92mg/kg。在 40mg/L 浓度处理中，以紫花苜蓿和满天星 Co 含量最高，分别高达 1386.15mg/kg 和 1144.98mg/kg，其次为白三叶和马蹄金，最低的仍然为驱蚊草。在 80mg/L 浓度处理中，Co 含量最高的依然为紫花苜蓿，其含量高达 2651.85mg/kg，其余 Co 含量在 1000mg/kg 以上的种类包括白三叶、小白菜、上海青、满天星、马蹄金、凤仙花和油菜。在 120mg/L 浓度处理中，紫花苜蓿 Co 含量更高达 4954.55mg/kg，比最低含量的驱蚊草高出 86 倍，其余含量在 2000mg/kg 以上的是上海青、满天星和油菜，含量在 1000mg/kg 以上的是白三叶、雀稗、小白菜、马蹄金、凤仙花、三色旋花和芝麻，含量最低的依然是驱蚊草。

由此可见，在相同条件的 Co 胁迫下，不同植物对 Co 的吸收能力具有很大的差异，在供试的 36 种植物中，无论在何种 Co 处理浓度下，均以紫花苜蓿的 Co 含量最高，表明其对 Co 的吸收能力最强，次之为油菜、满天星、上海青、马蹄金、白三叶，Co 吸收能力最低的为驱蚊草、豌豆、玉米、石竹、花生。

植物种子 Co 含量只代表单位质量种子中所吸收 Co 的数量。但不同植物种子大小及其生物量有较大差异，因此单粒种子及种子萌发中单位面积种子所吸收 Co 的绝对量也是不同的。以种子 Co 含量与其生物量的乘积可代表植物单粒种子 Co 富集量，以相同大小培养皿能放置的种子数及其单粒种子 Co 富集量可代表单位面积种子对 Co 的富集量，并在此基础上可计算单位面积上植物种子对 Co 的吸收率，即单位面积种子的 Co 富集量/单位面积培养皿中加入的 Co 总量。

表 5-5　不同植物种子在不同 Co 浓度处理下的单位面积积累量及吸收率

植物种类	20mg/L Co		40mg/L Co		80mg/L Co		120mg/L Co	
	富集量/(μg/皿)	吸收率/(%/皿)	富集量/(μg/皿)	吸收率/(%/皿)	富集量/(μg/皿)	吸收率/(%/皿)	富集量/(μg/皿)	吸收率/(%/皿)
绿豆	54.30±0.52	45.25	162.93±2.68	67.89	368.19±0.99	76.71	496.07±3.48	69.90
花生	204.77±2.50	170.64	244.01±4.58	101.67	492.80±10.53	102.67	639.05±5.28	88.76
豆薯	135.60±3.71	113.00	260.96±3.69	108.73	429.24±1.28	89.43	731.85±4.12	101.65
大豆	163.25±1.97	136.04	243.76±1.63	101.57	325.83±6.37	67.88	474.02±4.83	65.84
蚕豆	108.31±2.68	90.26	183.69±5.08	76.54	479.56±2.84	99.91	705.29±17.77	97.96
紫云英	31.29±0.33	26.08	56.08±0.46	23.37	119.15±0.68	24.82	165.60±2.33	23.00
紫花苜蓿	119.35±0.60	99.46	224.09±1.28	93.37	366.92±4.02	76.44	500.37±5.91	69.50
白三叶	66.26±0.80	55.22	92.84±0.31	38.68	125.00±0.31	26.04	157.89±0.46	21.93
高丹草	74.96±0.37	62.47	162.86±0.33	67.86	306.55±3.25	63.86	445.75±1.29	61.91
苏丹草	21.46±0.28	45.08	50.51±0.89	21.05	65.56±1.68	13.66	95.81±0.08	13.31
水稻	55.99±1.33	46.66	106.98±0.80	44.58	188.92±2.44	39.36	261.14±1.56	36.27
雀稗	71.60±0.29	59.67	132.89±0.41	55.37	258.93±3.74	53.94	343.03±1.23	47.64
高羊茅	53.39±1.55	44.49	100.87±1.70	42.03	177.82±1.12	37.05	219.10±1.68	30.43

植物种类	20mg/L Co		40mg/L Co		80mg/L Co		120mg/L Co	
	富集量/(μg/皿)	吸收率/(%/皿)	富集量/(μg/皿)	吸收率/(%/皿)	富集量/(μg/皿)	吸收率/(%/皿)	富集量/(μg/皿)	吸收率/(%/皿)
黑麦草	66.49±1.61	55.41	144.01±1.29	60.00	252.37±3.44	52.58	348.95±4.69	48.47
小白菜	94.25±0.22	78.54	195.39±0.54	81.41	403.99±0.36	84.16	620.16±0.21	86.13
上海青	79.19±2.43	65.99	122.51±4.93	51.05	254.62±3.37	53.05	395.63±4.57	54.95
旱金莲	94.47±1.09	78.73	203.76±1.60	84.90	306.19±1.13	63.79	447.02±5.25	62.09
满天星	38.60±0.41	32.17	96.34±0.48	40.14	157.51±0.99	32.81	205.59±1.00	28.55
石竹	0.90±0.06	0.75	1.51±0.13	0.63	3.68±0.22	0.77	5.37±0.45	0.75
莴苣	6.68±1.04	5.56	21.99±0.22	9.16	34.29±0.27	7.14	47.13±0.26	6.55
菊苣	3.61±0.30	3.01	8.30±0.27	3.46	12.05±0.12	2.51	13.46±0.28	1.87
辣椒	59.19±1.29	49.32	139.42±1.12	58.09	218.14±4.37	45.45	374.18±4.41	51.97
马蹄金	86.66±2.24	72.22	207.93±1.54	86.64	333.02±1.39	69.38	431.73±1.24	59.96
三色旋花	33.12±0.67	27.60	63.10±0.53	26.29	97.38±0.87	20.29	115.26±0.39	16.01
芝麻	83.35±2.67	69.46	212.97±2.36	88.74	294.64±3.17	61.38	460.49±1.45	63.96
凤仙花	166.14±7.40	138.45	284.60±20.09	118.58	540.29±23.16	112.56	749.80±5.33	104.14
驱蚊草	1.31±0.06	1.09	2.06±0.15	0.86	4.08±0.23	0.85	7.44±0.39	1.03
豌豆	216.00±27.39	180.00	326.50±27.08	136.04	639.50±37.23	133.23	1157.25±55.46	160.73
玉米	204.65±16.45	170.54	333.25±25.36	138.85	533.50±24.03	111.15	798.50±27.41	110.90
红豆	136.50±10.02	113.75	337.25±27.19	140.52	617.40±33.49	128.63	1069.30±49.26	148.51
豇豆	98.75±9.87	82.29	203.60±19.87	84.83	512.30±20.46	106.73	770.40±24.37	107.00
蕹菜	112.95±11.40	94.13	245.85±20.34	102.43	609.15±33.99	126.91	942.74±38.23	130.94
甜高粱	158.20±12.67	131.83	216.65±17.64	90.27	375.60±18.97	78.25	478.25±20.55	66.42
萝卜	95.25±11.23	79.38	135.20±9.88	56.33	178.50±9.43	37.19	213.50±16.37	29.65
狼尾草	123.36±19.45	102.80	201.62±16.37	84.01	252.91±18.92	52.69	329.03±19.76	45.70
油菜	86.89±4.36	72.41	204.02±19.81	85.01	409.60±29.13	85.33	749.01±34.89	104.03

由表 5-5 可知，随着处理 Co 浓度的增加，相同植物种子对 Co 的富集量也随之增加，但其对 Co 的吸收率并不随之增加，甚至某些种子还有所下降，其表现与 Co 含量不同。在 20 mg/L 处理中，每皿富集量和吸收率最高的是花生、豌豆、玉米，每皿富集量分别为 204.77μg、216.00μg、204.65μg，每皿吸收率分别达到 170.64%、180% 和 170.54%；其次为豆薯、大豆、凤仙花、红豆、甜高粱和狼尾草，其吸收率均在 100% 以上；最低的为石竹和驱蚊草，其吸收率低于 1% 或在 1% 左右。其余各种类的每皿富集量和吸收率介于上述植物之间。在 40mg/L 和 80mg/L 处理中，花生、凤仙花、豌豆、玉米、红豆、蕹菜的 Co 吸收率均在 100% 以上，石竹和驱蚊草吸收率仍低于 1%。在 120mg/L 处理中，仅有豌豆、红豆的每皿富集量达 1000μg 以上。此外，吸收率在 100% 以上的包括豆薯、凤仙花、玉米、豇豆、蕹菜和油菜。

上述综合考虑，将36种植物种子富集Co的能力划分为以下6种类型：

种子Co高富集植物类型：130%，豌豆、红豆；

种子Co中高富集植物类型：100%~130%，花生、豆薯、凤仙花、豇豆、蕹菜、玉米；

种子Co富集植物类型：70%~100%，大豆、蚕豆、紫花苜蓿、小白菜、旱金莲、马蹄金、甜高粱、芝麻、狼尾草、油菜；

种子Co中低富集植物类型：50%~70%，高丹草、雀稗、黑麦草、上海青、辣椒、萝卜、绿豆；

种子Co低富集植物类型：5%~50%，紫云英、白三叶、苏丹草、水稻、高羊茅、满天星、三色炫花；

种子Co非富集植物类型：5%以下，石竹、莴苣、菊苣、驱蚊草。

5.3.2　不同植物种类对水体中Co的吸收、转运和富集特性

1. 不同植物种类对水体中Co的吸收特性

以野茼蒿、龙葵、牛膝菊、刀叶椒、草毛茛5种植物的幼苗在不同浓度Co处理(0mg/L、60mg/L、120mg/L、180mg/L、360mg/L)的Hoagland营养液中，自然光照下培养15d后收获并进行不同部位Co含量的测定，得表5-6。

表5-6　5种植物地上部及根部中的Co含量　　　　　　　(单位：mg/kgDW)

	Co浓度/(mg/L)	0	60	120	180	360
野茼蒿	地上部	1.56eE	693.11dD	2933.75cC	3155.56bB	9340.61aA
	根部	14.84eE	835.15dD	3419.66cC	5067.68bB	8441.17aA
龙葵	地上部	10.34eE	914.49dD	2047.17cC	3035.89bB	5448.61aA
	根部	12.68eE	1477.61dD	1831.95cC	2725.58bB	6259.70aA
牛膝菊	地上部	30.38eE	1455.32dD	3618.62cC	5148.94bB	7433.63aA
	根部	37.04eE	863.77dD	936.38cC	2420.80bB	3148.63aA
刀叶椒草	地上部	2.16eE	210.08dD	663.07cC	1284.31bB	3774.67aA
	根部	5.81dD	4200.67cC	4948.25bB	4996.99bB	6529.72aA
毛茛	地上部	11.72dD	1836.97cC	3950.68bB	4150.44aA	4223.00aA
	根部	18.61eE	2581.01dD	3885.33cC	5197.03bB	5775.69aA

注：同列不同小写字母表示同一植物在不同Co浓度时 $P < 0.05$ 水平差异显著，不同大写字母表示同一Co浓度下不同植物 $P < 0.01$ 水平差异极显著。

从表5-6可以看出，随Co浓度增加，各植物地上部、根部Co含量均增加，并达到极显著水平。当Co浓度为60mg/L时，野茼蒿地上部Co含量较对照增加了444.3倍，是增加量最多的植物，Co浓度为360mg/L时，野茼蒿仍然增加最多，是对照的5987.6倍；5种植物根部Co含量与其对照相比同样显著增加，其中刀叶椒草的增加量最多，当Co

浓度为 360mg/L 时可达对照的 1123.9 倍，表明刀叶椒草根部吸收 Co 的能力较强。当 Co 处理浓度相同时，比较 5 种植物地上部 Co 含量得出，毛茛在中低污染浓度时较高，牛膝菊在各污染浓度下均相对较高，野茼蒿和龙葵为中等水平，刀叶椒草地上部对 Co 的吸收能力较弱；比较 5 种植物的根部 Co 含量得出，刀叶椒草在各污染浓度下均较高，毛茛在中低污染浓度下较高，野茼蒿、龙葵较一般，牛膝菊则在各浓度下均相对较低。这表明不同植物的根部吸收 Co 的能力不同，根部 Co 含量高的植物其地上部 Co 含量不一定高。

2. 不同植物种类对水体中 Co 的转运和富集特性

进一步对 5 种植物不同部位的 Co 积累量进行计算，分析得图 5-4，从中可以看出随着 Co 浓度的增大，各植物的地上部、根部及单株积累量呈增大趋势，除刀叶椒草外，野茼蒿、龙葵、牛膝菊、毛茛 4 种植物的地上部积累量均显著高于根部，可见这 4 种植物从根部向地上部转移 Co 的能力较强，对刀叶椒草而言，Co 主要积累在其根部。5 种植物相比，当 Co 浓度为 60mg/L 时，龙葵的单株和地上部积累量均为最大，野茼蒿次之；由于积累量随 Co 处理浓度增大而增大，所以当 Co 浓度为 360mg/L 时，各植物各部位 Co 积累量均达到最大值，其中野茼蒿的单株积累量和地上部积累量均较其他 4 种高，分别为 13021.33μg/株和 11596.37μg/株，而根部积累量最大的是龙葵，为 1597.41μg/株。由此可见，野茼蒿和龙葵对 Co 的积累能力较强。

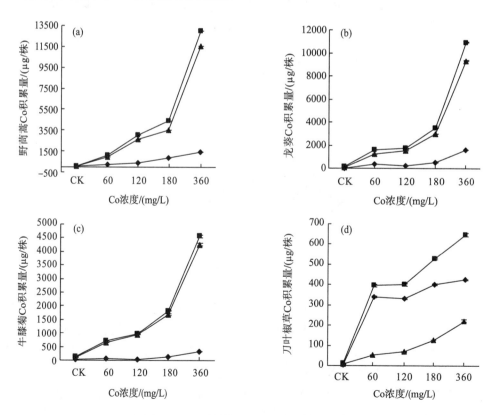

图 5-4　5 种植物各部位 Co 积累量的分布

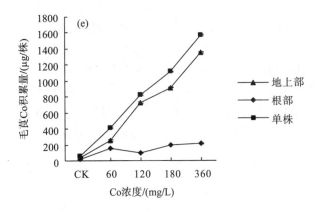

图 5-4(续) 5 种植物各部位 Co 积累量的分布

植物地上部 Co 含量与该植物根部 Co 含量的比值即为转运系数,能够反映 Co 在植物体内的运输与分配情况。从图 5-5 可以看出,随 Co 处理浓度的增加,野茼蒿、龙葵、牛膝菊、刀叶椒草和毛茛的转运系数均有不同程度的增加,可见这 5 种植物均有一定的 Co 转运能力。其中,牛膝菊在所有处理中转运系数均显著大于 1.5,并且在相同 Co 浓度下,牛膝菊的转运系数均显著高于其他 4 种,在 120mg/L 时,牛膝菊转运系数达到最大值 3.86。其余 4 种植物相比,龙葵在 Co 浓度为 120mg/L 时转运系数最大,且大于 1,为 1.12,毛茛其次,为 1.02。野茼蒿在浓度为 360mg/L 时的转运系数是最高的。综上所述,5 种植物从根部向地上部转运 Co 的能力:牛膝菊较高,野茼蒿、龙葵、毛茛次之,刀叶椒草较低。

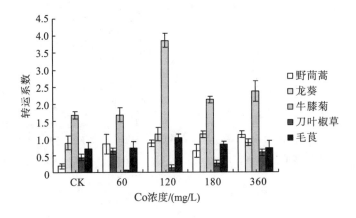

图 5-5 不同处理下各植物的转运系数比较

富集系数(BCF)指植物某部位某种重金属元素含量占土壤中该元素含量的百分比,富集系数越高,表明植物对 Co 的富集能力越强。由表 5-7 可知,各植物的富集系数在不同处理下的差异均达到极显著水平,大致表现为根部富集系数大于地上部的富集系数(牛膝菊除外)。就 5 种植物的地上部富集系数而言,随 Co 处理浓度的升高,野茼蒿、龙葵、牛膝菊和毛茛大致呈先上升后下降的趋势,刀叶椒草的地上部富集系数虽然逐渐增大,但其数值仍然较小,在 Co 浓度为 60mg/L 和 120mg/L 时,毛茛为最高,数值分别是 30.62、

32.92，牛膝菊次之，刀叶椒草最低；在 Co 浓度为 180mg/L 时，牛膝菊最高，其值为 28.61，毛茛次之，刀叶椒草最低；在浓度为 360mg/L 时，野茼蒿最高，值为 25.95，牛膝菊其次，刀叶椒草仍为最低。可见地上富集能力较好的是牛膝菊和毛茛，野茼蒿、龙葵较一般，刀叶椒草较差。对于 5 种植物的根部富集系数来说，随 Co 处理浓度升高，野茼蒿表现为先升高后降低，其余 4 种则大致呈下降趋势，当 Co 浓度相同时，刀叶椒草的根部富集系数较高，野茼蒿和毛茛其次。可见刀叶椒草根部吸收 Co 的能力较强，而向地上运输的能力较弱。

表 5-7　5 种植物对 Co 的富集系数

Co 浓度/(mg/L)		60	120	180	360
野茼蒿	地上部	11.55dC	24.45bA	17.53cB	25.95aA
	根部	13.92dC	28.50aA	28.15bA	23.45cB
	单株	11.96dE	24.94bC	18.92cC	25.65aA
龙葵	地上部	15.24bB	17.06aA	16.87aA	15.14bB
	根部	24.63aA	15.27cC	15.14dC	17.39bB
	单株	16.59aA	16.80aA	16.59aA	15.43bB
牛膝菊	地上部	24.26cB	30.16aA	28.61bA	20.65dC
	根部	14.40aA	7.80dC	13.45bA	8.75cC
	单株	22.70cB	27.25aA	26.31bA	18.90dB
刀叶椒草	地上部	3.50dD	5.53cC	7.14bB	10.49aA
	根部	70.01aA	41.64bB	27.49cC	18.14dD
	单株	19.73aA	19.56aA	16.35bB	14.50cC
毛茛	地上部	30.62bA	32.92aA	23.46cB	11.53dC
	根部	43.02aA	32.38bB	28.87cC	16.04dD
	单株	34.32aA	32.85bA	24.27cB	11.99dC

注：同列不同小写字母表示同一植物在不同 Co 浓度时 $P<0.05$ 水平差异显著，不同大写字母表示同一 Co 浓度下不同植物 $P<0.01$ 水平差异极显著。

3. 植物对 Co 的提取能力比较

植物对重金属的提取率是指植物中的金属积累量占土壤中该元素总量的百分比，可以用它来表示植物对重金属的提取能力。试验中的地上部提取率即盆中 3 株植物的地上部 Co 积累量与溶液中 Co 总量的比值，单株提取率即 3 株植物的单株 Co 积累量与溶液中 Co 总量的比值，结果见表 5-8。由表可知，5 种植物相比，当 Co 浓度为 360mg/L 时，单株和根部提取率最高的均是龙葵（分别为 30.38%和 4.44%），地上部提取率最高的是野茼蒿（26.24%）；当 Co 浓度为 120mg/L 和 180mg/L 时，单株、地上部以及根部 Co 提取率最高的均是野茼蒿，其地上部提取率最高可达 27.21%；当 Co 浓度为 60mg/L 时，龙葵单株、地上部 Co 提取率均是最高的，其中地上部提取率达到 20.61%。由此可见，Co 提取能力较高的是野茼蒿和龙葵。

表 5-8　5 种植物 Co 提取率的比较

		Co 浓度/(mg/L)	60	120	180	360
Co 提取率/%	野茼蒿	地上部	15.25dB	27.21aA	17.84cB	26.24bA
		根部	3.80aA	3.47bA	3.22cB	2.59dC
		单株	19.04dB	30.68aA	21.05cB	28.83bA
	龙葵	地上部	20.61bB	12.56dD	16.62cC	25.94aA
		根部	5.60aA	1.92dD	2.85cC	4.44bB
		单株	26.21bB	14.48dD	19.47cC	30.38aA
	牛膝菊	地上部	10.82bA	7.83dC	9.38cAB	11.83aA
		根部	1.20aA	0.30dD	0.79cC	0.86bB
		单株	12.02bA	8.14dC	10.17cBC	12.69aA
	刀叶椒草	地上部	0.89aA	0.57dD	0.70bB	0.62cC
		根部	5.69aA	2.76bB	2.23cC	1.18dC
		单株	6.59aA	3.33bB	2.93cC	1.80dD
	毛茛	地上部	4.27cC	6.02aA	5.08bB	3.75dD
		根部	2.56aA	0.85cC	1.10bB	0.59dD
		单株	6.83aA	6.87aA	6.17bB	4.35cC

注：同列不同小写字母表示同一植物在不同 Co 浓度时 $P<0.05$ 水平差异显著，不同大写字母表示同一 Co 浓度下不同植物 $P<0.01$ 水平差异极显著。

　　本试验结果显示，随 Co 浓度的增加，各植物地上部、根部 Co 含量均显著增加，与刘素萍和樊文华(2005)等研究的 Co 在番茄各部位的含量随 Co 施量的增加而显著增加的结果一致，也与许多学者研究的其他重金属的结论基本相同(王秀敏等，1999；樊文华等，1999；刘素萍等，2004)。5 种植物中除了牛膝菊以外，野茼蒿、龙葵、刀叶椒草、毛茛在各处理中大致表现为根部含量高于地上部，这与徐冬平等(2014)研究的蚕豆和 Garba 研究的牛筋草的根部 Co 含量大于地上部一致。另外，吴月燕等(2008)研究菖蒲、金叶菖蒲和散尾葵对重金属富集能力的比较也有类似结论，说明在多数植物中，Co 一般分布在根部。牛膝菊体内 Co 的分布主要在地上部，在植物中比较少见，可能是牛膝菊体内存在良好的运输机制，能把根部吸收的 Co 较多地运输到地上部，或是牛膝菊根系分泌特殊物质，促进植物对 Co 的吸收，这有待进一步研究。

　　元素转移系数用来表征植株向地上部转运重金属的能力，其值越大表示重金属在植物中的迁移能力越强；植物对重金属的积累是植物体内吸收与分配的结果，通常用富集系数来说明植物对 Co 的吸收和累积能力，富集系数越大则表明植物吸收重金属的能力越强。本试验结果显示，牛膝菊在中浓度 Co 处理时转移系数较高，同时其总富集系数也较高，可能是中浓度 Co 能促进牛膝菊体内的重金属转运机制(有待深入研究)，而高浓度处理影响了其正常生长从而减少了向地上部的转运。龙葵的 Co 吸收量较高，但转运和富集能力较一般，可能是其对 Co 的耐受性较好。野茼蒿的地上转运能力较差，但根部的富集效果较好，即使在高浓度下仍具有较高的富集能力，原因可能是 Co 与植物作用时，根系首先接触 Co，对其进行吸收，同时根细胞壁中存在大量交换位点，能将 Co 离子交换吸收或固定，从而阻止其进一步向地上部运输(陆引罡，2006)。刀叶椒草富集能力较差，可能是 Co 浓度升高抑制了其正常的生长和代谢，从而降低了 Co 耐受能力和吸收能力。

5.3.3　植物在不同 Co 处理浓度土壤中对 Co 的吸收特性

在 Co 浓度分别为 0mg/kg、60mg/kg 和 120mg/kg 的模拟污染土壤中种植 10 种植物，植物成熟后收获测定其不同部位的 Co 含量，得表 5-9。

表 5-9　植物在不同 Co 处理浓度土壤中各部位 Co 含量　　　　　(单位：mg/kg)

植物类型	0mg/kg Co			60mg/kg Co			120mg/kg Co		
	地上部	根部	单株	地上部	根部	单株	地上部	根部	单株
竹芋	11.24±0.33	5.36±0.02	16.60±0.32	26.85±0.23c	52.99±0.22b	79.84±0.24b	18.41±0.23d	76.41±0.16b	94.82±0.45bc
碰碰香	9.27±0.29	2.05±0.07	11.32±0.16	22.80±0.23d	12.63±0.06e	35.43±0.27c	36.27±0.84c	56.845±0.13b	87.22±0.17c
一串红	6.25±0.12	3.85±0.8	10.09±0.05	11.83±0.19f	13.89±0.04e	25.72±0.22d	30.41±0.23c	16.08±0.10d	46.49±0.24de
龙葵	7.07±0.10	3.62±0.08	10.69±0.09	35.89±0.16b	61.81±0.08a	97.70±0.17b	54.72±0.19b	65.74±0.07b	120.46±0.18b
牛膝菊	9.95±0.36	1.02±0.02	10.97±0.09	38.29±0.20a	15.46±0.10d	117.95±0.17a	57.22±0.10b	11.94±0.17d	65.45±0.20c
倒挂金钟	6.58±0.23	4.17±0.18	10.75±0.16	28.82±2.27b	19.48±0.68c	48.30±2.84c	183.10±0.71a	80.36±1.84a	263.46±2.41a
绿萝	3.53±0.05	1.29±0.1	4.82±0.04	29.89±0.39c	6.73±0.22f	36.62±0.61c	59.51±0.46b	14.68±0.49d	74.20±0.80c
常春藤	1.72±0.09	0.57±0.03	2.28±0.16	22.96±0.22d	10.64±0.02e	33.59±0.20c	52.16±0.53b	11.99±0.04d	64.15±0.50c
羽叶鬼草	0.56±0.01	0.53±0.02	1.09±0.02	16.48±0.15e	8.78±0.19f	25.26±0.34d	32.17±0.29c	21.46±0.49c	53.63±0.50c
紫罗兰	2.17±0.13	0.81±0.04	2.98±0.01	10.58±0.17f	3.49±0.16g	14.07±0.09e	20.96±0.18d	10.34±0.54d	31.30±0.44e

注：结果为 3 个重复的平均值。不同小写字母表示同一植物在不同 Co 浓度时 $P<0.05$ 水平差异显著。

10 种植物在不同处理下不同部位的干重 Co 质量浓度如表 5-9 所示。从表中可以看出，10 种植物多数表现为地上部和根系 Co 含量随浓度梯度升高而增加，各处理间均达到极显著差异($P<0.01$)。这说明土壤中 Co 浓度的高低是影响植物体内 Co 含量的重要因素，植物对 Co 的吸收和积累有土壤中核素多就多吸收、少就少吸收的特性，植物对土壤中 Co 有较强适应性。同时，在对照土壤中，10 种植物地上部 Co 含量均小于根系内 Co 含量，因而其转运系数均小于 1，但在 60mg/kg、120mg/kg Co 处理土壤中则表现不一致。

在对照土壤中，地上部 Co 含量最高的为竹芋，其次为牛膝菊、碰碰香，羽叶鬼草最低；根部 Co 含量也则是竹芋最高，次之为倒挂金钟，最低的依然是羽叶鬼草。在 60mg/kg

Co 处理土壤中，龙葵根部 Co 含量最高，是最低的紫罗兰的 17.7 倍，次之为竹芋。地上部 Co 含量则以牛膝菊最高，龙葵次之，最低的也为紫罗兰。在 120mg/kg Co 处理土壤中，根部 Co 含量以倒挂金钟最高，达 80.36mg/kg，次之为竹芋，最低的仍然为紫罗兰，其 Co 含量仅为 10.34mg/kg，仅为倒挂金钟的 12.87%。地上部 Co 含量最高为倒挂金钟，次之为龙葵，最低为紫罗兰。由此可见龙葵、牛膝菊、倒挂金钟吸收 Co 的能力较强，而紫罗兰最弱。

5.3.4　植物对 Co 的富集能力

根据 10 种植物不同部位的生物量和 Co 含量进行不同部位 Co 积累量的计算得表 5-10。从表 5-10 中可看出，随着 Co 浓度增大，各植物的地上部、根部积累量均呈升高趋势。在对照土壤中，地上部 Co 积累量均以紫罗兰为最高，绿萝次之，一串红最低；根部 Co 积累量则以绿萝最高，倒挂金钟次之，牛膝菊最低。在 60mg/kg Co 处理土壤中，地上部 Co 积累量以绿萝最高，次之为常春藤，一串红最低；根部 Co 积累量最高为龙葵，达到 195.45μg，最低依然为一串红。在 120mg/kg Co 处理土壤中，地上部 Co 积累量依然是绿萝最高，达到 88.26μg，次之为常春藤，竹芋最低，仅为 20.22μg；根部 Co 积累量最高的是龙葵，达到 269.11μg，次之为羽叶鬼针草和牛膝菊，最低的依然为一串红，仅为 34.95μg。由此可见，绿萝、龙葵对 Co 的富集能力较强，而竹芋、一串红富集能力较弱。

表 5-10　在不同浓度 Co 处理土壤中植物各部位 Co 积累量　　　　　（单位：μg）

植物类型	0mg/L		60mg/L		120mg/L	
	地上部	根部	地上部	根部	地上部	根部
竹芋	0.86±0.23d	0.77±0.04e	12.55±0.11e	63.93±0.26c	20.22±0.22f	120.22±0.25d
碰碰香	0.15±0.26e	0.29±0.19f	17.38±0.18d	33.93±0.15d	31.54±0.07e	92.25±0.24e
一串红	0.11±0.12e	0.73±0.17e	8.76±0.14f	29.24±0.08d	25.39±0.19f	34.95±0.21f
龙葵	0.19±0.11e	0.35±0.22f	29.21±0.13b	195.45±0.24a	47.70±0.16d	269.11±0.22a
牛膝菊	0.29±0.23e	0.16±0.16g	21.49±0.09c	65.45±0.20c	52.50±0.10c	178.86±0.17b
倒挂金钟	3.91±0.14b	8.71±0.16b	14.36±1.13e	33.56±1.16d	57.72±0.22c	146.68±3.36c
绿萝	5.89±0.07a	11.57±0.06a	39.91±0.51a	72.47±0.13b	88.26±0.68a	106.86±0.33e
常春藤	2.98±0.16c	6.19±0.30c	32.26±0.30b	72.47±0.13b	76.89±0.78b	106.86±0.33e
羽叶鬼针草	0.31±0.03de	5.01±0.20d	27.17±0.25b	64.75±1.39c	58.70±0.52c	181.72±4.16b
紫罗兰	6.02±0.08a	6.21±0.28c	23.80±0.38c	30.26±1.36d	52.06±0.45c	96.09±4.97e

注：不同小写字母表示同一植物在不同 Co 浓度时 $P < 0.05$ 水平差异显著。

5.3.5　植物在不同 Co 处理浓度土壤中对 Co 的转运特性

对 10 种植物在不同 Co 浓度处理土壤中的转运系数、富集系数进行计算分析得表 5-11。

由表可见，在 Co 处理下，除在对照土壤中的牛膝菊、竹芋转运系数大于 1 外，在其余浓度处理土壤中，10 种植物地上部 Co 含量均小于根系内 Co 含量，因而转运系数均小于 1。在 60mg/kg 处理土壤中，转运系数以绿萝最高，紫罗兰次之，龙葵最低。在 120mg/kg 处理土壤中，转运系数仍然以绿萝最高，一串红、常春藤次之，龙葵、竹芋最低。

在 120mg/kg 处理土壤中，绿萝地上部和单株富集系数大于 1，羽叶鬼针草单株富集系数大于 1，其余植物地上部富集系数在高、低 Co 浓度作用下均小于 1，特别是一串红无论在 60mg/kg 还是 120mg/kg 处理土壤中的地上部和单株富集系数均为最小，低于 0.3。由此表明，绿萝、羽叶鬼针草、紫罗兰对 Co 的转运和富集能力较强，而一串红则最弱。

表 5-11　在不同浓度 Co 处理土壤中植物转运系数及富集系数

植物类型	0mg/L			60mg/L			120mg/L		
	转运系数(TF)	富集系数(BCF)		转运系数(TF)	富集系数(BCF)		转运系数(TF)	富集系数(BCF)	
		地上部	单株		地上部	单株		地上部	单株
竹芋	1.12	0.49	0.01	0.20	0.21	0.45	0.17	0.24	0.52
碰碰香	0.52	0.88	0.80	0.51	0.34	0.41	0.34	0.52	0.82
一串红	0.15	0.32	0.41	0.30	0.13	0.21	0.73	0.23	0.26
龙葵	0.54	0.42	0.46	0.15	0.48	1.04	0.18	0.42	0.75
牛膝菊	1.81	0.41	0.42	0.33	0.34	0.42	0.29	0.47	0.54
倒挂金钟	0.45	0.21	0.27	0.43	0.22	0.28	0.39	0.48	0.59
绿萝	0.51	0.50	0.58	0.95	0.92	0.93	0.80	1.14	1.19
常春藤	0.48	0.18	0.21	0.45	0.51	0.62	0.72	0.50	0.53
羽叶鬼针草	0.26	0.12	0.19	0.42	0.46	0.58	0.32	0.76	1.04
紫罗兰	0.97	0.44	0.44	0.79	0.42	0.45	0.54	0.51	0.60

第6章 核素及重金属污染
土壤的植物修复强化技术

植物提取技术要求植物对多种污染物均有较强的富集能力，同时需具备地上生物量大、生长周期短、耐性强和适应性广的特点。因此，寻找对重金属具有超富集作用的植物是其应用关键所在，然而超富集植物并不是最适宜的修复植物。目前已发现的多数超富集植物的生物量特别是地上部的生物量较小，且植物根系不发达，同时生长较为缓慢，扎根较浅。这致使其地上部对重金属的转运量和富集量相对不高，修复治理的时间长，而且土壤因素以及污染物的毒性都可能限制超富集植物的应用。因此，单一利用植物对重金属污染土壤进行修复受多种因素的影响，往往效率低下。

影响植物修复效率的因素有很多，如植物种类、污染物存在的形态与性质、土壤性质等。研究认为，植物对重金属的代谢过程也是一个动态过程，在其生长的某一时刻，植物对重金属的吸收、排泄和积累有可能达到某一种平衡状态，但这种平衡状态并不能保持，植物生长条件的改变可能导致这个平衡随时被打破。同时，植物对重金属的积累并非是无限增加的，这是植物修复的主要制约因素之一，因而有必要采取一些强化措施以提高植物修复的效率。

6.1 植物修复强化技术的主要类型

土壤中核素和重金属的生物有效性低是制约植物修复技术发展的瓶颈。影响土壤中核素和重金属的生物有效性的因素众多，针对这些因素采取相应措施是提高植物修复效率的重要途径。这些技术措施能显著提高土壤中核素和重金属的生物有效性，从而进一步提高植物修复效率，被称为植物修复强化技术。核素和重金属污染土壤的植物修复采取的修复强化技术主要包括以下内容。

6.1.1 微生物-植物联合修复

在自然条件下，植物生长与根际微生物密不可分。植物的共生微生物对改善植物的矿质营养有着不可替代的作用。在重金属或放射性核素污染地带(尤其是尾矿)，往往缺乏植物必需的矿质养分，这些共生体系对于植物适应矿区恶劣环境从而保障植物修复的成功可能具有极其重要的意义。另外，共生微生物可能直接或间接参与元素活化与植物吸收过程，对于植物修复效果产生不可忽视的影响。事实上，应用植物-微生物共生体强化植物重金属耐性，以及提高污染土壤生物修复效率已经成为相关研究领域新的研究热点。在各类植物共生微生物中，菌根真菌是唯一直接联系土壤和植物根系的一类，在植物矿质营养与逆境生理中起着重要的作用，因而受到格外的关注。

6.1.2　农艺措施强化修复技术

农艺措施包括植物栽培过程中所采用的施肥、喷洒农药、灌溉、植物间套作、轮作、翻耕、刈割等。施肥是一种提高农作物产量与品质的传统农艺措施，可降低污染物在土壤中的流动性，改变土壤的理化特征，增加土壤中核素的生物有效性。施肥用于强化重金属污染土壤的植物修复时，可促进植物生长，提高植物生物量，进而提高植物累积重金属总量。肥料主要通过与重金属的相互作用，影响土壤对重金属的吸附解析，改变土壤重金属的形态，进而改变重金属在土壤中的活性，影响植物对其吸收、积累。在污染土壤经翻耕后，可以将深层重金属翻到土壤表层根系分布较密集区域，或适当地进行中根松土，这样既可促进根系生长发育又能改变污染物质的空间位移，促进植物与重金属的接触，从而提高植物修复效果。采取必要的搭配种植，间作或套种两种或两种以上超富集植物可缩短修复时间，提高修复效率。温度、光照、土壤水分、空气流通、热量等环境因素对植物生育期影响很大，利用植物对环境条件的反应，可以尽可能地缩短植物生育期从而缩短修复周期，如采取移栽育苗的方法可以缩短植物的生育期。

6.1.3　化学诱导强化修复技术

化学诱导强化修复技术是指通过向土壤中施加化学物质，来改变土壤重金属的形态，提高重金属的植物可利用性来提高重金属的去除效果。在化学诱导植物修复技术中，使用最多的化学物质是螯合剂，如酸碱类物质、植物营养物质、植物生长调节剂、共存离子物质、腐质酸、表面活性剂等。

螯合剂通常被作为专门的活化剂来使用，向土壤中添加螯合剂(如 EDDA、EDDS 等)能够活化土壤中的重金属，提高重金属的生物有效性，从而促进植物对重金属、核素的吸收。国内外一些研究者开始研究利用植物激素和螯合剂的共同作用来提高植物的修复效率。向土壤中添加螯合剂诱导植物修复的基本原理是扰动污染物在土壤液相浓度和固相浓度之间的平衡。当螯合剂投加到土壤后，其和土壤重金属发生螯合作用，能够形成水溶性的金属-螯合剂络合物，改变重金属在土壤中的赋存形态，提高重金属的生物有效性，进而可以强化植物对目标重金属的吸收。

表面活性剂是一种亲水、亲脂性化合物，可增加细胞的膜透性，其两亲性使之能与细胞膜成分中的亲水和亲脂基团相互作用，从而改变膜的结构和透性，促使植物对重金属的吸收。利用表面活性剂强化植物修复土壤重金属污染是建立在表面活性剂、重金属、土壤、植物四者之间的关系基础上的。

　　植物激素(phytohormone)是指在植物体内合成的,微量浓度就能产生显著的生理生化作用,并能从合成部位运送到作用部位的活性有机物。植物激素能缓解重金属-螯合剂的植物毒性,增加植物生物量,促进植物的生长发育。植物调控体内激素水平是其适应核素及重金属胁迫的重要方式。植物激素的研究也逐渐成为研究的热点,尤其是利用这些植物激素对抗各种逆境环境,在重金属、放射性核素胁迫方面的应用意义重大。

6.1.4　基因工程强化修复技术

　　基因工程强化修复技术被认为是改良植物对重金属耐性和富集能力的一条有效途径,并成为强化植物修复领域最具潜力的发展方向之一。基因工程强化修复技术是将金属螯合剂、金属硫蛋白、植物螯合肽(PCs)和重金属转运蛋白基因等转入超富集植物,能有效增加植物对核素和重金属的提取,从而提高植物修复的效率。

　　利用基因工程强化修复技术提高植物修复能力主要原理:

　　(1)通过提高修复植物的生物量来促进对重金属的吸收。通过基因工程将野生超富集植物的重金属富集基因转到现有的具高生物量的植物或作物中,可获得比传统育种方法更快的繁殖速度和更大生物量的植物。

　　(2)通过降低重金属对植物的毒性进行植物修复,一些金属离子可在植物体内通过形态的转化降低其本身的毒性。

　　(3)将细菌等的耐重金属或吸附重金属基因转导到修复植物中,以提高植物对重金属的耐性和抗性,增强修复效果。

　　(4)通过酶的表达来提高修复植物的耐性和抗性。

　　(5)将抗病虫基因整合到修复植物中,以提高修复植物的抗病虫能力。

6.1.5　其他强化修复技术

　　畜禽粪便等有机固体废物和有机废液,一方面可以改良土壤结构,增加土壤有机质含量与微生物活性,提高土壤保水、保肥的能力;另一方面,有机废物含有丰富的水溶性有机质(DOM),可以促使重金属从土壤表面解吸出来,从而提高其生物有效性。添加有机废物也可能带来一些风险,如带入病原菌等,因此,在使用之前必须经过严格的无害化处理。

　　植物修复的强化措施目前已见报道的有调控土壤 pH、添加特殊离子、添加有机物料、添加营养物质、植物基因改造、改变栽培方式、施加植物激素、施加表面活性剂、施加螯合剂、应用丛枝菌根真菌等。这些与超富集植物联合修复的方法主要是通过改变土壤环境的理化性质和肥力,影响土壤中核素及其伴生重金属在土壤中的存在形态,进而影响植物修复的效率。

　　现将本研究团队针对 Sr、Cs 和 Co 污染情况下采用各种强化修复技术进行污染土壤治理的研究实践总结如下。

6.2 植物激素强化修复技术研究

6.2.1 水培条件下植物激素处理对油菜富集 Cs、Sr 的影响

目前植物激素已经在农业生产上有广泛的应用。选取油菜、向日葵、红苋菜 3 种生长迅速、生物量大，易于收割，且具有较强生命力的植物为试验对象，外施天然的植物激素[生长素、赤霉素（GA）和水杨酸（SA）]及螯合剂进行单一和复合处理，拟筛选施加对逆境环境胁迫有缓解作用的植物激素，提高植物抗逆性，以期达到提高植物的生物量、强化植物对土壤中放射性核素的吸收和转运、提高富集力的目的，为清理核素、重金属，缓解金属污染，探索出一条修复污染较有效的新途径，并为经济有效的植物修复提供一些科学理论依据和实践参考。

将 $Sr(NO_3)_2$、CsCl 溶液（浓度均为 10mg/L）加入 Hoagland 全营养液中形成 Cs、Sr 复合污染液，将 14d 苗龄的油菜在污染溶液中培养 15d 后，分 2 次，每次间隔 5d，在油菜叶表面连续喷施 2 次植物激素，共 3 种激素，每种激素 3 种浓度[生长素吲哚乙酸（IAA）浓度 10mg/L、100mg/L、1000mg/L 分别记为 IAA1、IAA2、IAA3；GA 浓度 500mg/L、1000mg/L、2000mg/L 分别记为 GA1、GA2、GA3；SA 浓度 10mg/L、100mg/L、1000mg/L 分别记为 SA1、SA2、SA3]，1 个对照（喷清水）。培养 35d 后收获油菜进行相关测定。

1. 植物激素处理下 Cs、Sr 对油菜生物量及其分布的影响

对在 Cs、Sr 复合污染液中收获的油菜各部生物量进行统计得到图 6-1。

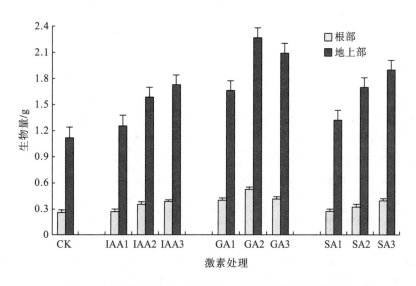

图 6-1 植物激素处理对油菜地上部和根部生物量的影响

从图 6-1 中可以看出，施用 3 种植物激素显著增加了油菜地上部和地下部生物量，均与对照有显著性差异（$P<0.05$），特别是在 GA2 处理下，地下部的生物量从 0.259g 增加到 0.523g，地上部的生物量从 1.119g 增加到 2.267g。3 种激素处理对油菜生物量增加作用由大到小依次为 GA>SA>IAA。在 1000mg/L GA 处理下，油菜生物量达到最大，根部生物量为对照的 2.019 倍，地上部生物量为对照的 2.026 倍。GA 处理使生物量增加的趋势为 GA2>GA3>GA1。当 IAA 的处理浓度为 10mg/L 和 SA 的处理浓度为 10mg/L 时，生物量与对照相比，差异不显著（$P<0.05$）。IAA 和 SA 处理使生物量随着处理浓度的增加表现出生物量逐渐增加的趋势，即 IAA3>IAA2>IAA1，SA3>SA2>SA1，说明可能是由于 IAA、GA 和 SA 能促进细胞分裂、维管组织的形成、根与茎的生长，缓解了 Cs、Sr 对油菜植株的毒害效应，进而促进了油菜的生长发育。

综上，施加 IAA、GA、SA 均能增加油菜在 Cs、Sr 污染液中的生物量，可能是由于 IAA、GA 和 SA 能促进细胞分裂、根与茎的生长和维管组织的形成，缓解了 Cs、Sr 对油菜植株的毒害，促进了油菜的生长发育，3 种激素处理下对油菜生物量增加作用由大到小依次为 GA>SA>IAA，其中 1000mg/L 的 GA 处理下，油菜的生物量达到最高值。

2. 植物激素处理下油菜对 Cs、Sr 的吸收、分布和富集特性

测定植物激素处理下油菜地上部和根部 Cs、Sr 含量、转运系数和富集系数得到表 6-1。

表 6-1　不同激素处理下油菜对 Cs 和 Sr 的吸收转运

处理		Cs 的吸收和转运				Sr 的吸收和转运			
		地上部含量 /(mg/g)	根部含量 /(mg/g)	转运系数 (TF)	富集系数 (BCF)	地上部含量 /(mg/g)	根部含量 /(mg/g)	转运系数 (TF)	富集系数 (BCF)
CK		2.282±0.041h	5.047±0.082h	0.45	2.28	0.511±0.011g	1.164±0.098h	0.43	0.51
IAA	IAA1	2.349±0.088h	5.234±0.104h	0.44	2.35	0.684±0.110g	1.539±0.124g	0.44	0.64
	IAA2	2.785±0.106g	5.447±0.094g	0.51	2.79	0.896±0.061f	1.756±0.092g	0.51	0.86
	IAA3	3.531±0.077f	5.851±0.146f	0.60	3.53	1.468±0.137d	2.059±0.105fg	0.71	1.47
GA	GA1	3.380±0.124e	6.194±0.167d	0.54	3.38	1.245±0.138e	1.996±0.132d	0.62	1.25
	GA2	5.116±0.124b	7.546±0.105a	0.67	5.12	2.702±0.116a	3.423±0.167a	0.79	2.71
	GA3	3.868±0.086e	6.853±0.103c	0.55	3.87	1.814±0.079c	2.446±0.089c	0.75	1.81
SA	SA1	4.339±0.093d	6.073±0.131e	0.71	4.34	1.402±0.108d	1.804±0.101ef	0.77	1.41
	SA2	5.975±0.122a	7.268±0.150b	0.82	5.98	2.455±0.186b	2.737±0.173b	0.89	2.46
	SA3	4.678±0.109c	6.325±0.129d	0.73	4.68	1.877±0.136c	2.277±0.122c	0.82	1.88

注：同列数据后带有不同小写字母表示在 $P=0.05$ 水平显著。

由表 6-1 可以看出，与对照相比，不同激素处理后，油菜地上部和根部的 Cs、Sr 含量均高于对照，其中在 SA2 和 GA2 处理下，Cs、Sr 的地上部含量、根部含量、富集系数均处于各处理最高水平，所以 SA2 和 GA2 处理为促进油菜对 Cs、Sr 吸收的适宜处理。

其中在 100 mg/L SA 处理下，油菜地上部和根部 Cs、Sr 含量达到三种水平的最大值，其 Cs、Sr 富集系数分别达到 5.98 和 2.46；在 1000 mg/L GA 处理下，其 Cs、Sr 富集系数分别也达到 5.12 和 2.71。可见，中等水平的 SA（100 mg/L）和 GA（1000 mg/L）处理对 Cs、Sr 的吸收富集效果最佳。

施用 3 种植物激素在提高 Cs、Sr 在植株体内的吸收能力的同时，也增加了油菜各部分 Cs、Sr 的转移系数和富集系数。SA 处理下 Cs、Sr 转运系数变化范围分别是 0.71～0.82、0.77～0.89，且在 100mg/L SA 的处理下，Cs、Sr 的转运系数达到最大值 0.82、0.89，分别为对照的 1.82 倍、2.07 倍。在 IAA 处理下，油菜对 Cs、Sr 的转运系数小于其他处理，其中在低水平的 IAA1 处理下，油菜植株对 Cs、Sr 的转移系数达到各处理的最小值，分别为 0.44、0.44，各为对照的 97.78%、102.33%。SA 处理下 Cs、Sr 富集系数变化范围分别是 4.34～5.98、1.41～2.46，且在 100mg/L SA 的处理下，Cs、Sr 的富集系数达到最大值 5.98、2.46，分别为对照的 2.62 倍、4.82 倍。

由表 6-1 也可看出，在相同激素处理浓度下，油菜对 Cs 的吸收能力明显高于 Sr，表明核素的种类不同，植株对其的富集性质不同，从而使油菜植株对 Cs、Sr 的吸收、转运和富集不同。

本研究证明，在 Hoagland 营养液栽培条件下，施加 IAA、GA、SA 均能增加油菜在 Cs、Sr 污染液中的生物量，缓解 Cs 和 Sr 污染对油菜叶片的氧化胁迫，提高 Cs、Sr 在油菜植株体内的积累量，增加 Cs、Sr 的转移系数、富集系数。故此部分试验证明，对植株施加植物激素可作为增强植物提取修复效率的一项可行措施。

为进一步研究植物激素在土壤中的实际应用情况，扩大植物激素的应用范围，为植物修复寻求更有效的强化措施，采用土培实验进一步研究。试验材料选用超富集植物——红苋菜和向日葵，其中红苋菜为本实验室张晓雪等已经研究得到的 Cs 和 Sr 超富集植物，向日葵则为本实验室闻方平等研究得到的 Cs 和 Sr 超富集植物，具有生物量大、富集核素能力强、适应西南地区生长等优势。

6.2.2　植物激素对 Cs、Sr 污染土壤中向日葵和红苋菜生长及其积累 Cs、Sr 的影响

选取向日葵和红苋菜作为试验材料，采用盆栽方式模拟 Cs、Sr 混合污染土壤，Cs、Sr 的添加形式分别为 CsCl 和 Sr(NO$_3$)$_2$，施加浓度均为 20mg/kg。Cs、Sr 以水溶液形式均匀混合于土壤中。将长出 4～6 片子叶的向日葵苗定植于 Cs、Sr 处理的土壤中，培育 1 个月后喷施激素处理植物叶表面。3 种激素（IAA、GA、SA）分别配成不同浓度的水溶液，每种激素均为 3 个处理浓度（IAA 浓度 10mg/L、100mg/L、1000mg/L 分别记为 IAA1、IAA2、IAA3；GA 浓度 500mg/L、1000mg/L、2000mg/L 分别记为 GA1、GA2、GA3；SA 浓度 10mg/L、100mg/L、1000mg/L 分别记为 SA1、SA2、SA3），1 个对照（喷清水）。3 个月植株成熟后收获植株进行各指标检测。

1. 植物激素处理下 Cs、Sr 对向日葵和红苋菜生物量的影响

通过分析测定激素处理下红苋菜和向日葵根、茎、叶、花各部分的生物量，得到表 6-2。

表 6-2　植物激素处理对植物生物量的影响

植物种类	处理	根部生物量/g	茎部生物量/g	叶部生物量/g	花部生物量/g	地上部生物量/g	单株生物量/g
向日葵	CK	0.19±0.02d	1.22±0.09e	0.99±0.03e	0.97±0.01c	3.17±0.12d	3.36±0.22e
	IAA1	0.28±0.07c	1.35±0.08d	1.30±0.05b	1.21±0.03b	3.87±0.23c	4.15±0.27d
	IAA2	0.47±0.03a	1.79c±0.13c	1.35±0.06b	1.35±0.47b	4.48±0.34b	4.94±0.43c
	IAA3	0.25±0.07c	1.54±0.11c	1.22±0.04d	1.15±0.09c	3.89±0.44c	4.15±0.17d
	GA1	0.31±0.04b	2.48±0.10a	1.61±0.09a	1.87±0.12a	5.9±0.46a	6.26±0.29a
	GA2	0.22±0.05c	2.00±0.08b	1.32±0.06b	1.32±0.08b	4.65±0.34b	4.87±0.137c
	GA3	0.20±0.01d	1.67±0.06c	1.21±0.05d	1.21±0.07b	4.09±0.57c	4.29±0.25cd
	SA1	0.26±0.02c	1.68±0.07c	1.22±0.09d	1.32±0.06b	4.21±0.38b	4.47±0.20c
	SA2	0.41±0.07a	2.14±1.03b	1.44±0.10b	1.64±0.09a	5.22±0.46a	5.63±0.31b
	SA3	0.22±0.03c	1.485±0.09d	1.18±0.04d	1.21±0.04b	3.89±0.32c	4.08±0.17d
红苋菜	CK	0.10±0.02i	0.26±0.02g	0.48±0.02h		0.74±0.02j	0.84±0.02i
	IAA1	0.19±0.07h	0.48±0.03f	0.61±0.07g		1.09±0.03i	1.31±0.07h
	IAA2	0.29±0.07f	0.66±0.06d	1.12±0.03c		1.78±0.03c	2.08±0.01d
	IAA3	0.22±0.01h	0.51±0.01e	0.73±0.03f		1.25±0.01h	1.48±0.02g
	GA1	0.40±0.02b	0.98±0.05a	1.59±0.03a		2.56±0.01a	2.98±0.05a
	GA2	0.30±0.03e	0.73±0.01c	1.12±0.05c		1.84±0.11c	2.15±0.11c
	GA3	0.27±0.02g	0.64±0.05d	0.90±0.11d		1.54±0.04f	1.82±0.04e
	SA1	0.33±0.03d	0.87±0.03b	0.81±0.04e		1.68±0.06e	2.02±0.07d
	SA2	0.44±0.05a	0.68±0.02d	1.37±0.05b		2.04±0.03b	2.49±0.04b
	SA3	0.35±0.07c	0.61±0.03e	0.73±0.33f		1.34±0.07g	1.70±0.04f

注：表中所有数据均为 3 个平行样平均值±标准方差。数据后带有不同小写字母表示在 0.05 水平显著。

从图 6-2 中可以看出，在 Cs、Sr 复合污染土壤中，3 种植物激素的处理均显著增加了向日葵根、茎、叶、花各部分的生物量，但 3 种激素处理对植物生物量的增加作用不一致，其对向日葵和红苋菜根部生物量影响作用由大到小依次分别为 IAA＞SA＞GA 和 SA＞GA＞IAA。在 3 种激素不同浓度处理下，向日葵根部生物量较大的处理有 IAA 100mg/L 和 SA 100mg/L 处理，其值分别达 0.47g 和 0.41g，地上部和单株生物量最大的处理则有 GA 500mg/L 和 SA 100mg/L 处理。而在 500mg/L GA 处理下，向日葵茎、叶、花部、单株生物量均达到最大值，分别为对照的 2.03 倍、1.63 倍、1.93 倍和 1.86 倍。由此可见，GA 500mg/L 和 SA 100mg/L 处理是最有利于向日葵地上部和单株生物量积累的处理。

100mg/L SA 处理最有利于红苋菜根部生物量的积累，其达到最大值 0.44g，为对照的

4.40 倍。500mg/L GA 处理下的红苋菜茎、叶部、地上部生物量分别为 0.98g、1.59g 和 2.56g，达到最大值，100mg/L SA 处理次之。由此可见，100mg/L SA 和 500mg/L GA 处理为 Cs、Sr 污染土壤中红苋菜生物量积累的适宜处理。

2. 植物激素处理下 Cs、Sr 对向日葵和红苋菜生长指标的影响

通过分析测定植物激素处理下向日葵、红苋菜的株高、主根长、茎粗、花球直径等生长指标，得到表 6-3。

表 6-3 植物激素处理对向日葵和红苋菜生长指标的影响

处理	株高/cm		主根长/cm		茎粗/mm		花球直径/cm
	向日葵	红苋菜	向日葵	红苋菜	向日葵	红苋菜	向日葵
CK	46.14j	14.68j	3.42j	1.12i	2.21i	1.24j	2.16i
IAA1	48.82i	16.54i	6.32c	1.23h	2.63d	3.12g	2.72h
IAA2	58.46d	19.18d	7.93a	1.45e	2.46f	5.74a	2.94e
IAA3	50.12h	17.12g	5.44g	1.33g	2.35g	3.16f	2.46i
GA1	72.56a	26.44a	5.54f	2.86a	3.85a	3.34d	4.68a
GA2	60.38c	20.02c	4.81h	1.92c	2.93c	2.62h	3.12c
GA3	51.22g	18.66e	4.14i	1.43f	2.41g	1.92i	2.78g
SA1	56.18e	18.12f	5.71d	1.54d	2.53e	3.56c	3.06d
SA2	66.78b	22.08b	6.96b	2.43b	3.42b	4.88b	3.74b
SA3	54.14f	16.96h	5.63e	1.33g	2.32h	3.24e	2.82f

注：不同小写字母表示 $P=0.05$ 水平差异显著，不同大写字母表示 $P=0.01$ 水平差异极显著。

由表 6-3 可得出，各激素处理下向日葵和红苋菜的各生长指标均显著高于未施用激素的对照，说明在 Cs、Sr 污染土壤中，激素处理能显著促进向日葵和红苋菜的生长。其中，向日葵株高、茎粗、花球直径最大的处理为 GA 500mg/L 处理，次之为 SA 100mg/L 处理，主根长最大的处理为 IAA 100mg/L 处理，该 3 个处理为促进向日葵生长的处理。红苋菜株高和主根长最大的处理也为 GA 500mg/L 处理，但茎粗最大的处理为 IAA 100mg/L 处理，次之为 SA 100mg/L 处理，该 3 个处理是促进红苋菜生长的处理。

由此可见，激素的添加与其他的逆境调节因子相似，都有一定的有效作用浓度范围，在一定浓度范围内，可促进植物生长发育，增加植物生物量和各个生长指标，但当添加浓度过高时，对逆境的缓解效力下降，反而不利于植株的生长，继而影响植物的提取效率。

3. 植物激素处理下向日葵、红苋菜 Cs、Sr 的富集特征

1）植物激素处理下植物各器官对 Cs、Sr 的吸收情况

通过测定分析植物激素处理下，向日葵、红苋菜根、茎、叶、花部的 Cs、Sr 含量得到图 6-2。

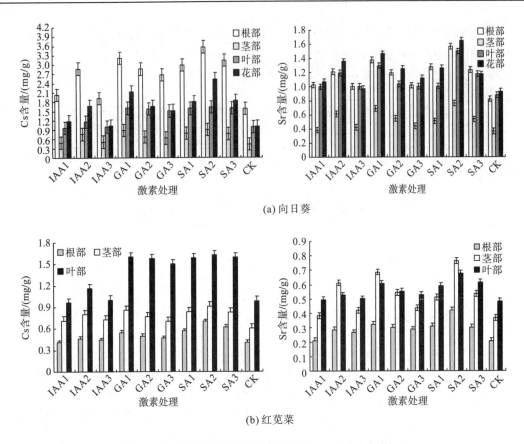

(a) 向日葵

(b) 红苋菜

图 6-2　植物激素处理下植物各器官对 Cs、Sr 的吸收情况

从图 6-2 中可以看出，与对照相比，不同激素处理后，向日葵各部分 Cs、Sr 含量均高于对照，3 种激素对各部分 Cs、Sr 含量的作用效果总体趋势均表现为 SA>GA>IAA。在 100mg/L SA 处理下，根、茎、叶、花部 Cs、Sr 含量达到所有处理的最大值，其中 Cs 含量各为 3.657mg/g、0.902mg/g、1.626mg/g、2.534mg/g，分别比对照高 125.84%、113.24%、64.91%、152.14%；Sr 含量各为 1.625mg/g、0.765mg/g、1.498mg/g、1.654mg/g，分别比对照高 97.21%、108.45%、70.42%、77.66%。

从图 6-2 还可以看出，与对照相比，不同激素处理后，红苋菜各部分 Cs、Sr 含量均高于对照，激素对各部分吸收 Sr 的作用效果总体趋势表现为 SA>GA>IAA。其中，在 100mg/L SA 处理下，根、茎、叶部 Cs、Sr 含量均达到所有处理的最大值，Sr 含量分别为 0.426mg/g、0.765mg/g、0.677mg/g，分别比对照高 103.26%、108.21%、41.46%；Cs 含量分别为 0.712mg/g、0.912mg/g、1.626mg/g，分别比对照高 78.45%、176.11%、68.31%。

由此可见，促进向日葵、红苋菜两种植物吸收 Cs、Sr 的植物激素适宜处理均为 100mg/L SA 处理。

2) 植物激素处理下向日葵、红苋菜对 Cs、Sr 的转运和富集特性

从图 6-3 中可得出，3 种植物激素处理下向日葵各部位的转运系数均高于对照或与对

照相当，Sr 的转运系数均高于 Cs。向日葵叶部、花部对 Cs、Sr 的转运系数显著高于茎部，它们之间以花部略高或相当。向日葵各部位对 Cs 的转运系数均小于 1，3 种激素的处理效果总体趋势表现为 SA＞GA＞IAA。各处理下地上部的转运系数均大于 1，而在 100mg/L SA 处理下，地上部对 Cs 的转运系数达到最大值 1.62，为对照的 1.33 倍。

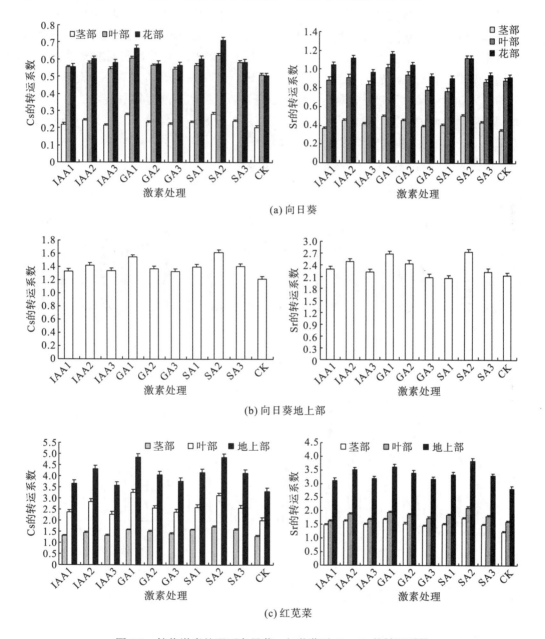

图 6-3 植物激素处理下向日葵、红苋菜对 Cs、Sr 的转运系数

向日葵地上部对 Sr 的转运系数均大于 2，与对照相比，3 种植物激素的处理均提高了 Sr 的转移系数。3 种激素处理下地上部对 Sr 的转运系数总体趋势表现为 SA＞GA＞IAA。

在 SA2 处理下，地上部对 Sr 的转运系数达到最大值 2.733，为对照的 1.28 倍。

红苋菜各部位在各处理下的 Cs、Sr 转运系数均大于 1，且均大于向日葵。红苋菜对 Cs、Sr 的转运系数也表现为叶部大于茎部。3 种激素的处理效果总体趋势表现为 SA＞GA ＞IAA。地上部对 Cs、Sr 的转运系数均大于 3，数值范围为 3.664～4.842。其中在 100mg/L SA 处理下，Cs、Sr 的转运系数均达全部处理的最大值，分别比对照高 47.41% 和 35.16%。

图 6-4 显示了各植物激素处理下向日葵、红苋菜对 Cs、Sr 的富集系数。从图中可见，两种植物的 Cs、Sr 的富集系数无论是地上部还是根部均高于对照，表明植物激素处理能显著提高两种植物对 Cs、Sr 的富集系数。同时，地上部富集系数均显著高于根部，3 种激素处理提高富集效果总体趋势表现为 SA＞GA＞IAA。红苋菜的富集系数均低于向日葵，在相同处理下，两种植物均表现为 Cs 的富集系数高于 Sr。向日葵、红苋菜 100mg/L SA 的处理下 Cs、Sr 的富集系数均达到全部处理的最大值，表明 100mg/L SA 处理是促进向日葵、红苋菜提高对 Cs、Sr 的富集能力的适宜处理。

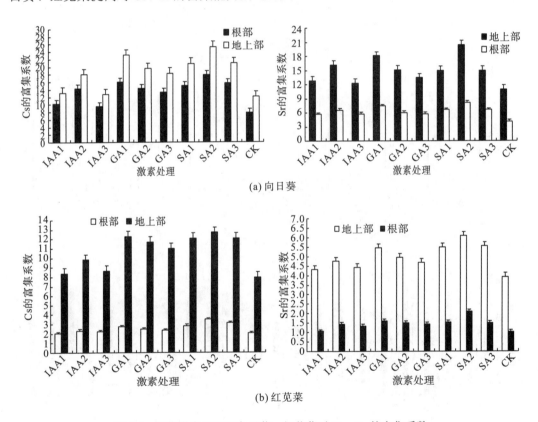

(a) 向日葵

(b) 红苋菜

图 6-4　植物激素处理下向日葵、红苋菜对 Cs、Sr 的富集系数

3 种植物激素处理均提高了 Cs、Sr 在红苋菜植株内的积累能力，增加了 Cs、Sr 的转移系数、富集系数，可能由于 IAA、GA 和 SA 能促进细胞分裂与生长，促进侧根伸长，增加根部表面积，从而促进植物对核素元素的吸收。各处理下转运系数、富集系数均大于 1，3 种激素的处理效果总体趋势表现为 SA＞GA＞IAA。在 100mg/L SA 处理下，各部分对

Cs、Sr 的吸收量、转运、富集系数达到最高；而 10mg/L 的 IAA 处理下，各部分吸收、转运、富集 Cs、Sr 的能力最低。IAA、SA、GA 处理效果趋势分别表现为 IAA2＞IAA3＞IAA1、SA2＞SA3＞SA1、GA1＞GA2＞GA3。

GA 和 SA 的施用能显著增加红苋菜在 Cs、Sr 复合污染液中的生物量、积累量和转运系数，可能是由于 GA 可以增加膜的渗透性，而 SA 可以促进金属离子的转移，从而增加了红苋菜对 Cs、Sr 的吸收量。在同一激素处理下，红苋菜对 Cs 的吸收能力较强，普遍高于对 Sr 的吸收量。出现这种情况的原因可能是，Cs、Sr 在溶液中的迁移率不同，Cs 的迁移率高于 Sr 的迁移率，所以 Cs 更易被吸收，植株对 Cs 的积累能力就会强于对 Sr 的积累。

6.2.3　植物激素与螯合剂复合处理对红苋菜生长及其积累 Cs、Sr、Cd 的影响

螯合剂通常被作为专门的活化剂来使用，向土壤中添加螯合剂（如 EDDA、EDDS 等）能够活化土壤中的重金属，提高重金属的生物有效性，从而促进植物对重金属、核素的吸收，本研究拟以植物激素和螯合剂的协同作用来提高植物的修复效率。

以红苋菜作为试验材料，采用盆栽方式，土壤中分别加入浓度为 20mg/kg 的 CsCl、$Sr(NO_3)_2$ 和 $Cd(NO_3)_2 \cdot 4H_2O$ 模拟 Cs、Sr、Cd 混合污染土壤，将长出 4～6 片子叶的红苋菜苗定植其中，1 个月后进行植物激素与螯合剂的复合处理。复合处理的施用方式分为（叶面）喷施和（根系）浇灌两种方式。3 种激素（IAA、GA、SA）的添加浓度选取前部分试验已经得到的最佳浓度，分别为 100mg/L、500mg/L、100mg/L，与 EDTA（添加浓度为 1.5mg/L）分别配成不同浓度的水溶液，试验共设 7 种处理，其中一个施用清水作对照，如表 6-4 所示。

表 6-4　复合处理配方

添加方式	处理	配方
	CK	清水
喷施	PIAA	100mg/L IAA ＋1.5mg/L EDTA
	PGA	500mg/L GA＋1.5mg/L EDTA
	PSA	100mg/L SA＋1.5mg/L EDTA
浇灌	JIAA	100mg/L IAA ＋1.5mg/L EDTA
	JGA	500mg/L GA＋1.5mg/L EDTA
	JSA	100mg/L SA＋1.5mg/L EDTA

1. 复合处理对红苋菜生物量及其生长的影响

测定植物激素与螯合剂复合处理下红苋菜生物量得到表 6-5。

表 6-5　植物激素与螯合剂复合处理对红苋菜各部生物量的影响

添加方式	处理	根部生物量/g	茎部生物量/g	叶部生物量/g	地上部生物量/g	单株生物量/g
	CK	0.102f	0.256f	0.386g	0.642g	0.744g
喷施	PIAA	0.294e	0.668e	1.121f	1.789f	2.083f
	PGA	0.413d	0.987b	1.514b	2.501b	2.914b
	PSA	0.446b	0.883c	1.376d	2.259d	2.705d
浇灌	JIAA	0.299e	0.673d	1.212e	1.885e	2.184e
	JGA	0.428c	0.996a	1.603a	2.599a	3.027a
	JSA	0.457a	0.887c	1.487c	2.374c	2.831c

注：不同小写字母表示 $P=0.05$ 水平差异显著。

　　从表 6-5 可以得出，植物激素与螯合剂复合处理显著增加了红苋菜根、茎、叶部的生物量，但叶面喷施、根系浇灌两种施用方式均有其适宜的激素处理种类和浓度，施用方式对红苋菜各部分生物量的影响不显著，更重要的是施用的激素浓度和种类。最有利于红苋菜单株和地上部生物量积累的处理是 JGA 和 PGA，最有利于红苋菜根部生物量积累的处理是 JSA 和 PSA。由此可见，SA 与 EDTA 复合处理有利于红苋菜根部生物量积累，GA 与 EDTA 复合处理有利于红苋菜单株和地上部生物量积累。在复合处理中，IAA 对红苋菜生物量积累的促进作用不如 GA 和 SA。

2. 复合处理对红苋菜吸收 Cs、Sr、Cd 的影响

　　通过测定植物激素与螯合剂复合处理下红苋菜根、茎、叶部及其地上部和单株 Cs、Sr、Cd 含量得到图 6-5。

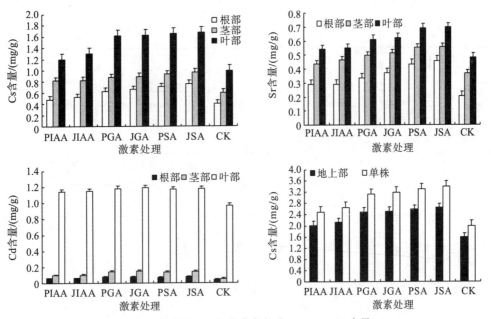

图 6-5　复合处理下红苋菜各部分 Cs、Sr、Cd 含量

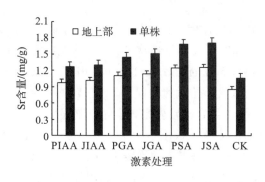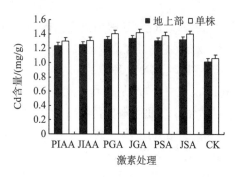

图 6-5(续)　复合处理下红苋菜各部分 Cs、Sr、Cd 含量

从图 6-5 中可看出，植物激素与螯合剂复合处理均能较对照显著提高红苋菜各部位对 Cs、Sr、Cd 的含量，其中对红苋菜根、茎、叶部 Cs、Sr 含量的作用总体趋势表现为(GA+EDTA)＞(SA+EDTA)＞(IAA+EDTA)＞对照，喷施激素处理的 Cs、Sr 含量小于浇灌激素处理，叶部的 Cs、Sr 含量显著高于根、茎部。各部位 Cs、Sr 含量最高的处理为 PSA 和 JSA，其次为 PGA 和 JGA，IAA 处理效果最差。各处理下的各部位 Cd 含量无显著差异。复合处理对地上部、单株的 Cs、Sr 含量的总体趋势表现为(SA+EDTA)＞(GA+EDTA)＞(IAA+EDTA)＞对照，浇灌激素处理的地上部、单株 Cd 含量大于喷施激素处理。不同复合处理下各部分 Cs、Sr 含量与对照差异显著，均高于对照。在 SA 和 EDTA 的复合处理下地上部、单株对 Cs、Sr 的富集量达到最大值。

3. 复合处理对红苋菜转运和富集 Cs、Sr、Cd 的影响

通过计算分析植物激素与螯合剂复合处理下红苋菜对 Cs、Sr、Cd 的转运系数和富集系数得表 6-6。

表 6-6　复合处理下红苋菜各部位对 Cs、Sr、Cd 的富集系数和转运系数

添加方式	处理	Sr 富集系数(BCF)		Sr 转运系数(TF)	Cs 富集系数(BCF)		Cs 转运系数(TF)	Cd 富集系数(BCF)		Cd 转运系数(TF)
		根部	地上部		根部	地上部		根部	地上部	
喷施	PIAA	1.46c	4.89c	3.53e	2.39c	10.09c	4.42d	0.305c	1.053c	21.88d
	PGA	1.67b	5.54b	3.72d	3.12b	12.46b	4.93b	0.396b	1.305a	27.13a
	PSA	2.17a	6.24a	4.16b	3.56a	12.96a	4.93b	0.369bc	1.260b	24.51c
浇灌	JIAA	1.47c	5.07c	3.60e	2.59c	10.62c	4.49c	0.309e	1.096c	22.67d
	JGA	1.86b	5.69b	3.97c	3.31b	12.59ab	5.15a	0.405a	1.34a	27.81a
	JSA	2.29a	6.32a	4.45a	3.81a	13.21a	5.12a	0.397b	1.297b	25.13b
	CK	1.32d	4.09d	2.71f	1.92d	8.19d	3.32e	0.212d	0.678d	16.45e

注：同一列中不同小写字母表示 $P=0.05$ 水平差异显著。

从表 6-6 可得出，各复合处理均较对照显著提高了 Cs、Sr、Cd 的转运系数，其中转运系数表现为 Cd＞Cs＞Sr 和 SA＞GA＞IAA，浇灌与喷施对转运系数的影响不显著。Cd

的转运系数以 JGA 处理为最高，PGA 处理次之，分别达 27.81 和 27.13，分别为对照的 164.92%和 169.06%；Cs 转运系数以 JGA 处理为最高，JSA 处理次之，分别达 5.15 和 5.12；Sr 转运系数以 JSA 处理最高，达 4.45。由此可见，500mg/L GA＋1.5mg/L EDTA、100mg/L SA＋1.5mg/L EDTA 是有利于红苋菜转运 Cs、Sr、Cd 的适宜处理。

从表 6-6 中还可看出，各植物激素与螯合剂复合处理显著提高了红苋菜根部、地上部对 Cs、Sr、Cd 的富集系数。红苋菜除根部 Cd 的富集系数小于 1 外，其根部、地上部对 Cs、Sr、Cd 的富集系数均大于 1，其中地上部、根部富集系数均表现为 Cs＞Sr＞Cd，多数处理下浇灌较喷施富集系数略高。根部、地上部 Cs、Sr 富集系数最高的处理为 JSA，此时地上部 Cs、Sr 富集系数分别达到 13.21 和 6.32，较对照分别提高 61.29%和 54.52%；其次为 PSA、JGA 和 PGA，IAA 处理最低。Cd 富集系数最高的处理为 JGA，PGA 处理次之，其富集系数分别高达 27.81 和 27.13，较对照分别提高 69.06%和 64.92%；其次为 PSA 和 JSA，IAA 处理最低。

4. 植物激素与螯合剂复合处理对红苋菜单株富集 Cs、Sr、Cd 积累量的影响

通过计算统计植物激素与螯合剂复合处理下单株红苋菜对 Cs、Sr、Cd 分别的积累量及 Cs+Sr+Cd 总富集量，得图 6-6。

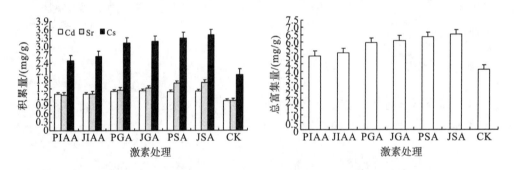

图 6-6 复合处理下单株红苋菜对 Cs、Sr、Cd 分别的积累量及总富集量

由图 6-6 可见，植物激素与螯合剂复合处理后红苋菜 Cs、Sr、Cd 分别的积累量及总富集量均显著高于对照，红苋菜单株对 Cs 的积累量显著高于对 Sr、Cd 的积累量，对 Sr 的积累量略高于 Cd 的积累量；浇灌比喷施略提高了红苋菜 Cs、Sr、Cd 分别的积累量及总富集量；3 种复合处理下红苋菜单株的 Cs、Sr、Cd 分别的积累量及总富集量总体趋势表现为（SA＋EDTA）＞（GA＋EDTA）＞（IAA＋EDTA）。在 JSA 处理下，即在浇灌 SA 与螯合剂的复合处理下，单株对 Cs、Sr、Cd 分别的积累量及总富集量均达到最大值，对 Cs、Sr、Cd 分别的积累量为 3.402mg/g、1.711mg/g、1.401mg/g，高于对照 71.43%、62.27%、32.64%，Cs、Sr、Cd 总富集量为 6.362mg/g，高于对照 55.66%，次之为 PSA、JGA 和 JSA 处理。

因此，IAA、GA、SA 与 EDTA 的复合处理显著增加了红苋菜各部分的生物量，加快了植株的生长发育，增加了 Cs、Sr、Cd 在植株体内的积累量，加大了植株各部分对 Cs、Sr、Cd 的转运和富集，处理效果显著高于单一激素处理。这可能是由于添加螯合剂能够

活化土壤中的重金属，提高重金属的生物有效性，促进植物对重金属的吸收；同时，植物激素能缓解重金属螯合剂的植物毒性，促进植物根系伸长，增加植物生物量，协同螯合剂促进植物对重金属的吸收、转运和富集，从而显著提高植物提取效率。

6.3　表面活性剂强化修复技术研究

表面活性剂是指具有固定的亲水亲油基团，在溶液的表面能定向排列，并能使溶液表面张力显著下降的物质。它是一大类有机化合物，其性质极具特色，应用极为灵活、广泛，有很大的实用价值和理论意义。在修复污染的环境时，表面活性剂主要是作为增效剂进行使用，并已成功用于土壤有机污染的修复，但直接促进植物吸收重金属的报道尚不多见。

以蚕豆为试验材料，通过人工模拟不同程度 Co 污染土壤，研究不同种类的表面活性剂对蚕豆吸收和富集 Co 的影响，以期筛选出能促进蚕豆吸收和富集 Co 的适宜表面活性剂类型及相应浓度。

研究采用三因素三水平正交实验 L9(3^3)，三因素为土壤 Co 处理浓度，分别为 10mg/kg、25mg/kg、40mg/kg，对应 A、B、C 三种水平，代表轻度、中度和重度污染土壤；表面活性剂的种类，分别为十二烷基硫酸钠(SDS)、聚山梨酯-80(Tween-80)、皂角苷，对应为 S、T、Z 三种水平；表面活性剂的浓度，对应的三种水平：SDS 为 0.07g/kg、0.35g/kg、0.56g/kg，Tween-80 为 0.07g/kg、0.35g/kg、0.56g/kg，皂角苷为 0.14g/kg、0.98g/kg 和 1.40g/kg。利用 L9(3^3) 正交设计出 9 种处理，见表 6-7。另设置 4 个对照组 CK、A、B、C，即仅用 Co 处理而未用表面活性剂处理，因此本试验共 13 个处理。采用盆栽方法，以外源形式向土壤中施加 Co(以 $CoCl_2·6H_2O$ 为外源形式，并以水溶液的方式均匀浇灌)。

表 6-7　L9(3^3)正交设计

L9(3^3)	Co 浓度水平	表面活性剂的种类	表面活性剂的浓度水平	简称
1	C1(A)	C1(S)	C1	A+S1
2	C1(A)	C2(T)	C2	A+T2
3	C1(A)	C3(Z)	C3	A+Z3
4	C2(B)	C1(S)	C2	B+S2
5	C2(B)	C2(T)	C3	B+T3
6	C2(B)	C3(Z)	C1	B+Z1
7	C3(C)	C1(S)	C3	C+S3
8	C3(C)	C2(T)	C1	C+T1
9	C3(C)	C3(Z)	C2	C+Z2

具有 6～8 片叶子、长势一致的蚕豆幼苗移栽至 Co 污染土壤的容器中。表面活性剂按照设计的用量分两次施加，施加时间间隔一周，所有的盆栽植株置于简易薄膜棚中，并使含水量保持在 70%～80%。分别在蚕豆植株生长的不同时期，即生长初期、营养生长期、

成熟期(幼苗移栽后 25d、55d 和 147d),进行各指标的测定。

6.3.1 表面活性剂对蚕豆生长的影响

图 6-7 为蚕豆幼苗移栽 147d 后,表面活性剂对蚕豆地上部和根部生物量的影响。从图中可以看出,在不同程度的 Co 污染土壤中,同对照组一样,在表面活性剂处理下,地上部生物量均远高于根部生物量。

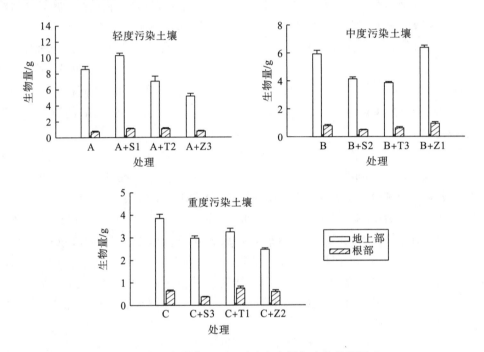

图 6-7 表面活性剂对蚕豆地上部和根部生物量的影响

在轻度污染土壤中,表面活性剂 S1、T2、Z3 处理下,仅 S1 增加了蚕豆地上部生物量,比对照 A 增加了 26%。但 3 种表面活性剂均促进了根部的生长,其中 S1 和 T2 的促进作用最为显著,使根部生物量分别比对照 A 增加 54%和 57%,说明仅 S1 能够同时刺激植株地上部和根部的生长;在中度污染土壤中,表面活性剂 S2、T3、Z1 处理下,S2 和 T3 既降低了地上部生物量也降低了根部生物量,Z1 能刺激根部的生长,使根部生物量比对照 B 增加 19%,但 Z1 对地上部生物量无显著性影响;在重度污染土壤中,表面活性剂 S3、T1、Z2 处理均显著降低了地上部生物量,说明 S3、T1、Z2 处理对地上部的生长具有抑制作用,其中 Z2 抑制作用最为显著,使根部生物量比对照 C 降低 46%,但仅 T1 能促进根部生物量的增加,使根部生物量比对照 C 增加 19%。因此,向轻度污染土壤中加入表面活性剂 S1 时,能最为显著地刺激地上部和根部的生长,其他表面活性剂处理后,大多数情况下均显著地抑制了根部的生长。

图 6-8 为蚕豆幼苗移栽 147d 后,表面活性剂对蚕豆单株生物量的影响。在轻度污染

土壤中，表面活性剂 S1、T2、Z3 处理后，仅 S1 能显著促进植株的生长，与对照 A 相比，单株生物量增加 27%；在中度污染土壤中，表面活性剂 S2、T3、Z1 处理中，S2、T3 均显著抑制了植株的生长，而 Z1 对植株的生物量无显著性影响；在重度污染土壤中，表面活性剂 S3、T1、Z2 均显著抑制了植株的生长，其中 Z2 抑制作用最显著，使单株生物量比对照 C 降低 42%。因此，仅当向轻度污染土壤中加入表面活性剂 S1 时，能显著刺激植株的生长，其他表面活性剂处理后，大多数情况下均显著抑制了植株的生长。

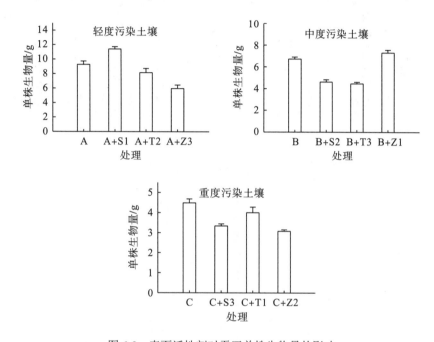

图 6-8　表面活性剂对蚕豆单株生物量的影响

6.3.2　表面活性剂在 Co 污染土壤中对蚕豆吸收 Co 能力的影响

1. 表面活性剂对 Co 在蚕豆各器官中含量分布的影响

图 6-9 为蚕豆幼苗移栽 147d 后，在不同程度 Co 污染土壤中，表面活性剂对蚕豆各器官 Co 含量的影响。同对照组一样，在表面活性剂处理下，无论在哪种 Co 污染程度土壤中，根部 Co 含量均大于其他各器官的 Co 含量，说明根部是吸收 Co 的主要器官。

在轻度污染土壤中，表面活性剂 S1、T2、Z3 处理均降低了根部、叶部和荚壳 Co 含量，说明这 3 种表面活性剂均抑制了根部、叶部和茎部对 Co 的吸收。与对照 A 相比，根部 Co 含量分别降低 26%、35% 和 24%；叶部 Co 含量分别降低 14%、29% 和 50%；荚壳 Co 含量分别降低 20%、32% 和 27%。S1、T2、Z3 对促进茎部吸收 Co 的作用不明显甚至起到抑制作用，其中 Z3 抑制作用最明显，使茎部 Co 含量比对照 A 降低 40%。但 S1、T2、Z3 均增加了籽实 Co 含量，说明 S1、T2、Z3 促进了籽实对 Co 的吸收，其中 S1 促进作用最明显，使籽实 Co 含量比对照 A 增加 77%，达到 21.66mg/kg。因此，在轻度污染土壤中，表面活性剂 S1、T2、Z3 处理主要增加籽实的 Co 含量，促进籽实对 Co 的吸收，其中 S1 对促进籽实吸收 Co 的作用最大。

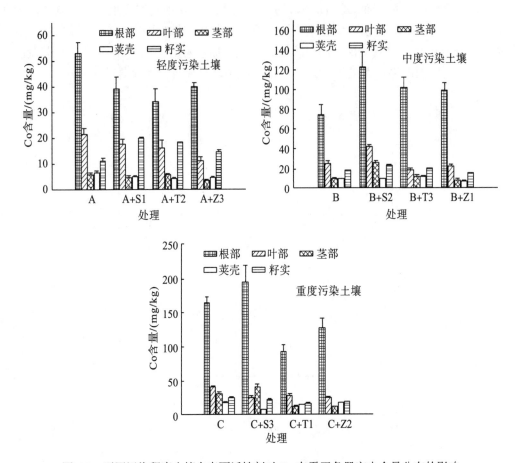

图 6-9　不同污染程度土壤中表面活性剂对 Co 在蚕豆各器官中含量分布的影响

在中度污染土壤中，表面活性剂 S2、T3、Z1 均增加了根部 Co 含量，说明 S2、T3、Z1 均能促进根部对 Co 的吸收，其中 S2 的促进作用最大，使根部 Co 含量比对照 B 增加 66%，达到 123.37mg/kg。仅 S2 增加了叶部 Co 含量，比对照 B 增加 60%，达到 43.25mg/kg；T3 抑制叶部吸收 Co 的作用最大，比对照 B 降低 33%。S2、T3、Z1 中，S2 促进茎部和籽实吸收 Co 的作用最明显，使茎部和籽实 Co 含量分别比对照 B 增加 169% 和 31%，达到 27.61mg/kg 和 25.98mg/kg，而 Z1 抑制茎部和籽实吸收 Co 的作用最明显，使茎部和籽实 Co 含量分别比对照 B 降低 18% 和 15%。S2、T3、Z1 中仅 T3 促进了荚壳吸收 Co，使荚壳 Co 含量比对照 B 增加 23%，达到 12.84mg/kg，而 Z1 抑制荚壳吸收 Co 的作用最明显，与对照 B 相比，使荚壳 Co 含量降低 29%。

在重度污染土壤中，表面活性剂 S3、T1、Z2 处理下，仅 S3 增加了根部和茎部 Co 含量，说明仅 S3 促进了根部和茎部对 Co 的吸收，与对照 C 相比，使根部和茎部 Co 含量分别增加 18% 和 33%，达到 194.94mg/kg 和 44.87mg/kg，而 T1 抑制根部吸收 Co 的作用最为显著，使根部 Co 含量比对照 C 降低 43%，Z2 抑制茎部吸收 Co 的作用最为显著，使茎部 Co 含量比对照 C 降低 63%。并且 S3、T1、Z2 处理均降低了叶部、荚壳和籽实 Co 含量，说明 S3、T1、Z2 处理均抑制了叶部、荚壳和籽实对 Co 的吸收，其中 S3 对叶部和荚壳吸收 Co 的抑制作用最大，使叶部和荚壳 Co 含量分别比对照 C 降低了 33% 和 59%，而 T1 降低籽实 Co 含量最为显著，说明 T1 抑制作用最大，使籽实 Co 含量比对照 C 降低 29%。

因此，无论是否加入表面活性剂处理，根部 Co 含量远高于其他各器官的 Co 含量，说明根部是吸收 Co 的主要器官。在轻度污染土壤中，表面活性剂 S1、T2、Z3 处理主要促进籽实对 Co 的吸收；在中度污染土壤中，表面活性剂 S2、T3、Z1 处理主要促进根部对 Co 的吸收；在重度污染土壤中，表面活性剂 S3、T1、Z2 处理中，仅 S3 促进了根部和茎部对 Co 的吸收。

2. 表面活性剂对蚕豆地上部和根部 Co 含量的影响

图 6-10 为蚕豆幼苗移栽 147d 后，表面活性剂对蚕豆地上部和根部 Co 含量的影响。从图中可以看出，在不同程度 Co 污染土壤中，同对照组一样，表面活性剂处理下，根部 Co 含量远大于地上部 Co 含量。在轻度污染土壤中，表面活性剂 S1、T2、Z3 处理中，S1 促进地上部吸收 Co 的作用最好，使地上部 Co 含量比对照 A 增加 29%，达到 15.34mg/kg，而 Z3 抑制地上部吸收 Co 的作用最明显，使地上部 Co 含量比对照 A 降低 18%。但 S1、T2、Z3 对根部吸收 Co 均起到抑制作用，与对照 A 相比，根部 Co 含量降低 24%~35%；在中度污染土壤中，表面活性剂 S2、T3、Z1 处理中，仅 S2 促进地上部吸收 Co 的作用最为明显，使地上部 Co 含量比对照 B 增加 56%，达到 26.84mg/kg，而 Z1 抑制作用最明显，使地上部 Co 含量比对照 B 降低 21%。但 S2、T3、Z1 均增加了根部 Co 含量，说明 S2、

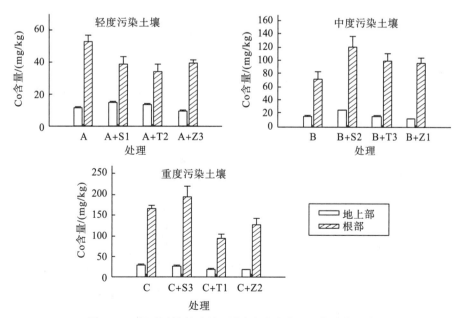

图 6-10　表面活性剂对蚕豆地上部和根部 Co 含量的影响

T3、Z1 均能促进根部对 Co 的吸收，其中 S2 的促进作用最大，使根部 Co 含量比对照 B 增加 66%，达到 123.37mg/kg；在重度污染土壤中，表面活性剂 S3、T1、Z2 均降低了地上部 Co 含量，说明 S3、T1、Z2 均抑制了地上部对 Co 的吸收，其中 Z2 抑制作用最明显。但仅 S3 增加了根部 Co 含量，与对照 C 相比，增加 18%，达到 194.94mg/kg，而 T1 和 Z2 均降低了根部 Co 含量，分别比对照降低 43% 和 23%。因此，在所有处理组中，当向中度污染土壤中加入 S2 时，促进蚕豆地上部和根部吸收 Co 的作用最好；当向重度污染土壤中加入 Z2 时，抑制蚕豆地上部吸收 Co 的作用最明显；当向重度污染土壤中加入 T1 时，抑制蚕豆根部吸收 Co 的作用最明显。

3. 表面活性剂对蚕豆 Co 积累效应的影响

图 6-11 为蚕豆幼苗移栽 147d 后，表面活性剂对其单株 Co 积累量的影响。在轻度污染土壤中，表面活性剂 S1、T2、Z3 处理后，仅 S1 能显著促进单株对 Co 的积累，使单株 Co 积累量比对照 A 增加 44%，达到 202.20μg，而 Z3 对抑制单株积累 Co 的作用最大，使单株 Co 积累量比对照 A 降低 41%；在中度污染土壤中，表面活性剂 S2、T3、Z1 处理后，仅 Z1 能显著促进单株对 Co 的积累，使单株 Co 积累量比对照 B 增加 12%，达到 180.70μg，而 T3 对抑制单株积累 Co 的作用最大，使单株 Co 积累量比对照 B 降低 20%；在重度污染土壤中，表面活性剂 S3、T1、Z2 均抑制了单株对 Co 的积累，其中 Z2 抑制作用最明显，与对照 C 相比，单株 Co 积累量降低 44%。因此，当向轻度污染土壤的对照 A 中加入 S1 时，促进单株对 Co 的积累效果最为显著；当在重度污染土壤 C 中施加 S3、T1、Z2 时，均抑制了单株对 Co 的积累。

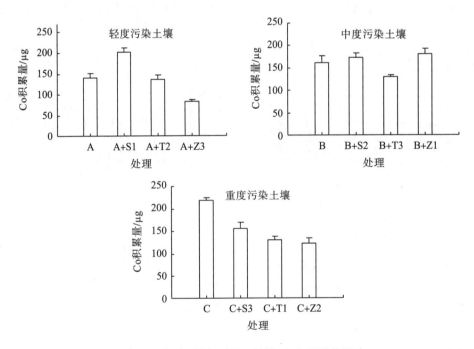

图 6-11   表面活性剂对蚕豆单株 Co 积累量的影响

图 6-12 为蚕豆幼苗移栽 147d 后，表面活性剂对其地上部 Co 积累量和根部 Co 积累量的影响。在轻度污染土壤中，同对照 A 一样，表面活性剂 S1、T2、Z3 处理下，地上部 Co 积累量均大于根部 Co 积累量，且仅 S1 能显著促进地上部和根部对 Co 的积累，使地上部和根部 Co 积累量分别比对照 A 增加 55%和 15%，达到 158.22μg 和 43.97μg。在中度污染土壤中，表面活性剂 S2、T3、Z1 处理下，仅 S2 处理下，同对照 B 一样，地上部 Co 积累量明显大于根部 Co 积累量。这些处理中，仅 S2 能促进地上部对 Co 的积累，使地上部 Co 积累量比对照 B 增加 8.7%，达到 111.05μg；仅 Z1 能显著促进根部对 Co 的积累，使根部 Co 积累量比对照 B 增加 58%，达到 94.24μg。在重度污染土壤中，表面活性剂 S3、T1、Z2 处理下，同对照 C 一样，S3 处理下的地上部 Co 积累量略微大于根部 Co 积累量，而在 T1 和 Z2 处理下，地上部 Co 积累量均小于根部 Co 积累量。S3、T1、Z2 均降低地上部和根部对 Co 的积累，表明 S3、T1、Z2 处理均抑制了地上部和根部对 Co 的积累，其中 Z2 对地上部积累 Co 的抑制作用最明显，与对照 C 相比，地上部 Co 积累量降低 60%，而 T1 对根部积累 Co 的抑制作用最明显，与对照 C 相比，根部 Co 积累量降低 33%。因此，仅当向轻度污染土壤中加入 S2 时，促进地上部对 Co 的积累效果最为显著；仅当向中度污染土壤中加入 Z1 时，促进根部对 Co 的积效果最显著；当在重度污染土壤中施加 S3、T1、Z2 时，均抑制地上部和根部对 Co 的积累。

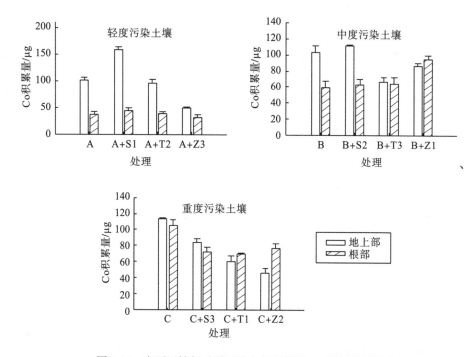

图 6-12　表面活性剂对蚕豆地上部和根部 Co 积累量的影响

总之，在轻度污染土壤中，仅 S1 处理能显著增加植株地上部、根部和单株对 Co 的积累，使地上部、根部和单株 Co 积累量分别比对照增加 55%、15%和 44%。在中度污染土壤中，S2 处理能增加地上部、根部和单株对 Co 的积累，分别比对照增加 8.7%、3.4%

和 6.7%。Z1 处理不能增加地上部 Co 积累量，但能增加根部和单株对 Co 的积累，使根部和单株 Co 积累量分别比对照增加 56%和 12%。在重度污染土壤中，表面活性剂 S3、T1、Z2 均抑制了地上部、根部和单株对 Co 的积累。因此，综合比较而言，在轻度污染土壤中，S1 处理对蚕豆积累 Co 的作用最好。

6.3.3　表面活性剂对蚕豆中 Co 富集与转运的影响

通过测定不同处理组的地上部 Co 含量、根部 Co 含量以及土壤 Co 含量得到植株对 Co 的转运系数和地上部富集系数。其中，转运系数反映植株将 Co 由根部转运到地上部的能力，值越大，转移能力越强，地上部 Co 含量越高。地上部富集系数反映植株地上部富集土壤中 Co 的能力，值越大，地上部富集能力越强。表 6-8 为蚕豆幼苗移栽 147d 后，表面活性剂处理对其转运系数和地上部富集系数的影响。

表 6-8　表面活性剂对蚕豆转运系数和地上部富集系数的影响

污染程度	处理	转运系数	地上部富集系数
轻度污染土壤	对照 A	0.225b	0.371c
	A+S1	0.393a	0.478a
	A+T2	0.409a	0.429b
	A+Z3	0.243b	0.303d
中度污染土壤	对照 B	0.237a	0.366b
	B+S2	0.221a	0.570a
	B+T3	0.172ab	0.364b
	B+Z1	0.138b	0.288c
重度污染土壤	对照 C	0.177ab	0.473a
	C+S3	0.146b	0.451a
	C+T1	0.202a	0.300b
	C+Z2	0.146b	0.297b

注：不同小写字母表示 P=0.05 水平差异显著。

在轻度污染土壤中，表面活性剂 S1、T2、Z3 处理后，S1、T2 均显著提高了转运系数和地上部富集系数，说明 S1、T2 能显著提高植株对 Co 的转移能力和地上部富集 Co 的能力。其中，S1 处理下的蚕豆转运系数和地上部富集系数分别比对照 A 增加 74%和 29%；T2 处理下的转运系数和地上部富集系数分别比对照 A 增加 79%和 16%。因此，S1、T2 对植株转运系数的影响比对地上部富集系数的影响更为明显。在中度污染土壤中，表面活性剂 S2、T3、Z1 处理均降低了转运系数，说明 S2、T3、Z1 抑制了植株对 Co 的转移能力，其中 Z1 抑制作用最明显，转运系数比对照 B 降低 41%。仅 S2 显著提高了地上部富集系数，比对照 B 增加 56%，表明 S2 能显著促进地上部富集 Co 的能力。在重度污染土壤中，表面活性剂 S3、T1、Z2 处理对提高植株转运系数和地上部富集系数不显著或表现为抑制作用，表明在重度污染土壤中，S3、T1、Z2 不利于植株对 Co 的转运和富集。

本试验中，在不同程度的 Co 污染土壤中，无论是否加入表面活性剂，蚕豆植株根部的 Co 含量远大于地上部 Co 含量。由此可见，Co 主要分布于根部，说明蚕豆将 Co 由根部转移到地上部的能力较弱。这与辛宝宝等(2012)研究黑麦草对 Co 的吸收与积累时的结果一致。另外，部分学者研究水稻和菜豆时也有类似的结论(冯永红等，2000；孙志明等，2001)。

大量试验证实，表面活性剂能降低土壤的界面张力，增加土壤中有效重金属的流动性，提高根际附近有效重金属含量，从而促进植物根系对重金属的吸收。除此之外，由于表面活性剂具有亲水性和亲油性，会与细胞膜中的成分相互作用，改变细胞膜的通透性，促进植株对重金属的吸收(陈玉成等，2004)，但因为表面活性剂的种类和施加浓度的不同，从而造成表面活性剂对植株各部位 Co 含量的影响极具复杂性。如 Gadelle 等(2001)发现，LAS、CTAB 和 Tween-80 均能极显著促进小麦叶片对 Cd 的积累。本试验中，第 147d 时，在轻度污染土壤中，S1、T2、Z3 处理主要促进籽实对 Co 的积累；在中度污染土壤中，S2、T3、Z1 处理主要促进根部对 Co 的积累；在重度污染土壤中，表面活性剂 S3、T1、Z2 中，只有 S3 处理能促进根部和茎部对 Co 的积累。造成这些情况的原因除了可能与表面活性剂施加的浓度相关外，也极有可能与土壤污染程度相关。在籽实形成的过程中需要吸收大量的营养物质，且 Co 可以通过不同的运输途径达到籽实器官，而根系是籽实吸收营养的主要部位。在轻度污染土壤中，S1、T2、Z3 处理均促进了根部的生长，这已在本试验中得到证实，而 S1、T2、Z3 作为表面活性剂能够提高根际土壤附近 Co 的有效性，使得在表面活性剂处理后，籽实在形成的过程中会从根系吸收更多的 Co，从而造成籽实 Co 含量均增加。在中度污染土壤中，S2、T3、Z1 处理使根部生物量减少或变化不显著，不利于植株的生殖生长，这也在本试验中得到证实，同时从侧面也反映出在土壤污染程度加大使得根部受到严重损伤的情况下，表面活性剂的处理能通过进一步扩大根部细胞膜的通透性(束良佐等，2001)，造成 Co 更易进入根部，使得根部 Co 含量升高，但也进一步造成根部的损伤，使得籽实不能吸收大量营养物质，进而不利于根部 Co 的转移。在重度污染土壤中，仅 S3 能促进根部和茎部对 Co 的积累，而 T1、Z2 的加入均造成植株各部位 Co 含量降低。这表明在重度污染条件下，根部损伤极大，而 T1、Z2 的加入使根部溃烂，根部细胞破碎，部分胞内物得到释放，使得根部 Co 含量降低。出现这种情况除与土壤污染程度有关外，可能还与不同表面活性剂对根部毒性的影响以及自身浓度相关。综上所述，在不同程度 Co 污染土壤中，表面活性剂处理对植物不同器官的 Co 含量有着很大的影响，其影响因素除了与土壤的污染程度相关外，也与表面活性剂的种类、自身浓度等相关。

第 147d 时，在轻度污染土壤中，表面活性剂 S1、T2、Z3 处理下，仅 S1 能显著提高植株根部、地上部和单株对 Co 的积累量，分别比对照 A 增加了 15%、55%和 44%。T2、Z3 处理对根部和地上部积累 Co 均无促进作用，甚至表现为抑制作用。在中度污染土壤中，表面活性剂 S2、T3、Z1 处理下，S2 能提高根部、地上部和单株对 Co 的积累量，分别比对照 B 增加了 3.4%、8.7%和 6.7%。T3 仅增加了根部 Co 积累量，但降低了地上部和单株 Co 积累量。Z1 显著增加了根部和单株 Co 积累量，分别比对照增加 58%和 12%。在重度污染土壤中，表面活性剂 S3、T1、Z2 处理均显著降低了根部、地上部和单株 Co 的积累量，表明在重度污染土壤中，S3、T1、Z2 处理均抑制了植株根部、地上部和单株对 Co 的积累。由此可见，所有施加表面活性剂处理组中，只有在轻度污染土壤中，S1 处理对促进蚕豆植株积累 Co 的效果最好。但周小勇等（2009）在研究 SDBS、CTAB 和 TX-100 对超富集植物长柔毛委陵菜修复重金属 Zn 污染土壤时发现，3 种表面活性剂均显著促进单株对 Zn、Pb、Cd 和 Cu 的积累量，分别较对照平均增加 4.0 倍、5.6 倍、3.7 倍和 8.7 倍。这比本试验研究表面活性剂促进重金属的富集效果的作用更好，可能与很多因素有关，如表面活性剂的种类与浓度、土壤类型、植物和提取目标物的种类以及实验方法和管理措施等。

蚕豆对 Co 的转运系数是地上部 Co 含量与根部 Co 含量之比值，其反映了植株将重金属由根部转移到地上部的能力。转运系数越大，说明重金属从根系向地上部器官转运能力越强。地上部富集系数是地上部 Co 含量与土壤中 Co 含量之比值，其反映了植株地上部对土壤中 Co 的富集能力。第 147d 时，在不同程度的污染土壤中，植株对 Co 的转移系数和地上部富集系数分别为 0.2 和 0.4 左右，表面活性剂处理对转运系数和地上部富集系数的影响均较大。综合比较而言，在轻度污染土壤中，S1 和 T2 处理均能显著提高转运系数和地上部富集系数，分别比对照 A 的转运系数增加 74% 和 79%，比对照 A 的地上部富集系数增加 29% 和 16%。这说明 S1 和 T2 均能显著提高 Co 由根系运输到地上部的能力，并且同时增加地上部富集 Co 的能力。而在中度和重度污染土壤中，表面活性剂对转运系数和地上部富集系数的影响更多地表现为抑制作用，仅在中度污染的土壤中，S2 能促进地上部富集系数的增加，比对照增加 56%。但很多学者研究（Kosaric，2001，Hong et al.，2002）发现，表面活性剂均能提高植株对重金属转运系数和地上部富集系数，这可能是中高浓度污染的情况下，对植物根系造成了很大的伤害，阻碍了植株对各种营养物质和矿质元素的吸收，从而不利于根部 Co 向地上部的转移和运输，也可能与所采用富集的植物种类、土壤理化性质以及表面活性剂的种类有关。

综合比较蚕豆各器官 Co 含量、积累量、富集系数和转运系数等指标可以看出，在轻度污染土壤中，S1 促进植株吸收积累 Co 的作用最好。此时，S1 显著促进籽实对 Co 的吸收，与对照相比，籽实 Co 含量增加 77%。同时，S1 提高植株根部、地上部和单株对 Co 的积累量也最为显著，分别比对照 A 增加了 15%、55% 和 44%。植株对 Co 的转移系数和地上部富集系数提高极为显著，分别比对照增加 74% 和 29%。在重度污染土壤中，Z2 抑制植株吸收积累 Co 的作用最大，与对照 C 相比，根、叶、茎、荚壳和籽实的 Co 含量分别减少 23%、32%、63%、3% 和 23%，根部、地上部和单株 Co 积累量分别比对照减少 27%、60% 和 44%，植株对 Co 的转移系数和地上部富集系数分别减少 19% 和 37%。

在研究表面活性剂处理下蚕豆植株生物量的动态变化（移栽后 25d、55d、147d）时发现，在 A、B、C 三种不同程度的 Co 污染土壤中，蚕豆植株地上部生物量和单株生物量均随着时间的延长呈现逐步上升的趋势，加入表面活性剂后，蚕豆植株地上部生物量和单株生物量的变化趋势同对照组一样，但根部生物量随着时间变化的趋势却因土壤的污染程度、表面活性剂处理的类型和浓度变化的不同而有所差异，这主要是因为根部是直接与附近土壤接触的器官，外界环境的不一致性会导致根部生物量呈现一定的差异性。如在轻度污染土壤中，根部生物量呈现先增后降的趋势，而在中度和重度污染土壤中，根部生物量随时间的变化无显著性差异，说明中、高浓度的 Co 污染使得根部的生长停滞，这可能是由于中、高浓度的污染对根系的毒害作用极大造成的。另外，第 25d 时，在 A+ S1、A+ T2、B+S2、B+T3、B +Z1、C+ S3、C+T1、C+Z2 处理中，根部生物量均降低，表明施加表面活性剂后，短期内会抑制根部生物量的增加。第 147d 时，A+ S1、A+ T2、B +Z1、C+T1 处理促进了根部生物量的增加。因此，表面活性剂促进根部生物量生长的时期具有不一致性。

在研究表面活性剂处理下蚕豆植株地上部和根部 Co 积累量的动态变化（移栽后 25d、55d、147d）时发现：在不同程度的污染土壤中，未经表面活性剂处理时，地上部 Co 积累量随着时间的增加均呈现逐步增加的趋势；根部 Co 积累量均呈现先升后降的趋势；单株 Co 积累量在轻度污染时呈现逐步增加的趋势，而在中度和重度污染时呈现先升后降的趋势。经表面活性剂处理后，各处理下的 Co 积累量随时间变化的趋势有一定的差异性。

由于在实际应用中，人们更关注植株地上部 Co 积累量和单株总 Co 积累量。就地上部 Co 积累量而言，在轻度污染土壤中，A+S1 处理组在第 147d 时，Co 积累量最大，比对照 A 中具有的最大 Co 积累量高 55%；在中度污染土壤中，B+S2 处理组在第 147d 时，Co 积累量最大，比对照 B 中具有的最大 Co 积累量高 8.7%；在重度污染土壤中，加入表面活性剂的处理组所具有的最大 Co 积累量均小于对照组 C 在第 147d 时的 Co 积累量。就单株 Co 积累量而言，在轻度污染土壤中，A+S1 处理组在第 147d 时，Co 积累量最大，比对照 A 中具有的最大 Co 积累量高 44%；在中度污染土壤中，B+S2 处理组在第 55d 时，Co 积累量最大，比对照 B 中具有的最大 Co 积累量高 2.3%；在重度污染土壤中，C+S3 处理组在第 55d 时，Co 积累量最大，比对照 C 中所具有的最大 Co 积累量高 40%。因此，若一年只种一季蚕豆，则所有加入表面活性剂的处理组中，在轻度污染土壤中收获 S1 处理下第 147d 的植株时，提高地上部和单株 Co 积累量最为显著；在中度污染土壤中，收获 S2 处理下第 147d 的植株时，提高地上部 Co 积累量最为显著，收获 S2 处理下第 55d 的植株时，提高单株 Co 积累量最为显著；在重度污染土壤中，施加 S3、T1、Z2 后无法提高对照 C 中所具有的最大地上部 Co 积累量，但收获 S3 处理下第 55d 的植株时，提高单株 Co 积累量最为显著。

通过对室外自然生长和盆栽试验中的蚕豆长势的观察比较发现，盆栽试验方法对蚕豆的生长有极大的抑制作用，所以在真实的 Co 污染土壤中，表面活性剂促进蚕豆提取 Co 的总量极有可能大于盆栽条件下提取的 Co 总量。通过综合比较表面活性剂对不同时期蚕豆积累 Co 的促进效果时发现，表面活性剂对第 25d 时蚕豆积累 Co 的促进作用较强，这可能是因为施加表面活性剂后，在短时间内可以极大地促进植物对 Co 的吸收与富集。因此，在今后的试验研究中，可以着重考虑在植物生长的过程中，表面活性剂施加的时期对植物富集 Co 的影响，探索出施加表面活性剂的适宜时期，为表面活性剂在强化植物修复技术中的应用提供更有利的技术措施，进一步完善植物修复技术体系。

6.3.4 表面活性剂对蚕豆根际土壤理化性质的影响

1. 表面活性剂对根际土壤 pH、有机质、碱解 N 和有效 P 的影响

表 6-9 为蚕豆幼苗移栽 147d 后，表面活性剂对其根际土壤 pH、有机质、碱解 N、有

效 P 的影响。

由表 6-9 可见，在轻度污染土壤中，Z3 处理极显著地降低了土壤 pH，比对照降低了 0.34 个单位；在中度污染土壤中，pH 的变化无规律性。在重度污染土壤中，表面活性剂处理均显著增加了 pH。在轻度污染土壤中，T2、Z3 处理均显著增加了土壤有机质含量。在中度污染土壤中，S2、T3 处理均显著增加了土壤有机质含量。在重度污染土壤中，T1、Z2 处理均显著增加了土壤有机质含量。因此，表面活性剂处理后，与对照相比，有机质含量呈现出增加或不变的总体规律。

表 6-9　表面活性剂对根际土壤 pH、有机质、碱解 N、有效 P 的影响

污染程度	处理组	pH	有机质含量/(g/kg)	碱解 N 含量/(mg/kg)	有效 P 含量/(mg/kg)
轻度污染土壤	对照 A	6.29Aa	4.03Bc	45.17Bb	7.07Ab
	A+S1	6.24Aa	3.84Bc	47.23Bb	6.89Ab
	A+T2	6.30Aa	4.86Bb	61.19Aba	12.17Aa
	A+Z3	5.95Bb	8.66Aa	70.22Aa	11.12Aa
中度污染土壤	对照 B	6.26Bb	3.91BCc	39.42Ab	6.84Bb
	B+S2	6.03Cc	6.76Aa	61.60Aa	6.59Bb
	B+T3	6.16BCb	5.02Bb	50.10Aab	13.74Aa
	B+Z1	6.78Aa	3.12Cc	62.52Aa	12.35Aa
重度污染土壤	对照 C	6.31Bc	3.99Bbc	50.16Aa	8.35Aab
	C+S3	6.84Ab	3.59Bc	51.23Aa	6.92Ab
	C+T1	6.94Aa	4.90Bb	52.15Aa	11.67Aa
	C+Z2	6.92Aa	8.55Aa	60.47Aa	9.30Aab

注：不同小写字母表示 $P=0.05$ 水平差异显著，不同大写字母表示 $P=0.01$ 水平差异极显著。

在轻度污染土壤中，T2、Z3 处理均显著增加了土壤碱解 N 含量。在中度污染土壤中，S2、Z1 处理均显著增加了土壤碱解 N 含量。在重度污染土壤中，S3、T1、Z2 处理对土壤碱解 N 含量无显著影响。因此，表面活性剂处理后，与对照相比，碱解 N 含量呈现出增加或不变的总体规律。就有效 P 而言，在轻度污染土壤中，T2、Z3 处理均显著增加了土壤有效 P 含量。在中度污染土壤中，T3、Z1 处理均显著增加了土壤有效 P 含量。在重度污染土壤中，S3、T1、Z2 处理对土壤有效 P 含量无显著性影响。因此，表面活性剂处理后，与对照相比，有效 P 含量呈现出增加或不变的总体规律。

总体来看，与对照相比，表面活性剂处理后，土壤的有机质含量、碱解 N 含量、有效 P 的含量均表现为增加或不变的趋势，而 pH 则表现出无规律性。

2. 表面活性剂对根际土壤 Co 有效态含量的影响

图 6-13 为蚕豆幼苗移栽 147d 后，表面活性剂对其根际土壤有效 Co 含量的影响。在轻度污染土壤中，与对照 A 相比，表面活性剂 S1、T2、Z3 处理均显著降低了根际土壤有效 Co 含量。在中度污染土壤中，与对照 B 相比，T3、Z1 显著降低了有效 Co 含量，S2

对有效 Co 含量无显著影响。在重度污染土壤中，与对照 C 相比，S3、T1 均显著降低了有效 Co 含量，Z2 对有效 Co 含量影响不显著。因此，大多数情况下，表面活性剂处理能降低根际土壤有效 Co 含量。

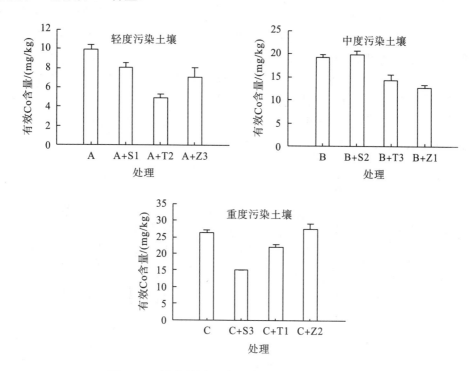

图 6-13　表面活性剂对根际土壤有效 Co 含量的影响

3. 表面活性剂对根际土壤基本离子 Ca、Mg、K、Na 有效态含量的影响

图 6-14 为蚕豆幼苗移栽 147d 后，表面活性剂对蚕豆根际土壤基本离子 Ca、Mg、K、Na 等有效态含量的影响。同对照组一样，在表面活性剂处理下，各离子含量高低均遵循 Ca＞Mg＞Na＞K 的规律。

在轻度污染土壤中，与对照 A 相比，各处理对根际土壤有效 Ca、K 含量的影响不显著，而有效态 Mg 含量降低，有效 Na 含量降低或无显著性变化；在中度污染土壤中，各处理均显著降低了有效 Mg、Na 含量，仅 S2 显著降低了根际土壤有效 K 含量，S2 和 T3 均降低了有效 Ca 含量；在重度污染土壤中，各处理均降低了有效 Na 含量，对有效 Mg 含量影响不显著，仅 T1 处理增加了有效 Ca 含量，比对照 C 增加 20%，仅 S3 显著降低了有效 K 含量，而 T1、Z2 对有效 K 含量无显著性影响。因此，与对照组相比，在大多数情况下，表面活性剂处理能降低根际土壤基本离子的有效态含量。

表面活性剂与土壤理化性质之间的相互作用非常复杂。姜霞等(2003)认为表面活性剂在与土壤的吸附与解吸过程能够显著改变土壤的理化性质和生物性质。本试验中，在表面活性剂处理下，根系土壤附近 pH 变化无规律性。而在绝大多数情况下，土壤有机质含量、碱解 N 含量、有效 P 含量均增加或无显著的变化。这极有可能是由于表面活性剂的加入影响了植株对 N、P 营养元素的正常吸收和运输，造成土壤碱解 N、有效 P 含量的增加。而试验中用的表面活性剂均属于有机物，这也有可能提高土壤中的有机质含量。另外，在表面活性剂处理后，绝大多数情况下，根际土壤的有效态 Ca、Mg、K、Na、Co 含量降低或无显著的变化，可能是由于在植株生长的过程中，施加表面活性剂处理造成各离子与土壤颗粒的界面张力减小，增加了土壤溶液中离子的流动性，使得各离子逐步向底层迁移。而本试验也已经证实了在成熟期，与栽前相比，在表层土壤的 Co 含量急剧减少，而在底层土壤的 Co 含量逐步增加。除此之外，也有可能是因为表面活性剂的外界胁迫提高了植株对矿质元素和 Co 的吸收积累，从而降低了根际附近土壤基本离子和 Co 的有效态含量。总之，表面活性剂对根际土壤中理化性质的影响极为复杂，其影响因素也很多，需要进一步的探索。

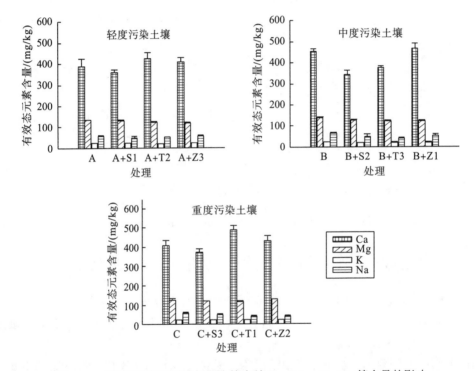

图 6-14 表面活性剂对蚕豆根际土壤有效 Ca、Mg、K、Na 等含量的影响

4. Co 在土壤-蚕豆植株体系下的迁移与分布

1) 土壤垂直剖面各层全 Co 和有效 Co 的含量分布

Co 进入表层土壤后，在垂直剖面中，由于土壤颗粒以及颗粒表面的其他物质的吸附、固定和螯合等作用，导致它在土壤垂直剖面中含量发生变化。从图 6-15 中可以看出植物栽前和成熟期 Co 的迁移分布规律。

对照(CK)中，植株栽前和成熟期，土壤各层的全 Co 均匀地分布于各层。在 Co 处理组 A、B、C 中，栽前，随着土壤深度的增加，土壤各层的全 Co 和有效 Co 的含量均先急剧减小而后趋于平缓，并在土壤深度 0～2cm 处，Co 处理浓度越高，土壤中全 Co 的含量也越高，Co 在土壤中的迁移也越快。在 6～10cm 和 10～16cm 处，各处理组的全 Co 含量都与对照组的相近，说明在土壤施 Co 并沉化两周后，绝大多数 Co 集中在土壤表层 0～4cm。在成熟期，即移栽幼苗 147d 后，Co 处理组 A、B、C 中，表层 0～4cm 处的全 Co 含量表现出降低的趋势，与栽前相比，A、B 处理下各层的全 Co 含量差异性进一步缩小。在 4～10cm 处，A、B、C 处理下的全 Co 含量均比栽前的有所增加，说明 Co 在土壤-蚕豆植株体系下，随着时间的延长，表层 0～4cm 处的 Co 含量逐步降低，深层的全 Co 含量逐步上升。但总体来看，在栽前，大量的 Co 都集中在表层 0～4cm 内，而在成熟期，Co 主要集中在土壤深度 0～6cm 以内，说明 Co 在土壤-蚕豆植株体系下的迁移速度较慢。

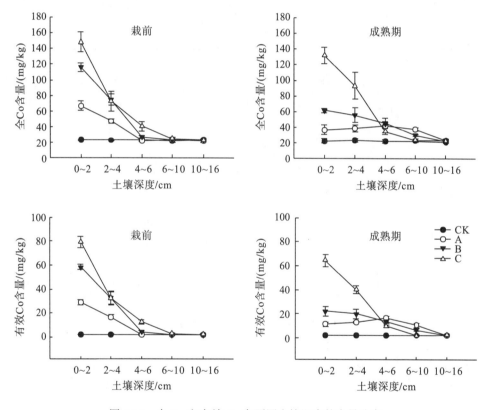

图 6-15　全 Co 和有效 Co 在不同土壤深度的含量分布

与此同时，从图 6-15 容易看出，同一时期，土壤中有效 Co 含量的分布规律与全 Co 含量的分布规律很相似，因此两者之间还有可能存在一定的正相关性。

2) 土壤中全 Co 与有效 Co 含量之间的相关关系

从图 6-16 中可以看到，在植物栽前和成熟期，有效 Co 和全 Co 含量的变化趋势相似，两者之间可能存在一定的相关性。在没有施加外源 Co 时，植物栽前和成熟期时的土壤中的全 Co 与有效 Co 含量都很低，并且变化的范围窄，两者之间的相关关系不明显。但从图 6-17 中可以看出，施加外源 Co 后，在植物栽前和成熟期，土壤中的全 Co 与有效 Co 含量之间的线性关系很明显。在栽前，土壤全 Co 含量和有效 Co 含量之间的线性关系为 a=0.61，b=-11.91，R^2=0.997；在成熟期，两者之间的线性关系为 a=0.55，b=-9.88，R^2 =0.977。

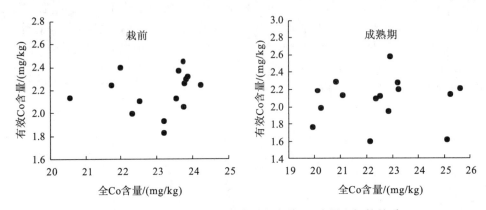

图 6-16　对照组土壤中全 Co 含量与有效 Co 含量之间的关系

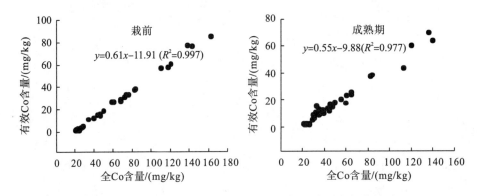

图 6-17　处理组中土壤全 Co 含量与有效 Co 含量之间的关系

试验发现，向土壤表面均匀浇灌不同浓度的外源 Co 时，Co 在土壤中均会表现出自表层向下迁移的现象，并且土壤深度越深，Co 含量越低，这与先前很多研究的规律一致（辛宝宝等，2012；赵希岳等，2008，2002；Hossain et al.，2012）。在栽前，大量的 Co 几乎都处于表层 4cm 以内，这主要是由于土壤中无机胶体、铁/锰氧化物以及黏粒对 Co 具有强吸附作用，从而使得大量的 Co 停留在表层（王敬国，1995）。在成熟期，对于同一层的土壤而言，表层 4cm 以内的 Co 含量降低（赵希岳等，2002），距表层 4cm 以下的 Co 含量基本上增加，这可能与水的淋溶和植物生长的作用相关。此时，Co 主要集中在土壤深度 0~6cm 内，说明在蚕豆生长周期内，大量的 Co 在土壤中迁移的速度很慢。另外，试验还发现，在不同浓度 Co 处理下，植株栽前和成熟期，土壤中的全 Co 含量和有效 Co 含量都保持着极好的线性关系，因此可以通过测定土壤中的有效 Co 或全 Co 的含量来估算土壤中全 Co 或有效 Co 的含量。

6.4　螯合诱导强化修复技术

螯合诱导强化修复技术是施用螯合剂到核素或重金属污染土壤中,通过增加土壤中重金属的生物有效性进而强化植物超富集作用的方法(Garbisu and Alkorta, 2001)。螯合剂具有多齿状的配位基,能与单一金属离子形成杂环化学复合物,其主要作用是当作化学肥料或作为土壤微量元素提取剂(Salt et al., 1995)。此外,由于螯合剂可以促进重金属离子从土壤颗粒表面的解吸从而增加其浓度,所以更能促进重金属离子向植物地上部的运输(Alkorta et al., 2004),并降低其细胞毒性,减轻对植物的伤害(程国玲等, 2008)。螯合诱导强化修复技术随着重金属污染土壤植物修复研究的不断深入与扩展,已成为当前研究的焦点。

采用模拟盆栽试验,外源施加到土壤中的 Co 质量比为 20mg/kg(Co 以 $CoCl_2 \cdot 6H_2O$ 为外源形式,以水溶液的方式均匀浇灌),选取长势一致的花生、紫云英和香雪球幼苗移栽至上述土壤中。2 个月后,将螯合剂按一定浓度配成溶液浇灌加入,施加前将溶液 pH 调到 6.5 左右。EDDS、NTA、CA 和 OA 分别设置 3 个处理浓度,即 2.5mmol/kg、5mmol/kg、7.5mmol/kg。以不添加任何螯合剂只加去离子水作为空白组对照(CK);螯合剂分 3 次施加,每次施加间隔 3d,单盆每次施加量为 33mL(第 3 次为 34mL),3 次施加量共计 100mL。最后一次添加处理 7d 后收获植株,进行各指标的分析。

6.4.1　螯合剂处理对植物生长的影响

由表 6-10 可知,螯合剂施加后,与对照相比,花生株高和茎粗均无显著变化,同时在 EDDS 和 NTA 处理下,花生根长与对照也无显著差异。这表明将螯合剂施入后,土壤中的 Co 含量还不足以抑制花生植株的正常生长。但在 CA 和 OA 处理后,7.5mmol/kg 浓度处理下花生根长与对照相比有显著降低外,其余处理下无显著变化。但在加入高浓度 CA 或 OA 后,花生的根部生长明显受到了影响。

表 6-10　螯合剂处理对 3 种植物生长的影响

螯合剂	浓度 /(mmol/kg)	花生			紫云英			香雪球		
		株高/cm	茎粗/mm	根长/cm	株高/cm	茎粗/mm	根长/cm	株高/cm	茎粗/mm	根长/cm
CK	0	15.17ab	5.38abc	18.33abc	10.32c	5.13a	15.44bcd	23.91ab	2.26ab	10.57bc
EDDS	2.5	15.27ab	5.75ab	20.00ab	13.56bc	4.87a	15.79bcd	22.11bc	2.60a	12.25a
	5.0	15.98a	5.63ab	20.43a	14.21ab	4.81a	16.56abc	20.84cd	2.27ab	11.16ab
	7.5	14.31bc	5.09bc	15.17cde	17.243a	4.51a	12.19d	17.22e	2.07b	8.18de
NTA	2.5	15.40ab	5.53ab	18.00bcd	12.86bc	4.56a	14.54bcd	26.94a	2.00b	12.41a
	5.0	14.50bc	5.35ab	16.67bcd	13.27bc	4.89a	16.28abc	24.14ab	1.99b	8.58de
	7.5	13.55bc	5.19ab	15.80	13.64bc	3.73a	13.17cd	20.65cd	1.87b	7.32e

螯合剂	浓度/(mmol/kg)	花生			紫云英			香雪球		
		株高/cm	茎粗/mm	根长/cm	株高/cm	茎粗/mm	根长/cm	株高/cm	茎粗/mm	根长/cm
CA	2.5	15.33ab	5.65ab	18.07bcd	10.54c	4.93a	17.35a	24.79ab	2.24ab	12.97a
	5.0	14.83bc	5.43ab	17.67bcd	14.14ab	4.81a	17.90a	20.70cd	2.01b	10.28bc
	7.5	13.90bc	5.36ab	14.27e	12.62bc	4.28a	17.25ab	19.45de	1.89b	10.02c
OA	2.5	14.56bc	6.00a	17.10bcd	12.07bc	3.64a	14.77cd	26.66a	2.24a	12.53a
	5.0	13.00bc	5.06bc	15.83cde	13.35bc	4.21a	15.97c	20.64cd	2.09b	11.57ab
	7.5	12.77c	4.74c	14.50de	10.46c	3.76a	13.16cd	16.57e	1.89b	10.42b

注：不同小写字母表示 $P=0.05$ 水平差异显著。

从表 6-10 可以看出，4 种螯合剂的施加使紫云英的株高均高于对照，茎粗却均低于对照。但是各浓度处理下二者与对照相比均未表现出显著差异。同时，在 4 种螯合剂影响下，紫云英根长与对照相比也无显著差异。这说明在中度 Co 污染土壤中，施加螯合剂对紫云英的生长无显著影响。

表 6-11　螯合剂处理对 3 种植物生物量的影响

螯合剂	浓度/(mmol/kg)	地上部生物量干重/g			地下部生物量干重/g			单株生物量干重/g		
		花生	紫云英	香雪球	花生	紫云英	香雪球	花生	紫云英	香雪球
CK	0	3.48ab	0.59bc	1.69bcde	0.82a	0.33bc	0.13cde	4.31ab	0.91bcd	1.82cd
EDDS	2.5	3.34abc	0.95a	2.78a	0.58bcd	0.48ab	0.15bcd	3.91abc	1.44a	2.93a
	5.0	3.26abc	0.89a	1.66cde	0.53bcd	0.37bc	0.11ef	3.79abc	1.26a	1.77cd
	7.5	2.62bc	0.82a	1.30efg	0.47d	0.19c	0.07fg	3.09bc	1.00b	1.38de
NTA	2.5	2.93abc	0.63b	2.00bc	0.49cd	0.36bc	0.17b	3.41abc	0.99bc	2.17bc
	5.0	2.63bc	0.50bcd	1.20efg	0.46d	0.31bc	0.11de	3.09abc	0.81bcde	1.31de
	7.5	2.17c	0.39d	0.80g	0.45d	0.21c	0.06g	2.63c	0.60f	0.86e
CA	2.5	3.35abc	0.81a	2.22b	0.78a	0.65a	0.21a	4.13ab	1.46a	2.43ab
	5.0	3.00abc	0.55bcd	1.98bcd	0.68ab	0.37bc	0.16bc	3.68abc	0.92bcd	2.14bc
	7.5	2.62bc	0.49bcd	1.39ef	0.67abc	0.30bc	0.16bc	3.29abc	0.79cdef	1.54d
OA	2.5	3.94a	0.55bcd	1.43de	0.57bcd	0.37bc	0.12de	4.50a	0.93bcd	1.55d
	5.0	3.45ab	0.49bcd	1.17efg	0.51bcd	0.25c	0.11de	3.96ab	0.74def	1.28de
	7.5	3.22abc	0.45cd	0.86fg	0.49cd	0.18c	0.11ef	3.70abc	0.63ef	0.97e

注：不同小写字母表示 $P=0.05$ 水平差异显著。

香雪球形态学指标与对照相比均无显著差异，但当螯合剂处理浓度达到 7.5mmol/kg 时，香雪球株高和根长几乎全部显著低于对照，生长受到显著抑制。这说明香雪球对一定范围内的 Co 有较强的耐性，但当 Co 的生物有效性提高到一定的程度并超过植物的耐受范围时，就会对植物产生一定的毒害影响。

进一步对 3 种植物地上部、地下部和单株生物量干重进行分析比较得表 6-11。从表可见，4 种螯合剂处理下，3 种植物的地上部和单株生物量干重表现为花生＞香雪球＞紫云英，而地下部生物量干重则表现为花生＞紫云英＞香雪球，单株生物量干重 3 种植物表现与地上部生物量干重一致，即为花生＞香雪球＞紫云英。可见，花生作为富集植物的优势在于其生物量较大。

6.4.2　螯合剂处理对植物 Co 吸收、转运和富集能力的影响

1. 螯合剂处理对 3 种植物 Co 吸收能力的影响

如图 6-18 所示，花生 Co 含量随 EDDS 浓度的增加先升高后降低，且均明显高于对照组，同时根部 Co 含量要明显高于地上部。这进一步证明了根系是花生富集 Co 的主要部位。NTA 加入土壤后，花生地上部及地下部 Co 含量虽然都高于对照，但远远低于同浓度的 EDDS。在 7.5mmol/kg CA 和 OA 处理下，花生 Co 含量显著低于对照。这说明施加有机酸不能很好地达到螯合效果且有抑制花生对 Co 吸收的倾向，因此不宜采用。

EDDS 添加后，紫云英 Co 含量的实验组数据均显著高于对照组。其中，地上部 Co 含量在 2.5mmol/kg 时达到峰值，而地下部 Co 含量在 5.0mmol/kg 时达到最大值。由此可见，紫云英地上部对 EDDS 更敏感。有研究表明，植物将根部重金属转移到地上部，通过区室化或络合反应减弱重金属毒性并储存起来（Monni et al.，2000）。NTA、CA 和 OA 施加后，紫云英 Co 含量均显著高于对照，且均以根部积累为主。这可能是由于随着土壤 Co 含量的增加，植物的机能损害也逐渐加重，从而抑制了 Co 向地上转运的能力。

与对照相比，随着土壤中 EDDS 处理浓度的增加，香雪球地上部和地下部 Co 含量均呈上升趋势，并均在 EDDS 处理浓度为 7.5mmol/kg 时达到峰值，分别为 167.43mg/kg 和 222.91mg/kg，分别是对照的 10.93 倍和 5.62 倍，差异显著。在所有螯合剂处理下，香雪球地下部 Co 含量均远高于地上部 Co 含量，且多数在螯合剂处理浓度最大时，其 Co 含量才达到最大。这可能是由于螯合剂的施加导致植株根系细胞通透性增大，从而被动吸收了大量的 Co。

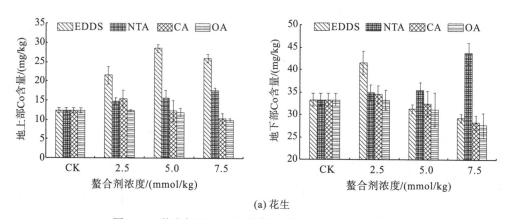

(a) 花生

图 6-18　螯合剂处理对 3 种植物不同部位 Co 含量的影响

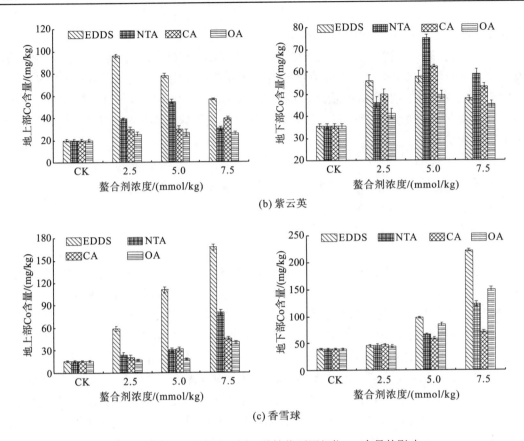

(c) 香雪球

图 6-18(续)　螯合剂处理对 3 种植物不同部位 Co 含量的影响

2. 螯合剂处理对 3 种植物 Co 转运和富集能力的影响

对螯合剂处理下 3 种植物不同部位 Co 的富集系数及转运系数进行计算分析得表 6-12。

表 6-12　螯合剂处理对 3 种植物 Co 转运和富集能力的影响

螯合剂	浓度/(mmol/kg)	花生 富集系数(BCF)			转运系数(TF)	紫云英 富集系数(BCF)			转运系数(TF)	香雪球 富集系数(BCF)			转运系数(TF)
		地上部	地下部	单株		地上部	地下部	单株		地上部	地下部	单株	
CK	0	0.21	0.55	0.27	0.37	0.33	0.59	0.42	0.56	0.25	0.66	0.29	0.39
EDDS	2.5	0.36	0.69	0.41	0.52	1.59	0.93	1.37	1.71	0.97	0.75	0.96	1.31
	5.0	0.47	0.52	0.48	0.92	1.29	0.96	1.20	1.35	1.83	1.62	1.82	1.13
	7.5	0.43	0.49	0.44	0.89	0.94	0.79	0.91	1.19	2.77	3.69	2.82	0.75
NTA	2.5	0.24	0.58	0.29	0.42	0.65	0.76	0.69	0.86	0.39	0.75	0.42	0.53
	5.0	0.26	0.59	0.31	0.44	0.91	1.25	1.04	0.73	0.50	1.11	0.55	0.45
	7.5	0.29	0.72	0.37	0.40	0.50	0.98	0.66	0.51	1.33	2.03	1.38	0.65

续表

螯合剂	浓度/(mmol/kg)	花生				紫云英				香雪球			
		富集系数(BCF)			转运系数(TF)	富集系数(BCF)			转运系数(TF)	富集系数(BCF)			转运系数(TF)
		地上部	地下部	单株		地上部	地下部	单株		地上部	地下部	单株	
CA	2.5	0.25	0.57	0.32	0.4	0.49	0.82	0.64	0.59	0.34	0.77	0.37	0.43
	5.0	0.20	0.54	0.27	0.38	0.49	1.04	0.71	0.48	0.51	0.97	0.55	0.53
	7.5	0.17	0.47	0.23	0.37	0.65	0.88	0.74	0.74	0.74	1.18	0.79	0.63
OA	2.5	0.20	0.55	0.24	0.36	0.42	0.68	0.52	0.62	0.28	0.74	0.31	0.38
	5.0	0.20	0.52	0.24	0.40	0.44	0.82	0.57	0.53	0.30	1.41	0.40	0.21
	7.5	0.16	0.46	0.21	0.36	0.43	0.75	0.52	0.57	0.67	2.49	0.87	0.27

由表 6-12 可见，EDDS 和 NTA 能明显提高花生对 Co 的转运与富集能力。当 EDDS 浓度为 5.0mmol/kg 时，花生地上部对 Co 的富集系数、单株富集系数及转运系数达到了最大值(0.47、0.48 和 0.92)，与对照相比分别增大了 123.81%、77.78%和 148.65%；当 EDDS 浓度为 2.5mmol/kg 时，花生地下部 Co 富集系数也达到最大值。随着处理浓度的增大，富集系数和转运系数均有所下降，这可能与植物对重金属富集能力以及重金属运输形式有关。添加 CA 和 OA 后，花生地上部和地下部 Co 富集系数在多数浓度处理下低于对照，且与对照相比，转运系数也无显著变化，因此添加 CA 和 OA 不利于螯合提取技术的应用。

加入 EDDS 能够提高紫云英对 Co 的转运与富集能力。当 EDDS 浓度为 2.5mmol/kg 时，紫云英的地上部对 Co 的富集系数、单株富集系数和转运系数均达到了最大值且大于 1(分别为 1.59、1.37 和 1.71)，分别是未加 EDDS 情况的 4.82 倍、3.26 倍和 3.05 倍，达到富集型植物的要求。此外，在 NTA、CA 和 OA 影响下，多数浓度处理下紫云英地上部对 Co 的富集系数和转运系数小于 1，说明三者的添加均不利于螯合提取技术的应用。

当 EDDS 浓度为 5.0mmol/kg 时，香雪球地上部和地下部对 Co 的富集系数达到了 1.83 和 1.62，同时单株富集系数和转运系数也达到了 1.82 和 1.13，均大于 1，且分别是未加 EDDS 情况的 7.32 倍、2.45 倍和 6.28 倍、2.90 倍，达到富集型植物的要求。在 NTA、CA 和 OA 影响下，多数浓度处理下香雪球地上部富集系数均小于 1，且远低于同浓度 EDDS 处理，同时转运系数也均小于 1。因此，当修复植物为香雪球时，5.0mmol/kg 的 EDDS 是本次试验筛选的最佳螯合剂种类及浓度。

3. 螯合剂处理下 3 种植物 Co 吸收、转运和富集能力的比较

对螯合剂处理下 3 种植物不同部位及单株 Co 含量进行分析测定得表 6-13。由表 6-13 可知，EDDS 的添加比其他 3 种螯合剂更加显著地增大了 3 种植物的 Co 含量，且 3 种植物地上部和地下部 Co 含量比较：香雪球＞紫云英＞花生。同时，花生的地下部 Co 含量要高于地上部，表明花生根系对 Co 有较强的滞留效应；而紫云英和香雪球的地上部 Co 含量要高于地下部，可能与螯合态重金属在植物体中的移动性大有关。

表 6-13　螯合剂处理下花生、紫云英和香雪球 Co 含量的比较

螯合剂	浓度/(mmol/kg)	地上部 Co 含量/(mg/kg)			地下部 Co 含量/(mg/kg)			单株 Co 含量/(mg/kg)		
		花生	紫云英	香雪球	花生	紫云英	香雪球	花生	紫云英	香雪球
CK	0	12.43fg	20.01h	15.32i	33.32bcd	35.43h	39.68i	16.50ef	25.55i	17.37i
EDDS	2.5	21.59c	95.88a	58.83d	41.63a	56.11cd	45.05h	24.54b	82.51a	58.10d
	5.0	28.64a	78.05b	110.68b	31.31cdef	57.81c	97.63d	28.99a	72.17b	109.88b
	7.5	26.04b	56.92c	167.43a	29.30ef	47.97ef	222.91a	26.56b	55.23d	170.36a
NTA	2.5	14.71ef	39.26d	23.67g	34.90bc	46.03f	45.33h	17.58de	41.61ef	25.40g
	5.0	15.62de	54.88c	29.97f	35.44b	75.24a	66.96f	18.68d	62.54c	33.12f
	7.5	17.58d	29.95e	80.24c	43.75a	59.08c	122.63c	22.05c	40.16ef	83.07c
CA	2.5	15.37de	29.31ef	20.27gh	34.50bcd	49.72e	46.73h	19.05d	38.42fg	22.56gh
	5.0	12.27fg	29.88e	30.94f	32.49bcde	62.55b	58.61g	16.11efg	42.75ef	33.03f
	7.5	10.39g	39.31d	44.93e	28.28f	53.26d	71.35f	14.03gh	44.65e	47.62e
OA	2.5	12.26g	25.17g	16.85hi	33.32bcd	41.10g	44.88h	14.60fg	31.53h	18.91hi
	5.0	11.88fg	26.53fg	18.03hi	31.12def	49.67e	85.28e	14.71fg	34.22gh	23.94g
	7.5	9.94g	25.85g	40.22e	27.70f	45.18f	150.08b	12.48h	31.22h	52.33e

注：同列中不同小写字母表示 $P=0.05$ 水平差异显著。

　　进一步对螯合剂处理下 3 种植物不同部位及单株富集系数、富集量及富集量系数进行分析分别得表 6-14、表 6-15 和表 6-16。从这三个表可见，加入 EDDS 能够显著提高植物对 Co 的吸收、转运和富集能力。整体来看，香雪球的富集系数为 3 种植物中最高，EDDS 处理下香雪球的地上部富集量和地上部富集量系数均为最高。同时，前述 EDDS 处理下花生的生物量最大，但香雪球具有比花生更大的 Co 吸收和富集能力。且当 EDDS 浓度为 5.0mmol/kg 时，香雪球地上部和地下部对 Co 的富集系数达到了 1.83 和 1.62，同时单株富集系数和转运系数也达到了 1.82 和 1.13，均大于 1，达到富集型植物的要求。而在 NTA、CA 和 OA 影响下，3 种植物的富集量均显著低于 EDDS 处理。此外，当 EDDS 处理浓度为 7.5mmol/kg 时，虽然香雪球的 Co 含量和 Co 富集量要高于 5.0mmol/kg 的 EDDS 处理，但在高浓度 EDDS 处理下，香雪球根系生物量显著低于对照，根部受损严重，在实际应用中可能导致植物死亡，进而影响修复效果。因此，5.0mmol/kg 的 EDDS 是本次试验筛选的适宜螯合剂种类及浓度，而香雪球为修复 40mg/kg Co 污染土壤的最适修复植物。

表 6-14　螯合剂处理下花生、紫云英和香雪球 Co 富集系数的比较

螯合剂	浓度/(mmol/kg)	地上部富集系数			地下部富集系数			单株富集系数		
		花生	紫云英	香雪球	花生	紫云英	香雪球	花生	紫云英	香雪球
CK	0	0.21fg	0.33h	0.25i	0.55bc	0.59h	0.66i	0.27ef	0.42i	0.29i
EDDS	2.5	0.36c	1.59a	0.97d	0.69a	0.93cd	0.75h	0.41b	1.37a	0.96d
	5.0	0.47a	1.29b	1.83b	0.52cde	0.96c	1.62d	0.48a	1.20b	1.82b
	7.5	0.43b	0.94c	2.77a	0.49de	0.79ef	3.69a	0.44b	0.91d	2.82a

螯合剂	浓度/(mmol/kg)	地上部富集系数			地下部富集系数			单株富集系数		
		花生	紫云英	香雪球	花生	紫云英	香雪球	花生	紫云英	香雪球
NTA	2.5	0.24ef	0.65d	0.39g	0.58b	0.76f	0.75h	0.29de	0.69ef	0.42g
	5.0	0.26de	0.91c	0.50f	0.59b	1.25a	1.11f	0.31d	1.04c	0.55f
	7.5	0.29d	0.50e	1.33c	0.72a	0.98c	2.03c	0.37c	0.66f	1.38c
CA	2.5	0.25de	0.49ef	0.34gh	0.57bc	0.82e	0.77h	0.32d	0.64fg	0.37gh
	5.0	0.20fg	0.49ef	0.51f	0.54bcd	1.04b	0.97g	0.27efg	0.71ef	0.55f
	7.5	0.17g	0.65d	0.74e	0.47e	0.88d	1.18f	0.23gh	0.74e	0.79e
OA	2.5	0.20g	0.42g	0.28hi	0.55bc	0.68g	0.74h	0.24fgh	0.52h	0.31hi
	5.0	0.20fg	0.44fg	0.30hi	0.52cde	0.82e	1.41e	0.24fgh	0.57gh	0.40g
	7.5	0.16g	0.43g	0.67e	0.46e	0.75f	2.49b	0.21h	0.52h	0.87e

注：同列中不同小写字母表示 $P=0.05$ 水平差异显著。

表 6-15 螯合剂处理下花生、紫云英和香雪球 Co 富集量的比较

螯合剂	浓度/(mmol/kg)	地上部 Co 富集量/μg			地下部 Co 富集量/μg			单株 Co 富集量/μg		
		花生	紫云英	香雪球	花生	紫云英	香雪球	花生	紫云英	香雪球
CK	0	43.07de	11.73f	26.12d	27.45a	11.62fgh	5.27f	70.52bcde	23.35g	31.39d
EDDS	2.5	70.74ab	91.15a	164.85b	24.16abc	27.26ab	6.71ef	94.90ab	118.41a	171.56b
	5.0	92.59a	69.95b	183.87b	16.49de	21.15bcde	10.58b	109.09a	91.09b	194.45b
	7.5	68.82bc	46.37c	218.00a	13.73e	9.11gh	16.15a	82.55bc	55.48c	234.16a
NTA	2.5	42.81de	24.55de	47.01cd	16.99cde	16.48cdef	7.82cde	59.80cdef	41.03de	54.83cd
	5.0	40.45de	27.41d	35.89cd	16.40de	22.99bc	7.47de	56.85def	50.40cd	43.36cd
	7.5	38.11de	11.62f	64.58c	19.77bcde	12.45fgh	6.94ef	57.88cdef	24.06g	71.53c
CA	2.5	51.31bcd	23.56de	44.95cd	27.11ab	32.09a	9.88bc	78.43bcd	55.65c	54.83cd
	5.0	37.32de	16.63ef	61.70c	22.09abcd	22.78bcd	9.45bcd	59.41cdef	39.41e	71.15c
	7.5	27.53e	19.13def	62.16c	18.84cde	15.95defg	11.15b	46.37ef	35.08ef	73.30c
OA	2.5	46.73cde	13.91f	24.09d	19.11cde	15.40efg	5.15f	65.84cdef	29.31fg	29.24d
	5.0	42.06de	12.78f	21.06d	16.10de	12.70fgh	9.57bc	58.16cdef	25.47fg	30.63d
	7.5	31.58de	11.55f	34.73cd	13.39e	8.06h	16.05a	44.97f	19.61g	50.78cd

注：同列中不同小写字母表示 $P=0.05$ 水平差异显著。

表 6-16 螯合剂处理下花生、紫云英和香雪球 Co 富集量系数的比较

螯合剂	浓度/(mmol/kg)	地上部富集量系数（$\times 10^{-3}$）			地下部富集量系数（$\times 10^{-3}$）			单株富集量系数（$\times 10^{-3}$）		
		花生	紫云英	香雪球	花生	紫云英	香雪球	花生	紫云英	香雪球
CK	0	0.096abc	0.048d	0.065c	0.065a	0.048fgh	0.022f	0.167bc	0.097h	0.130d
EDDS	2.5	0.128ab	0.276a	0.420abc	0.057ab	0.113ab	0.028ef	0.225ab	0.490a	0.710b
	5.0	0.163a	0.208ab	0.560ab	0.039cd	0.088bcde	0.044b	0.258a	0.377b	0.805b
	7.5	0.122abc	0.148bc	0.642a	0.032d	0.038gh	0.067a	0.195bc	0.230c	0.969a

螯合剂	浓度/(mmol/kg)	地上部富集量系数(×10⁻³)			地下部富集量系数(×10⁻³)			单株富集量系数(×10⁻³)		
		花生	紫云英	香雪球	花生	紫云英	香雪球	花生	紫云英	香雪球
NTA	2.5	0.086bc	0.093cd	0.150c	0.040cd	0.068cdef	0.032cde	0.141cd	0.170de	0.227cd
	5.0	0.088bc	0.091cd	0.106c	0.039cd	0.095bc	0.031de	0.134cd	0.209cd	0.180cd
	7.5	0.077bc	0.045d	0.209bc	0.047bcd	0.052fgh	0.029ef	0.137cd	0.100gh	0.296c
CA	2.5	0.109abc	0.104cd	0.136c	0.064a	0.133a	0.041bc	0.186bc	0.230c	0.227cd
	5.0	0.073bc	0.080cd	0.171c	0.052abc	0.094bcd	0.039bcd	0.141cd	0.163ef	0.295c
	7.5	0.059c	0.084cd	0.194bc	0.045bcd	0.066def	0.046b	0.110d	0.145efg	0.303c
OA	2.5	0.088bc	0.053cd	0.073c	0.045cd	0.064efg	0.021f	0.156cd	0.121fgh	0.121d
	5.0	0.071bc	0.045d	0.068c	0.038cd	0.053fgh	0.040bcd	0.138cd	0.105gh	0.127d
	7.5	0.063bc	0.030d	0.116c	0.032d	0.033h	0.066a	0.106d	0.081h	0.210cd

注：同列中不同小写字母表示 $P=0.05$ 水平差异显著。

进一步对螯合剂处理下 3 种植物不同部位对 Co 的转运系数分析得表 6-17。

表 6-17　螯合剂处理下花生、紫云英和香雪球 Co 转运能力的比较

螯合剂	浓度/(mmol/kg)	转运系数			转运量系数		
		花生	紫云英	香雪球	花生	紫云英	香雪球
CK	0	0.37c	0.56fg	0.39f	1.56cd	1.01d	5.16cde
EDDS	2.5	0.52b	1.71a	1.31a	2.99bc	3.45b	24.48a
	5.0	0.92a	1.35b	1.13b	5.52a	3.33b	17.34b
	7.5	0.89a	1.19c	0.75c	4.97a	5.13a	13.65b
NTA	2.5	0.42bc	0.86d	0.53e	2.67bcd	1.53cd	6.12cde
	5.0	0.44bc	0.73e	0.45f	2.67bcd	1.29cd	4.90de
	7.5	0.40c	0.51gh	0.65d	1.95bcd	0.98d	9.20c
CA	2.5	0.45bc	0.59fg	0.43f	1.93bcd	0.73d	4.54de
	5.0	0.38c	0.48h	0.53e	1.75bcd	0.73d	6.47cd
	7.5	0.37c	0.74e	0.63d	1.46d	1.24cd	5.67cde
OA	2.5	0.36c	0.62f	0.38f	2.62bcd	0.94d	4.84de
	5.0	0.40c	0.53fgh	0.21g	3.03b	1.25cd	2.26e
	7.5	0.36c	0.57fg	0.27g	2.36bcd	2.54bc	2.16e

注：同列中不同小写字母表示 $P=0.05$ 水平差异显著，不同大写字母表示 $P=0.01$ 水平差异极显著。

从表 6-17 可看出，在螯合剂处理后的多数情况下，植物根部是 Co 吸收和积累的主要器官，转运系数较小。过量的 Co 会影响根部的正常生长发育，转而抑制根部对 Co 的吸收。此外，也可能是由于高浓度螯合剂导致植株根细胞通透性增大，从而被动吸收了大量的 Co。适宜的螯合剂浓度处理可以促进植物地上部对 Co 的吸收和积累，如 EDDS 2.5mmol/kg 处理能极显著提高香雪球对 Co 的转运系数和转运量系数。该处理下的 Co 转运系数和转运量系数分别为对照的 3.36 倍和 4.74 倍。

　　植物对重金属的排斥机制包括两个方面：一是减少根部对金属的吸收；二是重金属在根部通过区室化保存(Barceló and Poschenrieder，2003)。植物地上部重金属含量较低是排异植物最重要的特征(Baker，1981)。与超富集植物以体内转运和富集为主导机制相反，排异植物向地上部转移重金属较少(Alkorta et al.，2004；白中科等，2007)。在螯合剂处理下，不同植物吸收、运输和积累 Co 的能力也存在显著差异。但在同一 Co 处理水平且未施加螯合剂情况下，3 种植物根部 Co 含量大于地上部 Co 含量，转移系数均小于 0.6，说明这 3 种植物能将 Co 大量滞留于根部。植株对 Co 的排斥性不利于 Co 的提取修复，但却显示出植物较强的耐性，植物将吸收的大量 Co 滞留在根部，只有少量转移到地上部，从而降低了 Co 对植物体生理代谢的损害。

　　综上，在中度 Co 污染土壤中，4 种螯合剂处理下 3 种植物的单株干重比较：花生＞香雪球＞紫云英。加入 EDDS 能够提高植物体内 Co 含量，同时也能明显提高植物对 Co 的转运与富集能力。整体来看，香雪球的富集系数为 3 种植物中最高，且在 EDDS 处理下，香雪球的地上部富集量和地上部富集量系数均为最高，具有比花生更强的 Co 吸收和富集能力。此外，当 EDDS 浓度为 5.0mmol/kg 时，香雪球地上部和地下部对 Co 的富集系数达到了 1.83 和 1.62，同时单株富集系数和转运系数也达到了 1.82 和 1.13，均大于 1，且分别是未加 EDDS情况的 7.32 倍、2.45 倍和 6.28 倍、2.90 倍，达到富集型植物的要求。此外，当 EDDS 处理浓度为 7.5mmol/kg 时，虽然香雪球的 Co 含量和 Co 富集量要高于 5.0mmol/kg 的 EDDS 处理，但在高浓度 EDDS 处理下，香雪球根系生物量显著低于对照，根部受损严重；实际应用中可能导致植物死亡，进而影响修复效果。因此，在中度 Co 污染土壤中，香雪球为本试验筛选的适宜修复植物，而 5.0mmol/kg 的 EDDS 是本次试验筛选的适宜螯合剂种类及浓度。

6.4.3　螯合剂处理对 3 种植物生长土壤中有效 Co 含量的影响

　　对螯合剂处理下 3 种植物生长土壤中的有效 Co 含量进行分析测定得图 6-19。如图 6-19(a)所示，EDDS、NTA 和 CA 添加后，种植花生土壤中有效 Co 含量均在处理浓度为 5.0mmol/kg 时达到最大，与对照相比分别增加了 20.72%，20.31%和 60.14%；处理浓度为 7.5mmol/kg 时，有效 Co 含量均有所下降。在 OA 影响下，土壤有效 Co 含量降低，主要是因为有机酸对土壤重金属的影响具有双重性(胡红青等，2005；杨亚提等，2003)。有机酸的加入使土壤 pH 降低或直接与重金属离子发生相互作用，导致重金属在土壤表面的吸附量增加(徐仁扣等，2005)，有效 Co 含量降低。

　　从图 6-19(b)可以看出，添加 EDDS 和 NTA 后，随着处理浓度的增加，种植紫云英土壤中有效态 Co 含量呈逐渐上升的趋势。而在 CA 和 OA 影响下，土壤有效 Co 含量则表现出相反的变化规律，且均低于相同浓度 EDDS 处理。

　　从图 6-19(c)可以看出，随着外加 EDDS、NTA 和 OA 浓度的提高，种植香雪球土壤中有效 Co 含量呈递增趋势；而在 CA 影响下，土壤有效 Co 含量呈先上升后下降趋势。徐明岗等(2004)和 Naidu 等(1994)研究表明，土壤中重金属的生物有效性随 pH 升高而降低；宗良纲等 (2006)的研究指出，土壤有效态重金属与土壤 pH 呈负相关；本试验同样证实这一结论。

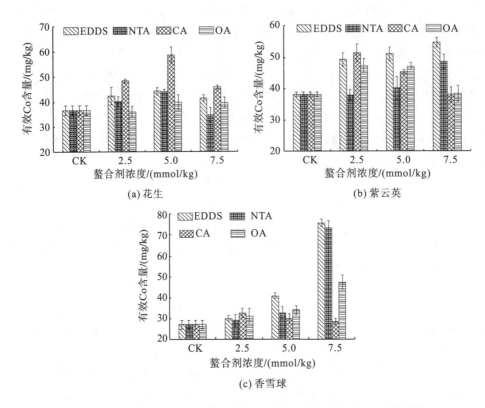

图 6-19   螯合剂处理对花生、紫云英和香雪球生长土壤有效 Co 含量的影响

当外源 Co 加入土壤后会以不同形态存在土壤中(涂从等,2000)。土壤中 Co 的生物有效性与其总量和存在形态有关,其中水溶态的 Co 是植物吸收的直接来源,有效性最高,活性也高,是影响植物吸收多少、快慢,以及影响土壤酶活性和组成等的最直接部分(杨修和高林,2001;张金彪和黄维南,2000)。本试验中,不同螯合剂种类对土壤有效 Co 含量的影响不同,同种螯合剂的不同浓度处理对土壤中有效 Co 含量的影响也不相同。整体而言,螯合剂的施加对土壤中有效 Co 含量的增加有促进作用。螯合剂对土壤中重金属的活化效果受土壤理化性质、植物种类、螯合剂种类、施加方式及作用时间等多种因素的影响。

6.5   土壤性质对植物修复土壤核素污染的影响

为了减小放射性核素对人体以及自然的危害,人类采用各种形式的措施将核素从环境中提取再回收。其中,植物修复技术因为其环保、价格低廉等优势成为修复环境中放射性核素的主要措施(Baker et al.,1994;唐世荣,2002;唐永金和罗学刚,2011)。但在植物修复的实际操作过程中,超富集植物出现吸附核素量较少、生长情况不佳甚至是死亡的情况。研究表明，这和实验条件下筛选的超富集植物不能够适应土壤的土质有关。因此，研究土壤类型对植物吸收与转运核素的影响具有重要的理论意义和实践应用价值（Shahandeh and Hossner，2002；唐世荣等，2007；庄萍，2007）。

6.5.1　土壤性质对植物修复土壤 Sr 污染的影响

大量研究报道表明，不同科属的植物对 Sr 的富集存在明显差异，同一植株的不同器官或者同一植株同一器官在不同生理期对 Sr 的富集也不同，并且土壤的理化性质对 Sr 的富集也有很大的影响（Willey，1993）。我们研究比较了黄壤、水稻土、紫色土和红壤 4 种不同土壤类型中，用不同浓度 Sr 处理植物 45d 后，植物对 Sr 的吸收转运以及其生长发育和光合作用的差异。由于红壤中的植物到生长后期基本上全部死亡，所以没有在后面的数据中列出。

1. 不同类型土壤中植物体内 Sr 的积累与分布差异

45d 时，同一处理浓度下玉米植株地上部和地下部 Sr 富集差异在 3 种土壤中不显著（$P<0.05$），但是反映富集能力强弱的富集系数大小规律为黄壤＞水稻土＞紫色土，与实际总的富集量（地上部与地下部之和）大小规律（黄壤＞水稻土＞紫色土）相吻合。这可能与 3 种土壤的理化性质有关，尤其是与影响重金属在土壤中形态的重要因素 pH 有关。

表 6-18　不同浓度 Sr 处理 45d 玉米植株地上部和地下部的 Sr 含量分布特征

处理浓度/(mmol/kg)	土壤种类	地下部/(mg/g)	地上部/(mg/g)	富集系数	转运系数
CK	水稻土	0.1759±0.0003b	0.4263±0.0008b	23.3463	2.4238
	黄壤	0.2757±0.0023a	0.4762±0.0002b	38.7029	1.7274
	紫色土	0.1706±0.0011b	0.1157±0.0004a	19.9301	1.4749
0.5	水稻土	0.6994±0.0038a	0.6347±0.0019a	30.3219	0.9074
	黄壤	0.7992±0.0039a	0.6846±0.0029a	33.7242	0.8565
	紫色土	0.2296±0.0025b	0.1206±0.0044b	13.1772	1.9038
1	水稻土	0.7633±0.0059a	0.8241±0.0023a	18.0390	1.0796
	黄壤	0.8631±0.0058a	0.8740±0.0033a	19.7402	1.0125
	紫色土	0.6401±0.0047a	0.2366±0.0056b	17.2352	2.7051
5	水稻土	1.9025±0.0061b	3.5415±0.0071b	12.3729	1.8615
	黄壤	2.0023±0.0062b	3.5914±0.0081b	12.7131	1.7936
	紫色土	1.5093±0.0079a	0.6718±0.0056a	8.3870	2.2465
10	水稻土	2.9602±0.0114a	8.6619±0.0322a	13.2070	2.9260
	黄壤	3.0600±0.0124a	8.7118±0.0422a	13.3771	2.8469
	紫色土	4.5630±0.0245b	1.3154±0.0333b	11.8652	3.4689

注：同列不同字母表示浓度处理间差异达 0.05 显著水平。

表 6-19　不同浓度处理 45d 向日葵植株地上部和地下部的 Sr 含量分布特征

处理浓度/(mmol/kg)	土壤种类	地下部/(mg/g)	地上部/(mg/g)	富集系数	转运系数
CK	水稻土	0.1916±0.0023b	0.4513±0.0018b	24.9027	2.3550
	黄壤	0.4758±0.0003a	1.5258±0.0003a	104.6025	3.2068
	紫色土	0.4413±0.0021a	0.3157±0.0034b	53.0069	1.397
0.5	水稻土	0.7444±0.0048b	0.6477±0.0029b	31.6401	0.8700
	黄壤	0.9993±0.0019a	1.7342±0.0029a	62.1265	1.7353
	紫色土	0.7592±0.0045b	0.4120±0.0054b	26.6181	1.8427
1	水稻土	0.8333±0.0079a	0.8336±0.0033b	18.9424	1.0003
	黄壤	1.0632±0.0013a	1.9236±0.0048a	33.9413	1.8092
	紫色土	1.3281±0.0054a	0.5236±0.0076b	21.0420	2.5364
5	水稻土	2.5342±0.0063b	3.7290±0.0074a	14.2341	1.4715
	黄壤	2.2024±0.0051b	4.6410±0.0162a	15.5533	2.1072
	紫色土	4.0198±0.0069a	0.8718±0.0098b	11.1172	4.6109
10	水稻土	3.5544±0.0214b	9.2736±0.0342a	14.5773	2.6090
	黄壤	3.2601±0.0122b	9.7614±0.0224a	14.7972	2.9941
	紫色土	9.9262±0.0346a	1.5164±0.0593b	13.0029	6.5458

注：同列不同字母表示浓度处理间差异达 0.05 显著水平。

　　黄壤呈弱酸性，促进了碳酸盐的水解，因此重金属在土壤中的有效态含量增多，从而使植株对重金属富集量增加。而紫色土质地较为黏重，以泥页岩和砂岩为主，大多为钙质胶结，而且土壤呈弱碱性(pH=8.07)，从而导致其对重金属的吸附和同定作用较强，对重金属的富集量就会有所减少。

2. 不同类型土壤中 Sr 对植物生长发育的影响

　　在图 6-20 中，处理浓度为 CK(0mmol/kg)时，玉米的株高、生物量在 3 种土壤间差异不显著($P<0.05$)，在其余浓度处理时，3 种土壤间差异显著($P<0.05$)。水稻土中玉米的株高、生物量最大，黄壤中最小。这说明在相同的处理条件下，玉米在水稻土中生长发育情况更好。可能原因是作物生长健壮、茎秆粗硬需要 K 元素，在 3 种土壤中，水稻土的速效 K 含量较高，更有利于植株的长高。黄壤和紫色土中的有效 P、碱解 N 的含量也小于水稻土，土壤的肥力较水稻土差，在相同的 Sr 处理下，玉米在水稻土中植株更健壮，生长发育状况更好。

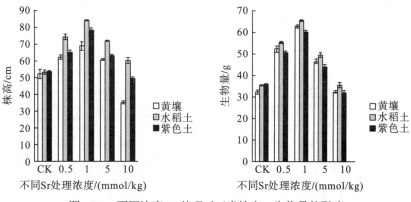

图 6-20　不同浓度 Sr 处理对玉米株高、生物量的影响

在图 6-21 中，处理浓度为 CK 时，向日葵的株高和生物量在 3 种土壤间差异不显著
（$P < 0.05$），在其余浓度处理时，3 种土壤间差异显著（$P < 0.05$）。水稻土中向日葵的株高
和生物量最大，黄壤中最小。这说明在相同的处理条件下，向日葵植株在水稻土中生长发
育情况更好，可能原因是在 3 种土壤中，水稻土的速效 K、有效 P、碱解 N 含量较高，土
壤的肥力较好。

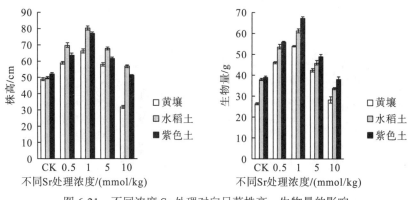

图 6-21　不同浓度 Sr 处理对向日葵株高、生物量的影响

3 种类型土壤中，同一处理浓度下，玉米植株的株高均比向日葵的大；紫色土中的玉
米和向日葵的生物量差别不大，但黄壤和水稻土中，同一处理浓度下，玉米植株的生物量
显著大于向日葵。

3. 不同类型土壤中 Sr 对植物光合作用的影响

在图 6-22 中，在各处理浓度下，净光合速率 Pn 和最大光化学量子产量 Fv/Fm 在 3 种土
壤间差异显著（$P < 0.05$）。水稻土中玉米的 Pn、Fv/Fm 最大，黄壤中最小。Pn 作为反映植株
光合性能最重要指标，Fv/Fm 作为反映叶片光合效率最重要的指标，在水稻土中值均最大，
说明在水稻土中玉米光合作用最强。可能原因之一是在 3 种土壤中，水稻土的碱解 N 含量是

最高的，而其恰好是叶色浓绿所必需的，所以相较其他两种土壤，水稻土中玉米的光合作用最强。

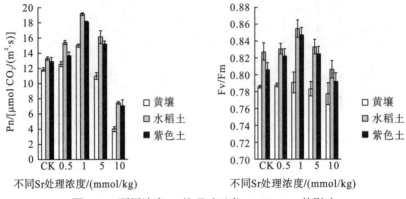

图 6-22　不同浓度 Sr 处理对玉米 Pn、Fv/Fm 的影响

在图 6-23 中，在各处理浓度下，最大光化学量子产量 Fv/Fm 在 3 种土壤间差异显著（$P<0.05$）。水稻土中向日葵的 Pn、Fv/Fm 最大。可能原因是在 3 种土壤中，水稻土的速效 K、有效 P、碱解 N、有机质含量最高，土壤的肥力最好，使作物生长健壮、茎秆粗硬、茎叶生长茂盛、叶色浓绿。

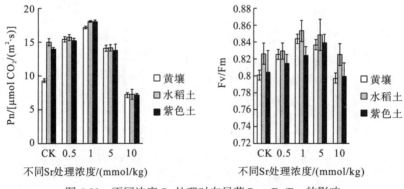

图 6-23　不同浓度 Sr 处理对向日葵 Pn、Fv/Fm 的影响

本研究中，相同浓度下玉米和向日葵植株地上部和地下部在 3 种土壤中对 Sr 的富集量均为黄壤＞水稻土＞紫色土。本研究结果说明，植株富集重金属在土壤类型上存在明显差异性。在黄壤条件下，植株地上部和地下部富集重金属量最高，水稻土次之，紫色土最小。这可能与 3 种土壤理化性质的差异有很大关系（牟仁祥等，2004）。黄壤 pH 呈弱酸性，促进了碳酸盐的水解，因此重金属在土壤中的有效态含量增多，从而导致植株地上部器官对重金属的富集量增加。而紫色土质地较为黏重，以泥页岩和砂岩为主，大多为钙质胶结，而且土壤呈弱碱性（pH=8.07），从而导致其对重金属的吸附和固定作用较强（Eriksson et al.，1996；Meneh，1997）。因此，黄壤中 Sr 有效态含量多于另外两种土壤，易被植物吸收和积累，而有效态的离子量越多，越便于植物的吸收和积累，导致玉米和向日葵对 Sr

的积累量也相应增加。

富集系数是指植株体内元素含量与环境元素含量之比,其值越大,则表明植物吸收能力越强。从植株富集系数看,在相同时间、相同浓度下,向日葵对重金属 Sr 的富集系数总体比玉米大。这表明,向日葵对重金属 Sr 吸收能力比玉米强,与侯兰欣等(1996)认为的禾本科植物富集较弱,以及唐永金等(2013)认为向日葵富集能力较强的观点相吻合。

株高和生物量是反映植株生长发育最基本的指标。水稻土中玉米、向日葵的株高、生物量最大,黄壤中最小。这说明在相同的处理条件下,玉米、向日葵在水稻土中生长发育情况更好。可能原因是作物生长健壮、茎秆粗硬需要 K 元素,而 3 种土壤中水稻土的速效 K 含量较高,更有利于植株的长高。黄壤和紫色土中的有效 P、碱解 N 的含量也小于水稻土,土壤的肥力较水稻土差。在相同的 Sr 处理下,玉米、向日葵在水稻土中植株更健壮,生长发育状况更好。

Pn 作为反映植株光合性能最重要指标,Fv/Fm 作为反映叶片光合效率最重要的指标,在水稻土中值均最大,说明在水稻土中玉米、向日葵光合作用最强。可能原因是 3 种土壤中水稻土的碱解 N 含量是最高的,而其恰好是叶色浓绿所必需,而水稻土肥力最好,可使玉米、向日葵生长发育良好,所以相较其他两种土壤,水稻土中玉米的光合作用最强。

6.5.2 土壤性质对植物修复土壤 Cs 污染的影响

Cs 污染土壤生态系统的选择性是由 Cs 的长期有效性所决定的,特别是土壤的性质。^{137}Cs 不易向下淋溶、迁移,主要是因为当 Cs 到地表时容易与黏土矿物和有机质紧密吸附。^{137}Cs 一旦被土壤中的黏土矿物和有机质吸附或固定后,使很难被提取剂解吸(郑永春和王世杰,2002;Schuller et al.,2004;华珞等,2005)。为此,在黏土矿物和有机质含量丰富的土壤系统里,从土壤本底中进入生物体的 ^{137}Cs 量极少,但在其他具有低阳离子交换容量的砂性土壤系统里,则有相对大量的 ^{137}Cs 进入生态循环。姜让荣(1995)分析不同土壤层中放射性核素的分布表明,^{137}Cs 主要分布于 4～12cm 深度的土壤层中。其他研究表明,^{137}Cs 在非耕作土壤中主要集中在 0～5cm 的土层中,而在耕作土壤中则分布较均匀,其分布受翻耕和土壤颗粒组成等多种因素影响(Walling and Bradley,1990;姜让荣,1995)。李爽等(2009)在研究 Cs 放射性废料中发现,土壤粒度越细,土壤均衡吸附量越大。同样,各种土壤的 pH 高低,以及不同比例的添加剂也都会影响土壤对 Cs 的吸附。梁艳等(2007)研究不同 pH 下比例具有差异的添加剂对土壤吸附 Cs 的影响,其研究结果发现,实验土壤中 pH 范围为 4～7,特别是 pH=7 时,土壤对 Cs 的吸附量达到最大。此外,土壤中的 K$^+$ 含量对植物吸收 Cs 具有较大影响,其决定因素是土壤中 K$^+$ 含量的多少以及 K$^+$ 在土壤中存在的状态。不仅如此,梁艳等(2007)还在研究中发现,粗沸石的加入量与 Cs 的吸附成正相关性,由此可以提升土壤对 Cs 的附着能力。

1. 不同类型土壤中 pH、速效 K 以及本底 Cs 含量比较

如表 6-20 所示,在不同土壤类型中,土壤本底的 pH 以及速效 K 和 Cs 含量均存在较

大的差异。其中，通过分析土壤 pH 发现，紫色土以及水稻土属于碱性土壤，且紫色土的土壤碱性大于水稻土；相对于前两类土壤，红壤呈现出较强酸性，而黄壤呈弱酸性，接近中性。同时，发现 4 种类型土壤速效 K 含量差异显著，并表现为红壤＞水稻土＞紫色土＞黄壤；红壤作为速效 K 含量最高的土壤，其速效 K 含量是黄壤的 6.714 倍。另外，各类土壤中本底 Cs 含量依次为水稻土＞红壤＞黄壤＞紫色土，且存在显著性差异；虽然水稻土中本底 Cs 含量要显著高于其他 3 种土壤，但其土壤中 Cs 含量仍远低于中国土壤 Cs 背景值的均值（8.24mg/kg）。因此，4 种土壤中本底 Cs 含量对本研究影响不显著（$P<0.05$）。

表 6-20 不同土壤类型的 pH、速效 K 含量及 Cs 含量

土壤类型	pH	速效 K 含量/(mg/kg)	Cs 含量/(mg/kg)
紫色土	7.9	99.00±5.12c	0.21±0.02d
水稻土	7.4	212.00±8.34b	0.86±0.09a
红壤	5.6	324.67±11.66a	0.52±0.06b
黄壤	6.9	48.36±3.71d	0.37±0.02c

注：同列不同小写字母表示不同土壤类型间差异达 0.05 显著水平。

2. 不同类型土壤中 Cs 对植物生物量的影响

由图 6-24 可知，在不同 Cs 处理浓度下，水稻土中木耳菜单株生物量明显高于其他 3 种土壤，并随着 Cs 处理浓度增大到 80mg/kg 时达到最大值，且随时间的延长，相对应生物量逐渐增加；黄壤中木耳菜单株生物量次之，尤其在 Cs 处理 20d 和 30d 时明显高于红壤和紫色土，并随着 Cs 处理浓度增大先升后降，且随着处理时间的延长，生物量增长趋势明显；红壤中木耳菜单株生物量在 Cs 处理 10d 时要高于紫色土，而在 Cs 处理 20d 和 30d 时略低于紫色土，但红壤和紫色土中单株生物量在整个处理时段内均明显低于水稻土和黄壤。由此可见，土壤类型对 Cs 污染环境下木耳菜生长产生显著影响，从而可能影响木耳菜吸附和积累 Cs 能力。

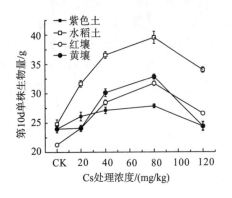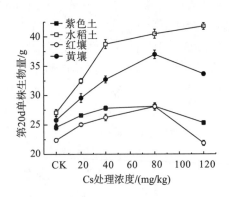

图 6-24 不同浓度 Cs 处理木耳菜 10d、20d 和 30d 时 Cs 的单株生物量

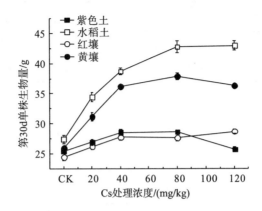

图 6-24(续)　不同浓度 Cs 处理木耳菜 10d、20d 和 30d 时 Cs 的单株生物量

3. 不同类型土壤中植物体对 Cs 的富集与转运差异

1)器官(根、茎、叶)Cs 含量

在 4 种类型土壤中,木耳菜根部对 Cs 的吸收存在明显差异(表 6-21)。在相同类型土壤条件下,木耳菜根部吸附的 Cs 含量均随 Cs 处理浓度的增加、处理时间的延长而逐渐提高,且各处理浓度间均存在显著性差异,即木耳菜的根部对 Cs 具有一定的富集能力。在相同 Cs 处理浓度下,黄壤中木耳菜根部对 Cs 的吸附量在 Cs 处理 10~30d 内均明显高于其他 3 种土壤。其他 3 种土壤相比较,木耳菜根部 Cs 含量在处理 10d 时表现为紫色土＞红壤＞水稻土;处理 20d 时基本表现为红壤＞紫色土＞水稻土,且紫色土与水稻土间差异较小;而在处理 30d 时基本表现为红壤＞水稻土＞紫色土,紫色土与水稻土间差异不显著。

同时,在 4 种土壤中,木耳菜茎的 Cs 含量同样存在明显差异(表 6-22)。木耳菜茎中 Cs 含量的绝对值与 Cs 处理浓度及其处理时间均呈正相关,即随着 Cs 处理浓度增加和处理时间的延长而提高,且差异达到显著性水平。土壤类型间比较而言,黄壤中木耳菜茎中 Cs 含量明显高于其他 3 种土壤,且其他 3 种土壤茎中 Cs 含量在不同处理时段内均呈现出较大差异。

表 6-21　不同类型土壤中 Cs 处理 10~30d 木耳菜根部 Cs 含量

处理时间/d	Cs 处理浓度/(mg/kg)	Cs 含量/(mg/kgDW)			
		紫色土	水稻土	红壤	黄壤
10	CK	12.37±0.58e	10.60±0.32e	10.77±0.63e	23.07±0.13e
	20	151.79±1.19d	162.16±1.71d	120.79±0.31d	602.23±4.25d
	40	351.47±3.71c	256.36±3.76c	329.54±0.67c	1092.65±0.19c
	80	531.76±23.62b	272.13±0.41b	352.76±2.10b	1378.03±1.96b
	120	1570.13±21.4a	656.79±2.32a	966.81±2.62a	1901.77±1.53a

续表

处理时间/d	Cs 处理浓度 /(mg/kg)	Cs 含量/(mg/kgDW)			
		紫色土	水稻土	红壤	黄壤
20	CK	15.27±0.63e	12.85±0.62e	20.03±0.08e	17.06±0.15e
	20	185.18±3.81d	184.79±3.81d	275.90±2.39d	687.94±6.19d
	40	391.40±0.93c	369.71±3.81c	381.99±3.78c	1157.65±5.58c
	80	443.05±2.09b	530.59±4.85b	805.16±4.48b	1402.06±11.74b
	120	743.86±2.82a	681.29±8.79a	1005.58±12.95a	1549.07±3.68a
30	CK	20.25±0.80e	13.47±0.23e	22.65±0.55e	34.29±0.93e
	20	302.72±5.21d	289.59±8.64d	311.72±0.81d	815.74±4.2d
	40	430.78±1.81c	484.44±3.66c	428.20±2.23c	1247.45±8.56c
	80	502.51±3.47b	664.81±8.14b	982.06±5.80b	1591.95±5.39b
	120	766.38±2.67a	774.99±5.71a	1171.90±4.13a	1693.71±7.08a

注: 同列不同小写字母表示不同处理间差异达 0.05 显著水平。

表 6-22　不同类型土壤中 Cs 处理 10～30d 木耳菜茎中 Cs 含量

处理时间/d	Cs 处理浓度 /(mg/kg)	Cs 含量/ (mg/kgDW)			
		紫色土	水稻土	红壤	黄壤
10	CK	1.39±0.09e	7.57±0.62e	8.54±0.68e	1.77±0.01e
	20	52.78±1.88d	93.64±2.89d	97.61±0.69d	340.65±6.10d
	40	164.24±3.25c	115.64±4.29c	273.46±1.14c	457.12±8.08c
	80	286.69±0.14b	258.26±1.57b	297.20±3.55b	648.77±3.90b
	120	244.97±3.31a	596.50±2.99a	298.95±1.50a	582.24±0.55a
20	CK	9.37±0.51e	10.73±0.07e	13.75±0.40e	2.73±0.05e
	20	72.98±0.93d	107.10±1.55d	77.87±0.92d	381.49±1.34d
	40	216.98±2.51c	216.61±1.87c	165.64±1.35c	581.71±7.49c
	80	301.73±0.61b	361.65±7.77b	304.31±2.64b	731.60±2.50b
	120	335.14±1.97a	515.73±2.57a	356.68±3.45a	816.00±5.45a
30	CK	14.68±0.27e	28.63±0.63e	27.82±0.58e	10.89±0.52e
	20	80.19±1.24d	125.39±3.72d	154.56±0.79d	436.92±2.49d
	40	177.33±2.45c	272.17±5.33c	172.77±2.06c	583.01±1.72c
	80	324.82±1.34b	434.54±3.16b	420.99±2.11b	797.79±5.24b
	120	384.79±3.65a	538.89±5.03a	495.27±3.71a	845.39±3.93a

注: 同列不同小写字母表示不同处理间差异达 0.05 显著水平。

另外，各类型土壤和各浓度处理下的木耳菜叶片 Cs 含量表现与根、茎相似(表 6-23)。木耳菜叶片 Cs 含量在 4 种土壤类型中均随 Cs 处理浓度的增加、处理时间的延长而逐渐增加，且各处理浓度间均存在显著性差异。叶片 Cs 含量在不同土壤类型中表现为黄壤＞水稻土＞红壤＞紫色土。此外，与根部以及茎中 Cs 含量相比，木耳菜叶片 Cs 的含量在紫色土、黄壤以及处理 20d 以后的红壤中更低，而在水稻土以及处理 10d 的红壤中则更高，并表现为叶＞根＞茎。

表 6-23　不同类型土壤中 Cs 处理 10～30d 木耳菜叶片 Cs 含量

处理时间/d	Cs 处理浓度/(mg/kg)	Cs 含量/(mg/kgDW)			
		紫色土	水稻土	红壤	黄壤
10	CK	1.55±0.03e	12.37±0.58e	10.59±0.41e	2.67±0.26e
	20	76.95±0.45d	174.46±4.85d	141.02±0.68d	532.29±8.12d
	40	174.57±2.10c	284.81±2.59c	359.97±0.34c	603.26±4.65c
	80	396.10±2.81b	505.10±0.82b	502.63±1.19b	788.47±3.83b
	120	403.06±0.68a	1270±21.44a	459.69±2.01a	879.83±2.40a
20	CK	11.97±0.24e	14.56±0.48e	17.32±0.49e	4.39±0.26e
	20	133.47±1.63d	246.30±3.93d	181.41±1.15d	591.64±5.53d
	40	262.18±2.75c	475.89±3.86c	296.72±2.32c	865.59±4.03c
	80	412.11±2.05b	654.94±1.71b	571.57±5.80b	887.93±4.39b
	120	424.32±3.32a	1329.43±5.48a	635.03±3.40a	1026.69±12.69a
30	CK	16.42±0.14e	18.33±0.51e	25.70±0.36e	8.95±0.14e
	20	146.95±1.66d	304.73±3.37d	128.86±1.06d	645.83±4.07d
	40	277.20±3.55c	484.38±1.65c	330.93±5.05c	920.40±4.76c
	80	456.18±0.59b	1050.74±19.21b	594.24±3.15b	1060.38±7.59b
	120	476.75±0.32a	1434.80±7.85a	670.59±5.45a	1165.23±7.07a

注：同列不同小写字母表示不同处理间差异达 0.05 显著水平。

2) 不同类型土壤中单株 Cs 积累量

木耳菜单株 Cs 积累量在不同土壤中、不同处理时期内存在一定差异(图 6-25)。其中，在 Cs 处理 10d 时，黄壤中各浓度下木耳菜植株对 Cs 的积累量要明显高于同等时期的其他 3 种土壤；在 Cs 处理 20d 时，黄壤中木耳菜植株 Cs 积累量除低于水稻土中 120mg/kg Cs 处理浓度植株外，明显高于该处理时段内水稻土和其他土壤类型相应浓度处理的单株；在 Cs 处理 30d 时，水稻土中木耳菜的 Cs 积累量较处理 10d 时有明显提升，在 80mg/kg 和 120mg/kg Cs 处理浓度下均高于黄壤中木耳菜单株，同时紫色土中木耳菜的单株 Cs 积累量明显低于其他 3 种土壤。木耳菜单株 Cs 积累量基本趋势为黄壤＞水稻土＞红壤＞紫色土，且随 Cs 处理浓度增加土壤类型间差异更大。

在 4 种土壤类型中，黄壤中木耳菜单株 Cs 含量最高但土壤中速效 K 含量最低，经单因素方差分析黄壤中不同的 Cs 处理浓度下速效 K 含量与单株 Cs 含量，其结果均在

$P<0.05$ 水平上差异显著,因此认为黄壤中低含量速效 K 在一定程度上协助木耳菜吸收 Cs 元素。

以上结果说明,木耳菜各器官中 Cs 含量随着土壤中 Cs 浓度增加和处理时间的延长而逐渐增加,且基本表现为根>叶>茎;不同类型土壤间比较而言,相同器官的 Cs 含量以黄壤土较高,紫色土偏低。各土壤中木耳菜单株 Cs 积累量基本随着土壤中 Cs 浓度增加而增加,并以黄壤土和水稻土明显较高。此外,在不同处理时间、不同处理浓度下,黄壤中的速效 K 含量与木耳菜单株 Cs 积累量之间差异显著,表明速效 K 含量低且 pH 适中的黄壤更利于木耳菜对 Cs 积累。

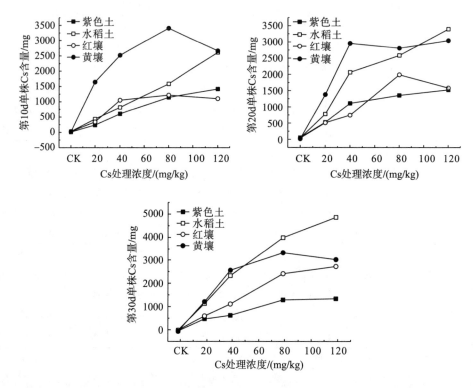

图 6-25　不同浓度 Cs 处理木耳菜 10d、20d 和 30d 时 Cs 的单株积累量

3) 富集系数

富集系数是指植株体内元素含量与环境元素含量的比值,其值越大,则表明植物吸收能力越强。表 6-24 显示,紫色土中木耳菜地下部和地上部 Cs 富集系数在 10d 和 20d 处理时段内均随着 Cs 处理浓度的增加呈现先升后降趋势,并多在 40mg/kg 浓度下达到最大值;当处理 30d 时,地上部和地下部 Cs 富集系数均随着 Cs 处理浓度的增加而逐渐减小。水稻土作为熟化程度较高的土壤,无论土壤肥力或人为干预程度都是 4 种土壤类型中最高的,其上木耳菜地下部 Cs 富集系数在整个处理时段内基本高于地上部;红壤中木耳菜地上部和地下部 Cs 富集系数与紫色土中富集系数变化趋势相似,但红壤中地上部和地下部 Cs 富集系数均高于紫色土。土壤类型间比较而言,黄壤中木耳菜地上

部与地下部 Cs 富集系数要明显高于其他 3 种土壤,且其在 3 个处理时段内均为地下部富集系数高于地上部富集系数,并随着处理浓度的增大而逐渐降低,这与水稻土中木耳菜的富集系数变化趋势基本相同。

表 6-24　不同类型土壤不同浓度 Cs 处理 10～30d 木耳菜地上部和地下部对 Cs 的富集系数

处理时间 /d	Cs 处理浓度 /(mg/kg)	地上部富集系数				地下部富集系数			
		紫色土	水稻土	红壤	黄壤	紫色土	水稻土	红壤	黄壤
	CK	—	—	—	—	—	—	—	—
	20	3.17	5.91	5.86	21.11	7.51	7.77	5.89	29.56
10	40	4.22	4.72	7.87	13.11	8.74	6.27	8.13	27.06
	80	4.36	4.50	4.89	8.90	6.63	3.36	4.38	17.14
	120	2.76	7.15	3.14	5.92	13.06	5.43	8.02	7.49
	CK	—	—	—	—	—	—	—	—
	20	5.24	8.31	6.03	24.12	9.16	8.85	13.44	33.62
20	40	6.04	8.52	5.66	18.28	9.73	9.04	9.42	28.67
	80	4.52	6.29	5.22	10.02	5.52	6.56	9.99	17.44
	120	3.19	6.92	4.03	7.63	6.18	5.63	8.34	12.86
	CK	—	—	—	—	—	—	—	—
	20	5.24	10.64	6.99	25.6	14.97	13.88	15.19	40.04
30	40	5.51	9.36	6.22	18.17	10.71	11.85	10.56	30.9
	80	4.84	9.51	6.07	11.57	6.26	8.22	12.19	19.8
	120	3.54	8.15	4.73	8.41	6.37	6.41	9.72	14.07

4) 转运系数

转运系数能反映 Cs 在植物体内的运输和分布情况,其值越大,说明植物通过根系吸收后向地上部迁移的能力越大。依表 6-25 可知,在紫色土中木耳菜对 Cs 的转运系数随着 Cs 处理浓度的增加呈先增后减趋势,但随着处理时间延长,其相对应的转运系数也随之降低,即紫色土壤中木耳菜对 Cs 转运能力随 Cs 处理浓度增加而先增强后减弱,并随着时间的延长而逐渐减弱。相比较于紫色土,水稻土中木耳菜对 Cs 的转运系数在同一时期内随 Cs 处理浓度增加呈现逐渐增大的趋势,且整体水平明显高于紫色土壤中,并随着处理时间的延长而逐渐增大。这说明木耳菜在水稻土中对 Cs 的转运能力较强,且在 30d 以内木耳菜对 Cs 转运能力逐渐增强,根系吸收的 Cs 及时转运到地上部。红壤中木耳菜对 Cs 的转运系数在不同时期内随着处理浓度的增加呈现先增后减的趋势,并随着处理时间的延长,其相对应的转运系数明显下降,说明随着处理时间的延长,红壤中木耳菜对 Cs 转运能力显著降低。在黄壤中,木耳菜对 Cs 的转运系数除在 10d 时出现较大波动外,随着处理时间的增加,其转运系数变化较为平稳,且随着处理浓度增加而略微下降。

表 6-25 不同类型土壤不同浓度 Cs 处理 10～30d 木耳菜对 Cs 的转移系数

处理时间/d	Cs 处理浓度/(mg/kg)	转移系数			
		紫色土	水稻土	红壤	黄壤
10	CK	—	—	—	—
	20	0.422	0.760	0.994	0.714
	40	0.482	0.752	0.968	0.484
	80	0.657	1.339	1.116	0.519
	120	0.211	1.316	0.392	0.790
20	CK	—	—	—	—
	20	0.572	0.938	0.449	0.717
	40	0.621	0.942	0.600	0.638
	80	0.819	0.958	0.523	0.574
	120	0.516	1.229	0.483	0.594
30	CK	—	—	—	—
	20	0.350	0.767	0.460	0.639
	40	0.514	0.789	0.589	0.588
	80	0.773	1.156	0.497	0.584
	120	0.556	1.271	0.486	0.598

以上结果表明,木耳菜对 Cs 的富集与转运能力随 Cs 处理浓度的增大呈先增后减趋势,且在 20d 时达到峰值,后随之降低;土壤类型间比较而言,木耳菜在黄壤中对 Cs 的富集与转运能力最强,紫色土和红壤相对较弱,但各类型土壤中木耳菜对 Cs 的富集能力均是地下部高于地上部,表明根部是木耳菜富集 Cs 的主要器官。

6.6 利用转基因技术改良烟草对 Zn 的抗性

烟草(*Nicotiana tabacum*)是一种用于生物学实验研究的模式植物,更是全球范围内一种重要的经济作物。Shingu(2005)等从烟草中克隆到 *NtMTP1* 基因,该基因的异源表达能够恢复酵母 Zn 敏感突变体 Δ*zrc1* 对 Zn 的抗性,并发现 NtMTP1 蛋白定位于酵母的液泡膜上,这些结果暗示 NtMTP1 蛋白能够将 Zn^{2+} 隔离在液泡中来减轻毒性。但是,这些结果只揭示了 *NtMTP1* 基因在酵母中的功能,其在烟草体内的生物学功能仍然未知。本研究进一步分析了 *NtMTP1* 基因的表达模式,同时构建了 *NtMTP1* 基因过量表达载体并将其转化到野生型烟草植株中,通过后期实验分析了 *NtMTP1* 过量表达转基因植株对 Zn 的耐受能力,为研究烟草对重金属 Zn^{2+} 的吸收和分布规律提供了重要的理论和实验依据。

6.6.1 *NtMTP1* 基因的生物信息学分析

烟草 *NtMTP1* 基因的开放阅读框(open reading frame,ORF)长度为 1257bp,经 ProtParam-32 分析,该基因编码含 418 个氨基酸残基的蛋白质,蛋白质分子式为

$C_{2045}H_{3222}N_{586}O_{595}S_{21}$，预测其分子量为 46.2109kDa，理论等电点为 6.00，不稳定系数为 29.86，亲水性总平均值为-0.002。在氨基酸残基组成上，Ile 含量最高，占 9.8%，其次为 Gly、His、Leu 和 Ala，Trp 含量最低，为 1.4%。运行软件 PredictProtein 预测该蛋白二级结构，结果表明其二级结构为 mixed 型：α 螺旋含量最高，达到 43.78%；β 折叠含量较低，为 6.22%。运用 ExPASy 在线预测此蛋白的跨膜结构域，预测结果表明其有 6 段跨膜结构域(transmembrane domain，TMD)，这与蛋白的跨膜转运功能密切相关。InterPro 在线预测 NtMTP1 蛋白存在两个功能结构域，它们为阳离子扩散跨膜结构域(cation efflux protein transmembrane domain)，分别位于 53～181AA 和 271～339AA，该结构域为跨膜转运蛋白的保守结构域，在多类生物中存在。将拟南芥、水稻、东南景天、天蓝遏蓝菜及蒺藜苜蓿 5 个物种 MTP1 蛋白质序列与烟草 NtMTP1 蛋白质序列运用 DNAMAN v6.0 进行氨基端序列比对，比对结果(图 6-26)表明 6 个物种的 MTP1 蛋白共同含有 6 个保守的跨膜结构域。这与上文预测的结果保持一致，这些跨膜结构域与金属离子扩散功能密切相关，同时还存在着一个富含组氨酸的胞质环路，其可能作为细胞质内的 Zn^{2+} 水平感应器。运用 MEGA v6.06 对烟草、拟南芥、东南景天、天蓝遏蓝菜、水稻等物种进行植物 MTP1 同源蛋白系统进化树构建，结果(图 6-27)表明 NtMTP1 蛋白与粉蓝烟草和东南景天 MTP1 蛋白亲缘关系最近。

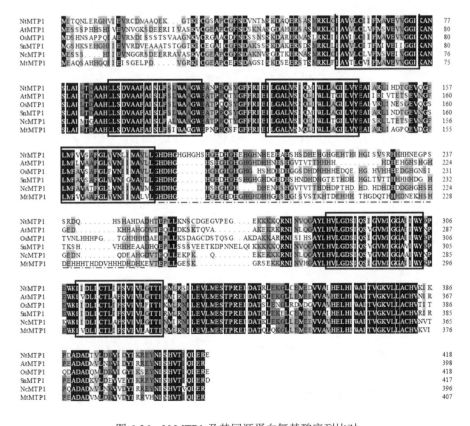

图 6-26 NtMTP1 及其同源蛋白氨基酸序列比对

蛋白登录号：烟草 NtMTP1（BAD89562.1）、拟南芥 AtMTP1（NP_182203.1）、水稻 OsMTP1（AAP31024.1）、东南景天 SnMTP1（AEK21301.1）、菥蓂属 *Noccaea caerulescens* NcMTP1（AAK69428.1）、蒺藜苜蓿 MtMTP1（ACR54454.1）。

阴影为保守氨基酸序列；黑框为跨膜结构域；虚线处为富含组氨酸的胞质环路。

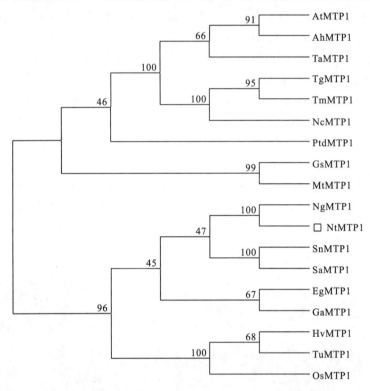

图 6-27　近邻相接法构建的不同种属植物 MTP1 同源蛋白系统进化树

蛋白登录号：拟南芥 AtMTP1（NP_182203.1）、*A. halleri* AhMTP1（CAZ68127.1）；菥蓂（*Thlaspi arvense*）TaMTP1（AAR83906.1）、菥蓂属 *Thlaspi goesingense* TgMTP1（AAK91869.2）、菥蓂属 *Noccaea fendleri* TmMTP1（AAR83905.1）、菥蓂属 *Noccaea caerulescens* NcMTP1（AAK69428.1）、毛果杨×加拿大杨 PtdMTP1（AAR23528.1）、野生大豆（*Glycine soja*）GaMTP1（KHN15875.1）、蒺藜苜蓿 MtMTP1（ACR54454.1）、粉蓝烟草 NgMTP1（BAD89561.1）、烟草 NtMTP1（BAD89562.1）、东南景天 SnMTP1（AEK21301.1）、东南景天 SaMTP1（AEK21300.1）、巨桉（*Eucalyptus grandis*）EgMTP1（AAL25646.1）、亚洲棉（*Gossypium arboreum*）GaMTP（KHG28053.1）、大麦 HvMTP1（CAL18286.1）、乌拉尔图小麦（*Triticum urartu*）TuMTP1（EMS54930.1）、水稻 OsMTP1（AAP31024.1）。

6.6.2　烟草 *NtMTP1* 基因的组织表达模式

用液氮速冻野生型烟草根、茎、叶、花和种子取样，提取各组织的总 RNA，在 0.7% 琼脂糖凝胶中点样 2μL RNA 样品后快速电泳,检测提取的 RNA 是否完整。用 Quawell 超微量分光光度计测定提取的样本总 RNA 浓度,调整各 RNA 样品总量为 2μg 后用作模板,用 PrimeScript™ RT reagent Kit with gDNA Eraser 反转录试剂盒进行反转录得到第一链 cDNA。利用 RealMasterMix(SYBR Green I)试剂盒,以第一链 cDNA 为模板,NtMTP rt-F/R 和 NtLR2 rt-F/R 为引物,烟草的 *NtLR2* 基因作为内参基因,在 Bio-Rad 公司的 CFX96 Real-Time System 进行 qRT-PCR,检测 *NtMTP1* 基因在烟草不同组织中的表达情况。将根中 *NtMTP1* 基因表达量标准化为 1,如图 6-28 结果所示,在烟草的花与叶中,*NtMTP1* 基因的相对表达量最高,分别为根中的 16.81 倍和 7.26 倍,而在烟草的根、茎和种子中表达量很低,茎和种子的表达量分别为根的 1.39 倍和 1.23 倍。这些结果表明,烟草 *NtMTP1* 基因具有组织特异表达的特征。

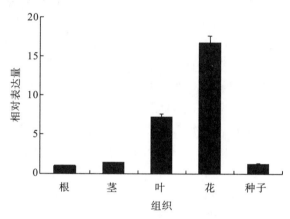

图 6-28 烟草 *NtMTP1* 基因在不同组织中的表达

6.6.3 Zn²⁺诱导 *NtMTP1* 基因在烟草中的表达

分别用含 0μmol/L、50μmol/L、100μmol/L、200μmol/L 和 400μmol/L ZnSO₄ 的 1/2 Hoagland 营养液处理苗龄为 35d 的野生型烟草 48h,提取烟草总 RNA 后反转录,进行 qRT-PCR 检测 *NtMTP1* 基因在不同浓度 ZnSO₄ 处理下的表达量。结果如图 6-29 所示,将

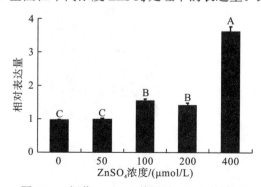

图 6-29 烟草 *NtMTP1* 基因对 ZnSO₄ 的响应

不同大写字母代表各处理间的显著性差异($P<0.01$,LSD 检验)

用 0μmol/L ZnSO₄ 处理的烟草作为对照组。与对照组相比，*NtMTP1* 基因的表达量在 50μmol/L ZnSO₄ 处理的烟草中无明显变化，而当 ZnSO₄ 浓度达到 100μmol/L 后，其表达量开始升高，为对照组的 1.57 倍，并在用 400μmol/L ZnSO₄ 处理的烟草中达到最高，为对照组的 3.81 倍。这些数据表明，随着 ZnSO₄ 浓度的升高，烟草 *NtMTP1* 基因的表达量表现出了上升的趋势，说明烟草 *NtMTP1* 基因的表达受到 Zn^{2+} 的诱导。

6.6.4　*NtMTP1* 基因植物过量表达载体的构建

烟草 *NtMTP1* 基因序列由 GenBank 登录号 AB20124 得到，利用 Primer v5.0 软件，设计巢式 PCR 引物 NtMTP1-F1/R1 以及带有 *Xba* I 和 *Sac* I 双酶切位点的特异性引物 NtMTP1-F2/R2。以野生型烟草 cDNA 为模板，用外侧引物 NtMTP1-F1/R1 进行第一轮 PCR 扩增，再以第一轮 PCR 产物稀释 100 倍为模板，用带有酶切位点 *Xba* I 和 *Sac* I 的内侧引物 NtMTP1-F2/R2 进行第二轮特异性 PCR 扩增，经 1%琼脂糖凝胶电泳检测两轮 PCR 产物。结果表明，第一轮扩增得到了长为 1500bp 的条带，第二轮扩增在 1200bp 左右出现了与预期的 DNA 片段大小一致的目的基因条带（图 6-30）。将第二轮 PCR 产物经胶回收试剂盒纯化后与 pEASY-Blunt 载体连接，热激法转化大肠杆菌 DH5α 感受态细胞，提取重组质粒，进行双酶切验证。用 *Xba* I 和 *Sac* I 同时双酶切含 *NtMTP1* 基因片段的测序载体 pEASY-Blunt 和植物表达载体 pBI121，将 *NtMTP1* 基因插入到强启动子 CaMV35S 启动子的后面，使 *NtMTP1* 基因在强启动子的驱动下增加表达量。最后对构建好的 pBI121-35S∶∶NtMTP1 过表达载体进行双酶切验证后，将阳性克隆送公司测序，测序结果正确的质粒转化农杆菌。

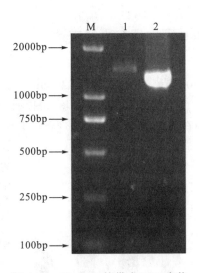

图 6-30　*NtMTP1* 的巢式 PCR 产物

M：Marker（DL2000）；1：第一轮 PCR 扩增产物；2：第二轮 PCR 扩增产物

6.6.5　烟草 *NtMTP1* 基因过量表达植株的鉴定

使用农杆菌介导的叶盘法将含有 pBI121-35S∷NtMTP1 重组质粒的农杆菌 EHA105 转化野生型烟草，经组织培养和筛选后得到 16 株完整的 Kana 抗性植株，参照刘继恺等鉴定转基因阳性植株的方法，对 *NPTII* 基因片段进行扩增。结果表明(图 6-31)，野生型烟草未能扩增出条带，而大部分抗性植株能够扩增出预期大小的条带，共检测出 12 株转基因阳性植株，阳性率为 75%。随后，利用半定量 RT-PCR 对抗性植株中 *NtMTP1* 基因的表达水平进行初步鉴定，筛选出 *NtMTP1* 基因表达量最高的 3 株植株，分别为 OE-6、OE-9 和 OE-10。利用 qRT-PCR 对 *NtMTP1* 基因在野生型和转基因植株中的表达情况进行定量分析。结果显示(图 6-32)，*NtMTP1* 基因在 3 株转基因植株中的表达量显著高于野生型植株，分别为野生型的 10.42 倍、7.61 倍和 11.84 倍。对 *NtMTP1* 基因过量表达植株进行表型观察，发现在未受胁迫的正常生长情况下，*NtMTP1* 基因过量表达植株与野生型相比，在株高和大小等生理表型上并没有明显差异。

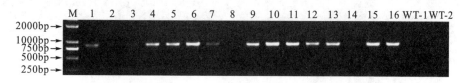

图 6-31　转基因植株 *NPTII* 基因的 PCR 检测

M：Marker(DL2000)；1～16：转基因植株；WT-1、WT-2：野生型植株

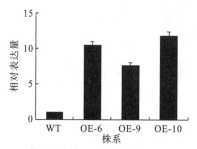

(a) 转基因植株*NtMTP1*基因表达量的qRT-PCR检测

(b) *NtMTP1*基因过量表达植株的表型

图 6-32　*NtMTP1* 基因过量表达植株的鉴定及表型

WT：野生型植株；OE-6、OE-9、OE-10：转基因烟草株系

6.6.6　烟草 *NtMTP1* 基因过量表达植株对 Zn 胁迫的耐受性分析

土壤中过量的重金属会对植物根的生长产生抑制作用，因此植物根的长短常作为反映植物对重金属耐受性的一个重要指标。将野生型和 3 个 *NtMTP1* 基因过量表达纯合体株系种子灭菌后，分别播种于含有 0μmol/L、200μmol/L、500μmol/L、1000μmol/L 和 2000μmol/L

ZnSO$_4$ 的 1/2 MS 培养基上萌发、生长，并观察幼苗生长的情况。结果显示（图 6-33），生长在含有 0μmol/L ZnSO$_4$ 的 1/2 MS 培养基上的野生型和过量表达 *NtMTP1* 基因的转基因植株没有明显差异，根长也几乎一致；在 200μmol/L ZnSO$_4$ 处理下，野生型烟草根的生长表现出部分抑制，过量表达植株的根系相比野生型要长大约 3cm；在 500μmol/L 和 1000μmol/L ZnSO$_4$ 处理下，虽然野生型和过量表达植株的生长都表现出了一定程度的抑制，但过量表达植株的根系仍然比野生型的长；在 2000μmol/L ZnSO$_4$ 处理下，野生型和转基因烟草植株都受到了环境的胁迫，已不能正常生长，根的生长也受到严重抑制。由此可见，随着培养基中 ZnSO$_4$ 浓度的升高，野生型和转基因烟草幼苗的生长都受到一定程度的抑制，但在 200μmol/L、500μmol/L 和 1000μmol/L ZnSO$_4$ 处理下，*NtMTP1* 基因过量表达植株幼苗的根始终都比野生型烟草幼苗的长，这表明 *NtMTP1* 基因的过量表达增强了烟草对 Zn 胁迫的耐受性。

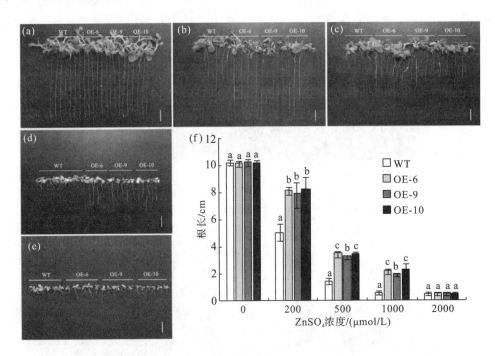

图 6-33　不同浓度 ZnSO$_4$ 处理 45d 后野生型与转基因植株的根长比较

(a)～(e)为不同浓度 ZnSO$_4$ 处理，依次为：0μmol/L、200μmol/L、500μmol/L、

1000μmol/L、2000μmol/L，标尺为 2cm；(f)为野生型与转基因植株的根长定量分析；

不同小写字母代表转基因株系与野生型在同一浓度处理下存在的显著性差异（$P<0.05$，LSD 检验）

第7章 放射性核素污染土壤 的植物修复技术研究关键问题

核试验或核事故释放的放射性核素作为环境最主要的潜在核污染物受到广泛关注，通过放射性污染植物修复技术能达到清除核素、修复或治理土壤的目的(董武娟和吴仁海，2003；郑洁敏和宋亮，2006；唐世荣，2002；Zhu et al.，2000)，它同时具有投资少、维护成本低、操作方便、不造成二次污染、安全、生态协调及美化环境等优点(Dushenkov，2003)。在低剂量放射性核素污染土壤的植物修复中，植物提取修复技术是目前研究的热点。植物提取修复技术中对放射性核素的超富集植物的筛选，特别是特定植物对特定核素的吸收、转运、富集能力是决定修复效率的重要因素。在对放射性核素超富集植物筛选的同时采用一系列强化修复技术进一步提高植物富集、修复效率是植物提取修复技术得以实际应用的保证。本研究小组在较长时间内承担国防科技工业局、国家自然科学基金委员会等单位的有关放射性核素污染土壤修复关键技术及其基础研究的项目中，积累了大量的数据及研究经验，在研究中认为下列问题是放射性核素污染土壤的植物修复技术研究的关键问题，值得重点探讨。

7.1 放射性核素污染土壤修复利用方式与植物修复类型

7.1.1 放射性核素污染土壤修复利用方式

土壤是指陆地表面具有肥力、能够生长植物的疏松表层，其厚度一般在 2m 左右，它是植物赖以生长的基础，与空气、水一起构成地球上植物维持生命所必需的三大基本环境要素，也是环境转移放射性污染物质的重要介质之一。土壤放射性污染除来源于天然放射性外，还源于人类活动，包括核试验、核武器制造、核能生产和核事故、放射性同位素的生产和应用，矿物的开采、冶炼和应用等，这些活动造成放射性物质及其伴生污染物进入土壤，并积累到一定程度，引起土壤质量恶化，进而造成农作物中某些指标超过国家标准的现象。该现象称为土壤污染，其污染特点除其放射性核素会随时间的推移逐渐衰变而减少，且核素的化学性质不变外，其余特性则与重金属土壤污染类似，表现出：①具有隐蔽性和滞后性，往往要通过对土壤样品进行分析化验和农作物的残留检测，甚至通过研究对人畜健康状况的影响才能确定。②累积性：污染物质在土壤中并不像在大气和水体中那样容易扩散和稀释，因此容易在土壤中不断积累而超标，同时也使土壤污染具有很强的地域性。③不可逆转性：核素与重金属对土壤的污染基本上是一个不可逆转的过程，土壤污染一旦发生，仅仅依靠切断污染源的方法往往很难恢复，被某些重金属污染的土壤可能要100～200年的时间才能够恢复。

对放射性核素污染土壤的修复与土壤的污染物类型、污染程度、污染面积、所处位置及其规划土壤利用方式密切相关。一般可选择的利用方式包括：

(1) 对污染严重、污染面积较小、污染物核素半衰期长的土壤一般可采用挖掘、淋洗等异位的物理化学方法快速去除污染物，降低污染，修复被污染场地土壤。修复的场地可用于建设公园、绿地等。

(2) 对污染面积大、污染时间长、污染物浓度较低、污染物核素半衰期较短、正在或规划用作农业种植用地的土壤则可采用以植物提取修复为核心的生物修复方法。通过一段时间多次种植超富集植物，多次收获植物地上部或方便收获的植物地下部，辅之以有利于植物超富集核素和其伴生重金属的植物修复强化技术及其农业栽培技术措施，由超富集植物带出土壤中的放射性核素和重金属。对收获的植物体进行减容、焚烧及其他无害化处理，或通过技术手段提取植物体内所携带的核素和重金属，逐渐降低污染土壤中放射性核素及重金属的浓度，直至被污染土壤中的放射性核素及重金属的浓度降至国家有关土壤标准所允许的浓度以下，使污染土壤重新被用于农业生产。在修复期间产生的植物不能进入食物链。

(3) 对污染面积巨大、污染物浓度极低、放射性核素半衰期短，长期种植粮食作物、蔬菜作物、饲料作物的基本农田土壤可主要采用植物固定修复技术。通过选育对核素及重金属吸收极少或不吸收土壤中的核素和重金属，特别是人类利用的植物部位，如籽实、叶片等地上部中积累极少或不吸收的植物新品种，对轻微污染土壤持续加以利用。

7.1.2　植物修复类型

土壤修复是使遭受污染的土壤恢复正常功能的技术措施。具体来说，土壤修复是指利用物理、化学和生物的方法转移、吸收、降解和转化土壤中的污染物，使其浓度降到可接受水平，或将有毒有害的污染物转化为无害的物质。从根本上说，污染土壤修复的技术原理可包括：①改变污染物在土壤中的存在形态或同土壤的结合方式，降低其在环境中的可迁移性与生物可利用性；②降低土壤中有害物质的浓度。因此，放射性核素污染土壤的植物修复技术就主要包括：植物提取和植物固定。

(1) 植物提取。通过在污染土壤中种植超富集植物，利用其根系吸收污染土壤中的放射性核素及重金属并运移至植物地上部，通过收割地上部物质(有些方便收获的根茎类植物也可收获其根系产品)带走土壤中放射性核素及重金属的一种方法。植物提取作用是目前研究最多，最有发展前景的方法。该技术依靠种植对放射性核素及重金属具有较强忍耐和富集能力的超富集植物，同时采用有利于超富集植物吸收、转运、富集放射性核素及重金属的植物强化修复技术，如施用植物激素、有机酸、螯合剂、表面活性剂及微生物菌剂等，辅之以配套栽培技术措施，如施肥、喷洒农药等，来提高植物修复效率。

（2）植物固定。通过在污染土壤中种植植物，利用其根系不吸收或少吸收污染土壤中的放射性核素及重金属，使植物在污染土壤中能正常生长发育并不将污染物吸收到植物体内的方法。严格来说，植物固定不应属于植物修复技术，它是与植物提取原理相反的一种污染土壤利用技术，它所需要的植物特点与植物提取所需植物特点完全相反，也是一种污染土壤无害化的利用方式。而有利于植物固定的植物种类和品种的选择对其应用至关重要。

7.2　超富集植物标准及条件

7.2.1　超富集植物标准

超富集植物的概念最早来源于重金属超富集植物。Brooks 等(1977)提出了超富集植物的概念；1983 年，美国科学家 Chaney 提出了利用超富集植物清除土壤重金属污染的思想。随后，有关耐重金属植物与超富集植物的研究逐渐增多，Baker(1989)定义的超富集植物为：植物能富集大于 1000mg/kg 的 Cu、Co、Ni、Pb 或是大于 10000mg/kg 的 Mn 或 Zn，且地上部重金属含量大于地下部含量，即转运系数大于 1，便可称为超富集植物。这一定义认为，植物提取修复效率的高低取决于超积累植物的根系吸收核素的能力及其向地上部转移的能力。但这一标准仅考虑了植物富集系数和转运系数，没有考虑到植物单株生物量、植物地上部产量、土壤中重金属绝对量及单位面积土壤中种植植物数量等因素对重金属提取效率的影响，存在明显缺陷。因此，超富集植物的标准应包含：

（1）植物单位质量元素含量及其分布。该指标表明植物从土壤中吸收重金属或核素的能力，含量越高表明植物从土壤中吸收重金属或核素的能力越强，其中根、茎、叶、花、果等不同部位的含量表明核素及重金属在这些部位中的积累能力，地上部含量则为茎、叶、花、果等部位之和。

（2）转运系数。即植物地上部核素及重金属含量与根系含量之比，为核素及重金属地上部转运系数，也可由此计算出茎、叶、花、果等的转运系数。转运系数大小反映了植物将核素及重金属从根系向地上部转移的能力，转运系数越大，其转运能力越强，一般要求其大于 1 作为富集系数的标准。但对收获方便的根茎类植物，如萝卜、马铃薯等，可不考虑该指标。

（3）植物各部位、植物单株及单位土壤面积上的累积量。该指标能反映植物从土壤中吸收、转运核素及重金属的绝对量，对统计计算植物提取效率起关键作用。超富集植物单株核素或重金属累积量为地上部累积量与根系累积量之和，地上部累积量由茎、叶、花、果等植物地上累积量之和，而累积量又为各部位单位质量元素含量与生物量之积。因此，植物生物量及其分布也是植物能否成为超富集植物的关键。此外，单位面积污染土壤中能容纳的植株数量较多，即在较小面积内能容纳更多植株、较小的栽植密度不影响植物生长及其生物量的积累，此类耐密植植物也是超富集植物选择标准之一。

（4）植物生物量及其分布。植物生物量的大小既由植物本身遗传特性决定，又受植物生长发育的环境影响，一般在相同生长时间、相同环境条件下对污染环境适应能力强，植物整体特别是地上部生长良好，植物生物量积累高的植物更有利于作为超富集植物。

（5）富集系数和富集量系数。富集系数是指植物地上部分核素及重金属单位质量含量与土壤中核素及重金属单位质量含量之比，其值越大表明植物富集能力越强，作为超富集植物的标准为地上部富集系数大于 1，同样也可分别计算根、茎、叶、花、果等植物不同部位的富集系数。但富集系数仅为单位质量含量之比，为考虑生物量的影响，2005 年我国植物学家聂发辉提出富集量系数的概念，即给定生长期内单位面积植物地上部积累的核素或重金属与土壤单位质量含量之比。富集量系数进一步考虑了生物量的作用，能更加全面地反映植物富集核素或重金属的能力。

（6）单位面积土壤中植物生物量及其富集量系数。植物富集效率的衡量标准除上述各指标外，在实际应用中还应考虑：

①单位面积土壤中能生产植物的生物量。这既与土壤肥力及生产效率有关，也与在其上生长的植物生物量密切相关，单位面积土壤中能生产的植物生物量越大，特别是方便收获的地上部生物量越大表明其超富集潜力越大。

②植物单株及地上部吸收、转运、富集核素及重金属的能力越强表明植物从土壤中提取的核素及重金属的能力越强。

③植物提取率是衡量植物提取效率的最重要指标之一。可以有两种方式表达：

A. 植物提取率的一种表达方式是单位面积土壤上收获的超富集植物富集的核素或重金属质量占单位面积土壤在一定深度范围（单位体积土壤）内所积累的核素或重金属质量的百分比。其计算公式为

$$植物提取率 = \frac{植物地上部核素单位质量浓度 \times 植物生物量}{土壤核素单位质量浓度 \times (土壤容重 \times 土壤体积)} \times 100\%$$

其中，土壤容重为一定容积的土壤（包括土粒和粒间的孔隙）烘干后的重量与同容积水重的比值，也可以是田间自然状态下每单位体积土壤的干重，通常用 g/cm^3 表示；土壤体积为自然状态下单位土地面积与核素或重金属分布的土壤深度的乘积。

B. 植物提取率还可以是另外一种表达方式，即单次植物提取后土壤中核素或重金属单位质量浓度与植物提取前土壤中核素或重金属单位质量浓度的百分比。

前一种表达方式是以核素或重金属的绝对量为衡量标准，后一种表达方式是以核素或重金属的单位质量浓度为衡量标准。二者表达方式中，前一种更能准确表达实际情况，后者计算更简便。

由于植物生产季节性较强，植物修复就存在每季植物提取率、每年植物提取率等表明单位时间提取效率的重要指标，也是评估土壤修复所需时间长短的依据。

7.2.2　超富集植物条件

根据超富集植物标准，作为特定核素或重金属的超富集植物应满足下列条件：①对污染土壤中特定核素或重金属有较强的吸收能力；②根系和地上部能耐受高含量的核素或重金属；③吸收的核素或重金属能大部分转移至地上部；④生长快速，生长周期短，生物量

大；⑤能反复种植、多次收获；⑥具有较强的抗病虫能力；⑦具有发达的根系；⑧能同时富集多种核素或重金属；⑨耐密植、耐瘠薄、耐旱。

7.2.3　超富集植物选择存在的问题

(1)植株矮小，生长缓慢，生物量低，修复率低，耗时长，且不易机械化作业。

(2)植物器官往往会通过腐烂、落叶等途径使核素重返土壤，会造成土壤的二次污染，必须在植物落叶前收割并处理这些植物器官。

(3)多为野生型植物，对气候条件的要求也比较严格，区域性分布较强，应用范围较小。

(4)超富集植物的根系一般较浅(如草本植物多数集中在 0～30cm 的范围内)，一般只对浅层污染土壤的修复有效。

(5)目前发现的超富集植物只是对某一种低放核素具有超积累性，还未发现具有广谱低放核素超富集特性的植物。这在当今土壤污染多是复合污染的情况下应用有一定局限性。

7.3　超富集植物的选择技术

放射性核素及其伴生重金属污染土壤的植物提取修复的基础是拥有对放射性核素及其伴生重金属的超富集植物，超富集植物的选择就显得至关重要。目前超富集植物选择主要包括：①在现有植物中筛选对某种或某几种核素和重金属的具有超富集能力的植物；②通过杂交育种、诱变育种及转基因育种等方式创造超富集的新植物种类及品种。前者是目前采用和报道最多的方式，也是获得超富集植物最快、最容易、最费省效宏的方式。

7.3.1　超富集植物种类选择

由于用于植物提取修复的植物不能进入食物链，所以超富集植物最好在如下植物中选择。

(1)不进入食物链的经济植物。为减小植物修复期间土壤产出效益，选择桑、麻、烟草、能源植物等修复土壤，同时又可产生一定的经济效益。

(2)绿肥植物。在植物提取修复的同时可以改良土壤，如豆科绿肥在修复的同时能在其根际固氮，提高土壤肥力。

(3)花卉及观赏植物。在植物修复的同时可以绿化、美化环境。

(4)野生植物。野生植物由于其良好的抗性对被污染土壤一般有较强的适应性。

7.3.2　超富集植物选择试验方法

　　一般应综合应用溶液培养法、污灌处理盆栽法、小区模拟实验和污染区采样相结合的方法，通过对植物生理生化和 U、Sr、Cs、Co、Cr、Cd、Pb 等重金属和核素含量的测定，筛选出生物学性状优良的重金属和核素富集植物甚至超富集植物。

　　溶液培养法(水培或无土栽培)是最早得到应用的一种无土栽培方法。它不用固体基质(介质)，是在含有全部或部分营养元素的溶液中栽培植物的方法。其完全营养液中存在植物生长发育所需要的一切营养物质，因此在保证氧气存在的情况下植物可正常生长发育。溶液培养可以有效地控制提供给植物的矿质元素的种类和数量，可以使离子浓度始终处于相对平衡状态，把必需矿质元素配制成培养液培养植物，并以营养液循环流动、充氧等方法对植物进行供养。常见的培养液有 Knop 培养液、Hoagland 培养液和 Espino 培养液等，其中 Hoaglamd 培养液是应用最广泛的培养液。通过在培养液中添加不同浓度的核素及重金属，将植物在培养液中种植一段时间，使植物根系吸收溶液中的核素和重金属，并将其转运至地上部分，收获植物，将植物分成根、茎、叶、花、果等部分，分别测定分析不同部位植物核素及重金属含量，对其能否作为超富集植物做出判断。溶液培养的优点主要是能缩短植物的生长发育周期，克服土地上连续栽种对植物造成的不利影响，充分利用水分和养分，试验条件易于控制，核素及重金属在溶液中分布均匀，利于植物吸收等。所以，溶液培养是超富集植物筛选研究的一种重要手段，一般用于超富集植物的初选，表现出植物生长迅速、筛选周期短、准备工作简便、可同时处理多种植物等优点，特别利于水生植物及耐水性好的植物筛选，对许多旱生植物则可能影响其生长，试验结果不能完全反映出植物在污染土壤中生长富集特性。对溶液培养法初选出来的富集性好的植物进一步用污灌处理盆栽法研究其生长富集特性以最终决定其是否符合超富集植物标准。

　　污灌处理盆栽法：选择特定土壤类型，通过在土壤中添加一定浓度和总量的核素及重金属以模拟污染土壤，按照一定土壤重量装于盆中，在盆中种植一定数量的植物，待植物生长发育一定周期后收获植物，研究植物不同部位富集核素或重金属的能力，对植物吸收、转运、富集核素或重金属的能力做出评价。添加核素及重金属的方法包括：将核素或重金属化合物以一定浓度水溶液施于盆中土壤表面使其沉降一定时间后用于种植植物；另一种，将核素或重金属化合物以一定浓度水溶液均匀浇于土壤中并采取措施将其与试验土壤充分搅拌混合，使核素或重金属在土壤中分布尽量均匀。每盆所栽植物数量根据盆的大小和植物生长发育后植株大小决定。

　　污灌处理盆栽法是目前放射性核素及重金属污染土壤植物提取修复中超富集植物筛选应用最广泛的技术，它对超富集植物的筛选起决定性作用，目前报道的超富集植物的相关特性数据均来源于盆栽试验。但应用盆栽试验结果对植物富集效率的评价无法反映单位面积土壤上的植物种植数量及土壤污染情况，结果往往只能估算，误差较大，准确性较差。

　　小区模拟试验法：选择有一定地域特征和环境气候特征的地点，划定一定面积区域，搬运目标污染地区的污染土壤于其中，或按照一定污染物浓度人工模拟污染土壤将其置于小区中。在小区中按照田间试验原则方法开展超富集植物对核素或重金属富集能力研究，综合评估超富集植物提取修复效率、修复时间、成本、影响因素及调控措施等，为超富集植物的大面积实际应用奠定基础。

污染区实地试验：在修复目标区域选择有代表性的一定面积污染土壤，原地种植超富集植物，开展超富集植物对核素或重金属富集能力研究，综合评估超富集植物提取修复效率、修复时间、成本、影响因素及调控措施等，为超富集植物的大面积实际应用奠定基础。该试验方法较小区模拟试验法更能适应目标修复区域的气候、环境条件，试验结果更加准确、可靠，对大面积修复污染土壤有较强的示范作用。

7.4　模拟污染土壤的配制

在上述各种超富集植物选择方法中，主体筛选方法中的污灌处理盆栽法、小区模拟试验法均要配制模拟污染土壤，配制逼真的模拟污染土壤是筛选出的超富集植物符合植物提取修复实际的重要条件。其中应主要考虑土壤类型选择、目标核素及其伴生重金属浓度、施于土壤中的数量、稳定同位素能否替代放射性核素等因素。

7.4.1　放射性核素及其伴生重金属污染浓度的确定

土壤是否污染及其污染物种类、污染程度决定了土壤是否需要修复。而对污染土壤是否需要修复及修复后是否达到清洁标准的判断都离不开土壤环境质量标准。2018 年 8 月 1 日起，《土壤环境质量　农用地土壤污染风险管控标准（试行）》（GB 15618—2018）替代了原国家环境保护总局于 1995 年颁布的《土壤环境质量标准》（GB 15618—1995），取消了原有的土壤环境质量分类体系（Ⅰ类土壤执行一级标准、Ⅱ类土壤执行二级标准、Ⅲ类土壤执行三级标准），建立了以农用地使用性质（水田、其他农田）及土壤酸碱度（pH≤5.5、5.5＜pH≤6.5、6.5＜pH≤7.5、pH＞7.5）为基本架构的标准指标体系，解决了《土壤环境质量标准》（GB 15618—1995）中 pH≤6.5 的Ⅲ类土壤无质量标准可用的问题，提出了农用地土壤污染风险筛选值和农用地土壤污染风险管制值两个新概念。其中，农用地土壤污染风险筛选值指农用地土壤中污染物含量等于或者低于该值的，对农产品质量安全、农作物生长或土壤生态环境的风险低，一般情况下可以忽略；超过该值的，对农产品质量安全、农作物生长或土壤生态环境可能存在风险，应当加强土壤环境监测和农产品协同监测，原则上应当采取安全利用措施。农用地土壤污染风险管制值指农用地土壤中污染物含量超过该值的，食用农产品不符合质量安全标准等农用地土壤污染风险高，原则上应当采取严格管控措施。农用地土壤污染风险筛选值分两类。其中，基本项目包括 Cd、Hg、As、Pb、Cr、Cu、Ni、Zn；其他项目包括六六六（BHC）总量、滴滴涕（DDT）总量、苯并[a]芘（BaP）。农用地土壤污染风险管制值包括 Cd、Hg、As、Pb、Cr，但对污染土壤的相关放射性核素（如 U、Sr、Cs 等）并没有相应的限制值。由于放射性核素与重金属、有机污染物的环境地球化学和化学性质差异较大,受放射性核素污染的土壤必须要有自己一套不同于重金属和有机污染物的清洁标准,用以表征各放射性核素污染点或污染场地经过人为修复后的清洁程度。相对重金属和有机污染土地的修复标准来说,对放射性核素污染土壤修复标准的研究要薄弱得多。原国家环境保护总局在参考国外相关资料的基础上,于 2000 年公布了一个《拟开放场址土壤中剩余放射性可接受水平规定(暂行)》(HJ 53—2000),该标准给出了土壤中剩余放射性的可接受暂行水平。然而,这一标准基本上不是以放射性核素污染场地修复为目标而制定的。因此,现阶段放射性核素污染土壤及其修复是没有标准可循的,对相关核素污染土壤的界定及模拟污染土壤需要综合考虑诸多因素。

(1)以放射性核素污染土壤修复目标区域污染源项调查实际为基础,以当地土壤的背景含量水平为对照,确定相关核素及重金属相应的限制值作为污染的起始浓度。

(2)查阅参考文献了解前人相关研究情况,参考其污染物设置水平及试验结果,综合确定模拟污染土壤中核素及重金属的浓度或浓度梯度。

(3)目前大多数报道的核素及重金属污染土壤修复试验中所设计的模拟污染土壤中污染物浓度都远高于实际污染状况,其原因一方面是无污染土壤标准可循,另一方面是因为设置较高的污染浓度有利于在充分体现植物的作用及其修复的同时掌握植物的最大忍耐极限。目前较多的试验表明,许多植物在核素或重金属污染土壤中往往表现出土壤中污染物浓度高就多吸收,浓度低就少吸收,即低浓度污染下植物吸收土壤中核素或重金属更加困难,因此设置合适的模拟污染土壤污染物浓度对解决实际污染土壤修复问题是非常重要的。

7.4.2　同位素替代技术及其代表性

在放射性核素污染土壤植物修复研究中,无论是超富集植物筛选还是其强化修复技术研究均要针对特定核素开展研究,研究中对研究单位和研究人员都要求一定的从事放射性研究的相关资质,同时对研究的安全性也有极高的要求,研究成本也较高。利用放射性核素的稳定同位素开展研究,即采用放射性核素的替代技术开展研究,既可降低研究难度、提高研究安全性,又可使更多的研究者从事相关研究,以促进放射性核素污染土壤修复研究领域的快速发展。放射性核素与重金属相比,不仅与重金属一样具有化学毒性,还有放射毒性。但由于植物修复技术主要适用于大面积低剂量放射性核素污染土壤修复,且有较多试验也报道,在低剂量放射性核素污染土壤中放射性核素的化学毒性远较其放射毒性强,所以放射毒性可忽略不计,可采用稳定同位素代替放射性同位素开展相关研究。Soutek 等(2006)报道采用溶液培养方法研究向日葵对溶液中 Cs/Sr 吸收积累规律,发现向日葵对放射性 Cs/Sr 和稳定性 Cs/Sr 同位素的吸收积累无任何不同之处。Tsukada 等(2002)报道水稻田中放射性 Cs 较稳定性 Cs 的转运系数高。Tsukada(1998)认为 ^{137}Cs 的转运系数与稳定性 Cs(^{133}Cs)的转运系数相近,在森林系统中二者有相同的动态平衡关系,可用稳定性 Cs 预测放射性 Cs 的迁移。Entry 等(1995)的大多数研究表明,^{137}Cs 和 ^{90}Sr 在土壤中从上向下的迁移是很慢的,即使在高雨量下其迁移也在土壤顶层 0.4m 以上。Tsukada 等(2002)认为 Cs

的稳定同位素 ^{133}Cs 与放射性 Cs 的同位素 ^{137}Cs 在水稻不同部位的分布与转运是相同的,而与 K 不同,可用稳定性 ^{133}Cs 在水稻不同部位的分布与转运状况代替放射性 Cs 的同位素 ^{137}Cs 的状况。Tsukada 等(2002)认为在土壤中 ^{137}Cs 的移动性较稳定性 ^{133}Cs 强,更容易被植物吸收,其转运系数均随土壤中 K 浓度的升高而降低。

7.5　植物修复强化技术

放射性核素污染土壤的植物修复不仅仅是超富集植物的简单应用,它还涉及植物修复效率的诸多影响因素,如植物种类选择、污染土壤的土壤理化特性、土壤微生物、土壤改良剂、农业施肥措施和核素在土壤中的化学形态等。因此,探索放射性核素污染土壤生态修复最佳生态条件就应包括水分、营养物质、处理场地、氧气与电子受体及介质物化因素,同时综合应用化学强化技术、土壤螯合诱导植物修复技术、能够缩短修复周期的必要栽培技术、农业结构调整技术、栽培技术措施综合调控技术等,增加植物体的生物量及其对放射性核素的吸收、转运和富集效果。

7.5.1　应用植物修复强化技术应遵循的原则

植物修复强化技术是围绕超富集植物对污染土壤中核素或重金属的吸收、转运和富集能力提高所采用的一系列技术措施,往往是通过其他生物、化学物质等的应用以提高超富集植物的富集能力和效果,因此在应用植物修复强化技术时应遵循如下原则。

(1)高效:所采用强化技术措施至少在促进超富集植物生长、吸收或转运方面功效突出。

(2)安全:所采用的强化技术措施不产生或少产生二次污染,没有生态风险。

(3)经济:所采用的强化技术措施成本低廉,应用方便。

7.5.2　提高植物修复效率的途径

通常提高植物修复效率的途径包括:

(1)通过转基因技术来优化植物本身的富集性能。

(2)通过调节植物生长的根际生态环境以提高土壤中重金属的生物有效性。

(3)通过农艺及管理措施来增加超富集植物的生物量及其对重金属的吸收和累积。

7.5.3　植物修复强化技术类型

根据提高植物修复效率的途径,可将已有报道的修复强化技术分为如下类型。

1. 遗传改良技术

遗传改良技术包括应用传统遗传育种技术和基因工程技术进行超富集植物的选育。传统遗传育种技术是应用植物杂交育种、诱变育种等传统遗传育种技术途径，通过利用不同植物基因的多样性进行快速生长、生物量大的植物品种选育或开展超富集能力强的植物新品种选育，是提高植物提取修复效率的成熟、高效、快速的途径之一。

基因工程技术即通过转基因技术或遗传育种技术手段，一方面改善修复植物对核素或重金属的富集能力，另一方面提高植物生长速度或生物量。1996 年由 Silver 等提出基因工程设计超富集植物的基本程序，主要包括三个基本步骤：第一，通过生物化学、分子生物学等方法识别超富集植物体内控制耐性和累积机制的基因；第二，提取或克隆这些基因并在特定的受体细胞中与载体一起复制和表达使受体细胞获得新的遗传特性；第三，转基因进行田间试验确定其是否达到对重金属超富集的目的。大量研究表明，转基因技术可使植物大量表达关键酶来提高植物螯合剂的活性与含量，提高其对核素或重金属的解毒与富集能力，如通过基因工程技术将金属螯合剂、金属硫蛋白、植物螯合肽(PCs)和重金属转运蛋白基因等转入超富集植物，能有效增加植物对核素或重金属的提取，从而提高植物修复的效率。目前利用基因工程技术提高植物修复能力主要表现在以下几个方面。

一是通过提高修复植物的生物量来促进对重金属的吸收，通过基因工程将野生超富集植物的重金属富集基因转到现有的具高生物量的植物或作物中，可获得比传统育种方法更快的繁殖速度和更大生物量的植物。

二是通过降低重金属对植物的毒性进行植物修复，一些金属离子可在植物体内通过形态的转化降低其本身的毒性。

三是将细菌等微生物内的耐重金属或吸附重金属基因转导到修复植物中，以提高植物对重金属的耐性和抗性，增强修复效果。

四是通过酶的表达来提高修复植物的耐性和抗性。

五是将抗病虫基因整合到修复植物中，以提高修复植物的抗病虫能力。

基因工程技术用于强化植物修复也存在一定的安全问题。例如，转基因植物用于植物修复时，这种植物本身可能会对环境或其他生物带来一定的风险，包括外源基因向近源植物或微生物的转移、基因产物对环境或目标生物的负面效应、引起害虫产生抗性以及其他一些长期的生态学效应。因此，在转基因植物用于植物修复之前，必须进行转基因植物安全性评价，同时必须禁止将粮食作物选为重金属超富集体，以及避免含有大量重金属的转基因植物被动物取食，从而进入人类食物链。

2. 化学诱导植物修复技术

化学诱导植物修复技术指通过向土壤中施加化学物质以改变土壤核素或重金属的形态，提高核素或重金属的植物可利用性，最终提高植物对土壤中核素或重金属的去除效果。在该技术中，使用最多的化学物质是螯合剂，此外还包括酸碱调节剂、植物营养物质、共存离子物质、腐质酸、表面活性剂及植物激素等。

1) 螯合诱导技术

螯合诱导植物修复主要是利用螯合剂作为媒介打破原本土壤中液相和固相之间的离子平衡，增加土壤中重金属游离态浓度，提高重金属的植物有效性。添加螯合剂能够促使重金属离子的解吸和溶解，提高其生物有效性。螯合剂与重金属形成能被植物吸收的螯合物，从而降低重金属对植物产生的毒性，有利于植物对重金属的吸收。常见的螯合剂种类有两类：第一类是人工合成的螯合剂，主要有 EDTA、HEDTA、CDTA、EGTA等；第二类是天然的螯合剂，主要包括柠檬酸、苹果酸等一些低分子量有机酸和无机化合物(如硫氰化铵等)。这些低分子有机酸在促进土壤中重金属解吸时在土壤中的降解速度快，降解终产物为 CO_2 与 H_2O，不易出现残留造成二次污染。

2) 应用酸碱调节剂技术

土壤 pH 的变化会使重金属的赋存形态发生改变，从而影响其活性与生物有效性，应用酸碱调节剂(单质硫、氢氧化钙、碳酸钙、硝酸、醋酸、苹果酸、柠檬酸)可通过改变土壤酸碱度来影响超富集植物对核素或重金属的吸收。通过降低 pH 的途径可以提高土壤溶液中的核素或重金属含量，从而增加土壤溶液里重金属有效态含量，为植物更好地吸收重金属创造条件。

3) 应用表面活性剂技术

表面活性剂是一种亲水亲脂性化合物，其分子结构具有两亲性，即亲水性和疏水性(刘彩娟，2007)，溶解于水中后，能通过降低水的表面张力、降低土壤与重金属之间的界面作用力来促进有机物质在水中的溶解，以达到增加重金属在土壤中的生物有效性的目的。表面活性剂种类很多，若按照亲水基类型可分为阳离子性、阴离子性和非离子性的三类表面活性剂。若按照合成的方式可以分为化学合成表面活性剂和生物合成表面活性剂，其中在重金属污染土壤中研究较多的化学表面活性剂有：阳离子表面活性剂十六烷基三甲基溴化铵(CTAB)，阴离子表面活性剂十二烷基苯磺酸钠(SDBS 或 LAS)和十二烷基硫酸钠(SDS)，非离子型表面活性剂聚乙二醇辛基苯基醚(TritonX-100)和聚山梨酯-80(Tween-80)。生物表面活性剂主要是皂角苷和鼠李糖脂。

目前利用表面活性剂强化植物修复是污染土壤重金属植物修复的一个研究方向，但与所有化学物质的强化修复一样，表面活性剂对植物生长发育表现出一定的毒害作用，给生态环境带来一定的风险，如表面活性剂不易降解，易使重金属转移到更深层土壤，也使得土壤的微量元素流失，不利于植物的生长。所以利用表面活性剂时需要注意到以下几点：①对被去除的重金属或放射性核素等有较强的增溶吸附能力，提高处理能力；②处于低剂量时就具备很好的效果，以此降低对土壤质构的破坏和表面活性剂的浪费；③毒性小，在土壤中具有很好的降解性，不会对环境产生二次污染；④生产成本低，便于开发高质量的表面活性剂。

4) 应用植物生长调节剂技术

植物调控体内激素水平是其适应重金属胁迫的重要方式,合理地使用植物生长调节剂可以减少重金属对植物生理的不利影响,在缓和重金属胁迫的同时维持植物正常的生长发育,有利于植物对重金属的吸收累积。生长素 IAA(吲哚乙酸),是最早发现的植物激素。生长素的生理作用广泛,能促进细胞分裂和伸长以及新器官的分化,促进扦插枝条不定根的生成,促进茎切段的伸长生长,维持植物的顶端优势、抑制侧枝的生长等(López et al., 2005;吕剑和喻景权,2004)。周建民等(2007)研究发现 IAA 能促进玉米(Zea mays L.)根系的伸长,增加其生物量,继续添加螯合剂后更加显著地促进植物对放射性核素、重金属的吸收。此外,IAA 能增加植物的蒸腾作用或加大细胞气孔导度,有利于植物根系吸收、转运重金属和核素(Chaoui et al., 2004)。还有些研究表明,IAA 可引起代谢方面的某些变化(郭栋生等,1999),从而增加重金属和核素在植物体内的蓄积,这可能与蛋白质的表达和调节活性氧代谢有关(周红卫等,2003)。有关研究报道,IAA 还能缓解重金属以及螯合剂–金属螯合物对植物的胁迫作用,提高植物修复效率,增加植株对污染物的转运和积累。例如,López 等(2005)联合施加 0.12mmol/L EDTA 和 100μmol/L IAA 处理显著增加了紫花苜蓿叶片中 Pb 的含量,是 IAA 单一处理下富集量的 29 倍,是 EDTA 单一处理下的 7倍。吴晓霞等(2007)以拟南芥悬浮细胞体系为实验材料,添加 2mmol/L NAA 可诱导细胞的伸长,添加相同浓度的 2,4-D 可有效促进细胞分裂而不影响细胞伸长。

GA 是广泛存在的一类植物激素。GA 能促进植物的整体生长,加速细胞的伸长,对细胞的分裂也有促进作用;促进茎的伸长和诱导长日照植物在短日照条件下抽薹开花,促进营养生长,即显著地促进植物茎、叶生长,但对根的生长无促进作用;此外,GA 可防止器官脱落和打破休眠,以及促进麦芽糖的转化等。杨运英等(2007)研究表明添加 1mg/L的 GA 处理对促进银叶菊种子发芽效果最为明显。Israr 和 Sahi(2008)分别向玉米植株喷洒 IAA、GA、EDTA 以研究改进富含 Pb 土壤中的玉米的生长状况。结果显示,联合施用 IAA或 GA 与 EDTA 能显著提高玉米植株的 Pb 含量;单独施用 5mmol/L 的 EDTA 会使玉米植株干物质量下降,导致 Pb 含量降低;单独喷洒 0.1mol/L 的 GA、0.1mol/L 的 IAA 均能增加植株的株高和根长,与对照相比显著提高了玉米生物量以及对 Pb 的吸收量。向言词等(2010)研究植物生长调节剂 GA、IAA 和 6-BA 单独或两两联合作用对两种油菜富集 Cd能力的影响,表明 IAA 与 GA 或 6-BA 联合作用可显著增加芥菜型油菜株高和生物量,增强油菜吸收 Cd 并促进 Cd 向茎、叶的转移。

水杨酸(SA)及其盐类是一种新的植物激素(Salzer and Boiler,2000),是体内普遍存在的一种酚类化合物。作为细胞内的信号传递分子,对植物体的生长发育如呼吸、蒸腾、气孔关闭、开花、产热、性别分化以及膜透性、离子吸收、乙烯合成等都起到调控作用。许多研究表明,SA 不仅能增强植物抵抗生物胁迫,如细菌、病毒和真菌等的能力,而且对植物抵抗紫外辐射、低温、热激、臭氧、水分亏缺和盐害以及重金属等非生物胁迫同样有显著的影响(Senaratna et al.,2000)。近年来,人们证明 SA 是重要的能够激活系统获得抗性和植物过敏反应的内源信号分子(Malamy et al.,1992),能诱导黄瓜、烟草等植物对病毒、细菌和真菌等多种病害的抗病性(Senaratna et al.,2000),提高植物的抗盐性、抗旱性、抗寒性以及抗热性(王利军等,2001)。Metwally 等(2003)预先处理 0.5mmol/L SA 能缓解 Cd^{2+} 胁迫下大麦幼苗的毒害反应。他们推测,SA 处理后大麦根系中植物螯合肽(PC)与金属硫蛋白 MT 及 Cd 结合,减少了原生质中 Cd 的含量。武晓燕(2005)实验研究正常生长的金鱼藻叶中有极微量的 Cd 元素残留,增加金鱼藻体内的 Cd^{2+} 胁迫浓度后,外施 SA 协同处理下的金鱼藻长势显著优于未经 SA 处理的植株长势。据此推测,可能是由于外源 SA 诱导了金鱼藻内源 SA 的积累,最终使植物体产生系统获得性抗性。胡晓琼(2007)以蚕豆、SA 为研究对象,发现当 SA 浓度为 1.00mmol/L 时,蚕豆根的生长发育显著增强,当 SA 的浓度超过 1.00mmol/L 时,蚕豆根生长受到抑制,出现了有丝分裂下降现象。这说明 SA 对重金属毒害的缓解效应有一定浓度限度,浓度过高反而抑制植株生长。

5) 化学复合处理技术

上述各种化学诱导植物修复技术在应用中均存在各自的不足,将上述各种技术结合应用则会取得更好的效果。在各种技术组合上,以螯合剂与不同化学诱导技术组合进行复合处理最为普遍,效果也最为有效。如王德胜等比较了螯合剂和表面活性剂单独或复合处理辅助金福菇修复重金属污染土壤的效果。结果表明,单独用 5mmol/kg 表面活性剂 CTAB 处理后,Pb、Cu、Zn 的单株积累量分别比对照增加 3.05 倍、2.47 倍和 0.68 倍;单独用螯合剂 EDTA 时,Pb、Cu、Zn 的单株积累量分别比对照增加 67.15 倍、3.17 倍和 1.14 倍;以 CTAB 与 EDTA 复合处理时,Pb、Cu、Zn 的单株积累量比对照分别增加了 97.95 倍、6.16 倍和 1.62 倍。因此,将 CTAB 与 EDTA 混合使用可以明显促进植物对重金属的积累。Israr 和 Sahi(2008)以生长在富含 Pb 土壤中的田箐为试验材料,向植株分别喷洒 100μmol/L NAA、100μmol/L IAA 后,其芽的含 Pb 量分别为对照的 5.1 倍、7.5 倍。而 IAA、NAA 和 EDTA 分别复合处理后,芽含 Pb 量为对照的 12.5 倍、13.5 倍。

3. 生物强化修复技术

利用超富集植物以外的动物、微生物等生物类型也可提高植物修复效率。

1) 蚯蚓强化修复

近年来有研究表明某些蚯蚓对重金属污染土壤具有一定的耐受性,这些耐性蚯蚓可通过解毒和富集机制继续存活,可以用于强化重金属污染土壤的植物修复。蚯蚓以土壤中的动植物碎屑为食,是土壤有机质和微生物的"搅拌机"和"传播器",对提高有机质的转化效率和土壤中微生物的活力起着重要作用。蚯蚓强化植物修复的作用主要体现在两个方面:一方面,作为土壤大型动物,它可以改善土壤理化性质,提高土壤肥力,提高植物产量;另一方面,蚯蚓在取食、做穴和排泄等生命活动中会对土壤重金属的生物有效性产生直接或间接的影响。蚯蚓提高土壤中重金属有效性的原因主要有三个:①蚯蚓可以影响土壤微生物存在的种类、数量、活性,而微生物与重金属之间存在着复杂的相互作用关系,影响着重金属存在的种类和有效性。②蚯蚓活动改变了土壤的 pH,从而影响土壤重金属形态。③蚯蚓可以影响土壤有机物分解及形态。

2) 接种根际微生物强化修复

在陆地生态系统中，植物是第一生产者，土壤微生物是有机质的分解者。植物将光合产物以根系分泌物和植物残体形式释放到土壤，供给土壤微生物碳源和能源；而微生物则将有机养分转化成无机养分，以利于植物吸收利用。这种植物-微生物的相互作用维系或主宰了陆地生态系统的生态功能。

微生物是土壤的重要组成部分，参与土壤生态系统的物质循环与能量转换过程，对提高土壤肥力和维持土壤生态平衡具有重要意义。土壤微生物的种类繁多，数量庞大，且具有比表面积大、带电荷和代谢活动旺盛的特点，是土壤中的活性胶体。其中土壤根际微生物由与植物根部相关的自由微生物、共生根际细菌和菌根真菌等组成。一些根际微生物通过金属的氧化还原来改变土壤金属的生物有效性，或者通过分泌生物表面活性剂、有机酸、氨基酸和酶等来提高根际环境中重金属的生物有效性。在重金属污染的土壤中，往往富集多种具有重金属抗性的细菌和真菌，它们可通过多种方式影响重金属的毒性及重金属的迁移和释放。在微生物强化修复中，根际细菌和菌根真菌起着重要的作用。

3) 接种菌根强化植物吸收技术

菌根是土壤中的菌根真菌与寄主植物形成的互利共生体(Wu et al.，2003)。菌根真菌从植物体内获取植物通过光合作用产生的碳水化合物，同时真菌通过其发达菌丝内部的原生质环流(李晓林和冯固，2001)快速地吸收土壤水分和矿质元素供给宿主植物。菌根是宿主植物与菌根真菌长期进化的结果，它的存在有利于植物抵御外界的不良环境，促进植物生长，同时还有利于真菌自身的生长。利用菌根真菌作为"生物肥料"，可以促进植物对水分的吸收，提高抗旱性；可以减少化肥的用量，从而减轻硝态氮对地下水的污染程度；利用菌根真菌以增强植物的抗逆性和抗病性，促进生长；接种菌根真菌可以提高苗木移栽成活率，应用于苗木生产具有一定的经济效益。特别是由于菌根表面菌丝体向土壤中的延伸，极大地增加了植物根系吸收的表面积，这种作用增强了植物的吸收能力，当然也包括对根际圈内污染物质的吸收能力，在污染土壤修复中起着重要作用。因此通过培育或筛选出特定的菌根微生物，然后与特定的共生植物相匹配，使二者协调发挥作用，可以提高植物修复的效率。

根据菌根真菌是否形成菌鞘、是否进入宿主皮层细胞，早期菌根被分为三大类型：外生菌根(ectomycorrhiza)、内生菌根(endomycorrhiza)和内外兼生菌根(ectoendomycorrhiza)(李晓林和冯固，2001)。1989 年，Harley 根据参与共生的真菌和植物种类以及它们所形成共生体系的特点，将菌根分为七种类型，即丛枝菌根(arbuscular mycorrhiza，AM)、内外菌根、外生菌根、浆果鹃类菌根(arbutoid mycorrhizas)、水晶兰类菌根(monotropoid mycorrhizas)、兰科菌根(orchidaceous mycorrhiza)和欧石楠类菌根(ericoid mycorrhizas)。

丛枝菌根属内生菌根中最常见和最重要的类型。它是目前的一个研究热点，属于结合菌纲、毛霉目、内囊霉科，可以与85%以上的陆生植物建立共生体系，具有非常重要的生态和经济价值(杨晓红等，2001)。丛枝菌根的主要特征结构包括泡囊、丛枝、根内菌丝(胞间菌丝、胞内菌丝)、根外菌丝、根外孢子以及宿主根系。90%的有花植物的根系周围均能形成一种或多种丛枝菌根,只有蓼科、灯心草科、十字花科、石竹科、黍科、莎草科等十余科的全部或部分植物不能形成或很少形成丛枝菌根(李晓林和冯固,2001)。

菌根植物抗重金属毒害的可能机理从理论上讲,菌根真菌或者通过直接影响金属的生物有效性,或者通过间接调节植物的生理过程,如光合作用,来改变其寄主植物对金属的敏感性。菌根分泌物可能调节菌根根际环境,影响根际 pH 和氧化还原电位,从而影响重金属的生物有效性。菌根能分泌大量的黏液,其中含有有机酸、蛋白质、氨基酸和糖类等,可以加速养分元素的循环等机制,促进植物对土壤中养分和矿质元素的吸收,提高植物抗逆性,从而增加根系和地上部生物量。接种菌根真菌后,分泌物的糖类和氨基酸含量有所增加。当重金属过量时,菌根分泌的黏液能与重金属结合,从而减弱重金属的毒性,并阻止其向根部运输。目前,菌根真菌作为生物肥料和植物激素,可以为农业和环境提供自然调节的作用。

有关研究表明,根际细菌及菌根真菌在植物修复过程中能影响植物对重金属的富集及耐性,因此有必要对根际微生物做进一步研究,充分发挥它们在植物修复中的有利作用,提高植物的修复效率。

4. 农艺措施强化植物修复技术

植物修复的基础是超富集植物的应用,是将超富集植物栽植于污染土壤中通过其根系吸收土壤中污染物,并依靠其生长发育过程将吸收的污染物转运到植物地上部,在修复过程中要保证植物在污染土壤中能够生长发育,这离不开农艺措施的应用。因此,从根本上说,植物修复是一种植物栽培技术在污染土壤植物修复中的应用方法,常规农艺栽培技术措施都会影响植物修复效率。

1)施肥

施肥是传统农艺措施最重要的组成部分,其作用主要是改善土壤养分状况,促进植物对养分的吸收,提高植物产量和质量。将施肥用于核素和重金属污染土壤修复强化也具有相似作用,即通过施肥促进植物生长,提高植物生物量,或通过肥料与核素或重金属相互作用改变土壤核素或重金属形态,改变其在土壤中的活性,促进植物对其的吸收、累积,进而提高植物积累核素或重金属总量。

适量施用 N 肥可显著提高植物生物量,并不降低植物体内核素或重金属含量,提高植物积累核素或重金属总量。铵态氮肥作为生理酸性肥料能降低土壤 pH,提高土壤中核素或重金属活性,促进植物的吸收。应用较多的是硫酸铵。

与施用 N 肥不同,P 肥的施用主要基于 P 与核素或重金属的交互作用。现有研究表明,大量施用 P 肥能通过吸附、沉淀作用降低重金属毒性,可用于植物稳定修复,但也有报道表明,由于 P 与 As、Zn 的交互作用也可将施用 P 肥作为植物提取修复强化措施。

K 肥的增产作用低于 N、P,将其用于植物强化修复主要基于 K 离子及其伴随离子(如 SO_4^{2-}、NO_3^-、Cl^-)与土壤中核素或重金属的相互作用。有研究表明,大量施用 K 肥会显

著抑制植物对 ^{137}Cs 的吸收，这可能是因为 K 与 Cs 同属于碱金属，化学性质相似，使植物对其吸收、累积有竞争作用。

在植物栽培中施用一定配比的氮磷钾复合肥料也会影响植物对土壤中核素或重金属吸收、转运和富集。因此，采用有利于植物吸收土壤中污染物的氮磷钾肥配比也十分重要。此外，有机肥、有机废物的施用等也会影响植物修复效率。

2) CO_2 诱导植物超积累技术

光合作用是植物生命活动的关键过程，CO_2 在植物光合作用起着非常重要的作用，它可使某些植物在重金属胁迫等逆境环境中光合作用更强，生长更旺，从环境中摄取的营养物质更多，从而使植物具有更强的抵御不良环境的能力。增加大气中 CO_2 浓度不仅能增强植物对污染环境的抵抗能力，提高植物生物量和植物对水分、养分的利用效率从而强化植物的光合作用，而且还能强化植物对重金属的吸收甚至诱导植物超富集某些重金属，进而提高植物修复效率。目前公认 CO_2 浓度加倍可使植物产量增加 30%左右。Tang 试验发现，CO_2 浓度升高能不同程度地提高正常环境中植物的产量与生物量，也可显著提高生长在 Cu 污染环境中的印度芥菜和向日葵地上部的生物量，增加植物的叶面积和植株叶面积指数。假如重金属含量大致相当的植物，生物量和产量的增加无疑意味着重金属污染土壤植物修复的效率增加，修复时间缩短。CO_2 浓度升高可以提高植物对水分的利用率；CO_2 浓度升高使植物根系更发育，更利于提高土壤养分的生物可利用性；CO_2 浓度升高可影响到植物根际微生态系统及其分泌物；CO_2 浓度升高对植物生理生化机能的影响也非常明显。有关 CO_2 浓度升高有利于提高植物抗重金属胁迫能力的报道却不多。

3) 水分管理

植物生长发育离不开对水分的需求，超富集植物要求除能忍耐高浓度的重金属以外，还应可在微域环境较为干旱的地方生长，即具有较强的抗旱性。但过度缺水会减弱超富集植物修复重金属污染土壤的能力，因此在种植过程中需进行适当的水分管理，以提高土壤中重金属的生物有效性，促进植物生长发育，最终提高植物修复效率。

4) 翻耕

翻耕是使用犁等农具将土地铲起、松碎并翻转的一种土壤耕作方法。其作用是疏松耕层，利于纳雨贮水，促进养分转化和作物根系伸展；能将地表的作物残茬、肥料、杂草、病菌孢子、害虫卵块等埋入深土层，提高整地播种质量，抑制病、虫、杂草生长繁育。我国的实践证明，深耕结合增施有机肥料，增产效果更显著。世界各国耕地深度为 20～25cm。

以有利于超富集植物提取修复为目的的翻耕，要充分考虑翻耕深度，以及植物根系生长、污染物在土壤中的分布和土壤的理化性质等。一般而言，重金属污染物主要集中在表层土壤，通过翻耕可将表层以下的污染物质翻到土壤表层植物根系分布较密集的区域，有利于植物去除土壤深层的重金属。

5) 栽植密度的确定

植物栽植密度不仅是单位面积植物生物量的基础，而且是影响植物质量的重要条件。如栽植密度过大，植物的营养面积缩小，通风不良，光照不足，就会降低植物质量。在这种条件下培育的植物细弱，叶量少，顶芽不饱满，根系发育受到明显抑制，茎根比值大，干物质少，分化现象严重。相反，栽植密度过小，不但单位面积上的植物生物量低，而且由于植物稀少，植株间空隙扩大，土地利用率低，还易滋生杂草，增加管理用工。适宜的栽培密度有利于植株充分利用光照、土壤水分与营养物质，可提高单位面积植物地上部的生物量，促进植物对重金属的吸收，提高植物修复效率。

6) 间套作与轮作

两种或两种以上植物隔畦、隔行有规则栽种的种植制度，称为间套作。间作，两种作物共同生长的时间长；套作，主要是在一种作物生长的后期，种上另一种作物，其共同生长的时间短。间套作有利于充分利用土地和气候资源，提高复种指数，增加生物总产量，并可争取农时，利于多品种植物均衡供应。轮作则指在同一块田地上，有序地在季节间或年间轮换种植不同的植物或复种组合的一种种植方式。轮作是用地养地相结合的一种生物学措施。在生产中常将间作、套作、轮作配合使用。

为提高植物的修复效率，根据超富集植物生长的季节性差异，可利用冷暖季轮作修复植物，延长植物对污染土壤的修复时间，提高污染土壤的修复效率，在进行重金属污染土壤修复的同时还有一定经济产出，降低了土壤修复的经济成本。另外，在复合污染的土壤修复上，可应用间作或套作两种或两种以上超富集植物以缩短修复时间，提高修复效率。

7) 超富集植物苗木繁育

超富集植物苗源问题是植物修复工程应用所面临的首要问题，大批量繁育高质量超富集植物苗木是植物修复的基础，也是提高植物修复效率的保证。植物苗木根据繁育方法的不同分为实生苗、扦插苗、压条苗、嫁接苗、分根苗、组培苗等类型，其中实生苗是通过种子繁殖而成，苗木植株间有较大的遗传变异，但根系发达，主根明显，生长旺盛、寿命较长，用作繁殖材料时来源广泛、方法简便，且成本低廉。其余方式繁育的苗木为营养繁殖苗，能够保持植物的优良特性，而且繁殖速度较快，苗木群体整齐一致。

目前报道的核素或重金属超富集植物绝大多数为草本植物，主要以种子繁殖产生的实生苗作为植物修复的苗源，其发芽率、成活率、育苗速度都会影响植物修复的应用，因此应加强超富集植物苗木繁育技术研究，以提高植物修复效率。

8) 病虫草害控制

在污染土壤中生长的超富集植物不可避免地会受到病虫及杂草的危害，在作物栽培中往往通过大量施用农药、除草剂及其他人工合成物质来控制病虫草害。研究表明，广泛、大面积施用农药、除草剂及其他人工合成物质，会使土壤生态系统受损，土壤的病、虫、草及其相关动物天敌的动态都受到明显的影响，土壤的自然控害能力降低，增强病虫草害的抗药性，其结果不但会产生新的环境污染，还会影响超富集植物的生长及其富集能力。因此，植物修复中涉及的病虫草害综合防治应从修复土壤生态环境的整体出发，以保护修复土壤生态系统中昆虫群落的平衡为目标，以控制病虫草害为重点，允许有害生物的数量少量存在，有利于促进生态系统的相对平衡。标本兼治，以治本为主，按照安全、合理、有效、经济的原则，因地制宜和因时制宜地使农业防治、化学防治和生物防治以及其他防治措施有机地协调起来。其中，以农业防治为基础，尽可能应用生物防治、物理防治手段，辅以化学防治方法进行综合防治，把修复土壤环境中有害生物控制到经济损失以下水平，确保超富集植物的生长及其富集能力的提高。在研究探索超富集植物常规病虫草害防控技术的同时，还要研究建立多个物种共存的农作模式、利用物种多样性控制有害生物，确保在污染土壤修复中不产生新的污染。

在植物修复过程中，常常会出现本土杂草与超富集植物竞争生存空间，争夺水分和养分，影响修复植物的正常生长，需要采取适当方式控制杂草的生长。

9) 植物刈割和收获技术

植物提取修复的原理是利用超富集植物根系从土壤中吸收核素或重金属，并将其转运到地上部分，通过收获地上部而带走土壤中污染物，降低土壤中污染物数量。因此，超富集植物的收获技术也是影响植物富集效率的重要因素。以地上部富集为主的植物对地上部的收获，以及对萝卜等根茎类植物的整株收获，均要研究彻底、方便、快捷、高效的收获技术，以保证植物富集效果。对于多年生、再生能力强的超富集植物，可以借鉴在牧草种植中广泛应用的刈割措施来提高其生物量，例如砷超富集植物蜈蚣草是一种蕨类植物，具有多年生、抗逆性和再生能力强的特点，可以通过刈割等方式节约育苗时间和育苗成本，增加生物量产出，提高修复效率(李文学等，2005)。

10) 收获后植物残体的减量化、无害化处理技术

用于植物提取修复的植物收获后要进行采后处置，目前常规方法主要有直接处置法、压缩填埋法、堆肥法及焚烧法、高温分解法、灰化法、萃取法等。在进行采后处置前，将植物进行干燥、粉碎、微生物制剂处理，使植物残体减量化、无害化，方便运输后处置。

第 8 章　微生物对 Sr、Co、Cr 的去除效应

近年来，随着生物技术的发展，利用微生物处理环境中的重金属正日益引起人们的关注。自然界中微生物种类多、数量大、分布广。微生物个体小、比表面积大、繁殖快，对环境变化的适应能力很强，是一种十分宝贵、开发潜力极大的自然资源。微生物细胞壁由聚糖构成，细菌为肽聚糖，酵母等为甘露聚糖和葡聚糖，上面结合许多表面蛋白质等大分子物质，这些生物大分子与细胞膜结合蛋白富含多种活性基团，如羧基、氨基、羟基等，可与多种金属离子发生共价结合、络合等反应。同时，微生物的代谢过程也会对变价金属的氧化还原产生影响。关于利用微生物来减轻或消除重金属污染的研究，国内外已有许多报道。微生物虽不能降解和破坏金属，但可通过改变它们的化学或物理特性来影响金属在环境中的迁移与转化。微生物除了具有较强的吸附富集能力外，还有巨大的减容比。我们的生物吸附模拟废液研究表明，微生物吸附加灰化富集可以达到几千倍的减容比。因此，利用微生物处理重金属污染已经是世界总体发展的一个潮流，特别是在生物技术、基因工程技术极大发展的今天，结合物理化学技术和工程技术手段，实现环境问题处理的低成本、无二次污染、可长期应用，已经成为全世界科学家关注的焦点之一（Liu et al.，2010，2014，2016；刘明学等，2013；李琼芳等，2008；张伟等，2005）。

8.1　微生物对 Sr 的生物吸附与减量化研究

Sr 同位素如 ^{90}Sr 和 ^{89}Sr 位于环境中最危险的放射性污染物之列（Mosquera et al.，2006），常见于核反应堆或核事故废物，如 2011 年 3 月 11 日的日本福岛核电站事故（Wu et al.，2014；Shozugawa et al.，2012）。一些传统的方法已被用于 Sr^{2+} 的去除，如吸附（Ghaemi et al.，2011；Tu et al.，2015）、离子交换（Ma et al.，2011；Guan et al.，2011）、沉淀（Warrant et al.，2013）或共沉淀（Pacary et al.，2010）和微滤（Wu et al.，2014）。一些文献也报道了对 Sr^{2+} 的生物吸附研究，而研究最多的生物吸附剂是酵母。对 Sr^{2+} 的吸附研究表明，酿酒酵母活细胞筛选菌株对 Sr^{2+} 的吸附量大于实验室菌株，但吸附量大于变性酵母细胞（Avery et al.，1992；张伟等，2009）。面包酵母经 γ 射线辐射后对 Sr^{2+} 的最大吸附容量值在 30℃时有 $q_{max} > 33$mg/g（Dai et al.，2014）。啤酒厂的废弃生物质在吸附平衡态时对不同离子的吸附量顺序为 $Pb^{2+} > Ag^+ > Sr^{2+} > Cs^+$（Chen et al.，2008）。用亚油酸对酵母细胞膜的改性可以提高酵母对 Sr^{2+} 的富集，主要由于改性减少了 Sr^{2+} 的外流（Avery et al.，1999）。便于回收的磁修饰酵母细胞也可以有效吸附 Sr^{2+}（Ji et al.，2010；Cheng et al.，2012）。相比于酵母，其他微生物吸附剂关注较少。硫酸盐还原菌对 Sr^{2+} 的最大吸附量为 416.7mg/gDW，高

于对 Cs⁺和 Co²⁺的吸附(Ngwenya and Chirwa，2010)。颤藻(*Oscillatoria homogenea*)可以从水溶液中将稳定的 Sr 和 ⁹⁰Sr 分离，并能显著积累自然水环境中的 ⁹⁰Sr(Dabbagh et al.，2007)。根霉 *R. arrhizus* 和 *P. ehrysogenum* 对 Sr²⁺的去除率分别为44%和39%(de Rome et al.，1991)。苔藓(*Rhytidiadelphus squarrosus*)对 Sr²⁺的最大吸附量为149μmol/g。EDX 分析结果表明，Sr²⁺与 Ca²⁺在吸附过程中存在离子交换(Marešová et al.，2011)。地衣(*Hypogymnia physodes*)可在 1h 内 100%地去除 0.1mol/L Sr²⁺；当 pH＜2 时却没有吸附，而当 pH=5 时，生物吸附率可达到 100%(Pipíška et al.，2005)。2mol/L MgCl₂、8mmol/L H₂O₂和 NaOH 处理的藻类对 Sr²⁺具有较高的吸附容量，约为 220mg/g(Ghorbanzadeh Mashkani and Tajer Mohammad Ghazvini，2009)。斜生栅藻对 Sr²⁺的吸附率约为76%，其中90%的 Sr²⁺被吸附在细胞壁上，而只有约10%的 Sr²⁺可被富集在细胞质中(Liu et al.，2014)。

8.1.1 微生物对 Sr 的吸附富集及动力学

1. 酵母菌对 Sr²⁺的生物去除效率

图 8-1(a)中的数据表明初始 Sr²⁺浓度强烈影响着生物去除效率(R)。当初始 Sr²⁺浓度低于200mg/L 时,酵母菌生物去除效率随培养时间的延长而增加。当初始 Sr²⁺浓度超过800mg/L时,最大的生物去除效率可达85%,且随着培养时间的延长生物去除效率增加缓慢。然而,高初始浓度导致 Sr²⁺与培养基成分反应,从而造成表观生物去除效率增大,达到约90%。此时,生物去除效率变化不大主要是因为培养基吸附后的残余 Sr²⁺浓度已很低,其最大的生物去除效率达到约96%。

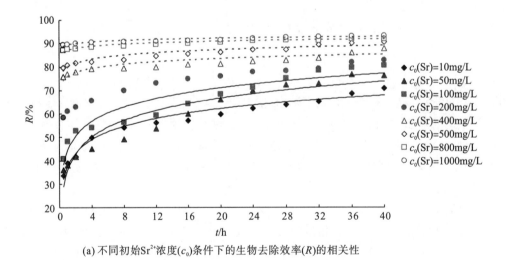

(a) 不同初始Sr²⁺浓度(c_0)条件下的生物去除效率(R)的相关性

图 8-1 酵母菌在培养条件下对 Sr²⁺的生物去除效率

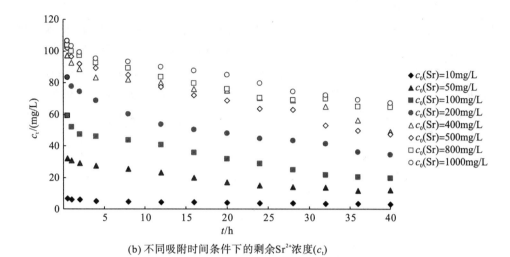

(b) 不同吸附时间条件下的剩余Sr²⁺浓度(c_t)

图 8-1(续)　酵母菌在培养条件下对 Sr²⁺的生物去除效率

以上结果表明，培养条件下低浓度 Sr²⁺的生物吸附与高浓度 Sr²⁺的生物吸附不同。低浓度 Sr²⁺生物吸附符合一般金属离子的吸附过程，其去除效率随着吸附时间延长而增加（张伟等，2009；Liu et al.，2014）。相反，去除效率在吸附的初始阶段就达很高的高浓度 Sr²⁺生物吸附是由于 Sr²⁺与培养基成分（如 SO_4^{2-}）反应引起。硫酸锶（$SrSO_4$）在水中的溶解度很低，Sr²⁺容易与培养基中的 SO_4^{2-}形成硫酸锶沉淀（Monnin and Galinier，1988；Monnin et al.，1999）。不同时间溶液中剩余 Sr²⁺浓度（c_t）[图 8-1(b)]表明：当 $c_0 = 10$mg/L 时，其 c_t 从 6.634mg/L 降至 2.824mg/L；而当 $c_0 = 500$mg/L 时，其 c_t 从 106.488mg/L 降至 56.157mg/L。因此，与单纯吸附相比，培养条件下的生物吸附能将高浓度 Sr²⁺降低至一个较低的水平，即培养条件下微生物的生物吸附过程是可行的。

2. 酵母对 Sr²⁺的吸附与富集

图 8-2 显示，酵母细胞壁对 Sr²⁺的吸附量（q_{pas}）随初始 Sr²⁺浓度（c_0）的增加而增加。q_{pas}在较低的初始 Sr²⁺浓度下非常小，当 $c_0 = 1000$mg/L 时，最大 q_{pas}可达到 600μg/g。在相同的初始 Sr²⁺浓度条件下，q_{pas}随培养时间延长而降低。在本研究中，对低浓度 Sr²⁺的最佳吸附时间为 10h。

图 8-2 表明，Sr²⁺在酵母细胞质内的富集量（q_{act}）呈浓度依赖性，但非线性关系。在低初始 Sr²⁺浓度条件下，酵母细胞能富集相对更多的 Sr²⁺在细胞质内。在培养过程中，吸附在酵母细胞壁的 Sr²⁺被转运到细胞质中，并达到最大 q_{act}。高 q_{act}对酵母细胞生长产生胁迫，然后 q_{act}由于细胞耐 Sr 胁迫后被转出而下降。

吸附和富集 Sr²⁺总量 q_{max}在初始阶段达到 597.7μg/g，之后随着培养时间延长而减少。这种变化趋势同一些藻类对 Sr²⁺的吸附和富集规律相似（Liu et al.，2014；Chojnacka，2007），但吸附量较小。例如，栅藻 q_{pas} 和 q_{act} 分别为 2.5mg/g、0.6mg/g（Liu et al.，2014），其量也小于生物吸附剂对 Sr²⁺的吸附量。啤酒厂的废弃生物质和面包酵母对 Sr²⁺的最大吸附量分别为 8.2mg/g、33mg/g（Dai et al.，2014；Chen et al.，2008），而硫酸盐还原菌为 416.7mg/g（Ngwenya and Chirwa，2010）。苔藓和藻类也具有一定的吸附能力，从 13.4mg/g 到 220mg/g（Marešová et al.，2011）。这些都说明培养条件下的生物吸附与静态条件下不同。其原因可能是微生物细胞在培养条件下会持续生长，细胞的质量（m）随着培养时间（t）延长而增加。这样就导致了高的生物去除效率（R），但吸附量（q_{pas}）较低（Liu et al.，2014；Chojnacka，2007）。

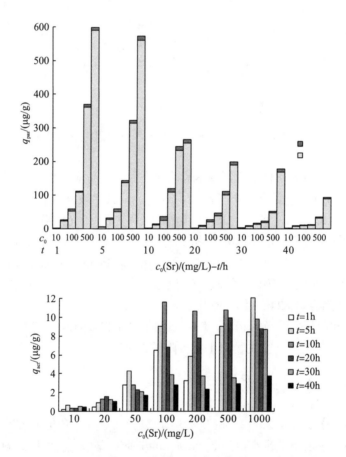

图 8-2　吸附量（q_{pas}）（上图）和生物富集量（q_{act}）（下图）

图 8-2 还表明，q_{pas} 在较高的初始 Sr^{2+} 浓度条件下占总吸附量的 90%，并随培养时间延长而减少。出现这种现象可能是由于 Sr^{2+} 被转运至细胞质并获得较高的 q_{act}。有趣的是，当 c_0(Sr)<100mg/L 时，q_{act} 在 10～30h 内增加了 30%以上。这表明，酵母细胞在低初始 Sr^{2+} 浓度条件下表现出较高的细胞内运输效率（Liu et al.，2014）。这种高效率的原因可能是低浓度的 Sr^{2+} 不能通过吸附形成有效的胁迫；然而，高浓度的 Sr^{2+}（>500mg/L）细胞毒性太强，酵母细胞生长和转运被抑制（Liu et al.，2014）。

细胞壁上吸附的 Sr^{2+} 量（q_{pas}）在第一吸附阶段（<5h）与初始 Sr^{2+} 浓度（c_0）成正比，几乎达到最大值。之后，随着时间的延长，q_{pas} 逐渐下降，10h 达到等温吸附平衡，酵母细胞在这个阶段几乎没有迅速成长。根据等温吸附方程（Rudzinski and Plazinski，2008；Wang et al.，2014；)，q_{pas} 应随 c_0 的增加而增大到一定程度，从而达到饱和。因此，在第一个 5h 的结果表明，Sr^{2+} 可能会被培养基中的一些阴离子沉淀，这些沉淀被证明是硫酸盐。因此，随着酵母细胞的不断增长，在接下来的时间会重新建立吸附平衡等温线。

不同于 q_{pas} 的变化，当 $t \leqslant 10h$ 时，Sr^{2+} 在细胞质中富集量(q_{act})随时间延长而增加，之后随时间延长而降低。在相同时间条件下，当 $c_0 \leqslant 200mg/L$ 时，q_{act} 随 c_0 的增加而直线增加；当 $c_0 \geqslant 200mg/L$ 时，q_{act} 随 c_0 增加而增加，但变化呈现 S 形曲线。据 Chojnacka 和 Wojciechowski(2007)的富集模型和 Liu 等(2014)的富集模型，q_{pas} 可以促进生物富集(q_{act})，但大量的 Sr^{2+} 在细胞质中积累(q_{act})会反过来抑制进一步富集(q_{act})。因此，q_{act} 曲线与 Liu 等的结果类似(Liu et al.，2014；Chojnacka and Wojciechowski，2007)。

3. 模拟废液对多棘栅藻生长的影响

通过显微镜下观察发现，从污水中分离的多棘栅藻(*Scenedesmus spinosus*)在模拟废液中生长状态良好。图 8-3 结果显示，模拟废液在含低浓度 Sr^{2+} 时对多棘栅藻的生长起刺激作用。在 144h 的培养时间里，每 10mL 培养体系里其干物质量增加了 2 倍。其他藻类也有类似结果出现，如叉鞭金藻(*Dicratetia inornata*)、亚心形扁藻(*Platymonas subcordiformis*)，这些藻类对 Sr^{2+} 的耐受浓度可达 1.44mmol/L(李梅等，2004；Li et al.，2006)。叉鞭金藻的生长只有在 Sr^{2+} 浓度达到 5.76mmol/L(约 500mg/L)时才被严重抑制(李梅等，2004)。多棘栅藻在模拟废液中生长良好，可能是由于模拟废液中的铁、钠及其他离子浓度较高。刘静等(2008)发现 3000nmol/L 的 Fe^{3+} 能促进四尾栅藻的生长。

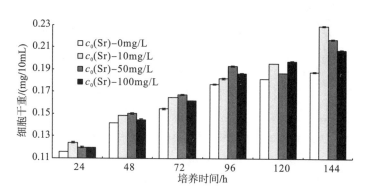

图 8-3　模拟废液对多棘栅藻生长的影响(每 10mL 溶液中含有的多棘栅藻干重)

4. 培养条件下多棘栅藻对模拟废液中 Sr^{2+} 的吸附率

为了研究多棘栅藻对模拟废液中 Sr^{2+} 的吸附富集效率，我们首先开展了对单一 Sr^{2+} 溶液(简单溶液)中 Sr^{2+} 的吸附效率研究。图 8-4(a)结果表明，多棘栅藻对简单溶液中 Sr^{2+} 的吸附效率随培养时间的延长而变化。当溶液中 Sr^{2+} 浓度为 10mg/L 时，吸附率随培养时间延长而增加，最大吸附率为 60%。多棘栅藻对起始浓度为 50mg/L 和 100mg/L 的 Sr^{2+} 的吸附率变化基本类似，其变化规律呈现周期性。在第一周期中，时间为 0～48h，最大吸附率分别为 25%和 20%；第二周期为 72～144h，其最大吸附率分别为 45%和 35%。结果表明，多棘栅藻对简单溶液中 Sr^{2+} 的吸附效率较低。

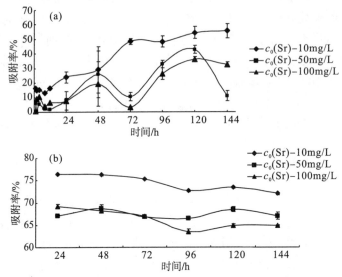

图 8-4　(a)培养条件下多棘栅藻对简单溶液中 Sr^{2+} 的吸附率；
(b)培养条件下多棘栅藻对模拟废液中 Sr^{2+} 的吸附率

从前面的结果可以看出，多棘栅藻对 Sr^{2+} 在前 24h 吸附率很低，因此在对模拟废液中 Sr^{2+} 吸附时，时间设置为 24～144h。

多棘栅藻在培养条件下对模拟废液中 Sr^{2+} 的吸附结果见图 8-4(b)。从结果可以看出，与对简单溶液中 Sr^{2+} 的吸附完全不同，多棘栅藻对模拟废液中 Sr^{2+} 的吸附是一个快速过程。在 24h 时，吸附率达到最大，然后随培养时间的延长呈周期振荡变化，但总体趋势为吸附率降低。与简单溶液中的吸附行为比较，多棘栅藻对模拟废液中的 Sr^{2+} 具有更高的吸附率，其最大值为 76%。其吸附率呈周期变化，这可能与多棘栅藻的生长起伏有关。在起始浓度为 10mg/L 时，在简单溶液中的吸附率随培养时间延长而增加，在模拟废液中却是降低的；在起始浓度为 50mg/L 和 100mg/L 时，吸附率呈周期性变化，周期长度约为 72h。相似的结果在蛋白核小球藻(*Chlorella pyrenoidosa*)吸附 Cd^{2+} 的过程中也被发现(Gipps and Coller，1980)。

5. 共存离子对多棘栅藻吸附模拟废液中 Sr^{2+} 的影响

影响吸附的因素包括 pH、共存离子、时间、温度、前处理和生物吸附材料的量等。而共存离子是影响废水中吸附 Sr^{2+} 的主要因素(代淑娟等，2008)。为了降低工作强度，将共存离子作为一个整体，通过变化 Sr^{2+} 浓度来考察共存离子对 Sr^{2+} 吸附和富集的影响。

结果表明，模拟废液中不同的共存离子对 Sr^{2+} 吸附有不同的影响。多棘栅藻细胞对 Sr^{2+}、Fe^{3+} 和 Cr^{3+} 吸附率高；对 K^+ 吸附率呈负；对 Ni^{2+}、Cs^+ 吸附率低[图 8-5(a)]。在最初的 72h 内，Sr^{2+} 使其他离子的吸附率降低，并且吸附率随 Sr^{2+} 起始浓度变化而改变。在接下来的 72h 内，Sr^{2+}增加了其他共存离子的吸附率。其他离子的吸附率也与 Sr^{2+}一样呈现周期性变化。在 144h 的吸附过程中，从吸附的总离子强度来看，Sr^{2+}加入与否变化不大。吸附离子的总量增加主要归功于对 Fe^{3+}的高吸附量。从吸附量的堆积图[图 8-5(b)和(c)]来看，离子吸附量最大的为 Fe^{3+}，其次为 Ni^{2+}和 Cr^{3+}，最小的为 Cs^+。Sr^{2+}在总模拟废液中离子强度最小(低于 100mg/L)，但表现出最大的吸附率和较高的吸附量，说明多棘栅藻对 Sr^{2+}具有较强的选择吸附能力。而其他离子的吸附主要依据离子强度。K^+的负吸附率表明多棘栅藻对阳离子的吸附存在与细胞 K^+的离子交换过程。对 Cs^+的低吸附率可能是由于多棘栅藻细胞对一价阳离子的低吸附率。结果表明，吸附离子的总量随起始 Sr^{2+}浓度的增加而增加，但吸附量在不同培养时期几乎一致。这表明多棘栅藻的吸附能力依赖于溶液中离子的浓度。

通过灰色关联度分析，结果表明共存阳离子对 Sr^{2+}吸附影响的离子顺序为：$Fe^{3+}>Cr^{3+}>Ni^{2+}>K^+>Cs^+$。

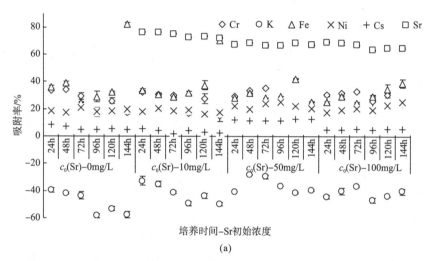

(a)

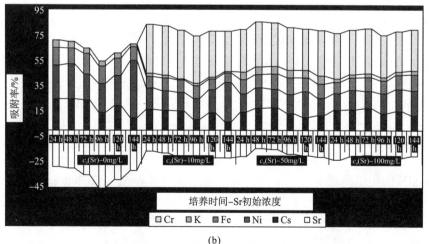

(b)

图 8-5 (a)共存离子吸附率图；

(b)共存离子吸附率的堆积图；(c)吸附量的堆积图

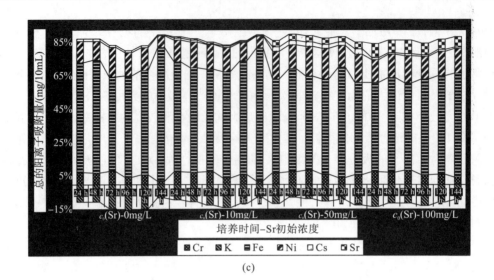

(c)

图 8-5(续)　(a)共存离子吸附率图；
(b)共存离子吸附率的堆积图；(c)吸附量的堆积图

藻生物吸附金属离子的研究主要关注单一的重金属离子，如 Cd^{2+}、Ni^{2+}、Cr^{3+}、Cu^{2+} 等(Gipps and coller，1980；姜彬慧和林碧琴，2000；Davis et al.，2003)。这些研究的结果与本研究的结果基本一致，即藻对金属离子的吸附量随起始离子浓度的增加而增加。小球藻对 Cd^{2+} 的吸附能力高于 Zn^{2+} 和 Cd^{2+} (吴海锁等，2004)。增加 Cu^{2+} 的浓度可增加黑根霉(*Rhizopus nigricans*)对 Cr^{4+} 的吸附(屠娟等，1995)。然而，对模拟废液中金属离子的吸附却很少见报道。我们对模拟废液中共存离子的吸附行为进行了分析，结果表明与其他共存离子的吸附相比，多棘栅藻对 Sr^{2+} 具有巨大的吸附率。其原因可能是与单一 Sr^{2+} 溶液相比，模拟废液中的 Fe^{3+} 可促进多棘栅藻的生长(刘静等，2008)，从而增加了对 Sr^{2+} 的吸附。有毒金属离子 Ni^{2+}、Cr^{2+} 和 Cs^+ 表现出对多棘栅藻生长及其形态的低抑制效果，而多棘栅藻对这些有毒金属离子的去除效率也较低(姜彬慧和林碧琴，2000)。这表明有毒金属离子单独存在于同一系统中时并未表现出更强的毒性，这也能解释为什么许多藻能在污染的自然水体中生长，同时也证明了锕系有毒元素首先是化学毒性而不是放射毒性，辐射耐受性生物不一定能耐受放射性核素的化学毒性(Ruggiero et al.，2005)。由于中低放废液的放射性较低，藻可耐受其化学毒性并在其中生长良好。因此，藻可用于处理放射性废液。

6. 多棘栅藻细胞对 Sr^{2+} 的吸附和富集

藻细胞壁的负电荷位点可结合金属离子(Macfie and Welbourn，2000；Fan et al.，2011)。然而，藻还可以在培养条件下通过过代谢在其细胞内富集金属离子。从图 8-6(a)可以看出，多棘栅藻在模拟废液培养条件下其细胞壁对 Sr^{2+} 的吸附是一个快速过程，q_{pas} 在 24h 达到最大值，表明 Sr^{2+} 在模拟废液中接触到细胞壁后首先以一种物理吸附的方式吸附到细胞壁上。随着培养的进行，q_{pas} 逐渐降低。在不同阶段，q_{pas} 随模拟废液中 Sr^{2+} 浓度的增加而增大。从图中可以发现，整个吸附过程可以分两个阶段：在最初的 72h，q_{pas} 相对较高；而在接下来的 72h，q_{pas} 相对较低。这可能有三个方面的原因：①一部分 Sr^{2+} 向细胞内转运；②细胞生物量的增加，例如从 24h 到 144h，细胞生物量从 0.09g/10mL 增加到 0.24g/10mL；③细胞产生了抗性，造成细胞壁上部分解吸附。

图 8-6(b) 表明多棘栅藻细胞质对模拟废液中 Sr^{2+} 的积累在最初的 24h 内很小，在接下来的 48h 内逐渐增加。在后 72h 中，q_{act} 有明显的降低。总之，q_{act} 随 Sr^{2+} 初始浓度的增加而增加，随时间延长，该比例关系消失。例如，在 144h 时，各浓度下的 q_{act} 几乎达到一致。这表明胞内富集金属离子并不完全依赖金属离子的初始浓度，而胞内富集量 q_{act} 主要依赖细胞的代谢和细胞对金属离子的耐受性。在最初的 72h，主要作用是通过代谢的胞内富集，q_{act} 增加迅速；随后 q_{act} 降低，可能是因为前面描述的原因。这些结果表明，多棘栅藻在培养条件下对金属离子的吸附富集是依赖时间的过程，其最佳吸附富集时间随生物吸附剂的种类和离子类型的不同而变化，这与传统的化学吸附不同。类似的结果在小球藻（*C. pyrennoidosa*）对 Cd^{2+} 的吸附中也被发现。小球藻对 Cd^{2+} 的吸附存在两个过程：快相（8min）和慢相（24h）。快相主要为细胞壁上的离子交换过程，而慢相主要是通过细胞膜的转运过程（Gipps and Coller，1980）。

细胞内积累量逐渐增加可能与细胞壁上吸附的 Sr^{2+} 形成的渗透胁迫有关；而在后 72h，q_{act} 降低，可能是因为细胞随胞内 Sr^{2+} 的积累产生了毒性，使细胞产生了抗性，Sr^{2+} 通过代谢依赖或非依赖方式向胞外转运。这在后面的积累模型中也得到了印证。

不同 Sr^{2+} 初始浓度几乎得到相同水平的 q_{act}，表明多棘栅藻细胞具有饱和富集量（q_{act}），而不依赖细胞壁吸附的 Sr^{2+} 量 q_{pas}。q_{act} 的降低主要是由于细胞适应后打开了离子通道，使 Sr^{2+} 转运出胞外。结果还表明，吸附在多棘栅藻细胞壁上的 Sr^{2+} 占总生物吸附量的 90%，而在生物吸附的后期降至 70%。Latha 等（2005）的研究表明，链孢霉（*Neurospora crassa*）表面富集了约 90% 的 Co^{2+}。产朊假丝酵母（*Candida utilis*）细胞壁富集约 50% 的 Cu^{2+}，表明其细胞壁是重金属离子富集的主要部位（李峰等，1999）。富集在绿脓杆菌（*Pseudomonas aeruginosa*）细胞壁上的 La^{3+}、Eu^{3+}、Yb^{3+} 镧系离子占总吸附量的 90%（Texier et al.，2000）。然而有趣的是，多棘栅藻细胞内富集的 Sr^{2+} 量在低浓度下比在高浓度下大，其原因可能是低浓度 Sr^{2+} 对多棘栅藻细胞的毒性小，使多棘栅藻细胞对 Sr^{2+} 具有更大的富集能力。

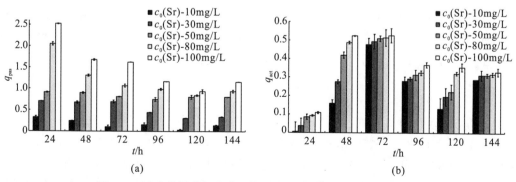

图 8-6　(a)多棘栅藻细胞壁对模拟废液中 Sr^{2+} 吸附量图（q_{pas}-t）；

(b)多棘栅藻细胞质对模拟废液中 Sr^{2+} 富集量图（q_{act}-t）

7. 吸附等温平衡模型

吸附等温平衡模型的特定常数可表征生物吸附剂的吸附能力,同时也代表了吸附剂的表面特征和亲和力(Gupta and Rastogi, 2008),常见的吸附等温模型有 Langmuir、Freundlich 等。一般研究中用吸附量 q_e 进行数据拟合;我们除了常见数据拟合外,还采用细胞壁吸附量 q_{pas} 用于方程拟合。

Langmuir 方程和线性形式如下所示(Langmuir,1918):

$$q_e = \frac{q_m K_L c_e}{1 + K_L c_e} \tag{8-1}$$

$$\frac{1}{q_e} = \frac{1}{q_m} + \frac{1}{K_L q_m c_e} \tag{8-2}$$

其中,q_e 为吸附量(mg/g);c_e 为平衡时金属离子的浓度(mg/L);q_m 为 Langmuir 常数,相当于单层吸附的最大吸附量(mg/g);K_L 为常数,相当于吸附自由能或吸附焓。

Freundlich 方程和线性形式如下所示(Freundlich,1906):

$$q_e = K_F c_e^{1/n} \tag{8-3}$$

$$\ln q_e = \ln K_F + (1/n)\ln c_e \tag{8-4}$$

其中,K_F(L/g) 和 n 表示金属离子与吸附剂间的亲和力,可用 q_e 对 $\ln c_e$ 线性回归求得 K_F 和 $1/n$。

三参数 Koble-Corrigan 方程如下所示(Koble and Corrigan,1952):

$$q_e = \frac{A c_e^n}{1 + B c_e^n} \tag{8-5}$$

其中,A(L/g)、B 和 n 为 Koble-Corrigan 参数。

除了 r^2,卡方检验(chi-square test)也可用来评价所选模型的可靠性。计算公式如下(Yuvaraja et al.,2014):

$$\chi^2 = \sum \frac{(q_e - q_{e,m})^2}{q_{e,m}} \tag{8-6}$$

其中,$q_{e,m}$(mg/g)为根据模型参数的计算值。

Langmuir 最适合估算单分子层的最大吸附能力。结果(表 8-1)表明,多棘栅藻在不同培养时间段几乎具有相同的单分子层吸附能力 q_m。无量纲的平衡参数 R_L 经常用来评价吸附剂和吸附离子之间的亲和力(Desta,2013),其表达式为

$$R_L = \frac{1}{1 + K_L c_0} \tag{8-7}$$

其中,K_L 为 Langmuir 常数,c_0 为初始离子浓度。R_L 值代表了不同的 langmuir 等温吸附类型:不可逆(R_L=0)、线性(R_L=1)、不利于(R_L>1)、有利于(0<R_L<1)。本研究中,R_L 值从 c_0(100mg/L)24h 的 0.28952 到 c_0(10mg/L)48h 的 0.85049。这表明多棘栅藻表面有利于对 Sr^{2+} 的吸附(Desta,2013)。表 8-1 中的 r^2 和 χ^2 结果表明,线性和非线性回归都能较好地拟合实验数据。

Freundlich 吸附模型基于非均匀表面。在本研究中，K_F 值随培养时间延长而降低。金属离子浓度和吸附之间的非线性程度可用 n 值大小来判断：线性($n=1$)、难于吸附($n<1$)、易于吸附($n>1$)(Desta，2013)。表 8-1 中的 n 值为 1.16918～1.39179，其值 $n>1$ 表明吸附易于结合，同时表明多棘栅藻表面的非均匀吸附特性(Desta，2013)。表 8-1 中的 r^2 结果表明，线性和非线性都能较好地拟合实验数据，但 χ^2 结果表明非线性回归比线性回归能更好地拟合 Freundlich 模型的参数。

与两参数模型相比，r^2 和 χ^2 值表明三参数 Koble-Corrigan 模型能更好地对参数进行拟合。这表明多棘栅藻对 Sr^{2+} 的吸附是一个复杂的过程，为 Langmuir 和 Freundlich 结合的等温吸附过程(Nagy et al.，2014)。

细胞壁是吸附金属离子的主要位点，但细胞可在培养条件下通过代谢把一部分金属离子转运到细胞内部。因此，等温吸附模型拟合时应采用更加精确的细胞壁吸附量数据，而不是采用大多数研究采用的总吸附量数据(Chojnacka，2007)。例如，Ergene 等(2009)在解释固定化活的和死的四尾栅藻对染料的吸附等温平衡模型时就采用的总吸附量数据 q_e。本研究采用细胞壁吸附量 q_{pas} 数据用于拟合模型参数，拟合效果良好。这也表明，多棘栅藻细胞对 Sr^{2+} 的吸附遵循等温吸附规律，同时也说明非线性拟合更适合对参数的估算。

表 8-1　等温平衡模型参数

模型	时间/h	线性回归 参数		r^2	χ^2	非线性回归 参数			r^2	χ^2
		q_m	K_L			q_m	K_L			
Langmuir	24	2.35627	0.06618	0.9531	0.8864	7.65490	0.01374		0.9262	0.1902
	48	2.34082	0.04904	0.9966	0.0594	4.52553	0.01758		0.9780	0.0498
	96	2.62950	0.02242	0.9998	0.0019	2.44126	0.02518		0.9985	0.0018
	144	2.50188	0.02127	0.9868	0.0597	2.89086	0.01908		0.9668	0.0413
		n	K_F			n	K_F			
Freundlich	24	1.29702	0.43837	0.9311	7.6716	0.85574	0.04543		0.9548	0.4544
	48	1.39179	0.41849	0.9924	6.8841	1.35220	0.12624		0.9885	0.0160
	96	1.25565	0.31886	0.9922	9.4048	1.43487	0.09741		0.9910	0.0156
	144	1.16918	0.29145	0.9748	10.8071	1.32003	0.07969		0.9581	0.0556
						A	B	n		
Koble-Corrigan	24					0.03265	−0.89004	0.02991	0.9721	0.0744
	48					0.16437	−0.10717	0.45695	0.9928	0.0171
	96					0.05230	0.02496	1.08766	0.9988	0.0015
	144					0.02130	0.01346	1.47458	0.9719	0.0568

8. 吸附动力学模型

准二级动力学模型用于计算多棘栅藻对 Sr^{2+} 吸附的动力学过程，其公式如下(Ho and

McKay, 1998, 2000; Agarry et al., 2013):

$$\frac{\mathrm{d}q_\mathrm{t}}{\mathrm{d}t} = k_{2,\mathrm{ad}}(q_\mathrm{e} - q_\mathrm{t})^2 \tag{8-8}$$

假定初始条件 $t = 0$ 时 $q_\mathrm{t} = 0$，经过积分和取倒数，得到线性公式如下：

$$\frac{t}{q_\mathrm{t}} = \frac{1}{k_{2,\mathrm{ad}}q_\mathrm{e}^2} + \frac{1}{q_\mathrm{e}}t \tag{8-9}$$

其中，$\mathrm{d}q_\mathrm{t}/\mathrm{d}t$ 为初始吸附速率[mg/(g·min)]，其定义为 $t \to 0$ 时 $h = k_{2,\mathrm{ad}}q_\mathrm{e}^2$，$k_{2,\mathrm{ad}}$ 为准二级动力学吸附速率常数[mg/(g·min)]。q_e 为 t/q_t-t 曲线的斜率，h 为截距(Ho and McKay, 1998)。

本研究中，Lagergren 准一级和 Ritchie 准二级动力学模型用于估算吸附动力学过程(Ho, 2004, 2006)。结果表明，Lagergren 准一级动力学模型不适合本研究实验数据的拟合，因此在表 8.2 中未列出其数据。在 Ritchie 准二级动力学模型计算中，基于去除效率的 q_e、基于细胞壁吸附量 q_pas 和基于吸附和富集量 $q_\mathrm{pas}+q_\mathrm{act}$ 数据用于模型的拟合，计算结果列于表 8-2。r^2 值表明，基于去除效率的 q_e 比基于细胞壁吸附量 q_pas 和基于吸附和富集量 $q_\mathrm{pas+act}$ 数据更适合对动力学参数进行计算。这说明 Ritchie 准二级动力学模型更适合描述吸附体系中总离子浓度的变化。结果也表明表面吸附是生物吸附的限速步骤(Ergene et al., 2009)。

表 8-2　吸附动力学参数

数据计算依据	动力学模型参数				
	$c_0(\mathrm{Sr})$	q_e	k_2	h	r^2
基于去除效率 R	10mg/L	0.29345	−0.17085	−0.01471	0.9740
	50mg/L	1.45264	−0.04289	−0.09050	0.9831
	100mg/L	2.80110	−0.02057	−0.16139	0.9932
	$c_0(\mathrm{Sr})$	q_e	k_2	h	r^2
基于 $q_\mathrm{pas}+q_\mathrm{act}$	10mg/L	0.25839	−0.26045	−0.01739	0.4950
	50mg/L	1.04998	−0.18523	−0.20420	0.9759
	100mg/L	1.23870	−0.04302	−0.06600	0.9620
	$c_0(\mathrm{Sr})$	q_e	k_2	h	r^2
基于 q_pas	10mg/L	0.05534	−0.69997	−0.00214	0.3631
	50mg/L	0.77286	−0.35743	−0.21350	0.9937
	100mg/L	0.92618	−0.05466	−0.04688	0.9465

9. 生物富集模型

准二级动力学模型非常适合描述体系中总离子浓度变化的动力学，而等温吸附平衡模型适合描述细胞壁上的吸附量。很少有文献报道生物富集模型，目前认为生物富集包含两个步骤：金属离子迅速结合到细胞壁上和通过代谢依赖或非依赖的方式缓慢向胞内的转运(Chojnacka and Wojciechowski, 2007)。

基于以下的物理模型，Chojnacka 和 Wojciechowski (2007) 提出了富集模型的数学形式：

$$c_{Me} \overset{k_{pas}}{\underset{k_{-pas}}{\Leftrightarrow}} c_{pas} \overset{k_{act}}{\underset{k_{-act}}{\Leftrightarrow}} c_{act} \tag{8-10}$$

基于显微镜观察结果，发现在细胞生长过程中，细胞质量与细胞表面积之比是恒定的。根据质量平衡和动力学过程，Chojnacka 和 Wojciechowski（2007）提出的富集动力学表达形式为

$$c_{Me}(t) + c_{pas}(t) + c_{act}(t) = c_{Me}(t=0) \tag{8-11}$$

$$\frac{dc_{act}}{dt} = k_{act} \cdot X(t) \cdot c_{pas}(t) + k_{-act} \cdot X(t) \cdot c_{act}(t) \tag{8-12}$$

在应用此模型对数据进行拟合时，拟合效果不理想。于是我们基于生物吸附的过程和机制提出下面的细胞 Sr 积累模型，其数学形式如下：

$$\frac{dc_{act}}{dt} = k_{pas} \cdot X(t) \cdot c_{pas}(t) + k_{act} \cdot X(t) \cdot c_{act}(t) + k_{Me} \cdot X(t) \cdot c_{Me}(t) \tag{8-13}$$

在该模型中，参数 k_{pas}、k_{act} 和 k_{Me} 用于描述体系中三种浓度 c_{pas}、c_{act} 和 c_{Me} 对多棘栅藻富集 Sr^{2+} 的影响。此模型比 Chojnacka 和 Wojciechowski 的模型多了一项溶液自由离子项。同时，我们把正逆反应的平衡常数统一成每一影响因素的决定因子一个参数。然后，利用规划求解对实验数据进行拟合。图 8-7 结果表明，我们提出的模型对实验数据能很好地拟合，其参数列于表 8-3。

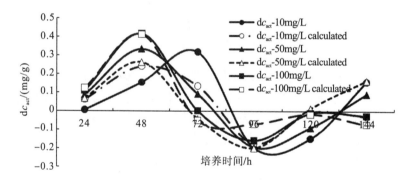

图 8-7　富集模型对实验数据的拟合效果

表 8-3　生物富集模型参数

参数		k_{pas}	k_{act}	k_{Me}	r^2
	10mg/L	5.5784	−3.7626	0.0616	0.4936
	30mg/L	3.7022	−7.1359	0.0243	0.7292
$c_0(Sr)$	50mg/L	2.8420	−7.2902	0.0135	0.7628
	80mg/L	1.7891	−5.9332	0.0109	0.9570
	100mg/L	1.4800	−6.1437	0.0122	0.9316

结果表明，多棘栅藻细胞壁上吸附的 Sr^{2+}（c_{pas}）是促进 Sr^{2+} 进入细胞质的主要动力，而细胞质内积累的 Sr^{2+}（c_{act}）对细胞进一步积累 Sr^{2+} 起抑制作用。其原因可能是多棘栅藻细胞

壁上吸附的 Sr^{2+} 形成一种浓度胁迫促进 Sr^{2+} 向胞内转运，细胞内的 Sr^{2+} 对细胞具有一定的毒性或渗透压，促使细胞产生抗性并通过一定的机制向胞外转运。而溶液中自由的 Sr^{2+} 对细胞 Sr^{2+} 积累起一定影响。根据上面的结果，我们提出如下的多棘栅藻细胞吸附、积累模型：

$$c_{Me} \overset{k_{pas}}{\Leftrightarrow} c_{pas} \overset{k_{act}}{\Leftrightarrow} c_{act} \overset{k_{Me}}{\Leftrightarrow} c_{Me} \tag{8-14}$$

在该模型中，自由 Sr^{2+} 可通过细胞跨膜转运系统直接进入细胞质或转运出细胞质而进入培养基（Chojnacka and Wojciechowski，2007；Texier et al.，2000）。这与 Chojnacka 和 Wojciechowski（2007）提出的模型不同。该模型表明自由离子通过影响 c_{pas}，进而影响生物富集，即 Sr^{2+} 首先结合到细胞壁上，然后转运入细胞质。细胞壁膜上存在许多的转运系统。例如，P_{1B}-type ATPases 可转运 Cu^+、Cu^{2+}、Ag^+、Zn^{2+}、Cd^{2+}、Pb^{2+} 和 Co^{2+} 等离子通过生物膜。这些转运系统已经发现能在古细菌、真细菌和真核细胞中维持渗透平衡（Argüello，2003，2006）。然而，这些研究均未指出外流离子是转运到细胞壁上还是直接到周围环境中。因此，在今后的进一步研究中需要精确测定 c_{pas}、c_{act}、c_{Me} 间的关系和转运系统活性之间的关系。

8.1.2 固定化微生物对 Sr 的去除效率研究

1. 海藻酸钠固定化酵母菌颗粒特征

海藻酸钠固定化酵母菌颗粒（以下简称固定化酵母菌颗粒）为富有弹性的小球，直径为 $1\sim3mm$；干燥后为褐色颗粒，直径为 $0.5\sim1mm$。利用扫描电镜观察，结果表明固定在海藻酸钠颗粒内部的酵母菌细胞圆润饱满，细胞周围有不同的间隙，为细胞存活和传质提供了理想的空间。利用 BET 法测定固定化酵母菌颗粒比表面积，结果表明固定化酵母菌颗粒平均比表面积为 $70m^2/gDW$，而空载体海藻酸钠颗粒平均比表面积只有 $30m^2/gDW$。这表明固定化酵母菌颗粒具有更大的比表面积，为吸附金属离子提供了更好的传质性能和吸附位点。

图 8-8 结果表明，利用海藻酸钠-氯化钙来固定化的酵母菌具有较好的机械强度，在 $1500r/min$ 的机械力作用下，固定化颗粒基本能保持完整，但在高速机械力作用下，颗粒机械性能下降迅速，破损率接近 80%。因此，固定化颗粒在常压下是完全能够用作柱层析的填料。

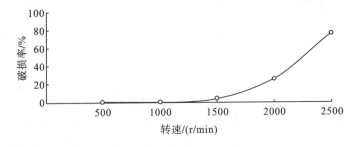

图 8-8　海藻酸钠-氯化钙固定化酵母菌颗粒机械强度曲线

2. 海藻酸钠固定化酵母菌颗粒填充柱对 Sr^{2+} 的吸附特性

固定化酵母菌颗粒填充柱对 Sr^{2+} 的吸附率随时间变化曲线如图 8-9 所示。固定化酵母菌颗粒在吸附前 45min 内的吸附率较低，在 45～120min 吸附率快速增加，在 200～240min 达到吸附平衡。不同 Sr^{2+} 初始浓度对吸附率也有重要的影响。低浓度 Sr^{2+} 吸附率达到平衡的时间较高浓度组快 1～2h。在不同 Sr^{2+} 初始浓度下，最后的吸附率都为 85%～90%，表明 120mL 填充柱体系对 Sr^{2+} 的吸附容量大于 40mg。

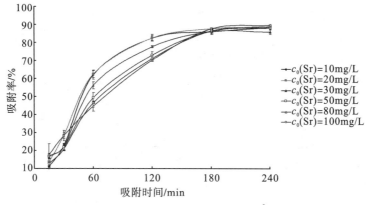

图 8-9　固定化酵母菌颗粒填充柱对 Sr^{2+} 的吸附

固定化酵母菌颗粒填充柱对 Sr^{2+} 的吸附量随时间变化曲线如图 8-10 所示。吸附量随 Sr^{2+} 初始浓度增大而增加。吸附曲线符合等温吸附规律。利用吸附平衡模型 Langmuir 方程和 Freundlich 方程进行模拟，相关结果表明 Langmuir 模型比 Freundich 模型能更好地描述吸附平衡。理论吸附最大量 q_m 表明，120mL 填充柱体系对 Sr^{2+} 的吸附量理论上可达 200mg 以上。

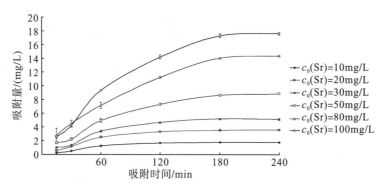

图 8-10　固定化酵母菌颗粒填充柱对 Sr^{2+} 的吸附量曲线

3. 海藻酸钠固定化酵母菌颗粒填充柱对 Sr^{2+} 的吸附、解吸与柱再生

由固定化酵母菌颗粒填充柱对 Sr^{2+} 的吸附、解吸与柱再生曲线(图 8-11)和对应角参数

图(图 8-12)可以看出,固定化酵母菌颗粒填充柱在不同 Sr^{2+} 初始离子浓度下都具有很高的吸附率,在 2 轮 8 次循环中,吸附、解吸与柱再生具有较高的稳定性与重现性。如当初始 Sr^{2+} 浓度为 10mg/L 时,在第 1 轮循环中,对 Sr^{2+} 的吸附率为 88%,解吸率在 4 次循环中分别为 94%、98%、72% 及 72%;当用 0.1mol/L NaCl 进行柱复性后,吸附率在后 3 次循环中分别为 84%、87% 及 92%。在第 2 轮循环中,对 Sr^{2+} 的吸附率为 87%,解吸率在 4 次循环中分别为 79%、73%、62% 及 46%;当用 0.1mol/L NaCl 进行柱复性后,吸附率在后 3 次循环中分别为 84%、87% 及 92%。

初始 Sr^{2+} 浓度对吸附率有较大的影响,Sr^{2+} 浓度太低或太高都会降低吸附效率。在本研究中,在 50mg/L 初始浓度下的吸附效率最高,这可能是由于低浓度平衡有利于解吸,而高浓度使吸附容量趋于饱和。当用 0.1mol/L HCl 解吸洗脱时,在第 1 次、第 2 次循环中解吸效果较好,而后 2 次循环中解吸效果降低,可能是 HCl 在处理中会部分改变吸附剂功能基团,使吸附能力增强。同时,解吸效果随初始 Sr^{2+} 浓度增加而降低,主要是吸附量增加,而在相同 HCl 浓度下,解吸效果降低。因此,在后面的工程应用中,在后 2 次循环及不同初始 Sr^{2+} 浓度下要适量增加解吸洗脱液的体积。当用 NaCl 复性后,填充柱对 Sr^{2+} 的再吸附效率几乎无变化,甚至会出现一定程度的增加。

因此,结果表明固定化酵母菌颗粒填充柱对 Sr^{2+} 具有较好的吸附稳定性与重现性,可使用 4~8 个循环。

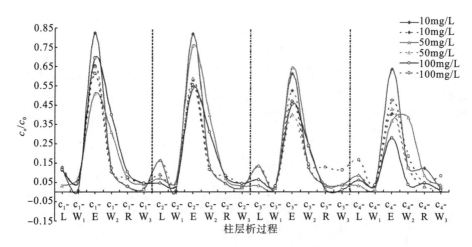

图 8-11　固定化酵母菌颗粒填充柱对 Sr^{2+} 的吸附、解吸与柱再生曲线

c_1-L: 第 1 次循环中上样洗脱液中 Sr^{2+} 浓度;

c_1-W_1: 水洗去除未吸附 Sr^{2+} 洗脱液中 Sr^{2+} 浓度; c_1-E: HCl 洗脱液中 Sr^{2+} 浓度;

c_1-W_2: 第 2 次水洗脱液中 Sr^{2+} 浓度, c_1-R: NaCl 复性洗脱液中 Sr^{2+} 浓度;

c_1-W_3: 第 3 次水洗脱液中 Sr^{2+} 浓度;其余分别表示第 2~4 次循环过程

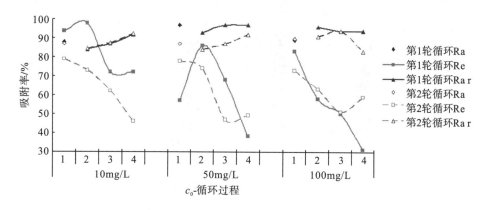

图 8-12　固定化酵母菌颗粒填充柱对 Sr^{2+}的吸附、解吸与柱再生参数图

4. 解吸液 HCl 溶液的浓度对解吸率的影响

根据王宝娥等(2005)对啤酒酵母菌固定化凝胶颗粒吸附 U^{6+}的研究,本研究在 pH=6.0 左右的弱酸性条件下进行酵母菌固定化颗粒填充柱对 Sr^{2+}的吸附。研究中解吸液选用 4 种不同浓度梯度的 HCl 溶液,浓度分别为 0.05mol/L、0.1mol/L、0.2mol/L、0.4mol/L。结果表明,当解吸液浓度为 0.05mol/L 时,由于洗脱液浓度过小,洗脱效果差,平均洗脱率不足 40%;而当解吸液浓度为 0.2mol/L 和 0.4mol/L 时,洗脱液浓度过大,致使固定化菌体颗粒的机械强度和耐酸性相应降低,在柱层析过程中出现局部颗粒软化,甚至溶解,导致柱层析无法进行。因此,采用浓度为 0.1mol/L HCl 溶液进行解吸。

5. 不同方式固定化耐辐射奇球菌对 Sr^{2+}吸附率的影响

固定化耐辐射奇球菌颗粒为富有弹性的小球,直径为 1～3mm。颜色略带粉红色,为耐辐射奇球菌颜色。用高速台式离心机在不同转速下离心菌体,以含量依次为 5%、10%、15%的 SA(海藻酸钠)固定化颗粒及 PVA-SA(聚乙烯醇-海藻酸钠)固定化颗粒来考察固定化颗粒的机械强度。在 4500r/min、5000r/min 及 6000r/min 下,SA 固定化颗粒及 PVA-SA 固定化颗粒均未出现破裂,只有少数几颗因为离心力的作用而变形;当转速高于 6000r/min 时,变形程度均随转速的增加而增加;在含菌体量相同的情况下,PVA-SA 固定化颗粒比 SA 固定化颗粒变形更为严重;在相同固定化颗粒下,菌体含量为 5%的 SA 固定化颗粒变形程度比其他两种低,而菌体含量为 10%的 PVA-SA 固定化颗粒变形程度比其他两种低,但变形数量相差很小。总的来说,SA 固定化颗粒和 PVA-SA 固定化颗粒均具有较高的机械强度,可用于填充柱材料。由图 8-13 可知,不同菌体含量的 SA 固定化颗粒和 PVA-SA 固定化颗粒对 Sr^{2+}均具有很高的吸附率。与之相比较,不同菌体含量的 SA 固定化颗粒均比 PVA-SA 固定化颗粒对 Sr^{2+}具有更高的吸附率及吸附量。其中,菌体含量为 5%的 SA 固定化颗粒与菌体含量为 10%的 PVA-SA 固定化颗粒效果更好,与这两种固定化颗粒的机械强度较高的结果相吻合。因此,选择菌体含量分别为 5%和 10%的 SA 固定化颗粒和 PVA-SA 固定化颗粒作为填充柱颗粒考察柱吸附、洗脱效果。

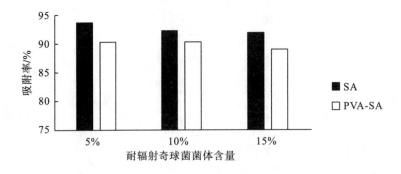

图 8-13　SA 及 PVA-SA 固定化耐辐射奇球菌不同菌体含量对吸附率的影响

6. 固定化耐辐射奇球菌颗粒填充柱对 Sr^{2+} 的吸附与洗脱效率

由图 8-14、图 8-15 结果可以看出，SA 固定化耐辐射奇球菌颗粒填充柱与 PVA-SA 固定化耐辐射奇球菌颗粒填充柱对 Sr^{2+} 具有很高的吸附效率。SA 固定化耐辐射奇球菌颗粒填充柱两轮操作中吸附率分别达到 97.95%、92.57%；PVA-SA 固定化耐辐射奇球菌颗粒填充柱两轮操作吸附率分别达到 88.03%、86.65%。因此，在相同操作条件下，SA 固定化耐辐射奇球菌颗粒填充柱比 PVA-SA 固定化耐辐射奇球菌颗粒填充柱对 Sr^{2+} 的吸附率高，这与前面的静态吸附实验结果一致。采用 0.1mol/L HCl 作为洗脱液，发现对 SA 固定化耐辐射奇球菌颗粒填充柱与 PVA-SA 固定化耐辐射奇球菌颗粒填充柱 Sr^{2+} 有非常高的洗脱率，平均在 90%以上，且最高可达 99%。在洗脱曲线中可以发现两种固定化颗粒填充柱的不同洗脱方式。SA 固定化耐辐射奇球菌颗粒填充柱在加入洗脱液后，Sr^{2+} 被缓慢洗脱下来，而 PVA-SA 固定化耐辐射奇球菌颗粒填充柱在加入洗脱液后，Sr^{2+} 很快被洗脱下来。这表明 SA 固定化耐辐射奇球菌颗粒与 Sr^{2+} 之间除了基于静电作用的离子交换作用外，可能还有一些其他共价吸附作用；而 PVA-SA 固定化耐辐射奇球菌颗粒与 Sr^{2+} 之间作用方式单一，由于颗粒空隙较大，传质过程较快，Sr^{2+} 很容易洗脱下来。同时，从图中还可以发现，两种固定化颗粒具有较高的操作稳定性，这为在工业废水中处理奠定了有利条件。

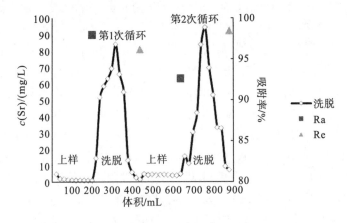

图 8-14　SA 固定化耐辐射奇球菌填充柱对 Sr^{2+} 的洗脱曲线

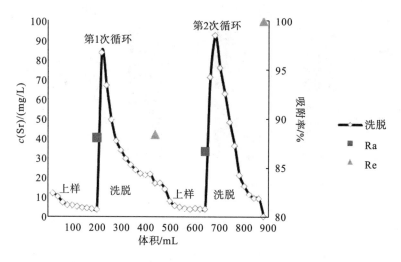

图 8-15　PVA-SA 固定化耐辐射奇球菌填充柱对 Sr^{2+} 的洗脱曲线

8.1.3　梯度递降生物吸附与减量化研究

1. Sr^{2+} 浓度程序性梯度递降

为了利用微生物对低浓度 Sr^{2+} 的吸附能力，程序性梯度递降生物吸附可通过连续的吸附-分离循环方式，将高浓度 Sr^{2+} 逐步降低为低浓度。图 8-16 的结果表明，3 次循环后生物去除效率可达约 99.9%。当 c_0 分别为 10mg/L 和 100mg/L 时，第 1 次循环结束后，剩余的 Sr^{2+} 浓度 (c_e) 分别约为 2.5mg/L 和 4.0mg/L；而第 3 次循环结束后，剩余的 Sr^{2+} 浓度 (c_e) 分别只有 0.2mg/L 和 1.5mg/L。这些结果还表明，上清液中剩余 Sr^{2+} 浓度已经符合饮用水标准（0.2～5.0mg/L）和排放标准（≤10mg/L）。图 8-16 的重复实验表明，该程序性梯度递降生物吸附工艺稳定性好，是处理 Sr^{2+} 达到排放水平的理想方法。

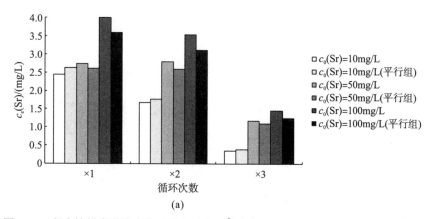

(a)

图 8-16　程序性梯度递降生物吸附中剩余 Sr^{2+} 浓度 (a) 和生物去除效率 (b) 的变化趋势

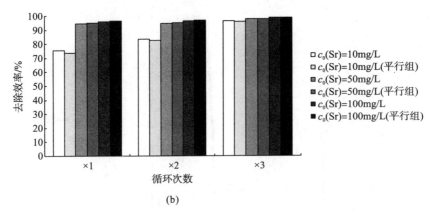

(b)

图 8-16（续） 程序性梯度递降生物吸附中剩余 Sr^{2+} 浓度（a）和生物去除效率（b）的变化趋势

2. 灰化、减量化及酵母细胞沉淀的富集效果

传统的生物吸附研究只考虑生物去除效率。在我们的研究中，提出了一个吸附后灰化处理分离沉积物的过程。

图 8-17（a）显示在灰化过程中沉积物质量变化很大。收集的细胞沉积物中含有大量的水分和有机物；$c_0 = 500mg/L$ 沉积碳化后，质量减少约 88%，而 $c_0 = 50mg/L$ 沉积碳化后

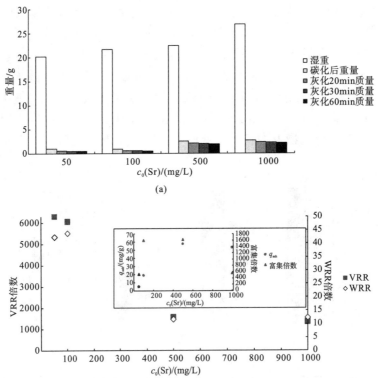

图 8-17 灰化过程的特点，（a）灰化过程中沉积物质量的变化；
（b）不同的初始 Sr^{2+} 浓度样品灰化后减容比（VRR）和减重比（WRR）的变化；插入图：
灰分中 Sr^{2+} 含量（q_{ash}）和富集系数

质量减少约 95%。在马弗炉中，550～600℃灰化可导致碳化的沉淀质量进一步减少 25%～50%。这表明吸附沉积物应妥善处理；否则，这些高含水率和高有机质含量的沉淀物可能会占用太多的空间，导致新的污染。研究结果还表明，吸附剂的沉淀物可以在 60min 内完成灰化过程。灰化过程可以使沉淀物（c_0 =10～1000mg/L）质量产生 10～40 倍的减重比（WRR）[图 8-17(b)]。此外，离心分离结合灰化过程可能产生一个巨大的约 6000 倍的减容比（VRR）[图 8-17(b)]，使后续的地质处置过程非常有利。图 8-17(b)（插入图）的结果表明，灰化过程除了可产生巨大的体积和重量减少外，还可使 Sr^{2+} 在灰分中富集。灰分中 Sr^{2+} 含量可达到 5～60mg/g 的水平；与新鲜收集的酵母沉淀相比，Sr^{2+} 的富集系数可达 600 以上。因此，灰化过程除了减量化外，还有可能利于金属回收。

3. 灰分成分和影响 Sr^{2+} 沉淀的因素

图 8-17(b)（插入图）也表明，当 c_0＞500mg/L 时，q_{ash} 并未随初始 Sr^{2+} 浓度增加而增加。这表明除生物吸附外，阴离子在 Sr^{2+} 去除中发挥着重要作用。XRD 数据[图 8-18(a)]表明，Sr^{2+} 主要以硫酸锶（$SrSO_4$）及少量碳酸锶（$SrCO_3$）形成存在于灰分中。因此，当 c_0＞200mg/L 时，可溶性硫酸盐可以有效沉淀 Sr^{2+}。XRD 结果还表明，极少量的 $Sr_3(PO_4)_2$ 存在于初始 Sr^{2+} 浓度 100mg/L 组的灰分中。因此，进行模拟实验来分析影响 Sr^{2+} 沉淀的因素。

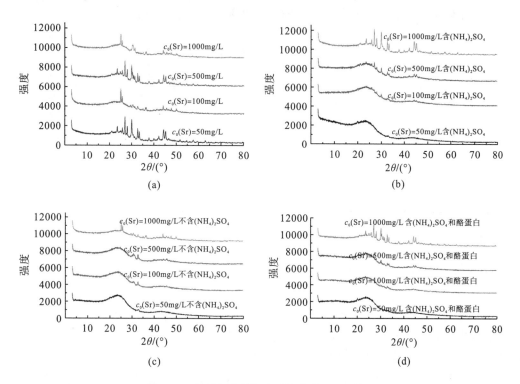

图 8-18　吸附组和模拟实验组灰分 XRD 结果

(a)不同的初始 Sr^{2+} 浓度样品灰分 XRD 结果；(b)、(c)模拟实验含$(NH_4)_2SO_4$ 及不含$(NH_4)_2SO_4$ 实验组沉淀物灰分 XRD 结果；(d)模拟实验含$(NH_4)_2SO_4$ 和酪蛋白实验组沉淀物灰分 XRD 结果

图 8-18(b)、(c)、(d) 显示了在培养基中有或没有 $(NH_4)_2SO_4$ 及有或没有蛋白质组的模拟实验组灰分的 XRD 结果。结果显示，当 $c_0 < 500mg/L$ 时，衍射峰包含在 2θ 为 $15°\sim 30°$ 的"馒头"峰，这暗示灰分中含有大量的有机质，掩盖了锶晶体的信号。此结果与其他研究结果类似(Masoudzadeh et al.，2011；Arivalagan et al.，2014；Hu et al.，2014)。此外，当 $c_0 > 500mg/L$ 时，有明显的衍射峰出现。XRD 结果表明，当培养基中有 $(NH_4)_2SO_4$ 存在时，灰分中存在 $SrSO_4$；而当培养基中没有 $(NH_4)_2SO_4$ 时，灰分的组分为 $SrCO_3$。这证实了可溶性的硫酸盐可促进 Sr^{2+} 在吸附过程中沉淀。图 8-18(d) 表明，当培养基中存在蛋白质时，除了 $SrSO_4$ 外，少量 $Sr_3(PO_4)_2$ 存在于灰分中。这些结果表明，当没有微生物在培养基中时，Sr^{2+} 只有在高 Sr^{2+} 浓度条件下可能形成沉淀，即微生物细胞可以促进 Sr^{2+} 基于共沉淀的沉淀。

4. 固定化耐辐射奇球菌吸附 Sr^{2+} 后的减量化分析

由表 8-4 可以看出，50mg/L Sr^{2+} 初始浓度下柱层析后的 SA 固定化耐辐射奇球菌的减重比分别为 1650.3、1643.3；而 PVA-SA 固定化耐辐射奇球菌的减重比分别为 638.0、506.8。可见，两者均有较大的减重比。减重比表明，SA 和 PVA-SA 固定化耐辐射奇球菌颗粒在放射性废水等处理中将获得较大的减量化效果，如果从液体体积来计算减容比将获得上万倍的减量化效果，为后续的固化如玻璃固化等处理提供有利条件。

表 8-4　灰化过程中固定化颗粒沉淀质量的变化

编号	SA-1	SA-2	PVA-SA-1	PVA-SA-2
坩埚+固定化颗粒质量/g	43.677	43.399	44.129	44.341
灰化后灰分质量/g	38.729	38.472	39.033	39.282
空坩埚质量/g	38.726	38.469	39.025	39.272
灰化前固定化颗粒净质量/g	4.951	4.930	5.104	5.069
灰化后灰分净质量/g	0.003	0.003	0.008	0.010
减重比(倍数)	1650.3	1643.3	638.0	506.8

注：SA-1、SA-2 代表经 50mg/L Sr^{2+} 柱层析后 SA 固定化耐辐射奇球菌的两个平行实验；PVA-SA-1、PVA-SA-2 代表经柱层析后 PVA-SA 固定化耐辐射奇球菌的两个平行实验。

5. 重金属处理中的程序性减量化方案

从上面的结果我们发现，程序吸附结合灰化过程将产生巨大的减容比和减重比。此外，这一过程也有利于中水回用、重金属及核素回收和固化。因此，我们提出了一个结合程序性梯度递降生物吸附和灰化减量化的技术流程。

对核素和重金属处理的程序性减量方案如图 8-19 所示。放射性和重金属废水可通过调制与硫酸盐[如 Na_2SO_4 和 $(NH_4)_2SO_4$)]的作用进行预处理，如 Sr^{2+} 的浓度可以减少到约 100mg/L。接下来，在低浓度废水加入微生物，在培养条件下进行生物吸附。生物吸附后的样品进行离心分离获得上清液和沉淀物。如果上清液达标排放标准，可被清洁排放；如果上清液未达到排放标准，可重新添加额外的微生物细胞，在培养条件下继续进行生物吸附；上清液达到排放标准后，循环生物吸附过程结束。同时，清洁排放的水可以作为中水回收再利用。沉积物经灰化减量化，产生的灰分可进一步固化处理。如果核素或重金属值得利用，可从灰分中回收。

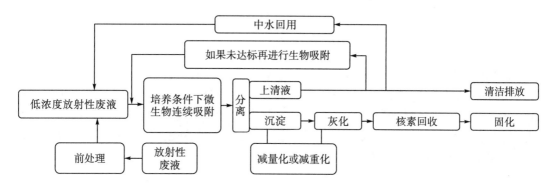

图 8-19　核素和重金属处理减量化方案的工艺技术流程

8.2　微生物对 Co 的去除效应

8.2.1　去除 Co 的微生物选育及性能研究

Co 及其化合物被广泛用于玻璃、颜料、陶瓷、电镀等行业，其应用在不断扩大，造成水体及土壤的 Co 污染也日益严重。目前，对 Co 污染的微生物修复研究较少，大多数研究集中于微生物吸附材料对 Co^{2+} 的去除。在此方面应用的微生物主要有黑曲霉属(*Aspergillus* spp.)、被孢霉属(*Mortierella* spp.)、拟青霉属(*Paecilomyces* spp.)、青霉属(*Penicillium* spp.)、腐霉属(*Pythium* spp.)、木霉属(*Trichoderma* spp.)(Pal et al.，2006)、希瓦菌属(*Shewanella* spp.)(Mamba et al.，2009)、红假单胞菌属(*Rhodopseudomonas* spp.)(Italiano et al.，2009)、啤酒酵母(*Saccharomyces cerevisiae*)(White and Gadd，1986)和根霉属(*Rhizopus* spp.)(Suhasini et al.，1999)。然而，关于微生物活体修复 Co 污染的研究鲜有报道。

本研究以实验室自有的微生物、其他实验室获赠的微生物和污染场地筛选的功能微生物为研究材料，筛选能耐受 Co^{2+} 的菌种，并进一步比较研究活体微生物和死体微生物对 Co^{2+} 的去除效率，以期丰富处理 Co^{2+} 污染的微生物菌种库，并为以后的放射性 ^{60}Co 污染微生物修复或微生物与植物共修复做铺垫。

1. 微生物种类

选用沃氏葡萄球菌(*Staphylococcus warneri*)、耐辐射奇球菌(*Deinococcus radiodurans*)、蜡样芽孢杆菌 2(*Bacillus cereus* 2)、弗雷尼棒状杆菌(*Frenny Corynebacterium*)、考氏玫瑰

菌(*Kocuria rosea*)、枯草芽孢杆菌(*Bacillus subtilis*)、萎缩芽孢杆菌(*Bacillus atrophaeus*)、苏云金芽孢杆菌(*Bacillus thuringiensis*)、假蕈状芽孢杆菌(*Bacillus pseudomycoides*)、蜡样芽孢杆菌 1(*Bacillus cereus* 1)为研究材料。

2. Co^{2+} 耐受性的微生物筛选

1) 平板初筛

土壤中 Co^{2+} 的本底浓度为 20mg/L 左右,因此将所选菌株复活培养后,统一划线培养于含 20mg/L Co^{2+} 的固体平板上,进行平板初筛。培养 48h 后,考氏玫瑰菌和萎缩芽孢杆菌不能生长,而其他菌则都能生长。结果如图 8-20 所示,沃氏葡萄球菌生长缓慢,假蕈状芽孢杆菌、蜡样芽孢杆菌 2、枯草芽孢杆菌、苏云金芽孢杆菌、弗雷尼棒状杆菌、蜡样芽孢杆菌 1、耐辐射奇球菌均生长良好。

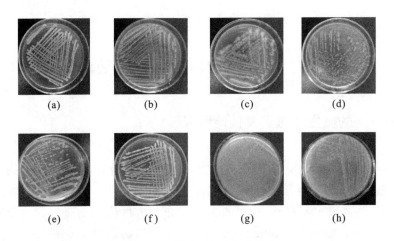

图 8-20 Co^{2+} 耐受性的细菌筛选

(a)假蕈状芽孢杆菌;(b)蜡样芽孢杆菌 2;(c)枯草芽孢杆菌;(d)苏云金芽孢杆菌;

(e)弗雷尼棒状杆菌;(f)蜡样芽孢杆菌 1;(g)沃氏葡萄球菌;(h)耐辐射奇球菌

2) 耐受 Co^{2+} 的微生物摇床复筛

研究中将初筛的 8 株细菌于不同 Co^{2+} 浓度中进行摇床复筛,通过分析细菌的生长状况研究其耐受性,结果如图 8-21 所示。假蕈状芽孢杆菌、苏云金芽孢杆菌、枯草芽孢杆菌和蜡样芽孢杆菌 2 对 Co^{2+} 的最大耐受浓度分别为 20mg/L、20mg/L、30mg/L 和 50mg/L,且这些浓度下的细菌生长曲线呈现"倒 V"字形。当培养体系中 Co^{2+} 的浓度从 10mg/L 上升至耐受 Co^{2+} 的最大浓度时,4 株菌株的最大生长量分别减少了约 40%、40%、14% 和 38%,未出现稳定生长期,且细菌对数期的出现延迟了 12h。蜡样芽孢杆菌 1 耐受 Co^{2+} 的最大浓度为 150mg/L,当 Co^{2+} 的浓度从 100mg/L 上升至 150mg/L 时,虽然对数期的出现同样被延迟了 12h,但最大生长量无明显变化。弗雷尼棒状杆菌、沃氏葡萄球菌和耐辐射奇球菌对 Co^{2+}的耐受浓度均为 10mg/L，且可观察到明显的平稳期，增加 Co^{2+}浓度至 20mg/L，细菌则死亡。

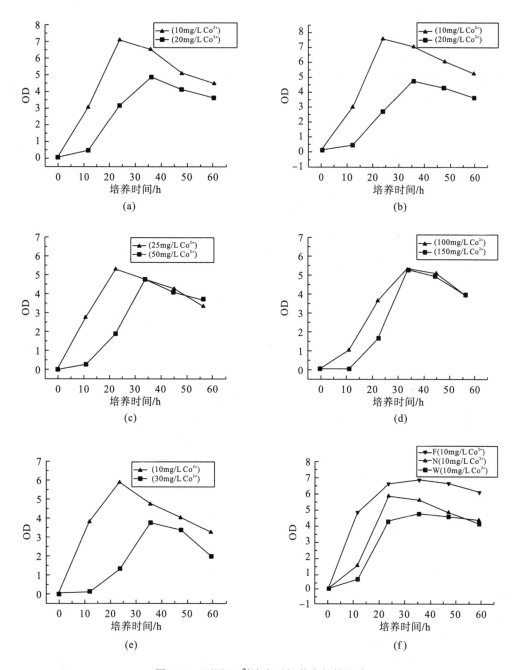

图 8-21　不同 Co^{2+}浓度对细菌生长的影响

(a)假蕈状芽孢杆菌；(b)苏云金芽孢杆菌；(c)蜡样芽孢杆菌 2；(d)蜡样芽孢杆菌 1；

(e)枯草芽孢杆菌；(f)F 表示弗雷尼棒状杆菌，N 表示耐辐射奇球菌，W 表示沃氏葡萄球菌

3. 微生物对 Co^{2+} 的去除能力

1) 死体微生物对 Co^{2+} 的去除能力

如图 8-22 所示，耐受性低的沃氏葡萄球菌、枯草芽孢杆菌和弗雷尼棒状杆菌去除率相对较高，分别为 94.08%、82.86% 和 63.43%，其他耐受性相对较高的细菌去除率则都比较小，均处于 20% 左右。

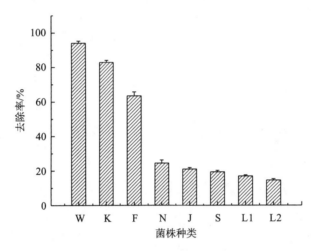

图 8-22　不同细菌对 Co^{2+} 的去除率

W：沃氏葡萄球菌；K：枯草芽孢杆菌；F：弗雷尼棒状杆菌；

N：耐辐射奇球菌；J：假蕈装芽孢杆菌；S：苏云金芽孢杆菌；

L1：蜡样芽孢杆菌 1；L2：蜡样芽孢杆菌 2

2) 活体微生物对 Co^{2+} 的去除能力

将蜡样芽孢杆菌 2 和沃氏葡萄球菌接种于含 50mg/L 和 10mg/L Co^{2+} 的液体培养基中，培养 60h。去除率由每个时间点测得的上清液中的 Co^{2+} 浓度相对于初始 Co^{2+} 浓度的变化率表示，结果如图 8-23 所示。在细菌的作用下，培养液的 pH 呈逐渐上升的趋势。在 12h时，蜡样芽孢杆菌 2 和沃氏葡萄球菌作用下的培养液中的 pH 分别为 4.36 和 4.55。此时，细菌对 Co^{2+} 没有明显的去除效果，随着 pH 逐渐升高，去除率则呈现先陡增后缓增的趋势，在 60h 达到最大，分别为 77.10% 和 98.26%。

从上面分析可以看出，弗雷尼棒状杆菌、沃氏葡萄球菌和耐辐射奇球菌耐受 10mg/L Co^{2+}，苏云金芽孢杆菌和假蕈状芽孢杆菌耐受 20mg/L Co^{2+}，枯草芽孢杆菌耐受 30mg/L Co^{2+}，耐受性均不高。其中，苏云金芽孢杆菌和假蕈状芽孢杆菌来自高浓度污染的锶矿，说明重金属 Sr 和 Co 对微生物的毒性截然不同，也再次论证了重金属对某些微生物的胁迫具有专一性。

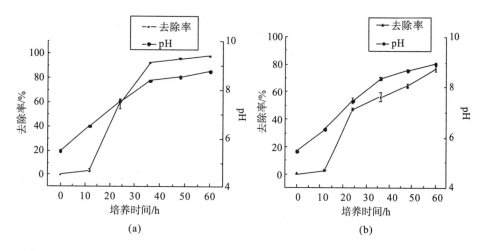

图 8-23　蜡样芽孢杆菌 2(a)和沃氏葡萄球菌(b)对 Co^{2+} 的去除率及培养液中 pH 的变化

另外，筛选到了两株对 Co^{2+} 的耐受性较好的细菌，即蜡样芽孢杆菌 2 和蜡样芽孢杆菌 1，分别耐受 50mg/L Co^{2+} 和 150mg/L Co^{2+}。同属一个种的细菌在应对 Co^{2+} 的胁迫时，表现出极大的差异，源于后者是从 Co 污染的土壤分离到的，经过了自然环境的筛选和变异，产生了某种耐受机制，从而能耐受高浓度 Co^{2+} 的伤害。张花香等(2005)报道，从正常土壤中分离到的蜡样芽孢杆菌对 Cu^{2+} 和 Zn^{2+} 的最大耐受浓度分别为 0.1mg/L 和 0.05mg/L，相对于本研究结果更低。耐受性的差异可能由菌株亚种类型、研究环境以及 Co^{2+} 与 Zn^{2+} 和 Cu^{2+} 的毒性不同所导致。

目前，关于微生物对 Co^{2+} 的抗性研究中报道过真养产碱杆菌 CH34(*Alcaligenes eutrophus* CH34)，耐受 1178mg/L Co^{2+} (Mergeay et al.，1985)。重金属高度污染的环境中分离到的木糖氧化产碱菌 31A (*A. xylosoxydans* 31A)和真养产碱杆菌 KT02(*A. eutrophus* KT02)，耐受 1178mg/L Co^{2+} (Schmidt et al.，1991；Stoppel and Schlegel，1995)。从锌加工厂分离到的假单胞菌(*Pseudomonas palleroni*)，能耐受 294.5mg/L Co^{2+} (Mergeay et al.，1978)。相对于本研究，这些菌对 Co^{2+} 的耐受性结果都比较高。深入分析发现，其他研究者都是通过平板筛选的方法来界定微生物对 Co^{2+} 的耐受浓度，在这种情况下，微生物只会有一部分表面接触重金属 Co^{2+}。而本研究中的液体摇床筛选法，使微生物所有表面均能接触到 Co^{2+}，完全被 Co^{2+} 所包围，从而导致耐受性结果相差很大。这主要是因方法不同造成的差异。由于微生物筛选的最终目的是进行重金属 Co^{2+} 污染水或土壤的治理，本研究方法的结果更具有参考价值，更适合于实际应用，应用价值相比较而言更高。

研究结果显示，在微生物死亡的条件下，耐受性低的沃氏葡萄球菌、枯草芽孢杆菌和弗雷尼棒状杆菌对 Co^{2+} 的吸附效果明显；而对 Co^{2+} 耐受性高的蜡样芽孢杆菌 1 和蜡样芽孢杆菌 2 表现出对 Co^{2+} 较低的吸附率。

此外，对 Co^{2+} 耐受性高的菌株，即蜡样芽孢杆菌 1 和蜡样芽孢杆菌 2，表现出对 Co^{2+} 的低吸附率，分别只有 13.65% 和 16.26%。这类 Co^{2+} 耐受性和吸附率均表现一般的菌，在实际应用中受到了一定限制。

苏云金芽孢杆菌耐受性和去除率也比较普通，可以从联合修复的角度来找寻其应用价值。研究报道(李丽华，2009)，苏云金芽孢杆菌可提高黑麦草叶片中 MDA 含量和 SOD 的酶活性。土壤灭菌后，苏云金芽孢杆菌的作用明显，可促进黑麦草的生长，增加叶绿素和可溶性蛋白浓度，并降低 MDA 含量。因此，也可以尝试将其作为外源添加物，与植物或草类共生，进行 Co 污染的共修复。除此之外，林毅等(2005)认为苏云金芽孢杆菌 4AF1(*Bacillus thuringiensis* serovar. *cameroun*)是一种杀虫细菌，可应用于治理重金属污染，尤其是 Co 污染。

值得注意的是，微生物对重金属的吸附过程与 pH、共存离子、温度、预处理、离子强度、吸附时间和金属离子初始浓度等有关(李丽华，2009；林毅等，2005)。

8.2.2　微生物去除 Co 的机理初探

细菌广泛分布于环境中，其表面能吸附各种各样的重金属离子，从而影响重金属在水体和土壤中的流动性。大多数细菌表面存在比较低的等电点，使其能在一个较大的 pH 范围内结合重金属。细菌表面包含羧基、磷酰基、羟基和氨基官能团。随着 pH 的上升，这些官能团去质子化，导致官能团位点的负电荷化，从而吸附重金属离子。而细菌拥有高的表面积与体积比，使其能吸附比自身体重更多的重金属(周吉奎等，2006)。相反，绝大多数的重金属对微生物是有毒害作用的。一些金属离子(尤其是重金属)会影响微生物细胞膜结构、细胞大小和细胞代谢。某些微生物可形成相应抗性机制，如细胞内隔离机制和抗性质粒、包膜机制等(Helen et al.，2002；Johnson，2006；Roane and Pepper，2000)。

因此，利用傅里叶变换红外光谱(FTIR)和扫描电子显微镜(SEM)探究微生物表面与 Co^{2+} 相互作用的基团及形态变化，为进一步考察微生物去除重金属的机理奠定基础。

1. FTIR 结果分析

选用对 Co^{2+} 具有相对较高吸附能力的弗雷尼棒状杆菌、枯草芽孢杆菌和沃氏葡萄球菌，研究它们固定 Co^{2+} 的主要细胞壁基团。通常红外吸收带的波长位置与吸收谱带的强度，反映了分子结构上的特点，可以用来鉴定未知物的结构组成或确定其化学基团。400~4000cm^{-1} 适用于有机化合物的结构分析和定量分析。相互作用的红外光谱如图 8-24 所示。

分析图谱可知，O—H 基的伸缩振动出现在 3200~3650cm^{-1} 范围内，胺和酰胺的 N—H 伸缩振动也出现在 3100~3500cm^{-1}，因此可能会对 O—H 伸缩振动有干扰。图中弗雷尼棒状杆菌、枯草芽孢杆菌和沃氏葡萄球菌分别在 3433.23cm^{-1}、3432.73cm^{-1}、3431.27cm^{-1} 附近的强宽带吸收峰为多糖中的—OH 和—NH 伸缩振动吸收带；2961.99cm^{-1}、2962.33cm^{-1} 和 2961.67cm^{-1} 附近的小双峰为细胞表面烃链中—CH$_3$ 不同振动吸收带。

对于弗雷尼棒状杆菌而言，1647.77cm^{-1} 附近为对应酰胺中的 C=O 伸缩振动；1548.73cm^{-1} 和 1239.08cm^{-1} 附近为酰胺 N—H 的弯曲振动和 C—N 的伸缩振动吸收带；吸附 Co^{2+} 后，使 $v_{C=O}$ 发生蓝移，从 1647.77cm^{-1} 上升至 1655.36cm^{-1}，另一方面可能使 v_{C-N} 发生红移，从 1239.08cm^{-1} 下降至 1234.96cm^{-1}。1079.22cm^{-1} 附近为 S—O 或 C—S 伸缩振动吸收带，吸附 Co^{2+} 后，均发生红移。枯草芽孢杆菌和沃氏葡萄球菌吸附 Co^{2+} 后与弗雷

尼棒状杆菌呈现出相同的变化规律。且所有菌吸附 Co^{2+} 后所发生的蓝移程度大约高出红移程度一倍，说明 Co^{2+} 吸附主要与酰胺基的羰基络合，其次是氨基的参与。

另外，弗雷尼棒状杆菌在 546.04 cm^{-1} 附近为—NH_2 的 N—H 面外弯曲振动。吸附 Co^{2+} 后，弗雷尼棒状杆菌和枯草芽孢杆菌均发生蓝移，波数分别变化 75cm^{-1} 和 38 cm^{-1}，而沃氏葡萄球菌发生红移，波数变化了 14cm^{-1}。

由此可知，细菌的细胞壁主要依靠—Co—NH_2(如肽聚糖)和—NH_2 对 Co^{2+} 进行吸附。

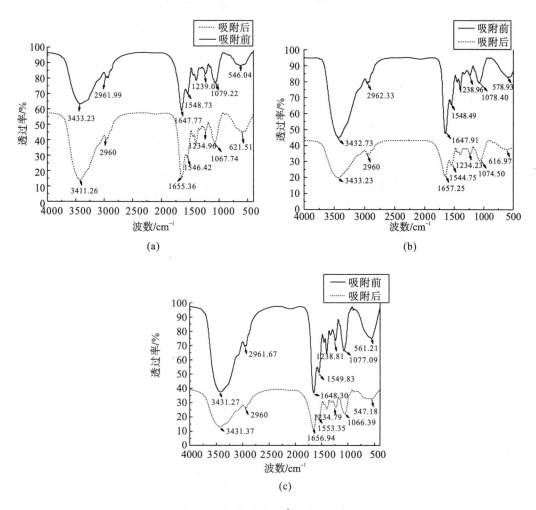

图 8-24　细菌吸附 Co^{2+} 的红外光谱图

(a)弗雷尼棒状杆菌；(b)枯草芽孢杆菌；(c)沃氏葡萄球菌

2. SEM 分析

实验选用了 SEM 来分析耐受性较好的菌株蜡样芽孢杆菌 1 与蜡样芽孢杆菌 2，以及耐受性较差的苏云金芽孢杆菌与 Co 的相互作用，并进行对比，结果如图 8-25～图 8-27 所示。

图 8-25　蜡样芽孢杆菌 2 在扫描电镜下的细胞形态

(a) 在加入 Co^{2+} 前；(b) 在加入 Co^{2+} 后

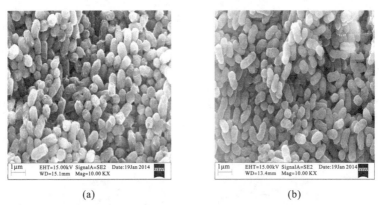

图 8-26　蜡样芽孢杆菌 1 在扫描电镜下的细胞形态

(a) 在加入 Co^{2+} 前；(b) 在加入 Co^{2+} 后

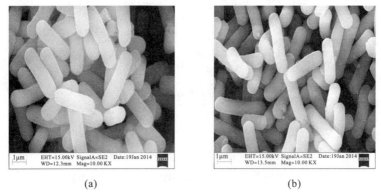

图 8-27　苏云金芽孢杆菌在扫描电镜下的细胞形态

(a) 在加入 Co^{2+} 前；(b) 在加入 Co^{2+} 后

蜡样芽孢杆菌 2，其形态呈大小均匀的杆状，在加入重金属 Co^{2+} 后，发生了三种变化：第一，细胞壁皱缩甚至破裂；第二，细胞呈弯曲状态；第三，细菌长度拉伸近 0.5 倍。表面有极少量的絮状颗粒沉积，可能是残留的培养基。由此说明，该菌对 Co^{2+} 具有一定程度的胁迫响应，是在外界刺激下诱导发生的。

蜡样芽孢杆菌 1，为大小均匀且表面褶皱的短杆菌，有 Co^{2+} 存在时，形态大小无明显差异。此菌分离于 Co 污染的土壤中，其在环境的诱导下已经形成了一种耐受性的机制，因此本研究中观察到其形态很稳定，不会受重金属的胁迫而改变。这再次印证，无数研究者一直以来选用土著微生物进行原位污染治理的原因，也证明了土著微生物的高效性。

苏云金芽孢杆菌，其大小均匀、表面光滑且呈杆状，有 Co^{2+} 存在时，部分细胞直径减少约 25%，而相应的细胞长度拉伸大约 16%，但细胞表面仍然比较光滑。由此说明，来自高浓度锶矿的苏云金芽孢杆菌在面对 Co^{2+} 胁迫时，应对措施比较单一，与蜡样芽孢杆菌 1 和蜡样芽孢杆菌 2 相比，表现出低耐受性。另一方面也说明 Sr 与 Co 对生物有着不同的毒性。

细菌的细胞壁主要依靠－Co－NH_2（如肽聚糖）和－NH_2 对 Co^{2+} 进行吸附。而酰胺基中，参与 Co^{2+} 络合的主要是羰基，因此可观察到 $v_{C=O}$ 发生的蓝移程度大于 v_{C-N} 的红移程度。这与 Italiano 等（2009）观察到的结果相一致，他们通过 FTIR 和 pH 滴定证明红假单胞菌细胞壁上的 R－COO－基团在质子吸收和固定 Co^{2+} 中扮演着重要的角色。关于其他过渡金属的微生物吸附，有很多报道。研究者应用酵母细胞吸附 Cu^{2+} 时（Kizilkaya et al.，2004），通过掩蔽细胞壁上的氨基、羧基、羟基等化学基团，Cu^{2+} 的吸附率大大下降，从而说明酵母细胞壁上的氨基、羧基、羟基等基团在结合 Cu^{2+} 方面具有重要的作用，这也间接证明了细胞壁上蛋白质和糖类在生物吸附中的作用。也有研究用红酵母菌属（Rhodotorula sp.）吸附 Zn^{2+} 时，通过红外光谱证明了细胞壁上的羟基、酰胺基、羧基、C－N 基、羰基和硫羰基为主要吸附位点（Schmidt and Schlegel，1989）。另外，Zn、Pb 可以与产黄青霉（P. chrysogenum）表面的磷酰基和羧基形成络合物（Brady and Duncan，1994）。由此也再一次说明，细胞壁上存在各种各样的基团，可以吸附多种重金属，从而为重金属的微生物去除打下坚实的理论基础。但值得注意的是，当多种金属离子同时存在时，由于细胞壁结合位点的有限性和偏好性，细胞的吸附会优先吸附某一种重金属离子。

8.3　微生物对 Cr 的去除效应

Cr 的毒性很大。Cr(VI)化合物可经呼吸道、消化道、皮肤和黏膜等浸入身体，引起呕吐、恶心、湿疹及炎症等，长此以往，可引起贫血、肺气肿、支气管扩张等疾病，对人类皮肤、呼吸系统、内脏等器官造成损害，诱导基因的表达，严重危害人类及自然界，因此 Cr(VI)的处理刻不容缓（Wang et al.，2000；Pritchard et al.，2005）。

目前，微生物法处理技术主要分为微生物直接处理技术和微生物固定化处理技术。由于微生物固定化处理技术操作方便，简单易行，价格低廉，而得到国内外学者的青睐，成为环境污染方面研究的热点课题之一（贺琳等，2009）。目前微生物固定化产品并不多，也都存在着效果不佳、使用期短、菌体易流失、成本高等弊病，从而限制了其功能的充分发挥（尚通明等，2010）。因此，需深入探讨微生物固定化处理技术，探索处理重金属废水的新的有效方法，通过对各方面因素的研究，力争研究出一种能运用于工厂大规模生产的高效产品。这样的产品操作简单、价格低廉、无毒环保、易于后期处理，具有重要的意义。

8.3.1　处理 Cr⁶⁺废水的高效菌筛选及微生物固定化技术体系的初步构建

1. 微生物去除 Cr⁶⁺的性能研究

通过对 7 种菌株进行压力筛选，以 10%的接种量处理 Cr^{6+}溶液，初步探讨 7 种菌对 Cr^{6+}的耐受性能和去除能力，结果如图 8-28、图 8-29 所示。

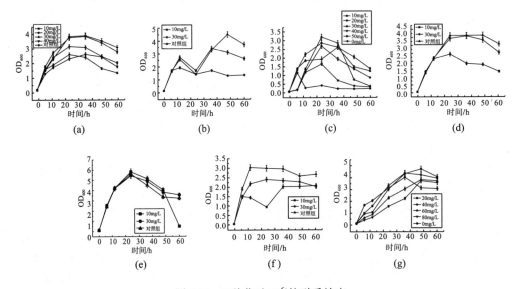

图 8-28　7 种菌对 Cr⁶⁺的耐受效应

(a) Ua 菌；(b) XJ-Ⅰ菌；(c) XJ-Ⅱ菌；(d) XJ-Ⅲ菌；(e) SW 菌；(f) 大肠杆菌；(g) HB 菌

图 8-28、图 8-29 为 7 种菌对不同浓度 Cr^{6+}的耐受效应曲线和去除效应曲线。由图可知，Ua 菌、XJ-Ⅱ菌和 HB 菌对 Cr^{6+}具有较高的耐受性能和去除能力。其中，Ua 菌在 40mg/L 的 Cr^{6+}溶液中 OD_{600}最大可达 2.5 以上，对 Cr^{6+}的去除率达 60%以上；XJ-Ⅱ菌在 40mg/L 的 Cr^{6+}溶液中 OD_{600}值最大可达 1.6 以上，对 Cr^{6+}的去除率可达 60%左右；而 HB 菌在 40mg/L 的 Cr^{6+}溶液中 OD_{600}最大可达 4.6 以上，在 80mg/L 的 Cr^{6+}溶液中也可达到 3.6 以上，其对 40mg/L 和 80mg/L 的 Cr^{6+}溶液的去除率分别可达 98%和 64%左右。而其他 4 种菌中，XJ-Ⅰ菌、XJ-Ⅲ菌和大肠杆菌对 Cr^{6+}的耐受性能和去除能力均较弱，在 30mg/L 的 Cr^{6+}溶液中 OD_{600}和去除率最大分别为 2.0 和 50%左右；SW 菌对 Cr^{6+}有较强的耐受性能，但对 Cr^{6+}的去除效应较弱，在 30mg/L 的 Cr^{6+}溶液中 OD_{600}值最大可达 5.5 左右，而对 Cr^{6+}的去除率却仅有 50%左右。

由此可见，这 7 种菌中的 Ua 菌、XJ-Ⅱ菌和 HB 菌是对 Cr^{6+}具有较高的耐受性能和去除能力的高效菌，对 Cr^{6+}的耐受性能是 HB 菌＞Ua 菌＞XJ-Ⅱ菌，而对 Cr^{6+}的去除能力则是 HB 菌＞Ua 菌≥XJ-Ⅱ菌。这 3 种高效菌将在后续研究中继续使用。

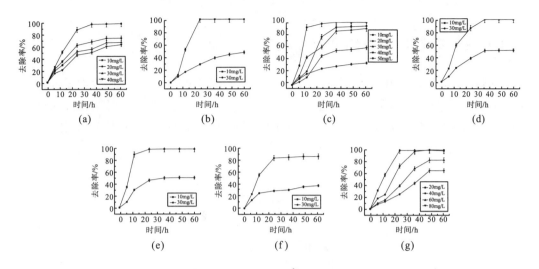

图 8-29 7 种菌对 Cr^{6+} 的去除效应

(a) Ua 菌；(b) XJ-I 菌；(c) XJ-II 菌；(d) XJ-III 菌；(e) SW 菌；(f) 大肠杆菌；(g) HB 菌

2. 高效菌的生长曲线

将筛选出的 3 种高效菌(HB 菌、Ua 菌、XJ-II 菌)接种于 LB 液体培养基中，每隔一段时间分别测定 3 种高效菌 OD_{600} 的值，绘制 3 种高效菌的生长曲线。

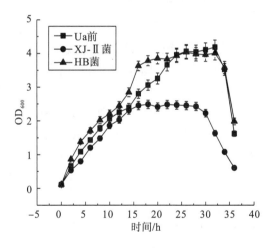

图 8-30 3 种高效菌的生长曲线

图 8-30 为 3 种高效菌的生长曲线。由图可知，Ua 菌、XJ-II 菌和 HB 菌的生长周期均为 36h 左右。Ua 菌的稳定期在 20～32h，XJ-II 菌的稳定期在 16～30h，而 HB 菌的稳定期在 16～32h。由此可知，HB 菌的稳定期最长，XJ-II 菌的稳定期次之，Ua 菌的稳定期最短。

3. 微生物固定化体系对 Cr^{6+} 的去除研究

Ua 菌、XJ-II菌和 HB 菌均选定为进行后续研究的高效菌,而对于微生物固定化技术体系的构建,仅需一种即可,因此选择 XJ-II菌进行后续研究。将 XJ-II菌加入到固定化工艺体系中,探讨微生物固定化技术对 Cr^{6+} 的去除能力。固定化颗粒和微生物固定化颗粒分别对 Cr^{6+} 的去除效应如图 8-31 所示。

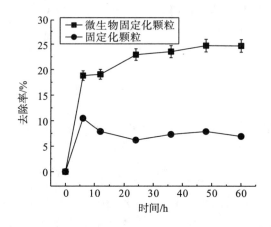

图 8-31 微生物固定化颗粒对 Cr^{6+} 的去除效应

图 8-31 为微生物固定化颗粒对 10mg/L Cr^{6+} 的去除效应曲线。由图可知,微生物固定化颗粒和固定化颗粒均对 Cr^{6+} 有去除效应,且随着时间的延长,均出现去除率先极速上升后趋于平稳的趋势。固定化颗粒对 Cr^{6+} 的去除率在 6h 之后还有一定的下降趋势,可能是由于固定化颗粒对 Cr^{6+} 的吸附全部属于物理吸附,吸附力不强,而吸附于载体材料表面的 Cr^{6+} 经震荡后,少数又重新溶解在液体中,导致吸附率略有下降。固定化颗粒的去除率仅为 7%左右,而添加了微生物的微生物固定化颗粒对 Cr^{6+} 的去除率可达 25%左右,提高了将近 20 个百分点。

8.3.2 添加剂对微生物固定化技术去除 Cr^{6+} 的影响

随着科技的快速发展,污染物种类剧增,污染成分越来越复杂,单一材料已经不能满足当前发展的需要。因此,各种添加剂材料已被运用于废水处理领域。添加剂主要选择具有微孔结构、比表面积较大、对重金属具有吸附能力、后期易处理等特点的材料。微生物固定化技术运用固定化载体将能够处理重金属的微生物包埋起来,可以解决游离微生物的难分离、后期处理不易等问题;而添加剂可能会使已有的微生物固定化颗粒形成疏松多孔的膨松状态,增大其与重金属接触的比表面积,增加菌体与培养基的接触面积,从而增强对 Cr^{6+} 的去除效应(Barakat,2011)。

不同的添加剂对微生物固定化体系的影响不同，为了探讨最适合的添加剂，在微生物固定化体系中添加活性炭、秸秆和培养基，分别考察其对 Cr^{6+} 去除能力的影响。

1. 活性炭对 Cr^{6+} 去除的影响

将活性炭作为添加剂制作微生物固定化颗粒，对 Cr^{6+} 溶液进行处理，在 60h 内每隔一段时间测量溶液中残留的 Cr^{6+} 含量，结果如图 8-32 所示。

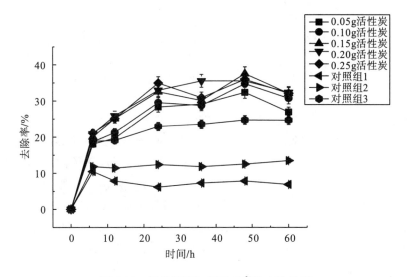

图 8-32　活性炭添加剂对 Cr^{6+} 的去除效应

由图 8-32 可知，对照组 1 为固定化颗粒对 Cr^{6+} 的去除效应；对照组 2 为含有 0.25g 活性炭的固定化颗粒对 Cr^{6+} 的去除效应，去除率短时间快速上升，在 6h 时达到最大值，之后无明显变化，在 60h 时对 Cr^{6+} 的去除率为 13.48%；对照组 3 为微生物固定化颗粒对 Cr^{6+} 的去除效应。

由实验组可知，活性炭、菌体和 SA 固定化的实验组对 Cr^{6+} 溶液的去除率均呈现先快速增加后缓慢增加，之后趋于平稳的趋势。活性炭量的增加对 Cr^{6+} 的去除效应影响不显著，5 个实验组对 Cr^{6+} 溶液的去除率在 48h 时达到最高值，均为 35% 左右。从含有 0.25g 活性炭的实验组和 3 个对照组来看，实验组对 Cr^{6+} 的去除效应大于所有对照组，说明活性炭对 Cr^{6+} 有一定的去除作用。

2. 秸秆对 Cr^{6+} 去除的影响

将秸秆作为添加剂制作微生物固定化颗粒，对 Cr^{6+} 溶液进行处理，在 60h 内每隔一段时间测量溶液中残留的 Cr^{6+} 含量，结果如图 8-33 所示。

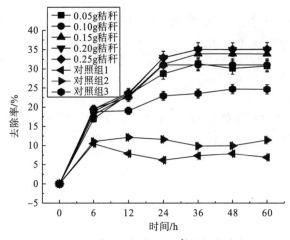

图 8-33 秸秆添加剂对 Cr^{6+} 的去除效应

由图 8-33 可知，对照组 1 为固定化颗粒对 Cr^{6+} 的去除效应；对照组 2 为含 0.25g 秸秆的固定化颗粒对 Cr^{6+} 的去除效应，去除率短时间快速上升，12h 时达到最大值，之后无明显变化，60h 对 Cr^{6+} 的去除率为 11.44%；对照组 3 为微生物固定化颗粒对 Cr^{6+} 的去除效应。由实验组可知，秸秆、菌体和 SA 固定化的实验组对 Cr^{6+} 溶液中 Cr^{6+} 的去除率均呈现先快速增加后逐渐平稳的趋势，秸秆量的增加对 Cr^{6+} 溶液去除率影响不显著，5 个实验组对 Cr^{6+} 溶液去除率在 36h 达到最高，均为 35%左右。从含有 0.25g 秸秆的实验组和 3 个对照组来看，实验组对 Cr^{6+} 的去除效应大于所有对照组，说明秸秆对 Cr^{6+} 有一定的去除作用。

3. LB 培养基对 Cr^{6+} 去除的影响

1) 培养基浓度对 Cr^{6+} 的去除影响

培养基可以提供菌体生长所需的营养物质，提高微生物固定化技术处理 Cr^{6+} 废水的效率。在 10mg/L 的 Cr^{6+} 溶液中，分别加入 20%、40%、60%、80%、100%的液体 LB 培养基，用微生物固定化颗粒处理 100mL 上述溶液，考察培养基用量对微生物固定化颗粒处理 Cr^{6+} 的影响。以纯水为对照，结果如图 8-34 所示。

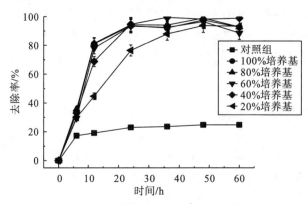

图 8-34 培养基浓度对 Cr^{6+} 的去除影响

由图 8-34 可知，所有曲线均呈现先快速上升再缓慢上升，之后趋于平稳，最后略有下降的趋势。所有实验组对 Cr^{6+} 溶液的去除区别不显著，可能是因为 Cr^{6+} 溶液浓度较低，空气中和加入的细菌均对 Cr^{6+} 有吸附作用，并且加入的培养基提供了菌生长所需要的营养，使得对 Cr^{6+} 的去除效应均较高，且均在 24h 时趋于最大去除效应，5 个实验组对 Cr^{6+} 的去除率均可达到 90% 以上。对照组为纯水对 Cr^{6+} 的去除效应，由图可知，曲线较平稳，去除效应较低；因为无培养基的加入，无法提供菌体生长所需的营养源，菌体生长缓慢，去除效应低；在 24h 时接近于最大去除效应，之后无明显变化，对 Cr^{6+} 的去除率率仅为 24.74%。实验组对 Cr^{6+} 的去除效应远远大于对照组，说明培养基的加入对提高 Cr^{6+} 的去除率有很大作用。为了给菌体提供充足的营养条件且降低生产成本，后续将选择 40% 的培养基继续研究。

2) 微生物固定化颗粒对不同浓度 Cr^{6+} 溶液的去除影响

在 10～50mg/L 的 Cr^{6+} 溶液中均添加 40% 的液体 LB 培养基，用微生物固定化颗粒分别处理 100mL 上述溶液，考察溶液中 Cr^{6+} 的含量对微生物固定化颗粒处理 Cr^{6+} 的影响，结果如图 8-35 所示。

由图 8-35 可知，所有曲线均呈现先快速上升后逐渐平稳的趋势。对比 5 个实验组可得，随着 Cr^{6+} 浓度的增加，对 Cr^{6+} 的去除效应相应降低。这说明 Cr^{6+} 溶液的浓度越大，微生物菌体的耐受性越差，导致对 Cr^{6+} 的去除效应越差。对 10～30mg/L Cr^{6+} 的去除率均能达到 87% 以上；对 40mg/L、50mg/L Cr^{6+} 的去除率也能达到 60% 以上。

添加剂在对于固定化颗粒的机械性能、成球性能、吸附重金属性能和微生物活性方面均有较大影响。由于添加剂形成的膨大空洞结构，增强了传质性能，使固化颗粒得到更高的重金属去除率。培养基为微生物的生长提供了一定的生存条件，使其可以更大限度地发挥其处理重金属的能力。添加一定量的培养基来增加微生物固定化去除 Cr^{6+} 的效应，在已有文献中鲜有报道。柴丽红和姜艳艳 (2007) 研究了培养基各成分及其富铬性能的影响，发现对培养基成分进行优化，酵母的富铬效果好且稳定。培养基为微生物提供了更温和的环境，能延长其生存周期，增强其对 Cr^{6+} 的去除效应。因此，营养源的添加对 Cr^{6+} 废水的处理有着不可或缺的意义。

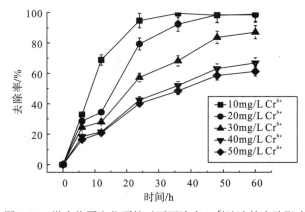

图 8-35 微生物固定化颗粒对不同浓度 Cr^{6+} 溶液的去除影响

8.3.3 混合微生物固定化体系的构建

单一菌体对废水中重金属的去除已不能适应越来越复杂多变的污染环境。因此，在单一菌体的固定化基础上，混合微生物固定化技术的发展得到重视。不同菌株之间存在协同或拮抗作用，协同作用可以提高对 Cr^{6+} 的去除效率，而拮抗作用则会降低对 Cr^{6+} 的去除效率，因此可以通过研究充分发挥微生物之间的协同作用，增大对 Cr^{6+} 的吸附效率，实现混合微生物固定化体系的共固定和共反应(顾旭炯等，2006)。

为了得到具有协同作用的混合微生物，将 3 种高效菌株的种子液以 1∶1∶1 的比例混合及两两之间以 1∶1 的比例混合后，分别以 10%的接种量接种于含不同浓度 Cr^{6+} 的溶液中，考察其对 Cr^{6+} 的耐受性和去除效应。微生物固定化技术可以解决游离微生物的一些关键缺陷，因此将混合微生物进行固定化后处理 Cr^{6+} 废水。

1. 高效菌株对 Cr^{6+} 的耐受性和去除效应

分别以 10%的接种量接种 HB 菌、Ua 菌和 XJ-Ⅱ菌到含不同浓度 Cr^{6+} 的液体 LB 培养基中，分别考察 3 种高效菌对 Cr^{6+} 的耐受性和去除效应，结果如图 8-36 和图 8-37 所示。

由图 8-36 可知，在 40mg/L 的 Cr^{6+} 溶液中，HB 菌的 OD_{600} 值在 48h 时达到最大值，为 4.6 左右。Ua 菌和 XJ-Ⅱ菌在加入 Cr^{6+} 溶液后，对比对照组，实验组的 OD_{600} 值降低，说明在 Cr^{6+} 存在时，菌体生长受抑制，耐受性变差，生长速率变慢；而 HB 菌在 40mg/L 的溶液中稳定期的 OD_{600} 值大于对照组，可能是由于 HB 菌对低浓度 Cr^{6+} 有较强的耐受性，因此在低浓度 Cr^{6+} 的刺激作用下，OD_{600} 值上升；之后，HB 菌在 60mg/L 的 Cr^{6+} 浓度下，可能由于 Cr^{6+} 浓度增大对其产生抑制作用，其耐受性降低，导致 OD_{600} 值降低。总之，不同菌对 Cr^{6+} 的耐受性不同，3 种高效菌对 Cr^{6+} 的耐受性能依次为 HB 菌＞Ua 菌＞XJ-Ⅱ菌。

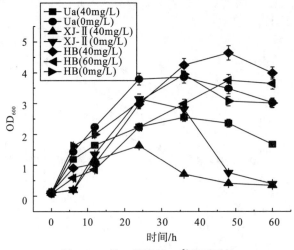

图 8-36 单一菌株对 Cr^{6+} 的耐受性

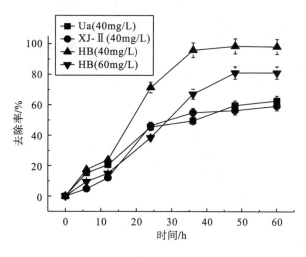

图 8-37　单一菌株对 Cr^{6+} 的去除效应

图 8-37 为单一菌株对 Cr^{6+} 的去除效应。3 种菌株均在 48h 时对 Cr^{6+} 有最大的去除效应，其中 Ua 菌和 XJ-Ⅱ 菌对 40mg/L Cr^{6+} 溶液的去除率仅为 60%左右，而 HB 菌对 40mg/L Cr^{6+} 溶液的去除率可以达到 98%左右，对 60mg/L Cr^{6+} 溶液的去除率也能达到 81%以上。这说明不同的菌对 Cr^{6+} 有不同的去除效果，3 种菌对 Cr^{6+} 的去除能力为 HB 菌＞Ua 菌＞XJ-Ⅱ 菌。

2. 混合菌株对 Cr^{6+} 的耐受性和去除效应

不同菌株之间存在协同或拮抗作用，协同作用使得微生物之间强强结合，可提高对 Cr^{6+} 的吸附效率。为了得到具有协同作用的混合菌株，将 3 种高效菌株的种子液以 1∶1∶1 的比例混合及两两之间以 1∶1 的比例混合后，再分别以 10%的接种量接种于含不同浓度 Cr^{6+} 的液体 LB 培养基中，考察其对 Cr^{6+} 的耐受性和去除效应，结果如图 8-38、图 8-39 所示。

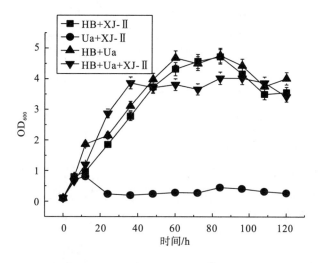

图 8-38　混合菌对 60mg/L Cr^{6+} 的耐受性

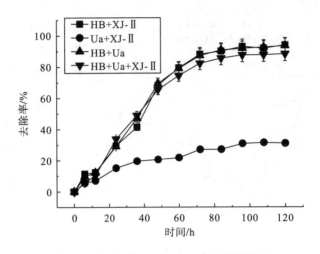

图 8-39　混合菌对 60mg/L Cr^{6+} 的去除效应

由图 8-38 可知，HB 菌与 XJ-Ⅱ菌和 HB 菌与 Ua 菌组合的 OD_{600} 最大值均为 4.7 左右；而 Ua 菌与 XJ-Ⅱ菌组合的 OD_{600} 最大值只有 0.8 左右。同图 8-36 相比，前两个组合的混合 OD_{600} 值均大于单一菌体的 OD_{600} 值，而后一个组合的混合 OD_{600} 值远远低于单一菌体的 OD_{600} 值。这说明前两种组合的菌与菌之间可能存在协同作用，而后一种组合的菌与菌之间则可能由于拮抗作用，使得菌体几乎不生长，导致 OD_{600} 值大大降低；而 3 种菌混合的组合可能由于同时存在协同和拮抗作用，因此 OD_{600} 值在单一菌体的 OD_{600} 值之间。

图 8-39 为混合菌对 60mg/L Cr^{6+} 的去除效应，HB 菌与 XJ-Ⅱ菌和 HB 菌与 Ua 菌两个混合菌组合对 60mg/L Cr^{6+} 溶液的最大去除率均能达到 92%左右；而 Ua 菌与 XJ-Ⅱ菌组合对 60mg/L Cr^{6+} 溶液的最大去除率仅为 31%左右；同图 8-37 比较，HB 菌与 XJ-Ⅱ菌、HB 菌与 Ua 菌组合的去除效应比 Ua 菌、XJ-Ⅱ菌对 40mg/L 的 Cr^{6+} 和 HB 菌对 60mg/L 的 Cr^{6+} 的单独去除效应大，说明这两个组合的菌体之间可能存在协同作用，从而使其对 Cr^{6+} 的去除效应增大；而 Ua 菌与 XJ-Ⅱ菌组合的去除效应降低较多，说明这一组合之间不仅没有协同作用，还可能存在拮抗作用，导致去除效应降低。由于 HB 菌与 XJ-Ⅱ菌组合和 HB 菌与 Ua 菌组合均具有较强的协同作用，因此用于进一步的固定化研究。

3. 混合菌株固定化对 Cr^{6+} 的去除效应

由于固定化技术可以解决游离菌体的一些关键缺陷，因此将混合微生物进行固定化后再进行 Cr^{6+} 废水的处理。

将 100mL OD_{600}=3.5 的混合菌离心后的沉淀进行固定化，再用其处理 100mL 含 40% 培养基的 40mg/L 和 60mg/L 的 Cr^{6+} 溶液，考察固定化混合菌株对 Cr^{6+} 的去除效应，结果如图 8-40 和图 8-41 所示。

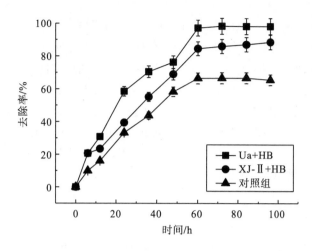

图 8-40 固定化混合菌对 40mg/L Cr^{6+}的去除效应

由图 8-40 可知，两个混合菌体的实验组对 40mg/L 的 Cr^{6+}均有较大去除效果，均在 60h 时对 Cr^{6+}的去除率达到最高值，分别为 88%和 98%；同图 8-37 相比，HB 菌与 XJ-II 菌组合对 40mg/L Cr^{6+}的去除率小于 HB 菌单独对 40mg/L Cr^{6+}的去除率，却远远大于 XJ-II 菌单独对 40mg/L Cr^{6+}的去除率。这可能是由于固定化对菌体活力的损害，以及混合菌之间存在的协同作用共同作用的结果。HB 菌与 Ua 菌组合对 40mg/L Cr^{6+}的去除效应均大于 HB 菌或 Ua 菌单独对 40mg/L Cr^{6+}的去除效应，可能是由于 HB 菌与 Ua 菌组合的协同作用稍大于 HB 菌与 XJ-II 菌组合，除去固定化后菌体的活力损伤，仍可得到较高的去除效应。这说明固定化后菌体对 Cr^{6+}的去除效应不仅与混合菌之间的协同作用有关，还可能与菌体固定化后的活力损失有关。经固定化后，活力损失较小且具有较高协同作用的混合菌体对低浓度 Cr^{6+}溶液的去除效应不仅不会降低，还可实现解决游离微生物处理 Cr^{6+}的缺陷，如耐毒害能力较弱、菌种流失较多、不具有可重复操作性、后期处理不易等。

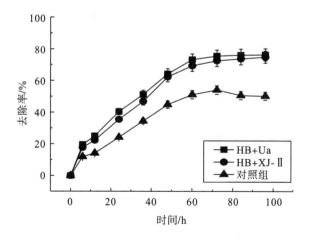

图 8-41 固定化混合菌对 60mg/L Cr^{6+}的去除效应

由图 8-41 可知，两个实验组对 60mg/L Cr^{6+}在 60h 时去除率差异不显著，分别为 75% 和 70%左右；同图 8-37 相比，两组合对 Cr^{6+}的去除效应高于低浓度时 Ua 菌和 XJ-II 菌对 Cr^{6+}的去除效应，略低于 HB 菌同浓度时对 Cr^{6+}的去除效应。这可能是固定化对微生物菌体活力的损害、混合菌之间的协同作用和 40mg/L 的低浓度 Cr^{6+}溶液对 HB 菌产生的促进作用，以及 60mg/L 的较高浓度 Cr^{6+}溶液对 HB 菌产生的抑制作用共同作用的结果。在相同条件下还做了混合微生物固定化技术对 80mg/L Cr^{6+}的去除效应研究，两组合对 Cr^{6+}的去除效应趋势同图 8-41 相似。这说明具有协同作用的菌体固定化后，对较高浓度的 Cr^{6+}溶液的去除效应略微降低，但仍可达到较好效果。

4. 微生物固定化技术对 Cr^{6+}去除的优化

将前述研究完全融合，形成可以高效处理 Cr^{6+}废水的微生物固定化体系，进行微生物固定化技术的最终优化研究。将 100mL OD$_{600}$=3.5 的混合菌株组合离心后的沉淀和添加剂充分混合后进行固定化，再用其分别处理 100mL 含 40%培养基的 40mg/L、60mg/L、80mg/L 和 100mg/L 的 Cr^{6+}溶液，考察体系优化后对 Cr^{6+}的去除能力，结果如图 8-42 所示。

由图 8-42 所示，曲线均随时间的增加呈现出先快速上升后趋于平缓，最后略有下降的趋势，但优化后的微生物固定化颗粒对 Cr^{6+}的去除效应大大提升。在 40mg/L、60mg/L、80mg/L 和 100mg/L 的 Cr^{6+}溶液中，图中显示的 4 条曲线分别在 72h、84h、96h 和 108h 时达到对 Cr^{6+}的最大去除效应，其最大去除率分别可达 99%、99%、82%和 66%左右，比单一条件研究时的所有去除效应都大。所有曲线到达最大值之后均呈现略微下降的趋势，可能是由于微生物固定化颗粒在相应时间内对不同浓度 Cr^{6+}溶液的去除效应已达到饱和，即达到最大去除效应，之后又经历长时间的震荡，吸附在固定化颗粒表面的 Cr^{6+}重新溶解在溶液中，导致 Cr^{6+}离子含量略微增高。因此，对于不同浓度的 Cr^{6+}，要考虑其最佳去除时间，才可达到最佳工艺。

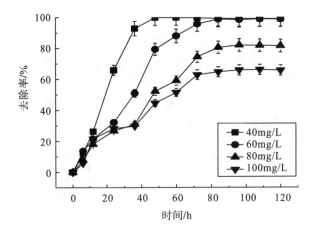

图 8-42　优化的微生物固定化颗粒对 Cr^{6+}的去除效应

固定化技术解决了游离菌不易分离、后期处理不易等问题，并且在其他行业已有实施例。因此，固定化混合微生物对 Cr^{6+} 的去除在实际生产中是可行的。

综上所述，优化后的微生物固定化技术能够很好地处理 Cr^{6+} 废水，对 60mg/L 的 Cr^{6+} 溶液的最高去除率可达 99%。由于该技术具有操作简单、价格低廉、去除率高、无二次污染且后期处理容易等优点，有望在 Cr^{6+} 废水的处理中广泛应用。

通过以上分析可以发现，微生物对 Sr^{2+}、Co^{2+}、Cr^{6+} 等重金属离子具有良好的吸附富集效果，可以用于重金属及放射性废水、污染土壤等的生物修复。由于微生物细胞的特殊表面功能基团，微生物对不同的重金属及核素离子具有一定的选择性，可用于复杂体系重金属及放射性废水、污染土壤等的生物修复。微生物中的部分还原性物质及酶系可对变价金属价态进行调控，从而控制重金属在环境中的迁移与转化。通过不同的载体对微生物固定化后形成的固定化颗粒具有较大的表面积，可制成填充柱，具有较好的操作稳定性、吸附率、解吸率，可用于工业上的自动化操作。减量化是废物处理中的重要原则，通过吸附富集-灰化偶联与梯度递降技术，可使重金属及放射性废水在生物修复后获得巨大的减容比，并在灰分中对有用金属进行富集，方便有用金属的回收利用。

第9章 微生物培养基中Cr、Co的分光光度测定法建立

目前，重金属对环境的污染已经引起了社会的广泛关注，国内外的研究人员开始倾向于用生物的方法来修复 Cr 对环境的污染。实践证明，生物修复具有投入低、消除二次污染、不破坏原有的生态环境、运行操作更简单、达到长期的效果等优点。目前，植物与微生物修复已成为国内外研究的热点。植物和微生物在与重金属的作用过程中，会改变重金属的价态，而微生物与重金属的作用过程中，培养体系中的复杂有机物会严重影响重金属的形态(常文越，2008)，这就需要寻找一种能简便、快捷、准确的测定生物样品中重金属离子含量的方法。

现今测定重金属的方法主要包括分光光度法、荧光分析法、化学发光法和原子吸收分光光度法等。其中分光光度法具有操作简便、灵敏快速、价格低廉等优点，是很多重金属测定的国标法。但微生物培养基成分复杂，对分光光度法的测定干扰比较大。微生物培养基主要成分为碳源、氮源、无机盐，包括一些特殊官能团、阴离子、阳离子等，重金属可能会与培养基中的有机质、氨基酸物质的某些基团发生了络合、螯合等作用，与培养基中的阴阳离子发生了离子交换作用，从而影响重金属价态的测量。本章拟建立微生物培养基中 Cr、Co 的分光光度法测定体系。

9.1 微生物培养基中 Cr^{3+} 和 Cr^{6+} 的分光光度测定法

自然环境中 Cr 的化合物主要是三价和六价 Cr 化合物。它们有着几乎相反的性质：适量的三价 Cr 可以降低人体血浆中的血糖浓度，提高人体胰岛素的活性，促进糖和脂肪的代谢，提高人体的应激反应能力等；而六价 Cr 则是一种强氧化剂，具有强致突变、致畸变、致癌变作用，对生物体伤害较大。如今，环境中 Cr 的污染较严重，铬盐厂、电镀厂和制革厂等在工业生产过程中所排放的废液是 Cr 污染环境的主要来源。国内外关于 Cr^{3+} 和 Cr^{6+} 的测定有许多报道，但大多数是分离后分别进行测定，或者先测出 Cr^{3+} 或 Cr^{6+}，然后通过氧化或还原测出 Cr 的总量，再用差减法计算另一个价态 Cr 的量(徐慧，2009)。石墨炉–原子吸收光谱法(GF-AAS)较国标法操作简便快速，更稳定，但仍需与其他方法连用来分离 Cr^{3+} 和 Cr^{6+}，使操作更加烦琐。色谱法具有分离效能好、进样量少的特点，可与其他检测技术联用，是一种强有力的分析手段。用色谱法测定 Cr 多见于国外报道，国内报道较少。近年来，离子色谱法的报道数量有上升的趋势，其多用于 Cr^{3+} 和 Cr^{6+} 的同时测定

（刘肖，2005），但其操作步骤仍比较烦琐，主要是通过柱子分离 Cr^{3+} 和 Cr^{6+} 后加入不同的显色剂，在不同的波长下进行光学检测（周玉芝等，1996）。

　　二苯碳酰二肼分光光度法作为国标法已被广泛使用，但是此方法的灵敏度不高，尤其是在测定 Cr^{3+} 含量时，测定误差很大，不适于测生物样品中的 Cr 含量（陈万明等，2009）。而双波长法可以同时对 Cr^{3+} 和 Cr^{6+} 进行测定，不需要事先对 Cr^{3+} 和 Cr^{6+} 进行分离，操作过程简单，Cr^{3+} 的检出限为 0.007mg/L，Cr^{6+} 的检出限为 0.025mg/L（徐红纳和王英滨，2008），但是文献报道中，此法多用于水样中的测定。为了系统地考察和测定体系中各组分对分光光度法测定 Cr 的影响，选用 KH_2PO_4、H_3PO_4、H_2SO_4、KNO_3、牛肉膏和蛋白胨 6 种物质，考察 6 种物质对用单波长法和双波长法测定 Cr^{3+} 和 Cr^{6+} 的影响，并寻找合适的测定方法。

9.1.1　不同物质对单波长法直接测 Cr 价态的影响

　　为了获得 Cr^{3+} 和 Cr^{6+} 的最大吸收波长及 6 种物质对单波长法直接测定 Cr 的价态影响，以去离子水为对照，用 1cm 石英比色皿，在 330～680nm 范围内分别测定 100mg/L Cr^{3+} 和 10mg/L Cr^{6+} 溶液的吸光度。再将等体积的 200mg/L Cr^{3+} 溶液和 20mg/L Cr^{6+} 溶液充分混合后，在 330～680nm 范围内测定相应的吸光度。按照上述方法，将考察的 6 种物质分别与上述浓度的 Cr^{3+} 和 Cr^{6+} 溶液混合后，在 330～680nm 范围内测定相应吸光度（郭丽艳，2012）。

1. Cr^{3+} 和 Cr^{6+} 相互作用的吸收光谱曲线

　　在 330～680nm 波长范围内，直接对 10mg/L Cr^{6+} 和 100mg/L Cr^{3+} 溶液及等体积混合后的溶液进行扫描。结果如图 9-1 所示，Cr^{6+} 只在 365nm 处有吸收峰，而 Cr^{3+} 在 410nm 和 580nm 处均有吸收峰。Cr^{3+} 和 Cr^{6+} 溶液等体积混合后在 370nm 处有最大吸收，在 590nm 处也有吸收。由此可知，当 Cr^{3+} 和 Cr^{6+} 溶液等体积混合后，Cr^{3+} 在 580nm 处的吸收峰和 Cr^{6+} 在 365nm 处的吸收峰都发生了红移，而混合后的吸收光谱在 370nm 处有最大吸收峰，可能是 Cr^{6+} 在 365nm 处的吸收峰发生红移，与 Cr^{3+} 在 410nm 处的吸收峰发生蓝移后叠加的结果。Cr^{3+} 在 410nm 处的吸收峰变得不明显，也可能是因为 Cr^{3+} 和 Cr^{6+} 的吸收谱叠加导致。其中，Cr^{3+} 在 580nm 和 590nm 处吸光度相差只有 0.003，而 Cr^{6+} 在 365nm 和 370nm 处的吸光度相差 0.037。可以推测，在测定中，Cr^{3+} 对 Cr^{6+} 的影响显著。而 Cr^{6+} 对 Cr^{3+} 在 580～590nm 处的吸光度没有显著影响。

2. 不同物质对 Cr^{6+} 吸收光谱的影响

　　由图 9-2 可知，在 10mg/L Cr^{6+} 溶液中加入等体积的牛肉膏（0.3%）、蛋白胨（1%）、KNO_3（5mmol/L）、KH_2PO_4（1mmol/L）后，Cr^{6+} 在 365nm 吸收峰的位置几乎没有影响，但吸光度变化显著。其中 KH_2PO_4 对 Cr^{6+} 作用得到的光谱曲线与 Cr^{6+} 的光谱曲线几乎重合，而牛肉膏、蛋白胨、KNO_3 均使此波长下的吸光度有不同程度的增加，增加幅度依次为

41.9%、34.8%、17.3%。H_3PO_4(0.005%)和 H_2SO_4(0.005%)使 Cr^{6+} 的最大吸收峰发生了蓝移，吸光度也显著减弱，降低幅度分别为 48.1% 和 48.9%。

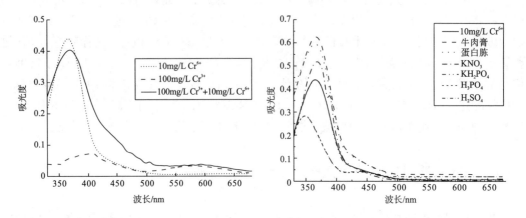

图 9-1　Cr^{3+} 和 Cr^{6+} 及混合物的吸收光谱　　图 9-2　不同物质对 Cr^{6+} 吸收光谱的影响

3. 不同物质对 Cr^{3+} 吸收光谱的影响

在 330～680nm 波长范围内，对 100mg/L Cr^{3+} 和 6 种物质等体积混合溶液进行光谱扫描（图 9-3）。由图 9-3 可知，加入等体积的牛肉膏、蛋白胨均使 Cr^{3+} 在 410nm 和 580nm 处均无明显的吸收峰。而 H_3PO_4、KH_2PO_4、H_2SO_4、KNO_3 4 种物质没有改变 Cr^{3+} 分别在 410nm 和 580nm 最大吸收峰的位置，只是吸光度有不同程度的变化，在 410nm 处减弱幅度依次为 37.8%、29.7%、22.9%、12.1%。而牛肉膏、蛋白胨、KH_2PO_4 使 Cr^{3+} 在 580nm 处吸光度显著增强，H_3PO_4、H_2SO_4、KNO_3 使吸光度小幅度下降，减弱幅度依次为 18%、24%、18%。由图 9-2 和图 9-3 可知，H_3PO_4 和 H_2SO_4 对 Cr^{3+} 和 Cr^{6+} 的吸收峰位置和吸光度都有影响，对 Cr^{6+} 的影响较 Cr^{3+} 显著。而牛肉膏和蛋白胨对 Cr^{3+} 的吸收曲线影响更为显著。

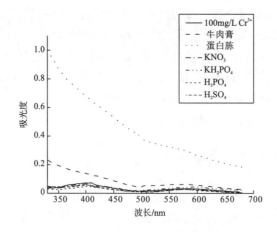

图 9-3　不同物质对 Cr^{3+} 吸收光谱的影响

从上可知，牛肉膏和蛋白胨对 Cr^{6+} 和 Cr^{3+} 均有影响，对 Cr^{3+} 的影响较显著，特征吸收峰的位置显著蓝移，吸光度显著增强。而 H_2SO_4、H_3PO_4 对 Cr^{6+} 的特征吸收峰位置和吸光度影响显著，尤其是吸光度明显减弱，对 Cr^{3+} 的影响不显著。另外，两种钾盐对 Cr^{6+} 和 Cr^{3+} 的吸收光谱几乎没有影响。通过以上的结果可以初步得出，有机质类和无机酸类对 Cr^{6+} 和 Cr^{3+} 的特征吸收峰的位置和吸光度均有不同程度的影响，而无机盐类对其影响较小。究其原因我们分析，牛肉膏和蛋白胨中含有大量的多肽和氨基酸类物质，氨基酸在可见光区域均无光吸收，在远紫外区（<220nm）均有光吸收。在紫外区（近紫外区）（220～300nm）只有 3 种氨基酸有光吸收能力，分别是苯丙氨酸、酪氨酸、色氨酸，因为它们的 R 基含有苯环共轭双键系统（许立和，2002），可能是与 Cr 发生了某种螯合反应，从而影响吸光度。冯先华等（1993）研究表明，不同的氨基酸可以和 Cr^{3+} 在自然条件下，自发进行络合反应，形成的络合物的稳定性由氨基酸的氨基和羧基与 Cr^{3+} 形成络合物的环数而定，其中六元环最为稳定。

牛肉膏和蛋白胨对 Cr^{6+} 的影响，可能是某种氨基酸的 R 基与 Cr^{6+} 形成复杂的螯合物产生了增色效应。H_3PO_3 可以将 Cr^{6+} 还原为 Cr^{3+}，而且在不同的无机酸环境中，还原速率有所不同，这与无机酸的特性有关。所以，H_3PO_4 和 H_2SO_4 使 Cr^{6+} 的吸光度显著下降的原因是将 Cr^{6+} 还原成了 Cr^{3+}。

9.1.2　不同物质对双波长法测定 Cr 价态的影响

将上述浓度的 Cr^{3+} 和 Cr^{6+} 纯溶液及混合溶液各 2mL，加入 3mL EDTA（0.05mol/L）溶液，以去离子水稀释至 pH 3～4，75℃ 水浴 10min，冷却后定容至 25mL，以空白作参比，用 1cm 石英比色皿，在 330～680nm 波长范围内做全波长扫描。按照相同方法，将 6 种物质分别与 Cr^{3+} 和 Cr^{6+} 纯溶液混合后，在 330～680nm 波长范围内测定相应吸光度。

1. 双波长法测定 Cr 价态的可行性

利用双波长法，在 330～680nm 波长范围内对其进行测定。由图 9-4 可知，Cr^{6+} 在 352nm 处有最大吸收峰，而 Cr^{3+} 在 542nm 有最大吸收峰，混合前后在 542nm 处的吸光度分别为 0.341 和 0.339，差值仅为 0.002，而 Cr^{6+} 在此波长却没有吸收，故在 542nm 处可直接测定 Cr^{3+}。而在 352nm 处，Cr^{3+} 对 Cr^{6+} 的吸光度有影响，通过等吸光点法找到 Cr^{3+} 在 352nm 处的等吸光点，即 441nm 处，通过两个波长处的吸光度作差值即可消除 Cr^{3+} 对 Cr^{6+} 吸光度的影响。因此，双波长法测定 Co 的价态是可行的。

2. 不同物质对 Cr^{6+}-EDTA 吸收光谱的影响

图 9-5 是按照双波长法对 6 种物质与 Cr^{6+}-EDTA 进行扫描的光谱图。由图所示，KH_2PO_4、H_3PO_4、H_2SO_4、KNO_3、牛肉膏和蛋白胨对 Cr^{6+} 的吸收峰位置及吸收强度几乎都没有影响。在 352 nm 处，H_2SO_4、H_3PO_4、KNO_3、KH_2PO_4、蛋白胨和牛肉膏对 Cr^{6+} 的

测定的相对误差依次为 2.54%、1.27%、0.85%、0.42%、0.85%和 1.70%。与图 9-2 相比较可知，6 种物质对直接用分光光度法测 Cr 的干扰相当大，而利用双波长法在 352nm 处测定结果的相对误差可知，双波长法已消除了 6 种物质对 Cr 测定的影响。同时也说明，双波长法可以直接测定生物样品中 Cr^{6+} 的含量。

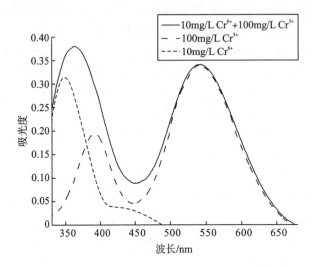

图 9-4　Cr^{3+}-EDTA 络合物和 Cr^{6+}-EDTA 混合后的吸收光谱的变化

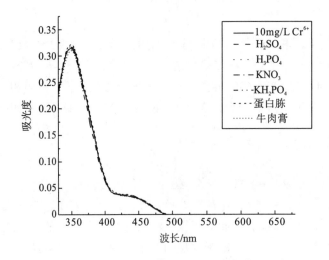

图 9-5　不同物质对 Cr^{6+}-EDTA 吸收光谱的影响

3. 不同物质对 Cr^{3+}-EDTA 吸收光谱的影响

利用双波长法对 6 种物质和 Cr^{3+} 的混合液在 330～680nm 波长范围内进行扫描，得到光谱图(图 9-6)。由图 9-6 可知，加入 EDTA 后，Cr^{3+} 在 542nm 处有最大的吸收峰，390nm 波长处也有吸收。在 542nm 和 390nm 两个波长处，6 种物质均没有改变吸收峰的位置。H_2SO_4 和 H_3PO_4 使其吸光度减弱，而蛋白胨使吸光度升高，其他 3 种物质对 Cr^{3+} 作用后的光谱曲线基本上重合。在 542 nm 处，H_2SO_4、H_3PO_4、KNO_3、KH_2PO_4、蛋白胨和牛肉膏对 Cr^{3+} 测定的相对误差依次为 14.57%、8.87%、0.32%、1.58%、1.27% 和 0.95%。从误差结果可知，H_2SO_4、H_3PO_4 对 Cr^{3+} 的影响仍较大，故在生物样品测定体系中，尽量还原后再测定 Cr^{3+} 的含量。与图 9-3 相比可知，加入 EDTA，75℃ 水浴后，对 Cr^{3+} 的吸光度更加稳定。这可能是因为 Cr^{3+} 与 EDTA 形成了稳定的络合物。同时，利用双波长法也基本消除了 6 种物质对 Cr^{3+} 测定的干扰。所以，双波长法可用于测定生物样品中 Cr^{3+} 的含量。

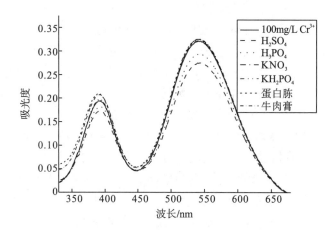

图 9-6　不同物质对 Cr^{3+}-EDTA 吸收光谱的影响

4. 双波长法测定 Cr 价态的线性范围

1) Cr^{6+} 测定的线性范围

分别量取等体积 100mg/L Cr^{3+} 标准溶液移入若干支 25mL 比色管中，然后分别加入不同体积的 Cr^{6+} 标准溶液，得到一系列不同浓度的 Cr^{6+} 溶液，分别在 352nm（测定波长）和 441nm（参比波长）波长处测出吸光度。回归方程为：$y=315.89x-1.4142$（x 为吸光度，y 为 Cr^{6+} 的浓度），相关系数 $R^2=0.9971$，线性范围为 0～80mg/L。

2) Cr^{3+} 测定的线性范围

分别量取等体积 100mg/L Cr^{6+} 标准溶液移入若干支 25mL 比色管中，再分别加入不同体积的 Cr^{3+} 标准溶液，得到一系列不同浓度的 Cr^{3+} 溶液，在 542nm 波长处测出吸光度。回归方程为 $y=298.09x-2.8994$（x 为吸光度，y 为 Cr^{3+} 的浓度），相关系数 $R^2=0.9974$，线性范围为 0～160mg/L。

综上所述，我们得出了以下结论：

(1) 单波长法可以直接测定 Cr^{3+} 和 Cr^{6+} 的纯溶液，但不能应用于生物样品中 Cr 的价态测定。

(2) 在生物样品测定体系中，双波长法几乎消除了 6 种物质对 Cr^{3+} 和 Cr^{6+} 测定的影响及 Cr^{3+} 和 Cr^{6+} 相互之间的影响。而且，利用等吸收点法找到 Cr^{3+} 在 352nm 处的等吸收点为

441nm，就可以消除对 Cr^{6+} 的干扰。标准曲线线性关系较好，R^2 值分别为 0.9971 和 0.9974，测定 Cr^{3+} 和 Cr^{6+} 的线性范围分别是 0～160mg/L 和 0～80mg/L。

9.2 微生物培养体系中 Co 的分光光度法测定

在各种重金属中，Co 由于其毒性较其他重金属小，还是人体必需的微量元素，以往对 Co 污染的重视程度并不是很高。但随着 Co 及钴化物的应用不断扩大，水体及土壤的 Co 污染也与日俱增。目前，常见的检测 Co 的方法有分光光度法、原子吸收光谱法、极谱法、高效液相色谱法、化学发光法、电感耦合等离子体发射光谱法、电感耦合等离子体质谱法等。其中分光光度法具有操作简便、灵敏快速、价格低廉等优点，在 Co 的分析检测中被广泛采用，但至今从未应用于微生物培养体系中的 Co^{2+} 测定。

国内外关于微生物培养体系中 Co^{2+} 的测定有许多报道，绝大多数采用的是原子吸收光谱法，但由于费用高且极易受有机物的干扰，很难满足实验室的需求。以苦氨酸偶氮变色酸为显色剂的分光光度法，因具有设备简单、操作简便、快速及价格低廉且准确度和精密度都较高等优点，被成功应用于测定钢铁、铝合金和硬质合金中的 Co。本书主要研究分光光度法测定细菌培养体系中的 Co^{2+}。分光光度法的主要原理：在 pH=10.2 的柠檬酸铵-氨水缓冲液中，Co^{2+} 与苦氨酸偶氮变色酸发生灵敏的显色反应，形成绿色配合物，在 464nm 处有特征吸收峰。苦氨酸偶氮变色酸已用于测定钢铁、铝合金和硬质合金中的 Co，若应用于常用的微生物培养体系(LB 培养基、NA 培养基和 TGY 培养基)中 Co^{2+} 的检测，LB 培养基、NA 培养基和 TGY 培养基会显著干扰测定。

本研究尝试将苦氨酸偶氮变色酸应用于微生物培养体系中 Co^{2+} 的分光光度法测定。首先探讨 5 种培养基组分(牛肉膏、蛋白胨、酵母粉、葡萄糖和 NaCl)与苦氨酸偶氮变色酸-Co^{2+} 络合物相互作用的波长扫描，确立了最适测定波长，进一步优化 Co^{2+} 与苦氨酸偶氮变色酸的显色反应体系，探讨不同的培养条件(pH 和培养时间)对培养体系中 Co^{2+} 分光光度法测定的影响。

9.2.1 苦氨酸偶氮变色酸-Co 显色体系的优化

1. 苦氨酸偶氮变色酸-Co 显色体系最适检测波长的确定

为了确立苦氨酸偶氮变色酸-Co 显色体系的最适测定波长，需要系统地考察培养体系中各培养基组分对 Co^{2+} 络合物的波长扫描影响。以去离子水为对照，将 5 种培养基组分(0.3%牛肉膏、1.0%蛋白胨、0.5%酵母粉、0.1%葡萄糖和 1.0%NaCl)分别与 10.00mg/L 的 Co^{2+} 溶液混合后，用 1cm 石英比色皿，在 330～680nm 波长范围内进行光谱扫描。

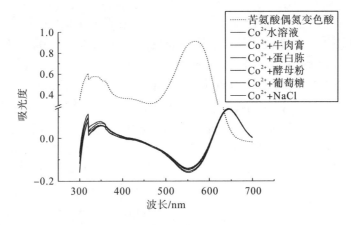

图 9-7　培养基组分与 Co^{2+} 相互作用的吸收光谱

如图 9-7 所示，在柠檬酸铵-氨水介质中，苦氨酸偶氮变色酸与 Co^{2+} 形成 1∶1 的绿色配合物，其特征吸收波长分别为 645nm、550nm 和 320nm。而当细菌培养基组分存在时，苦氨酸偶氮变色酸-Co^{2+} 络合物的特征吸收波长没有发生位移，吸光度发生了如下变化：葡糖糖和 NaCl 对络合物在所有特征波长处的吸光度没有影响；牛肉膏、蛋白胨和酵母粉则对络合物在 645nm 处的吸光度没有影响，而在 550nm 处的影响率分别为 2.84%、9.22% 和 13.48%，在 320nm 处影响率分别为 24.05%、43.04% 和 16.46%。另外，苦氨酸偶氮变色酸的最大吸收波长为 568nm，与络合物最大波长的相互对比度为 248nm，符合测定原理。综合以上因素，在细菌培养体系中，Co^{2+} 与苦氨酸偶氮变色酸所形成络合物的测定波长优化为 645nm。

2. 苦氨酸偶氮变色酸与 Co^{2+} 最适反应条件的确定

(1) 缓冲液优化：取 Co^{2+} 标液质量为 10.00μg，固定 0.20g/L 苦氨酸偶氮变色酸体积为 3.0mL，分别加入 2.0mL、3.0mL、4.0mL、5.0mL、6.0mL、7.0mL、8.0mL、9.0mL 的柠檬酸铵-氨水缓冲液，用纯水定容至刻度线，摇匀后放置 15min。在波长 464nm 处，用 1cm 比色皿，以试剂空白为参比测吸光度。从图 9-8(a) 中可以看出，缓冲液(pH=10.2)的用量在 2.0~9.0mL 时，络合物的吸光度先保持稳定，最后呈现上升的趋势，而在 2.0~8.0mL 范围内基本不变。由于培养过程中细菌的代谢活动会不同程度地改变培养基的 pH，缓冲液用量越多，对培养基中 Co^{2+} 的测定提供的缓冲能力越强；另外，缓冲液用量应处于 Co^{2+} 吸光度稳定的用量范围内。因此，本研究选用 7.0mL 缓冲液用量。

(2) 显色剂优化：按上述方法固定柠檬酸铵-氨水缓冲液的体积为 7.0mL，分别加入 1.0mL、2.0mL、3.0mL、4.0mL、5.0mL、6.0mL、7.0mL、8.0mL、9.0mL 的 0.20g/L 苦氨酸偶氮变色酸，测定相应吸光度。当所取 Co^{2+} 标液质量为 10.00μg，0.02%的显色剂用量在 1~9.0mL 时，如图 9-8(b) 所示，络合物吸光度先保持稳定，最后缓慢下降，在 1.0~7.0mL 范围内基本一致。由于苦氨酸偶氮变色酸价格昂贵(约 1000 元/g)，且 3.0mL 的显色剂用量可以测定 0~1.5mg/L Co^{2+}，足以达到一般实验室研究所需的浓度，处于络合物吸光度稳定的用量范围内，因此本研究选用 3.0mL 显色剂用量是可行的。

（3）反应时间优化：按上述方法，固定柠檬酸铵-氨水缓冲液和 0.20g/L 苦氨酸偶氮变色酸的体积分别为 7.0mL 和 3.0mL，分别放置 1min、5min、10min、15min、30min、45min、60min、90min、120min、150min、180min、240min、300min、360min、420min、480min、540min、600min 后，测定相应的吸光度。图 9-8（c）表明，Co^{2+}与苦氨酸偶氮变色酸的显色反应可在 10min 内达到最大值，在继续放置的 6h 内吸光度基本不变，之后呈现缓慢下降趋势。故确定显色反应时间为 15min，即放置 15min 后进行比色，6h 内显色有效。

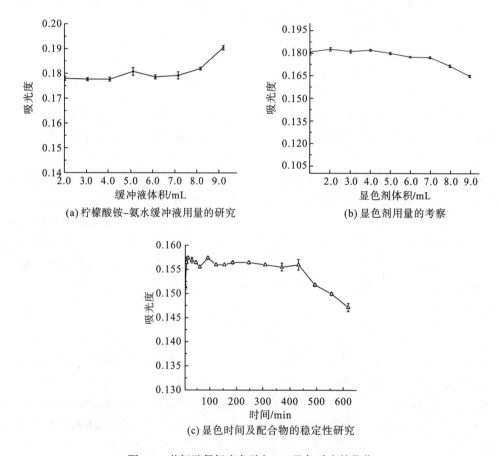

(a) 柠檬酸铵-氨水缓冲液用量的研究　　(b) 显色剂用量的考察

(c) 显色时间及配合物的稳定性研究

图 9-8　苦氨酸偶氮变色酸与 Co 显色反应的优化

3. 标准曲线的线性范围

分别取 0μL、5μL、10μL、20μL、40μL、80μL、100μL、200μL、300μL、400μL、500μL、600μL、650μL、700μL、750μL 的 50mg/L Co^{2+}标准溶液分别置于 15 个 25mL 比色管中，然后分别加入 7.0mL 柠檬酸铵-氨水缓冲液和 3.0mL 0.20g/L 苦氨酸偶氮变色酸，用纯水定容至刻度线，摇匀放置 15min。在波长 464nm 处，用 1cm 比色皿，以试剂空白为参比测定吸光度。以 Co^{2+}标准溶液的浓度（mg/L）为横坐标，相应的吸光度为纵坐标，绘制标准曲线。

获得的标准曲线如图 9-9 所示，回归方程为 $y=0.4614x+0.0033$，线性相关系数 $R^2=0.9991$，Co^{2+} 的含量在 0～1.5mg/L 范围内符合比尔定律。另外，由所述的标准曲线求得摩尔吸光系数 ε 值为 2.69×10^4 L/(mol·cm)。一般认为 ε 为 6×10^4 L/(mol·cm) 时，属高灵敏度。

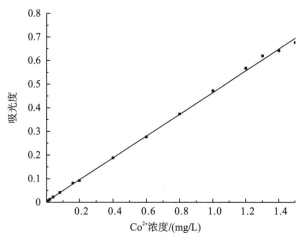

图 9-9　Co^{2+} 标准曲线

综上所述，苦氨酸偶氮变色酸与 Co^{2+} 显色反应的体系优化为：7.0mL 柠檬酸铵-氨水缓冲液；3.0mL 苦氨酸偶氮变色酸；15min 反应时间；645nm 测定波长；Co^{2+} 的含量在 0～1.5mg/L 范围内符合比尔定律。

9.2.2　培养体系中 Co 分光光度法测定的可行性

1. 培养体系中 Co^{2+} 的稳定性

选择常用的 3 种细菌培养基：LB、NA 和 TGY。于 250.0mL 三角瓶中加入 98.0mL 新鲜配制的灭菌后的细菌培养基，以及 2.0mL 高温灭菌后的 5.00g/L Co^{2+}，得到 100.00mg/L Co^{2+} 溶液，并置于 37℃，120r/min 下振荡培养，每 12h 取样 0.2mL 测定 Co^{2+} 吸光度，以培养时间为横坐标，影响率为纵坐标，绘制出培养条件下细菌培养基对 Co^{2+} 的测定影响曲线。

以 A_0 代表初始 Co^{2+} 吸光度，A_x 代表各个时间点测得的 Co^{2+} 吸光度，则影响率可以表示如下：

$$影响率=\frac{A_0-A_x}{A_0}\times100\% \tag{9-1}$$

在常规培养条件下，即 pH 为 7.0～7.2 和振荡时间为 72h，对 Co^{2+} 测定的影响率由实验组的 Co^{2+} 吸光度相对于对照组(水)的 Co^{2+} 吸光度的变化率表示，结果如图 9-10 所示。

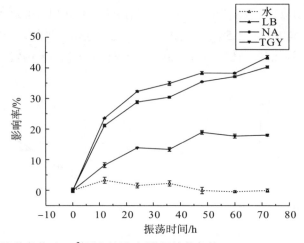

图 9-10 常规培养条件对 Co^{2+} 测定的影响（常规培养条件：pH=7.0～7.2；培养时间 72h）

从图中可以看出，当 pH 为 7.0～7.2 时，在振荡的 72h 内，LB、NA 和 TGY 培养基对 Co^{2+} 测定的影响率总体呈现不断上升的趋势，72h 时达到最大，分别为 43.46%、40.32% 和 18.03%。培养基组分可能与 Co^{2+} 产生络合作用，并使影响率产生饱和趋势，严重影响了培养基中的活体微生物对 Co^{2+} 的去除效率。

2. pH 和培养时间对 Co^{2+} 的稳定性影响

分别调节 3 种细菌培养基的 pH 至 5.0、6.0、7.0、8.0、9.0，探究不同 pH 条件对 Co^{2+} 测定的影响。调节细菌培养基 pH 为 5.0～6.0，重复以上操作，探讨不同培养时间对 Co^{2+} 测定的影响。

每个时间点测得的 Co^{2+} 吸光度相对于纯水中 Co^{2+} 吸光度的变化率即得到影响率。图 9-11(a) 表明，当培养基的 pH 为 7.0～9.0 时，LB、NA 和 TGY 培养基对 Co^{2+} 测定的影响率竟超过 50%；当调节 pH 为 5.0～6.0 时，LB、NA 和 TGY 培养基对 Co^{2+} 测定的

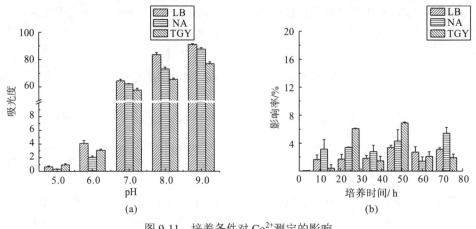

图 9-11 培养条件对 Co^{2+} 测定的影响

(a)不同 pH；(b)不同培养时间

影响率都控制在了 5%以内。图 9-11(b)进一步表明，在考察的 72h 内，培养时间对 Co^{2+} 测定的影响总体呈波动变化，但整体都控制在 7%以内，LB、NA 和 TGY 培养基对 Co^{2+} 测定的影响率分别为 1.65%～3.36%、5.44% 和 6.90%，最小分别为 1.65%、1.42% 和 0.41%。后期研究也表明，当 pH 调节至 5.0～6.0 时，培养基不会影响细菌的生长。因此，当培养基的 pH 调到 5.0～6.0 时，可以将苦氨酸偶氮变色酸分光光度法应用于细菌培养基中 Co^{2+} 的测定。

9.3　细菌胞内 Cr 价态的溶菌酶联合超声波破碎的测定方法

目前，常见的微生物细胞内产物释放是通过细胞破碎的方法实现，主要分为两大类：一类为机械法，包括超声波破碎法、珠磨法、压榨法、高压匀浆法等；二类为非机械法，包括酶溶法、化学裂解法等。近年来，一些研究人员还发现采用激光破碎法、高速相向流撞击法、冷冻-喷射法和低电压细胞破碎法等方法来对细胞进行破碎处理，收到了很好的成效。在实际生产中，必须根据细胞膜和细胞壁的化学组成成分和结构来选择合适的方法破碎细胞，才能最大限度地对细胞进行破碎，减小破碎方式对胞内金属离子的价态影响。

超声波破碎法是实验室常用细胞破碎法，是一种液相剪切破碎法。经试验研究发现，超声波的细胞破碎效率与超声波的声频、处理时间、细胞浓度以及细胞种类等有关。这种细胞破碎方法主要面临的问题是超声波在细胞破碎处理过程中会不断产生热量而使温度升高，因此在生产使用中还需要加大投入来控制操作温度，避免温度影响胞内金属价态的改变。同时，该破碎方法一次只能处理一个样品，操作耗时。另外，还需要控制好待破碎细胞的浓度，这样才能保证声波更好地传递，让细胞得到充分破碎。

溶酶法是现在普遍应用的一类细胞破碎方法之一，利用溶解细胞壁的酶处理菌体细胞，使细胞壁受到部分或完全破坏后，再利用渗透压冲击等方法破坏细胞膜，进一步增大胞内产物的通透性。肽聚糖是细菌细胞壁的主要成分，由 N-乙酰葡萄糖胺与 N-乙酰胞壁酸借 β-1,4 糖苷糖连接为聚糖骨架，再与四肽侧链及五肽交联桥共同构成。溶菌酶则可通过破坏细菌特别是革兰阳性细菌细胞壁中的 N-乙酰胞壁酸和 N-乙酰氨基葡糖之间的 β-1,4 糖苷键来破碎细胞，但存在破碎不够彻底等缺点。

超声波清洗仪一般用于物件全面清洗，特别对深孔、盲孔、凹凸槽的清洗最为理想。当超声波作用于液体中时，液体中每个气泡的破裂瞬间会产生能量极大的冲击波，相当于瞬间产生几百摄氏度的高温和高达上千个大气压的压力，这种现象被称为"空化作用"，超声波清洗正是利用液体中气泡破裂所产生的冲击波来达到清洗和冲刷工件内外表面的作用。该破碎方法具有批量处理、操作温和等优点。本方法则创造性地采用溶菌酶联合超声波清洗仪的方法来对细菌进行破碎，以最大限度地破碎细胞，释放 Cr 离子，最小限度地影响胞内重金属的价态测定。

9.3.1 超声波破碎法的细胞破碎效率

取 40mL 的菌液，5000r/min 离心 10min，离心后分别测试上清液中的 Cr^{6+} 和总 Cr 的浓度，作为细胞内的理论 Cr 浓度。离心沉淀经 PBS 缓冲液清洗离心后，取沉淀按照表 9-1 中的参数处理，处理后将混合液在 5000r/min 条件下离心 15min，取上清液分别测试其中的 Cr^{6+} 和总 Cr 的浓度，作为细胞内的实际 Cr 浓度。实验组的所有数据测试完成后，再将对照组中的培养基取出相同的量，测定其中的 Cr^{6+} 和总 Cr 的浓度值。

Cr^{6+} 测定：采用二苯碳酰二肼分光光度法，即取适量体积胞外 Cr 溶液于 50mL 比色管中，用超纯水稀释至刻度线，再加入 1∶1 H_3PO_4 和 1∶1 H_2SO_4 各 0.5mL，以及 DPC 2mL，摇匀静置 10min，以纯水作为对照，于 540nm 波长下测 OD 值。

总 Cr 的测定：采用高锰酸钾氧化法–二苯碳酰二肼分光光度法进行测定，即取适量上述溶液于锥形瓶中，加入 0.5mL H_2SO_4 和 0.5mL H_3PO_4，摇匀，滴加 2 滴 $KMnO_4$ 溶液，加热煮沸使溶液保持紫红色 15min 内不变。取下冷却，加 1mL 尿素，摇匀，滴加 $NaNO_2$ 至紫红色刚好褪去，转移至 50mL 比色管中，测吸光度。

采用两种细胞破碎方案：

方案 1：超声波细胞破碎仪破碎法，设置超声波处理时间和超声波功率两因素，具体实验组合情况如表 9-1 所示。

表 9-1 超声波破碎方案分组参数

实验分组	超声波处理时间/min	超声波功率/%
1	15	50
2	15	70
3	15	90
4	30	50
5	30	70
6	30	90
7	45	50
8	45	70
9	45	90

方案 2：溶菌酶联合超声波清洗仪破碎法，分析采用四因素三水平的正交方案进行，具体组合如表 9-2 所示。

表 9-2 溶菌酶+超声波清洗仪联合破碎方案

实验分组	溶菌酶浓度/(mg/mL)	酶处理时间/min	超声波功率/%	超声波处理时间/min
1	2.0	15	50	15
2	2.0	30	70	30

续表

实验分组	溶菌酶浓度/(mg/mL)	酶处理时间/min	超声波功率/%	超声波处理时间/min
3	2.0	45	90	45
4	4.0	15	70	45
5	4.0	30	90	15
6	4.0	45	50	30
7	6.0	15	90	30
8	6.0	30	50	45
9	6.0	45	70	15

$$破碎率 = \frac{胞内总 Cr}{实际总 Cr 浓度 - 胞外总 Cr 浓度} \times 100\%$$

图 9-12 为超声波破碎机对细胞的破碎效率比较，可以发现使用超声波破碎法破碎微生物细胞的破碎率比较高，基本上保持在 90%以上。图 9-13 为溶菌酶和超声波清洗仪联合破碎细胞的各组破碎效率比较。由图可见，微生物细胞破碎率在 70%~90%，破碎效果没有第 1 种方案好。

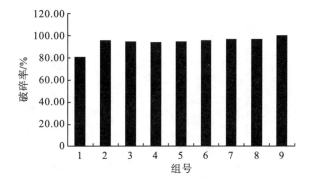

图 9-12　超声波破碎细胞的各处理组破碎效率比较

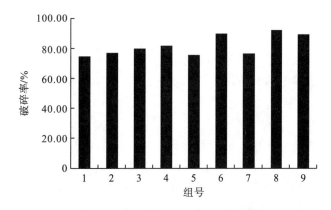

图 9-13　溶菌酶和超声波联合破碎细胞的破碎效率比较

9.3.2 超声波破碎对 Cr 价态的影响

溶菌酶联合超声波清洗仪破碎法和超声波细胞破碎仪破碎法都对各自提取的目标产物有一定的影响,本研究中主要考察这两类破碎方法对于重金属 Cr 价态的影响程度,结果如图 9-14 和图 9-15 所示。

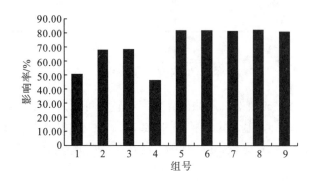

图 9-14 超声波细胞破碎仪破碎各组细胞对 Cr 价态影响

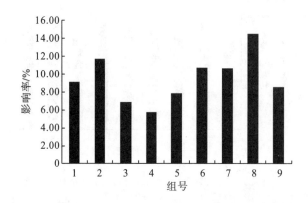

图 9-15 溶菌酶联合超声波清洗仪破碎各组细胞对 Cr 价态影响

从图 9-14 可以看出,超声波细胞破碎仪破碎法对细胞内重金属 Cr 价态的影响最低的一组是第 4 组,但都高至 47%左右。图 9-15 显示,溶菌酶联合超声波清洗仪破碎法对重金属 Cr 价态的影响程度最大的一组为第 8 组,只有 15%左右,影响程度最小的第 4 组不到 6%。

综上,超声波细胞破碎仪的破碎百分比相对较高,对重金属 Cr 的价态影响较大,达到了 50%以上。溶菌酶联合超声波清洗仪破碎细胞的破碎率为 70%~90%,比超声波细胞破碎仪的破碎率小,但这种方案操作较温和,对 Cr 价态的影响程度较弱,且所有组破碎细胞对 Cr 的影响程度都优于超声波细胞破碎仪破碎法,最优的一组对 Cr 的影响程度不到 6%,说明本方法对重金属 Cr 价态的影响程度更小。

因此,通过选用溶菌酶浓度、溶菌酶处理时间、超声波破碎功率和超声波处理时间进行四因素三水平的正交方案破碎，通过正交分析优化破碎参数，获得最佳破碎方案为：溶菌酶浓度 4mg/mL、溶菌酶处理时间 15min、超声波破碎功率 70%、超声波处理时间 45min。此方法具有设备简单、操作简便、操作环节比较温和、对 Cr 价态影响小等优点，可进行批量处理且运行成本低。

第10章　核素污染环境的植物-微生物联合修复

　　微生物与植物联合修复土壤重金属及核素的污染,是利用土壤-微生物-植物的互利共生的关系,充分发挥超富集植物修复技术和微生物修复技术的各自优势,弥补相互之间的不足,从而提高重金属及核素污染土壤的修复效率,不断改进从而达到彻底修复土壤污染的目的。近几年来,对植物和专性菌株联合修复技术的研究一直是一个热点。在自然情况下,重金属及核素的污染经常会造成该地区微生物数量种类的变化以及生物量的减少(王菲等,2008)。不过也有研究显示,虽然微生物的种类以及生物量发生减少(陈桂秋等,2008),但是微生物数量并没发生明显改变,有的甚至出现了升高(郗红建等,2004)。所以,在重金属及核素污染的地区,虽然其动植物稀少,但微生物的数量变化并不那么显著,表明在该地区出现了大量高抗菌群。土壤中的这些高抗菌群很多对植物的生长具有有益的刺激和保护作用,有的还具有分泌生长激素、去除致病菌、活化土壤中重金属的能力,有利于进行土壤的修复治理。如果对这些高抗菌群进行筛选,那么将可能对植物的修复产生巨大促进作用。

　　菌根是土壤中真菌菌丝和植物根系形成的互利共生联合体(Jin et al.,2005),其最初的研究始于20世纪80年代。最早的相关研究可以说是初始于根瘤菌,后来才逐渐展开。研究发现,在重金属矿区发现的植物多为菌根植物,其生长状态很好。含有大量微生物的菌根是一个复杂而又精细的群体,这类群体与植物互利共生,对污染物具有较强的降解能力,同时在菌根内部能维持很好的种群密度和生理活性,使其不受环境的变化影响。这些特性对土壤重金属的污染方面意义巨大,关于此方面的研究也是植物与微生物联合修复技术的主要研究方向之一。Declerck 等(2003)的研究表明,从枝菌根真菌在宿主植物根系表面形成的根外菌丝网,从放射性核素 Cs 标记的根自由区域吸收、转运 Cs 到植物的根生长系统,减少了土壤中 Cs 的残留量。Liu 等(2005)的研究表明,接种 *G. mosseae* 增加了番茄对 As 的吸收量(70~105μg/盆),显著地提高了番茄对 As 的耐受性。刘灵芝等(2011)研究发现,从枝菌根与植物联合促进了 Cd 向万寿菊地上部的转运。有些报道表明,从枝菌根增加了植物地上部和地下部 Pb、Cu、Ni 和 Cr 的浓度(Chen et al.,2005;Arriagada et al.,2009;Citterio et al.,2005)。Barea 等(2005)研究发现,从枝菌根菌丝体有效地将重金属与磷酸基团结合起来,增强了一些植物对重金属的耐受性。Entry 等(1999)研究发现,巴哈雀稗(*Paspalum notatum*)、宿根高粱(*Sorghum halpense*)和柳枝稷(*Panicum virginatum*)自身能吸收土壤中的 ^{137}Cs 和 ^{90}Sr,接种 *G.mosseae* 和 *G. ntraradices* 后,能增强各种草的地上部生物量,增加植物组织对 ^{137}Cs 和 ^{90}Sr 的富集能力,尤其以 *G. mosseae* 接种宿主高粱效果最为明显,从而缓解了 ^{137}Cs 和 ^{90}Sr 对宿主植物的胁迫毒害。同时,Dubchak 等(2010)研究发现,接种 *G. intraradices* 促进了太阳花对 ^{134}Cs 的吸收,其富集量是未接种的 5 倍。Theuerl 和 Buscot(2010)、Piao 和 Liu(2011)研究表明，宿主植物的根系和根外菌丝体能够形成和释放大量的有机物，这些有机物能溶解难以被利用的营养物，使之具有较强的移动能力，以便被宿主植物吸收。Ostertag(2010)研究显示，丛枝菌根真菌产生的磷酸酯酶，一方面增强了迁移矿质营养物的能力，同时有助于宿主植物吸收利用营养物。接种 *Gigaspora margarita* 对 Cu 和 Zn 胁迫下豆科植物非酶抗氧化物质(谷胱甘肽、抗坏血酸)有明显的改善作用，有利于降低超氧化物对植物细胞的损伤，提高对逆境胁迫的抗性(Lanfranco，et al.，2005)。谢翔宇等(2013)研究表明，低浓度接种 *G. geosporum* 增强了 Cd 胁迫下秋茄幼苗的 SOD、POD 和 CAT 酶活性，更好地清除了活性氧，减轻了 Cd 胁迫对秋茄的毒害。Weiersbye 等(1999)经研究证实，U 可以在丛枝菌根的泡囊和孢子中富集。Declerck 等(2003)在根器官培养条件下研究发现，层状球囊霉菌(*G. lamellosum*)根外菌丝可吸收、积累并转运放射性核素 ^{137}Cs 到植物根系中，但 ^{137}Cs 存在于菌根结构还是迁移到宿主植物根细胞内，还有待进一步研究。Rufyikiri 等(2004)和 de Boulois 等(2005a，2005b)发现，丛枝菌根根内组织可以积累 ^{137}Cs，同时减少其向菌根内的转运，他们还认为菌根真菌可应用于放射性元素污染土壤的植物稳定中。

总之，接种后的植物，尤其是草类植物，能有效去除土壤中的放射性核素，在一定程度上用微生物–植物修复和复垦放射性核素污染的土壤是一个可行的对策。

10.1　丛枝菌根真菌(AMF)–植物联合修复 Co 污染土壤

丛枝菌根真菌(arbuscular mycorrhiza fungi)也称 AMF。土壤中的 AMF 与寄主植物根系形成的一种互惠互利共生体，能帮助寄主植物从土壤中吸收更多的水分和矿质元素，从而成为土壤与植物间物质的运输载体，对植物的生长和发育显得尤为重要。AMF 在促进宿主植物生长的同时，也完全依赖宿主植物供给自身生长所必需的碳水化合物(Hodge et al.，2001)。AMF 共生系统通常会增加植物的生物量，提高光合作用，并且对光合作用的部分产物有分配的作用(刘杰等，2011)。有研究发现，复垦地接种 AMF 后，可显著提高植物生物量和加速培肥土壤。AMF 在加速侵蚀土壤植被恢复中有较大作用(林先贵等，2002)。接种 AMF 具有抵消由于覆土少而导致植物产量降低的潜力，其对粉煤灰充填复垦的植被重建具有重要作用(毕银丽等，2002)。其次，AMF 对荒漠化生态系统的土壤质量和植被恢复也有一定的改善作用(Requence et al.，2001)。在日本，利用 AMF 术成功修复了火山活动破坏地的植被。在委内瑞拉，将 AMF 应用于南部的生态重建，使因修筑水电站而毁坏的萨王那植被得到恢复。

AMF 对植物吸收重金属的效应有很多报道，但结果很不一致。一种说法认为，AMF 能促进某些植物的根对 Co、Zn、Cd 和 Pb 等的吸收，但会抑制其向地上部转运(孔凡美等，2007；Abalel-Aziz et al.，1997；Lambert and Weidensaul，1991；Joner and Leyval，2001；Dehn and Schuepp，1989)。另一种说法则认为，重金属胁迫下 AMF 的效应与菌种有关(陶红群等，1998；鹿金颖等，2002；Chen et al.，2006；Declerck et al.，2003)。另外也存在一些其他说法，如 Jayakumar 和 Cherath(2009)以大豆中的外源性 Co^{2+} 的研究来表征 Co^{2+} 在植物中的吸收和积累，结果表明种子萌发期胚芽的长度随着低水平下 Co^{2+} 的增长而显著增加。Woodard 等(2003)在考察番茄对 Co^{2+} 的修复能力时，发现番茄的不同部位对 Co^{2+} 的积累量不同，并且提出番茄修复有毒土壤时 Co^{2+} 可以作为积累 Fe 和 Zn 的增效剂或拮抗剂的看法。

本研究选取生长快、生物量大、易于收割、抗性较强的超富集植物番茄和向日葵为材料，利用 4 种 AMF 摩西球囊霉、地球囊霉、地球表囊霉、透光球囊霉及其组合与该两种富集植物共生协作，对其进行 Co^{2+} 污染模拟土壤修复试验，研究其吸收、转运、富集机理和生理机制，了解植物在 Co^{2+} 胁迫下植物吸收土壤中 Co^{2+} 的能力，以期选出适合 Co^{2+} 污染土壤修复的植物和菌种组合；试验土壤选用无污染黄壤土，采用三因素完全随机设计，设置 64 个处理。其中，A 因素为 AMF 种类：A1 为土壤未灭菌不接种(CK1)；A2 为土壤灭菌不接种(CK2)；A3 为摩西球囊霉 *Glomus mosseae*(G.m)接种；A4 为地球囊霉 *Glomus geosporum*(G.g)接种；A5 为地表球囊霉 *Glomus versiforme*(G.v)接种；A6 为透光球囊霉 *Glomus diaphanum*(G.d)接种；A7 为摩西球囊霉和地表球囊霉(G.m+G.v)混合接种；A8 为地球囊霉和透光球囊霉(G.g+G.d)混合接种。B 因素为核素 Co^{2+} 浓度：B1 土壤 Co^{2+} 浓度为 0mg/kg，对照土壤；B2 土壤 Co^{2+} 浓度为 20mg/kg；B3 土壤 Co^{2+} 浓度为 40mg/kg；B4 土壤 Co^{2+} 浓度为 60mg/kg。C 因素为植物种类：C1 为番茄，C2 为向日葵。每个处理重复 3 次，共计 192 盆。

10.1.1　Co 处理土壤中 AMF 对番茄、向日葵的侵染率

菌根侵染率是衡量菌根真菌是否与植物共生及共生效果的重要指标，对 Co^{2+} 处理土壤中 AMF 对番茄、向日葵的侵染率进行测定得图 10-1。由图 10-1 可以看出，在不同 Co^{2+} 浓度条件下，除未接种的对照 CK2 外，其余处理均可观察到菌根侵染，各处理侵染率显著高于对照 CK1。随着 Co^{2+} 浓度的升高，各处理侵染率变化不显著，说明 Co^{2+} 处理对菌根侵染率影响不明显,番茄根系的侵染率为30%～45%,向日葵根系的侵染率为30%～40%。

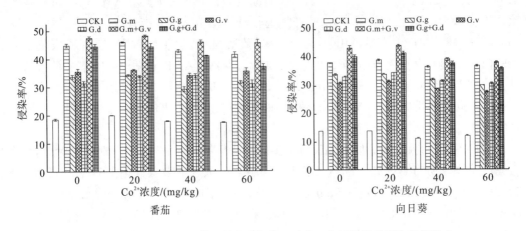

图 10-1　AMF 对不同 Co^{2+} 浓度污染条件下番茄、向日葵根系侵染率的影响

在无 Co^{2+} 添加的对照土壤中，番茄、向日葵与 G.m+G.v 混合接种均呈现最高的侵染率，分别达到 47.48% 和 43.56%，显著高于其他菌种($P<0.05$)，分别是自然接种对照 CK1 的 2.56 倍和 3.16 倍。番茄根系侵染率的高低顺序为 G.m+G.v>G.m>G.g+G.d>G.v>G.g>G.d>CK1>CK2，向日葵根系侵染率的高低顺序为 G.m+G.v>G.g+G. d>G.m>G.g>G.d>G.v>CK1>CK2。在 Co^{2+} 浓度为 20mg/kg、40mg/kg、60mg/kg 的土壤中，番茄与 G.m 和 G.m+G.v 混合接种均呈现较高的侵染率，高达 45.95% 和 48.19%，G.g+G.d 混合接种次之；向日葵与 G.m+G.v 混合接种均呈现最高的侵染率，高达 44.43%，是自然接种对照 CK1 的 3.20 倍，G.m 和 G.g+G.d 次之，其他菌种侵染率都在 30% 左右。由此可见，在不同 Co^{2+} 浓度条件下，接种 G.m+G.v 时侵染率均效果最好，单一接种以 G.m 效果较佳，侵染率总体表现为：混合菌种>单一菌种。

10.1.2　AMF 对 Co 处理土壤中番茄、向日葵吸收、转运及富集 Co 的影响

对 AMF 处理下番茄、向日葵地上部和根部 Co^{2+} 含量进行分析测定得表 10-1。从表中可看出，无论是番茄还是向日葵均表现地上部和根部 Co^{2+} 浓度随土壤中 Co^{2+} 处理浓度的增大而增加，根部 Co^{2+} 浓度高于地上部 Co^{2+} 浓度，根部比地上部积累更多的 Co^{2+}。不同菌根处理在不同 Co^{2+} 浓度处理土壤中对两种植物吸收 Co^{2+} 的效应不同。在 Co^{2+} 浓度为 20mg/kg 条件下，番茄根部 Co^{2+} 含量在接种 G.m+G.v 时达到最大值 54.16mg/kg，与自然接种对照 CK1 相比增加了 39.55%。而在接种 G.v 时，地上部 Co^{2+} 含量达到最大值 30.41mg/kg，与自然接种对照 CK1 相比增加了 6.33%。在 Co^{2+} 浓度为 40mg/kg 条件下，接种 G.g+G.d 根部 Co^{2+} 含量达到最大值 82.20mg/kg，与自然接种对照 CK1 相比降低了 19.94%，而地上部 Co^{2+} 含量在接种 G.g 时达到最大值 46.39mg/kg，与自然接种对照 CK1 相比增加了 17.89%。在 Co^{2+} 浓度为 60mg/kg 条件下，根部 Co^{2+} 含量在接种 G.g 时达到最大值 171.00mg/kg，与自然接种对照 CK1 相比增加了 115.88%，而地上部 Co^{2+} 含量在接种 G.g+G.d 时达到最大值 55.75mg/kg，与自然接种对照 CK1 相比增加了 19.64%。

在 Co^{2+} 浓度为 20mg/kg 条件下，各菌种处理向日葵地上部 Co^{2+} 含量均显著高于对照组，而根部 Co^{2+} 含量，除接种 G.m 和 G.m+G.v 外，均显著高于对照组。根部 Co^{2+} 含量在接种 G.v 时达到最大值 50.37mg/kg，与自然接种对照 CK1 相比增加了 82.30%。而在接种 G.d 时，地上部 Co^{2+} 含量达到最大值 9.05mg/kg，与自然接种对照 CK1 相比增加了 38.59%。在 Co^{2+} 浓度为 40mg/kg 条件下，各菌种处理向日葵根部 Co^{2+} 含量均显著高于对照组，地上部 Co^{2+} 含量无明显差异。在接种 G.m+G.v 时，根部 Co^{2+} 含量和地上部 Co^{2+} 含量达到最大值，分别为 76.33mg/kg、21.74mg/kg，与自然接种对照 CK1 相比增加了 64.47%、61.04%。在 Co^{2+} 浓度为 60mg/kg 条件下，根部 Co^{2+} 含量在接种 G.v 时达到最大值 92.55mg/kg，与自然接种对照 CK1 相比增加了 23.06%，而地上部 Co^{2+} 含量在接种 G.d 时达到最大值 14.05mg/kg，与自然接种对照相比增加了 50.75%。

Co^{2+} 积累量为相同处理下该种植物该部位 Co^{2+} 含量与其生物量的乘积。对两种植物接种菌根后各部位 Co^{2+} 积累量进行分析测定得表 10-2。从表中可知，无论在哪种 Co^{2+} 浓度

处理土壤中，番茄和向日葵均表现为地上部 Co^{2+} 积累量高于根部 Co^{2+} 积累量，番茄表现为随土壤 Co^{2+} 处理浓度的提高，其单株 Co^{2+} 积累量也相应提高。向日葵在 20mg/kg、40mg/kg Co^{2+} 处理土壤中也表现出相似的趋势，但其在 60mg/kg Co^{2+} 处理土壤中的单株 Co^{2+} 积累量则低于两个低浓度处理。同时，两种植物均表现出各种菌根接种处理下的地上部、根部和单株 Co^{2+} 积累量普遍高于自然接种和未接种的对照，仅向日葵接种 G.g 在 40mg/kg Co^{2+} 处理土壤中和接种 G.m 在 60mg/kg Co^{2+} 处理土壤中例外，表现为地上部 Co^{2+} 积累量低于对照。此外，两种植物均表现为接种 G.m+G.v 时的地上部、根部和单株 Co^{2+} 积累量为最高，仅向日葵在 20mg/kg Co^{2+} 处理土壤中例外，其表现为在接种 G.g+G.d 处理下根部和单株积累量最高。总之，在不同浓度 Co^{2+} 处理土壤中，两种植物均表现为复合菌种处理下其地上部、根部和单株 Co^{2+} 积累量远多于单一菌种接种处理，其中接种混合菌种 G.m+G.v 效果最好。对菌根处理下番茄、向日葵在不同 Co^{2+} 浓度处理土壤中的转运系数和各部位富集系数进行计算，得到表 10-3。

表 10-1　不同 Co^{2+} 浓度土壤中 AMF 处理对植物 Co^{2+} 含量分布的影响　　　（单位：mg/kg）

菌根处理	植物 Co^{2+} 含量分布					
	20mg/kg Co^{2+}		40mg/kg Co^{2+}		60mg/kg Co^{2+}	
	地上部	根部	地上部	根部	地上部	根部
番茄						
CK1	28.60±0.85b	38.81±0.31c	39.35±2.55bc	102.67±1.79a	46.60±1.01b	79.21±2.80e
CK2	27.45±0.43b	38.04±0.26c	30.70±1.50d	48.49±1.287e	36.48±1.86c	84.56±3.25d
G.m	25.43±0.91c	39.88±1.64c	36.16±1.67c	65.04±0.95d	47.41±0.88b	120.17±1.73b
G.g	28.80±0.59b	51.21±0.87a	46.39±0.51a	73.62±1.98c	58.68±0.21a	171.00±3.50a
G.v	30.41±0.41a	43.84±1.57b	32.12±0.06	52.09±1.82e	37.5±40.53c	115.60±5.18bc
G.d	29.48±0.75ab	38.90±61.44c	41.17±0.76b	72.50±02.53c	37.01±1.67c	90.40±3.75d
G.m+G.v	30.28±1.37a	54.16±60.92a	41.63±0.95b	78.40±3.24b	53.09±0.71ab	125.6±90.67b
G.g+G.d	28.56±0.53b	52.44±1.70a	42.22±1.63b	82.20±01.76b	55.75±50.49a	118.15±1.20bc
向日葵						
CK1	6.53±0.21d	27.63±0.23d	13.50±0.79c	46.41±1.60e	9.32±0.25c	75.21±2.16cd
CK2	5.32±0.22e	30.20±0.71c	10.46±0.07d	51.70±0.76d	14.29±0.04a	83.98±2.42b
G.m	8.01±0.35b	29.98±1.08c	10.13±0.43d	64.04±2.19b	7.73±0.59d	72.19±0.81c
G.g	8.20±0.35b	37.25±1.17b	8.05±0.28	58.67±1.61c	11.29±0.24b	77.53±2.20c
G.v	9.73±0.13a	50.37±2.44a	10.38±0.79c	64.40±2.68b	11.95±0.16b	92.55±1.62a
G.d	9.05±0.10a	37.35±1.13b	16.68±0.47b	71.05±1.24a	14.05±0.66a	80.91±0.94bc
G.m+G.v	7.60±0.13c	31.39±0.96c	21.74±0.43a	76.33±1.62a	11.23±0.10b	71.16±2.37d
G.g+G.d	8.27±0.21b	49.73±1.04a	11.02±0.10cd	73.34±0.66a	9.02±0.14c	78.12±1.35c

注：同列数据后不同小写字母表示 $P<0.05$ 水平差异显著。其中 CK1 和 CK2 分别表示自然接种和未接种对照。

表 10-2　AMF 处理对两种植物各部位 Co^{2+} 积累量的影响　　　　（单位：mg/kg）

菌根处理	植物各部位 Co^{2+} 积累量								
	20mg/kg Co^{2+}			40mg/kg Co^{2+}			60mg/kg Co^{2+}		
	地上部	根部	单株	地上部	根部	单株	地上部	根部	单株
番茄									
CK1	94.67f	17.34f	112.00e	137.84f	33.20c	171.04e	183.31d	49.90e	233.21f
CK2	94.53f	17.50f	112.03e	136.22f	21.01d	157.24f	152.14f	50.74e	202.87g
G.m	133.08d	24.46e	157.54d	189.71d	32.95c	222.67d	238.94c	94.94c	333.87d
G.g	146.02c	35.17d	181.18c	224.82b	37.79c	262.61c	281.62b	109.4b	391.06c
G.v	111.09e	46.76c	157.86d	151.82e	24.13d	175.96e	177.34d	74.37d	251.69e
G.d	153.29c	31.43d	184.72c	214.75c	35.29c	250.04e	174.68d	49.72e	224.40f
G.m+G.v	220.23a	142.45a	362.68a	277.67a	87.54a	365.21a	300.68a	135.32a	436.00a
G.g+G.d	192.01b	116.95b	308.94b	274.55a	60.28b	334.83b	297.31a	111.46b	408.77b
向日葵									
CK1	25.77f	19.70f	45.47e	74.29d	31.40f	105.70d	41.07d	38.61d	79.68e
CK2	18.58g	24.67e	43.24e	67.32e	36.02e	103.34d	58.15b	49.27ab	107.42c
G.m	33.12e	25.98e	59.10d	73.40d	55.92bc	129.33c	37.39e	46.20c	83.60e
G.g	37.58d	39.24cd	76.82c	55.09f	50.65d	105.74d	52.56c	45.74c	98.30d
G.v	59.39b	46.17c	105.56b	69.85e	58.40b	128.24c	60.53b	55.53a	116.06b
G.d	46.51c	35.48d	81.99bc	120.40b	60.63b	181.03b	63.39b	52.03a	115.44b
G.m+G.v	76.09a	57.96b	134.06a	188.50a	79.13a	267.63a	80.15a	51.95a	132.09a
G.g+G.d	60.13b	80.40a	140.53a	93.71c	78.71a	172.43b	61.46b	48.96b	110.42bc

注：同列数据后不同小写字母表示 $P<0.05$ 水平差异显著。其中 CK1 和 CK2 分别表示自然接种和未接种对照。

由表 10-3 可以看出，在不同 Co^{2+} 浓度处理土壤中，番茄植株接种 AMF 后，与对照组相比，地上部、根部和单株的富集系数均不同程度地提高，其中在 20mg/kg、40mg/kg、60mg/kg Co^{2+} 处理土壤中，分别有 G.g、G.v、G.m+G.v、G.g+G.d 4 个，G.m、G.g+G.d 2 个，以及 G.g、G.m、G.v、G.m+G.v、G.g+G.d 5 个接种菌根处理地下部富集系数达到 1 以上。但混合接种转运系数及转运量系数与对照组相比，存在着一定的降低趋势，说明 AMF 能显著提高植株富集 Co^{2+} 的能力，但番茄地下部富集的 Co^{2+} 不能有效地转移到地上部。这可能是因为，一方面番茄对 Co^{2+} 的转运能力是有限的，另一方面 Co^{2+} 在被 AMF 吸收和转运后会被固定在菌根的根内菌丝或泡囊中。

在 Co^{2+} 浓度为 20mg/kg 条件下，番茄接种 G.v 富集系数相对最好，地上部富集系数、地下部富集系数和单株富集系数分别为 0.75、1.08 和 0.83，比自然接种对照 CK1 提高了 50.00%、58.82%和 59.62%。在 Co^{2+} 浓度为 40mg/kg 条件下，也是接种 G.v 富集系数相对最好，地上部富集系数、地下部富集系数和单株富集系数分别为 0.60、0.97 和 0.63，比自然接种对照 CK1 提高了 100.00%、24.36%和 85.29%。在 Co^{2+} 浓度为 60mg/kg 条件下，接种 G.g 富集系数相对最好，地上部富集系数、地下部富集系数和单株富集系数分别为 0.57、1.65 和 0.70，是自然接种对照 CK1 的 2.38 倍、4.02 倍和 2.69 倍。由此可见，随着

Co^{2+} 浓度的升高，AMF 对番茄植物的共生协作效应更明显，提高了番茄植物对 Co^{2+} 的富集能力。

表 10-3　不同 Co^{2+} 浓度条件下 AMF 处理番茄、向日葵的转运系数和富集系数

Co^{2+}浓度 /(mg/kg)	处理	番茄				向日葵			
		转运系数	地上部富集系数	地下部富集系数	单株富集系数	转运系数	地上部富集系数	地下部富集系数	单株富集系数
20	CK1	0.74	0.50	0.68	0.52	0.24	0.14	0.57	0.20
	CK2	0.72	0.53	0.74	0.56	0.18	0.12	0.68	0.23
	G.m	0.64	0.62	0.97	0.65	0.27	0.19	0.69	0.27
	G.g	0.56	0.66	1.17	0.72	0.22	0.16	0.74	0.27
	G.v	0.69	0.75	1.08	0.83	0.19	0.18	0.95	0.28
	G.d	0.76	0.71	0.93	0.74	0.24	0.17	0.72	0.26
	G.m+G.v	0.56	0.63	1.13	0.77	0.24	0.14	0.58	0.21
	G.g+G.d	0.55	0.58	1.06	0.70	0.17	0.18	1.06	0.34
40	CK1	0.38	0.30	0.78	0.34	0.29	0.18	0.60	0.22
	CK2	0.63	0.45	0.72	0.48	0.20	0.18	0.88	0.25
	G.m	0.56	0.56	1.00	0.60	0.16	0.18	1.13	0.28
	G.g	0.63	0.55	0.87	0.58	0.14	0.11	0.81	0.19
	G.v	0.62	0.60	0.97	0.63	0.16	0.13	0.80	0.21
	G.d	0.57	0.47	0.83	0.50	0.24	0.22	0.93	0.29
	G.m+G.v	0.53	0.46	0.86	0.52	0.29	0.34	1.21	0.44
	G.g+G.d	0.51	0.52	1.01	0.57	0.15	0.17	1.10	0.27
60	CK1	0.59	0.24	0.41	0.26	0.12	0.09	0.70	0.15
	CK2	0.43	0.27	0.64	0.32	0.17	0.15	0.89	0.15
	G.m	0.40	0.44	1.12	0.54	0.11	0.08	0.75	0.16
	G.g	0.34	0.57	1.65	0.70	0.15	0.15	1.04	0.25
	G.v	0.33	0.34	1.04	0.43	0.13	0.12	0.89	0.20
	G.d	0.41	0.29	0.71	0.34	0.17	0.14	0.81	0.23
	G.m+G.v	0.42	0.45	1.07	0.55	0.16	0.11	0.70	0.17
	G.g+G.d	0.47	0.50	1.06	0.59	0.12	0.11	0.92	0.18

注：CK1 和 CK2 分别表示自然接种和未接种对照。

由表 10-3 可以看出，在不同 Co^{2+} 污染土壤中，AMF 处理均提高了植株富集系数，而转运系数无明显变化，说明 AMF 能显著的提高植株富集 Co^{2+} 的能力，但对其 Co^{2+} 的转移能力影响不大。

在 Co^{2+} 浓度为 20mg/kg 条件下，向日葵接种 G.g+G.d 富集系数相对最高，地上部富集系数、地下部富集系数和单株富集系数分别为 0.18、1.06 和 0.34，比自然接种对照 CK1 提高了 28.57%、85.96%和 70.00%。在 Co^{2+} 浓度为 40mg/kg 条件下，接种 G.m+G.v 富集系数相对最好，地上部富集系数、地下部富集系数和单株富集系数分别为 0.34、1.21 和 0.44，比自然接种对照 CK1 提高了 88.89%、101.67%和 100.00%。在 Co^{2+} 浓度为 60mg/kg 条件下，接种 G.g 富集系数相对最好，地上部富集系数、地下部富集系数和单株富集系数分别为 0.15、1.04 和 0.25，是自然接种对照 CK1 的 1.67 倍、1.49 倍、1.67 倍。

本研究结果表明, AMF 对向日葵地上部和根部 Co^{2+} 含量有明显的影响。富集规律是: 地下部>地上部, 主要原因是金属离子可以通过根表皮和皮层组成的质外体扩散进入植物根部, 但内皮层上存在凯氏带, 金属离子被阻挡而不能通过自由扩散进入细胞的维管系统, 进而限制了金属离子向植物地上部迁移。徐冬平等(2014)对蚕豆的研究也证明了这点。不同菌种处理下向日葵地上部和根部中 Co^{2+} 的含量较对照组均有一定程度的增加。不同 Co^{2+} 浓度、不同菌种处理条件下, 向日葵的转运系数均为 0.12~0.29, 即植物体内吸收的 Co^{2+} 主要富集于地下部, 进一步证实根系是向日葵富集 Co^{2+} 的主要部位。而向日葵地上部、地下部及单株富集系数较对照组均有所升高。不同 Co^{2+} 浓度、不同菌种处理条件下, 番茄地上部、地下部及单株富集系数较对照均有所升高, 相比而言, 其中接种 G.v 升高效果最显著, 相当于未接种处理(CK2)的 1.21~2.60 倍和自然接种(CK1)的 1.11~2.86 倍, 说明接种 AMF 有利于番茄对 Co^{2+} 的吸收。其原因可能是 AMF 侵染植物后, 可以形成一些微米级的根外菌丝, 能够吸附或吸收累积在菌根际土壤中的重金属并转运到宿主植物。伍松林等 (2013)对 AMF 在土壤-植物系统中重金属迁移转化的影响研究也有相关结论。与对照相比, 接种 AMF 菌种部分降低了转运能力, 说明接种 AMF 菌种使番茄地下部较对照多富集的 Co^{2+} 不能有效地转移到地上部。

10.2　AMF-植物联合修复 Cs 污染土壤

10.2.1　Cs 污染胁迫下宿根高粱接种 AMF 后的菌根依赖性

通过对 Cs 胁迫下并外接不同种 AMF 的宿根高粱生物量干重的计算, 得出菌根依赖性, 如图 10-2 所示。从图中可以看出, 与对照相比, 5 种 AMF 处理后的宿根高粱均表现出显著的菌根依赖性($P<0.05$), 说明菌根对宿根高粱的生长是有正效应的, 其中以接种 *G. mosseae* 处理最为明显, 和对照相比增加了 0.17%, 其余则依次是 *G. diaphanum*、*G. Etunicatum*、*G. geosporum* 和 *G. versiforme* 处理, 分别增加了 0.073%、0.057%、0.051%和 0.033%。

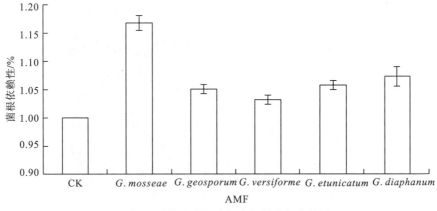

图 10-2　污染土壤下宿根高粱的菌根依赖性

10.2.2　Cs 污染胁迫下宿根高粱接种 AMF 后的侵染率

对生长在核素 Cs 污染土壤中的宿根高粱接种不同 AMF 后，其根系侵染率如图 10-3 所示。结果显示，未接种处理没有观察到 AMF 侵染的迹象，接种 5 种 AMF 后的侵染率各有不同，但均超过 50%，其中 *G. diaphanum* 侵染率最高，达到 62.42%，与 *G. versiforme* 无显著差异，但显著高于其他菌种（$P<0.05$）。宿根高粱收获后，接种不同 AMF 对其根系侵染率的高低顺序为 *G. diaphanum*＞*G. versiforme*＞*G. geosporum*＞*G. etunicatum*＞*G. mosseae*＞Non-AMF（CK）。

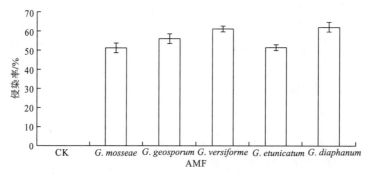

图 10-3　Cs 污染土壤下不同菌根对宿根高粱根系侵染率

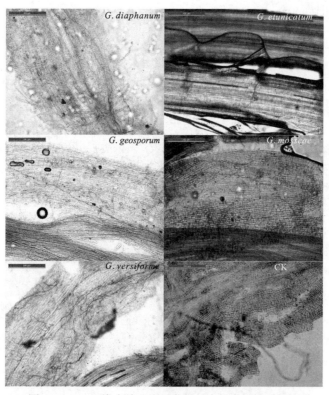

图 10-4　Cs 污染土壤下不同菌根对宿根高粱根系侵染

10.2.3　接种 AMF 对 Cs 污染下宿根高粱生理生化的影响

1. 接种 AMF 对 Cs 污染下宿根高粱抗氧化酶活性的影响

1）接种 AMF 对 Cs 污染下宿根高粱 CAT 活性的影响

外接不同种类 AMF 对 Cs 污染胁迫下宿根高粱 CAT 活性的影响如图 10-5 所示。与未接种对照组相比，接种 *G. mosseae* 和 *G. etunicatum* 显著提高了宿根高粱地上部和地下部 CAT 活性（$P < 0.05$），这两种处理对地上部 CAT 活性分别增加了 28.67U/(g·min)FW 和 16.67U/(g·min)FW，对地下部 CAT 活性分别增加了 9.66U/(g·min)FW 和 11.66U/(g·min)FW，接种 *G. diaphanum* 对地上部 CAT 活性显著增加了 12U/(g·min)FW，但该菌种对地下部 CAT 活性无显著影响，接种 *G. geosporum* 和 *G. versiforme* 处理对地上部和地下部 CAT 活性均无显著影响。

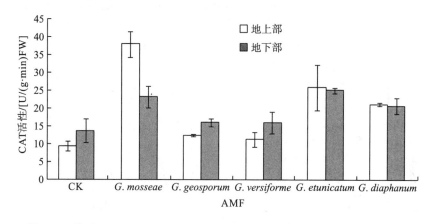

图 10-5　接种 AMF 对 Cs 胁迫下宿根高粱地上部和地下部 CAT 活性的影响

2）接种 AMF 对 Cs 污染下宿根高粱 POD 活性的影响

外接不同种类 AMF 对 Cs 污染胁迫下宿根高粱 POD 活性的影响如图 10-6 所示。接种 *G. mosseae* 和 *G. etunicatum* 显著增加了 Cs 胁迫下宿根高粱地上部 POD 活性（$P < 0.05$），与未接种对照组相比，这两种处理对地上部 POD 活性分别增加了 14.77U/(g·min)FW 和 9.50U/(g·min)FW，而接种 *G. geosporum*、*G. diaphanum* 和 *G. versiforme* 处理与对照之间无显著差异；另一方面，接种 *G. mosseae* 和 *G. geosporum* 均显著降低了宿根高粱地下部 POD 活性（$P < 0.05$），其中接种 *G. geosporum* 处理仅相当于对照的 33.27%。

3）接种 AMF 对 Cs 污染下宿根高粱 SOD 活性的影响

外接不同种类 AMF 对 Cs 污染胁迫下宿根高粱 SOD 活性的影响如图 10-7 所示。外接的 5 种 AMF 处理均显著提高了 Cs 污染下宿根高粱地上部 SOD 活性（$P < 0.05$），其中以接

种 *G. etunicatum* 效果最明显，其 SOD 活性为未接种对照组的 1.97 倍；不同 AMF 处理对地下部 SOD 活性的影响存在较大的差异，*G. mosseae* 和 *G. versiforme* 处理显著提高了 SOD 活性（$P<0.05$），分别达到未接种对照组的 1.99 倍和 1.84 倍，而接种 *G. diaphanum*、*G. geosporum* 和 *G. etunicatum* 处理与对照组差异不显著。

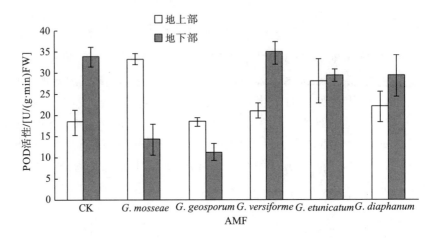

图 10-6　接种 AMF 对 Cs 胁迫下宿根高粱地上部和地下部 POD 活性的影响

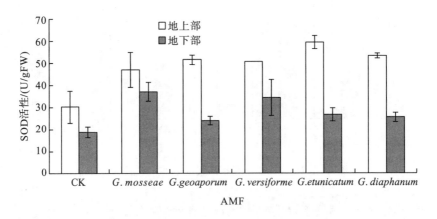

图 10-7　接种 AMF 对 Cs 胁迫下宿根高粱地上部和地下部 SOD 活性的影响

2. 接种 AMF 对 Cs 污染下宿根高粱 H_2O_2 含量和 $O_2^- \cdot$ 产生速率的影响

从表 10-4 可以看出，外接不同种类 AMF 处理显著降低了 Cs 污染胁迫下宿根高粱地上部和地下部 H_2O_2 含量（$P<0.05$），对地上部而言，接种 *G. mosseae* 处理降低效果最为显著，其次为接种 *G. etunicatum* 处理，分别降低了 4.57nmol/gFW 和 3.43nmol/gFW；对地下部来说，降低最大值出现在接种 *G. etunicatum* 处理上，其次为接种 *G. mosseae* 处理，两种处理下的 H_2O_2 含量分别相当于对照的 61.83% 和 68.78%。

由表 10-4 还可以看出，除接种 *G. geosporum* 和 *G. diaphanum* 处理外，接种 *G. mosseae*、*G. versiforme* 和 *G. etunicatum* 处理均显著降低了宿根高粱地上部 $O_2^- \cdot$ 产生速率，分别降低了

$0.22nmol/(g·min)FW$、$0.21nmol/(g·min)FW$ 和 $0.22nmol/(g·min)FW$，3 种 AMF 处理之间无显著差异；而对地下部而言，5 种菌根处理均显著降低了 $O_2^- \cdot$ 产生速率，其中以接种 *G. mosseae* 处理效果最好，其次为接种 *G. etunicatum* 处理。

表 10-4   接种 AMF 对 Cs 胁迫下宿根高粱地上部和地下部 H_2O_2 含量和 $O_2^- \cdot$ 产生速率的影响

菌根处理	H_2O_2 含量/ (nmol/gFW)		$O_2^- \cdot$ 产生速率/[nmol/(g·min)FW]	
	地上部	地下部	地上部	地下部
CK	11.89±0.43a	16.46±0.83a	1.00±0.04a	1.41±0.05a
G. mosseae	7.32±0.95c	11.32±0.65bc	0.78±0.05b	0.84±0.07c
G. geosporum	9.32±1.50b	13.94±0.66b	0.98±0.02a	1.10±0.01b
G. diaphanum	9.28±0.46b	13.88±0.92b	0.92±0.07a	1.04±0.02b
G. versiforme	9.18±0.26b	13.48±1.59b	0.79±0.05b	1.14±0.10b
G. etunicatum	8.46±0.58bc	10.17±1.05c	0.78±0.06b	0.91±0.01c

注：同列数据不同小写字母表示 $P < 0.5$ 水平差异显著。

3. AMF 对宿根高粱富集 Cs 后内源激素的影响

植物内源激素的平衡状况对调控植物生长发育有着重要影响，Franks 和 Farquhar(2001)证实，脱落酸(ABA)在调节气孔运动、控制气体交换方面起着重要的作用。Jia 和 Lu(2003)通过外源 ABA 对玉米幼苗光合作用的研究中，得出 ABA 对防护光抑制方面起着重要的作用。AMF 通过改变植物的内源激素水平从而影响植物的生长发育和抗逆性，可增加植物体内吲哚丁酸(IBA)含量从而改变小麦根系的形态(Kaldorf and Ludwing-Muller，2000)，并对根尖的活力产生一定的影响，还可改变植物对乙烯的释放(Vierheilig et al.，1994)，提高细胞分裂素分泌水平(Torelli et al.，2000)，改变类赤霉素和 ABA 释放水平等，从而间接提高植物的抗逆性。

AMF 对于吸收营养是有益的，并有利于植物存活，甚至在放射性核素沉积干扰土壤中也是如此。经研究发现，在干扰土壤中，珠子草和旱莲草以最大接种量接种了选择性的 AMF *G. fasciculatum* 后，更加有利于植物生长。值得注意的是，尽管生长被干扰，AMF 接种植物在忍受胁迫的生态系统中是有效果的(Selvaraj et al.，2004)。因此，越来越多的科研工作者在植物修复放射性核素污染土壤方面引入 AMF，希望在宿主植物的光合作用、根系的营养吸收、体内有利物质的合成及分泌等方面有促进作用，从而增加植物对核素的抗性和富集，并取得了一定的成绩。

Selvaraj(1998)发现，在接种集球囊霉的牧豆树中发现吲哚乙酸(IAA)、赤霉素(GA)以及细胞分裂素的增加，并且叶片在光合作用率、叶绿素含量(叶绿素 a、叶绿素 b 和总叶绿素)有提高，叶片和根中可溶性糖和总氨基酸的含量增加。Barea 和 Azcon-Aguilar(1982)研究发现，在无菌实验中，AMF 产生的 IAA、GA 和细胞分裂素类物质，刺激了植物的生长。Druge

和 Schonbeck(1992)在对接种 AMF 后玉米根系内源激素的研究中发现，ABA 起始合成不可能来自玉米细胞，当 AMF 能够从质膜胞外位点富集这种植物激素时，真菌就更加可能控制根系形态，并且 ABA 在其中扮演了一个重要的角色。ABA 参与了植物中溶解助溶剂的调节，这在 AMF 共生系统中也存在。大量研究表明，AMF 作为植物的生长有益菌，在促进植物生长、提高宿主植物内源激素方面具有一定的作用。本研究也显示接种 AMF 后，宿主植物叶片中的 IAA 和 GA 含量有所上升，但与此同时，ABA 含量却在下降。目前，对于接种 AMF 植物的内源激素 ABA 含量水平研究结果仍有不同。Allen 等(1982)的研究认为，AMF 感染的植物叶片和根中的 ABA 倾向于减少。霍忠群等(2010)研究得出，在同一盐浓度下，与未接种菌株相比，接种 AMF 增加了叶片中这些激素的比值。

1)接种 AMF 对 Cs 污染下宿根高粱叶片 GA 的影响

外接不同 AMF 对 Cs 污染胁迫下的宿根高粱叶片 GA 的影响如图 10-8 所示。除接种 *G. diaphanum* 处理与未接种对照组相比无显著差异外，其他 4 种菌根的处理均显著提高了宿根高粱叶片 GA 含量，其中以接种 *G. mosseae* 和 *G. geosporum* 处理效果最显著，分别达到了未接种对照组的 3.64 倍和 3.42 倍，其次为接种 *G. etunicatum* 和 *G. versiforme* 处理，其 GA 含量比未接种对照组分别高出 0.4323 ng/gFW 和 0.3474ng/gFW。

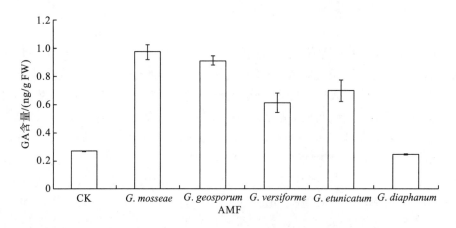

图 10-8　接种 AMF 对 Cs 污染下宿根高粱叶片 GA 的影响

2)接种 AMF 对 Cs 污染下宿根高粱叶片 IAA 的影响

外接不同种类 AMF 对 Cs 污染胁迫下的宿根高粱叶片 IAA 的影响如图 10-9 所示。与对照相比，5 种处理均显著提高了宿根高粱的叶片 IAA 含量($P<0.05$)，其中以接种 *G. etunicatum* 处理效果最为显著，达到了对照的 1.83 倍，其余分别是接种 *G. mosseae*、*G. diaphanum*、*G. geosporum* 和 *G. versiforme* 处理，与对照相比，分别增加了 4.82 ng/gFW、3.16ng/gFW、1.26ng/gFW 和 0.76ng/gFW。

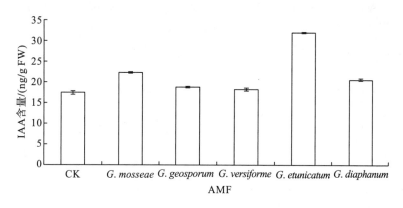

图 10-9 接种 AMF 对 Cs 污染下宿根高粱叶片 IAA 的影响

3）接种 AMF 对 Cs 污染下宿根高粱叶片 ABA 的影响

外接不同种类 AMF 对 Cs 污染胁迫下的宿根高粱叶片 ABA 的影响如图 10-10 所示。从图 10-10 可以看出，除接种 *G. geosporum* 处理外，其余 4 种接种处理均不同程度地降低了宿根高粱叶片 ABA 的含量（$P<0.05$），其中以接种 *G. versiforme*、*G. mosseae* 和 *G. diaphanum* 处理最为明显，分别降低了 85.1%、78.5% 和 74.32%，其次则是接种 *G. etunicatum* 处理，比对照减少了 883.79ng/gFW。

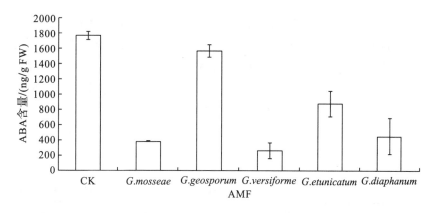

图 10-10 接种 AMF 对 Cs 污染下宿根高粱叶片 ABA 的影响

4）Cs 胁迫下 AMF 对宿根高粱内源激素平衡的影响

由表 10-5 可知，与对照相比，接种了 AMF 的处理组 ABA/IAA 比值、ABA/GA 比值以及 ABA/(IAA+GA) 比值均显著降低（$P<0.05$）。从表中还可以看出，对于 ABA/IAA 比值和 ABA/(IAA+GA) 比值，降低幅度最大的分别是接种 *G. versiforme*、*G. mosseae*、*G. diaphanum* 和 *G. etunicatum* 处理，ABA/IAA 比值分别降低了 85.69%、83.16%、78.34% 和 72.72%，ABA/(IAA+GA) 比值则分别降低了 85.96%、83.61%、78.28% 和 72.89%，其次则是接种 *G. geosporum* 处理，其 ABA/IAA 比值减少了 17.32，ABA/(IAA+GA) 比值减少

了 19.7。对于 ABA/GA 比值,与对照相比,接种 *G. mosseae* 和 *G. versiforme* 处理分别下降了 94.08%和 93.64%,其次是接种 *G. etunicatum*、*G. geosporum* 和 *G. diaphanum* 处理,分别下降了 81.01%、74.00%和 72.41%。

表 10-5　接种 AMF 对宿根高粱内源激素平衡的影响

菌根处理	ABA/IAA	ABA/GA	ABA/(IAA+GA)
CK	101.06±5.01a	6582.83±111.84a	99.53±4.89a
G. mosseae	17.02±0.4cd	389.77±25.92c	16.31±0.4cd
G. geosporum	83.74±4.49b	1711.56±37.44b	79.83±4.15b
G. versiforme	14.46±5.66d	418.74±117.32c	13.97±5.42d
G. etunicatum	27.57±5.14c	1249.97±104.12b	26.98±4.97c
G. diaphanum	21.89±11.16cd	1816.23±908.21b	21.62±11.02cd

注:同列数据后不同小写字母表示 $P<0.5$ 水平差异显著。

4. 接种 AMF 对 Cs 胁迫下宿根高粱抗坏血酸-谷胱甘肽(AsA-GSH)代谢的影响

1) 接种 AMF 对 Cs 胁迫下宿根高粱 AsA、脱氢抗坏血酸(DHA)及 AsA/DHA 的影响

从表 10-6 可见,与未接种对照相比,接种 5 种 AMF 均不同程度地提高了 Cs 胁迫下宿根高粱叶子和根部的 AsA 含量,其中接种 *G. versiforme* 处理最为显著,分别是对照的 1.66 倍和 6.69 倍($P<0.05$)。同时,接种 *G. geosporum* 和 *G. etunicatum* 处理叶子 AsA 含量增幅大于根部,其中以接种 *G. etunicatum* 处理较明显。而接种 *G. mosseae* 和 *G. versiforme* 处理根部 AsA 含量大于叶子,以接种 *G. versiforme* 处理较显著,叶子和根部的 AsA 含量增幅分别为 0.59μg/gFW 和 2.39μg/gFW,说明接种 AMF 增强了宿根高粱对 Cs 胁迫的抗氧化能力。

表 10-6　接种 AMF 对 Cs 胁迫下宿根高粱根系 AsA、DHA 和 AsA/DHA 的影响

菌根处理	AsA 含量/(μg/gFW)		DHA 含量/(μg/gFW)		AsA/DHA 比值	
	叶子	根部	叶子	根部	叶子	根部
G. mosseae	0.98±0.53bc	1.26±0.02b	0.06±0.03b	0.05±0.01d	17.27±1.78b	24.73±2.68a
G. geosporum	1.15±0.66b	0.64±0.03c	0.34±0.17a	0.13±0.01c	3.38±2.07bc	4.99±0.13c
G. ediaphanum	0.92±0.49c	0.47±0.02d	0.30±0.17a	0.11±0.02c	3.11±0.67c	4.41±0.80cd
G. etunicatum	1.17±0.67b	0.68±0.02c	0.22±0.09ab	0.18±0.01a	5.66±1.90bc	3.78±0.25cd
G. versiform	1.49±0.85a	2.81±0.02a	0.04±0.17c	0.17±0.01b	42.3±12.93a	16.50±1.12b
Non-AMF(CK)	0.90±0.49c	0.42±0.03d	0.36±0.17a	0.24±0.01b	2.50±0.53c	1.75±0.09cd

注:同列数据后不同小写字母表示 $P<0.5$ 水平差异显著。

相反，与未接种对照相比，接种 AMF 后降低了 Cs 胁迫下宿根高粱叶子和根部的 DHA 含量，叶子中以接种 *G. versiforme* 处理降幅最为显著，降幅相当于对照的 88.89%，而接种 *G. geosporum*，*G. diaphanum* 和 *G. etunicatum* 处理较对照无显著性差异（$P<0.05$）。宿根高粱根部以接种 *G. mosseae* 处理降幅最为显著，降幅相当于对照的 79.17%，而接种 *G. versiforme* 处理与对照无显著性差异。

与未接种对照相比，接种 5 种 AMF 后均不同程度地提高了 Cs 胁迫下宿根高粱叶子和根部的 AsA/DHA 比值，叶子和根部接种 *G. versiforme* 和 *G. mosseae* 处理均提高了 AsA/DHA 比值，宿根高粱根部分别是未接种对照的 16.92 倍和 6.91 倍，叶子中分别是未接种对照的 14.13 倍和 9.43 倍（$P<0.05$）。而接种 *G. geosporum*、*G. diaphanum* 和 *G. etunicatum* 处理均不同程度地增加了叶子和根部 AsA/DHA 比值，但与未接种对照无显著性差异。

2) 接种 AMF 对 Cs 胁迫下宿根高粱 GSH、氧化型谷胱甘肽（GSSG）及 GSH/GSSG 的影响

由表 10-7 可知，接种 AMF 处理增加了 Cs 胁迫下宿根高粱叶子和根部的 GSH 含量和 GSH/GSSG 比值，降低了 GSSG 含量。与未接种对照处理相比，接种 *G. mosseae*、*G. diaphanum* 和 *G. geosporum* 处理后叶子中 GSH 含量分别显著提高了 129.76 ng/gFW、81.78ng/gFW 和 64.34ng/gFW（$P<0.05$），而接种 *G. etunicatum* 和 *G. versiforme* 处理与未接种对照无显著性差异。宿根高粱根部接种 *G. mosseae* 和 *G. versiforme* 处理与未接种对照无显著性差异。

接种 AMF 处理降低了 Cs 胁迫下宿根高粱叶子和根部 GSSG 含量。与未接种对照相比，接种 *G. mosseae*、*G. versiforme* 和 *G. etunicatum* 处理叶子中 GSSG 含量分别显著性降低了 29.99 ng/gFW，27.26ng/gFW 和 23.45ng/gFW，接种 *G. diaphanum* 和 *G. geosporum* 处理与未接种对照无显著性差异（$P<0.05$）。宿主高粱根部除 *G. versiforme* 处理较显著降低了 GSSG 含量，相当于未接种对照的 66.67%。其他接种处理与未接种对照无显著性差异（$P<0.05$）。

表 10-7　接种 AMF 对 Cs 胁迫下宿根高粱根系 GSH、GSSG 和 GSH/GSSG 的影响

菌根处理	GSH 含量/(ng/gFW)		GSSG 含量/(ng/gFW)		GSH/GSSG 比值	
	叶子	根部	叶子	根部	叶子	根部
G. mosseae	305.69±17.23a	112.26±6.19a	61.06±2.50c	29.99±0.94ab	5.01±0.40a	3.74±0.20b
G. geosporum	240.27±21.26b	82.27±4.33bc	87.23±8.07ab	30.59±2.57a	2.78±0.44bc	2.71±0.37bc
G. diaphanum	257.71±17.49ab	79.54±2.50c	76.87±2.83abc	30.26±0.82ab	3.35±0.34b	2.61±0.15c
G. etunicatum	226.64±18.09bc	94.81±3.40b	67.60±2.50bc	30.53±1.89a	3.36±0.36b	3.11±0.74bc
G. versiforme	219.55±16.79bc	125.34±0.94a	63.79±1.64c	20.72±2.50b	3.44±0.31b	6.05±0.09a
Non-AMF(CK)	175.93±19.17c	74.09±4.33c	91.05±14.75a	31.08±1.64a	1.95±0.21c	2.47±0.26c

注：同列数据后不同小写字母表示 $P<0.5$ 水平差异显著。

与未接种对照相比，接种 AMF 处理均不同程度地提高了 Cs 胁迫下宿根高粱叶子和根部 GSH/GSSG 比值。除接种 *G. geosporum* 处理外，其他 AMF 处理时叶子中 GSH/GSSG 比值均显著提高，其中以接种 *G. mosseae* 处理最为显著，是未接种对照的 2.57 倍。接种 *G. versiforme*、*G. etunicatum* 和 *G. diaphanum* 处理 GSH/GSSG 比值分别是对照的 1.76 倍、1.72 倍和 1.72 倍。宿根高粱根部接种 *G. versiforme* 和 *G. mosseae* 处理均显著提高了 GSH/GSSG 比值，分别是对照的 2.45 倍和 1.51 倍。其他处理与未接种对照无显著性差异（$P < 0.05$）。这表明土壤 Cs 胁迫处理下，接种 AMF 提高了宿根高粱还原型谷胱甘肽积累量，降低了较低的氧化型谷胱甘肽积累量，进而保持了相对高的 GSH/GSSG 比值。

3）接种 AMF 对 Cs 污染下宿根高粱抗坏血酸过氧化物酶（APX）活性的影响

由图 10-11（a）可知，接种 *G. versiforme* 和 *G. diaphanum* 处理显著提高了 Cs 胁迫下宿根高粱叶子部 APX 活性，其活性相当于未接种对照的 6.76 倍和 5.51 倍。而接种 *G. etunicatum*、*G. geosporum* 和 *G. mosseae* 处理与未接种对照无显著性差异（$P < 0.05$）。宿根高粱根部除接种 *G. etunicatum* 处理外，接种 *G. mosseae*、*G. diaphanum*、*G. geosporum* 和 *G. versiforme* 处理显著地提高了 APX 活性，其活性分别比未接种对照提高了 71.43%、69.33%、66.42% 和 52.08%。

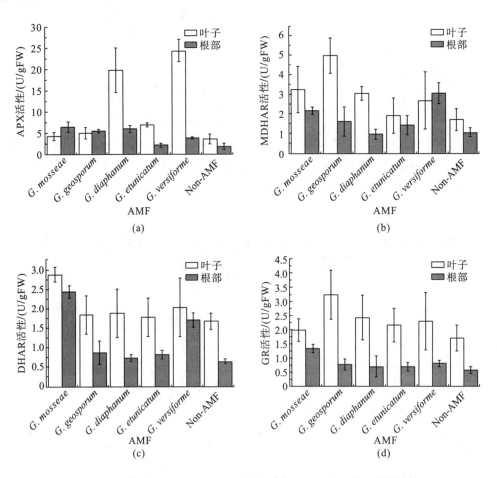

图 10-11　接种 AMF 对 Cs 胁迫下宿根高粱 AsA-GSH 循环酶活性的

4) 接种 AMF 对 Cs 污染下宿根高粱单脱氢抗坏血酸还原酶(MDHAR)活性的影响

接种 5 种 AMF 对 Cs 胁迫下宿根高粱叶子和根部 MDHAR 活性的影响如图 10-11(b)所示。接种 G. geosporum 处理显著提高了宿根高粱叶子部的 MDHAR 活性，其活性是未接种对照的 2.89 倍。接种 G. mosseae、G. diaphanum 和 G. versiforme 处理均不同程度地提高了 MDHAR 活性，而接种 G. etunicatum 处理与未接种对照无显著性差异($P<0.05$)。宿根高粱根部接种 G. versiforme 和 G. mosseae 处理均显著提高了 MDHAR 活性，其活性相当于未接种对照的 2.91 倍和 2.07 倍。接种 G. geosporum、G. etunicatum 和 G. diaphanum 处理与未接种对照无显著性差异($P<0.05$)。

5) 接种 AMF 对 Cs 污染下宿根高粱脱氢抗坏血酸还原酶(DHAR)活性的影响

从图 10-11(c)可知，接种 AMF 提高了宿根高粱叶子和根部 DHAR 活性。叶子部接种 G. mosseae 显著增加了 Cs 污染胁迫下宿根高粱叶子的 DHAR 活性，其活性是未接种对照的 1.72 倍，其他 4 种 AMF 处理也不同程度地增加了 DHAR 活性，但与未接种对照均未达到显著差异($P<0.05$)。宿根高粱根部接种 G. mosseae 和 G. versiforme 处理显著增加了 Cs 污染胁迫下宿根高粱根系 DHAR 活性，与未接种对照相比，两者分别增加了 1.79U/gFW 和 1.06U/gFW，其他 3 种 AMF 处理也不同程度地增加了 DHAR 活性，但与未接种对照均未达到显著差异($P<0.05$)。

6) 接种 AMF 对 Cs 污染下宿根高粱谷胱甘肽还原酶(GR)活性的影响

图 10-11(d)反映了不同 AMF 处理对 Cs 污染胁迫下宿根高粱叶子和根系 GR 活性的影响。不难看出，接种 G. geosporum 处理后叶子部 GR 活性得到了显著增加($P<0.05$)，其活性是未接种对照的 1.90 倍，并显著高于其他 AMF 处理，而 G. diaphanum、G. versiforme、G. etunicatum、G.mosseae 4 种 AMF 处理与未接种对照之间无显著差异($P<0.05$)。与未接种对照相比，宿根高粱根部接种 G. mosseae 处理 GR 活性显著提高了 57.33%，而其他 4 种 AMF 与未接种对照无显著性差异($P<0.05$)。

10.2.4　AMF 对 Cs 胁迫下宿根高粱根际土壤肥力及土壤酶的影响

1. 接种 AMF 对 Cs 胁迫下宿根高粱根际土壤铵态氮的影响

由图 10-12(a)可知，Cs 胁迫下接种 5 种 AMF 后提高了宿根高粱根际土壤求接种铵态氮的含量，接种 G. versiforme、G. mosseae 和 G. etunicatum 处理最为显著，分别比未接种对照增加了 0.8154mg/kg、0.4581mg/kg 和 0.4123mg/kg。而接种 G. geosporum 和 G. diaphanum 处理与未接种对照无显著性差异($P<0.05$)。

2. 接种 AMF 对 Cs 胁迫下宿根高粱根际土壤有效 P 的影响

接种 AMF 后对 Cs 胁迫下宿根高粱根际土壤有效 P 影响如图 10-12(b)所示，接种

G. geosporum、*G. versiforme* 和 *G. etunicatum* 处理显著提高了宿根高粱根际土壤有效 P 含量，增幅分别是未接种对照的 74.60%、70.61% 和 51.32%。而接种 *G. mosseae* 和 *G. diaphanum* 处理不同程度增加了有效 P 含量，但与未接种对照无显著性差异（$P < 0.05$）。

3. 接种 AMF 对 Cs 胁迫下宿根高粱根际土壤有机质的影响

由图 10-12（c）可见，接种 5 种 AMF 提高了 Cs 胁迫下宿根高粱土壤有机质的含量。其中接种 *G. versiforme* 和 *G. etunicatum* 处理最为显著，增幅分别为 42.59g/kg 和 29.81g/kg，而其他 3 种 AMF 处理与未接种对照无显著性差异（$P < 0.05$）。

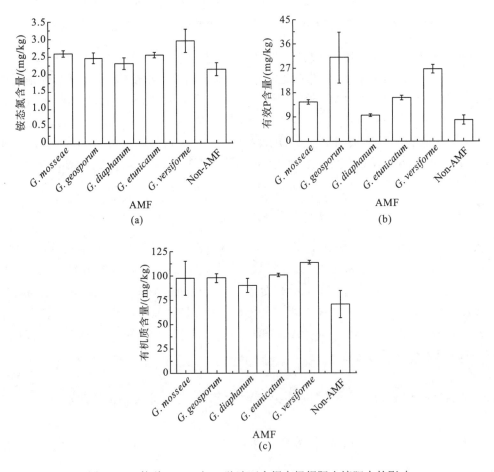

图 10-12　接种 AMF 对 Cs 胁迫下宿根高粱根际土壤肥力的影响

4. 接种 AMF 对 Cs 胁迫下宿根高粱根际土壤脲酶的影响

由图 10-13（a）可知，接种 5 种 AMF 后显著抑制了 Cs 胁迫下宿根高粱根际土壤脲酶的活性，接种 *G. geosporum*、*G. mosseae*、*G. diaphanum*、*G. etunicatum* 和 *G. versiforme* 处理脲酶活性抑制率分别是未接种对照的 84.22%、83.10%、80.02%、69.39% 和 30.78%（$P < 0.05$）。

而接种 *G. geosporum* 后宿根高粱根际铵态氮的吸收量相对较低，可能由于增强的脲酶活性催化了铵态氮，增加了宿根高粱对氮素的吸收。

5. 接种 AMF 对 Cs 胁迫下宿根高粱根际土壤酸性磷酸酶的影响

接种 5 种 AMF 后显著提高了 Cs 胁迫下宿根高粱根际土壤酸性磷酸酶的活性如图 10-13（b），以接种 *G. diaphanum* 处理最为显著，是未接种对照的 7.58 倍。接种 *G. mosseae*、*G. versiforme*、*G. etunicatum* 和 *G. geosporum* 处理分别是未接种对照的 7.51 倍、7.30 倍、7.01 倍和 6.75 倍（$P<0.05$）。

6. 接种 AMF 对 Cs 胁迫下宿根高粱根际土壤蔗糖酶的影响

接种 5 种 AMF 后对 Cs 胁迫下宿根高粱根际土壤蔗糖酶的影响如图 10-13（c）所示。接种 *G. etunicatum*、*G. mosseae*、*G. versiforme* 和 *G. geosporum* 处理显著提高了蔗糖酶活性，其活性分别是未接种对照的 2.26 倍、2.23 倍、1.85 倍和 1.64 倍。相反，接种 *G. diaphanum* 处理蔗糖酶活性与未接种对照无显著性差异（$P<0.05$）。

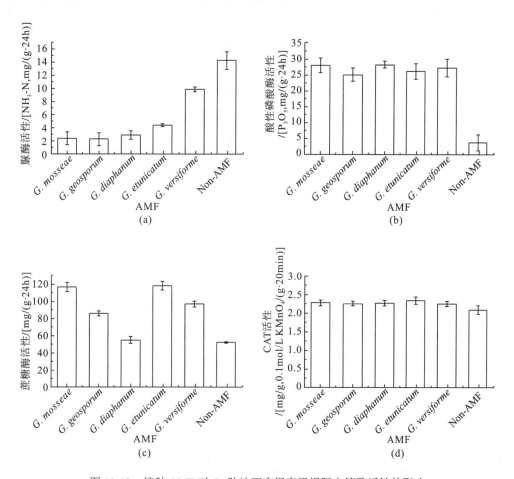

图 10-13　接种 AMF 对 Cs 胁迫下宿根高粱根际土壤酶活性的影响

7. 接种 AMF 对 Cs 胁迫下宿根高粱根际土壤 CAT 的影响

Cs 胁迫下接种 AMF 对宿根高粱根际土壤 CAT 的影响如图 10-13（d）所示。接种 *G. etunicatum*、*G. mosseae*、*G. diaphanum*、*G. geosporum* 和 *G. versiforme* 处理显著增强了 CAT 活性，其增幅分别为 11.81%、9.03%、8.80%、7.83% 和 7.52%（$P<0.05$）。

10.2.5 接种 AMF 对宿根高粱富集 Cs 能力的影响

接种不同 AMF 对宿根高粱富集 Cs 能力的影响如表 10-8 所示。与未接种对照相比，这 5 种 AMF 处理均能显著增加宿根高粱地上部和地下部 Cs 含量（$P<0.05$），其中以接种 *G. mosseae* 处理最为显著，地上部和地下部 Cs 含量分别达到了未接种对照的 2.44 倍和 2.33 倍。同时，接种 AMF 处理后，与未接种对照相比，土壤中的 Cs 含量也都显著降低（$P<0.05$），其中以接种 *G. mosseae* 处理后土壤残留的 Cs 含量最低，仅为未接种对照的 48.09%。从富集系数来看，无论是未接种对照还是菌根处理，地上部均要大于地下部，说明宿根高粱对 Cs 的富集多集中在地上部。另外，这 5 种 AMF 处理均增加了宿根高粱对 Cs 的转运系数，其中接种 *G. versiforme* 处理后转运系数最大，达到了 1.41。

土壤微生物的种类繁多，数量庞大，且具有比表面积大、带电荷和代谢活动旺盛的特点，是土壤中的活性胶体。其中，土壤根际微生物由与植物根部相关的自由微生物、共生根际细菌和菌根真菌等组成。微生物的生物活性能够影响土壤中核素和重金属的生物有效性，可强化植物修复的效果，微生物-植物联合修复是土壤重金属污染治理的一条重要途径。在微生物强化修复中，根际细菌和菌根真菌起着重要的作用。一些根际微生物通过金属的氧化还原来改变土壤金属的生物有效性，或者通过分泌生物表面活性剂、有机酸、氨基酸和酶等来提高根际环境中重金属的生物有效性。在重金属污染的土壤中，往往富集多种具有重金属抗性的细菌和真菌，它们可通过多种方式影响重金属的毒性及重金属的迁移和释放。此外，微生物（细菌、真菌）与植物、动物（蚯蚓）与植物联合修复是土壤生物修复技术研究的新内容。利用能促进植物生长的根际细菌或真菌，发展植物降解菌群的协同修复、动物与微生物协同修复及植物根际强化技术，促进污染物的吸收、代谢和降解将是生物修复技术新的研究方向。

表 10-8　接种 AMF 对宿根高粱地上部、地下部和土壤 Cs 含量以及富集系数和转运系数的影响

菌根处理	Cs 含量/(mg/kgDW)			富集系数		转运系数
	地上部	地下部	土壤	地上部	地下部	
Non-AMF（CK）	613.13±51.62d	495.83±47.62d	145.65±10.20a	4.21	3.40	1.24
G. mosseae	1497.52±97.87a	1153.55±109.90a	70.05±8.49d	21.38	16.47	1.30
G. geosporum	1191.13±62.86b	930.63±69.43b	126.26±6.52b	9.43	7.37	1.28
G. versiforme	941.81±45.72c	666.28±121.46c	123.15±12.08b	7.65	5.41	1.41
G. etunicatum	1013.66±66.84c	816.66±53.48b	119.14±4.49b	8.51	6.85	1.24
G. diaphanum	707.31±100.19d	536.96±48.26d	98.96±12.65c	7.15	5.43	1.32

注：同列数据后不同小写字母表示 $P<0.5$ 水平差异显著。

参 考 文 献

安冰，唐运来，陈梅，等，2011a. 小麦抗氧化能力对 Cs$^+$ 富集响应的研究[J]. 核农学报，25(2)：348-352.

安冰，唐运来，陈梅，等，2011b. 玉米对 Cs$^+$ 的富集能力及 Cs$^+$ 对其抗氧化指标影响的研究[J]. 原子能科学技术，45(10)：1275-1280.

敖嘉，唐运来，陈梅，等，2010. Sr 胁迫对油菜幼苗抗氧化指标影响的研究[J]. 核农学报，24(1)：166-170.

白志良，2003. 广东大亚湾核电站 1994～2001 年正常运行期间放射性释放的环境影响评价[C]//中国核学会辐射防护学会，中国环境学会核安全与辐射环境专业委员会. 全国放射性流出物和环境监测与评价研讨会论文汇编.

白中科，付梅臣，赵中秋，2006. 论矿区土壤环境问题[J]. 生态环境学报，15(5)：1122-1125.

毕银丽，胡振琪，司继涛，2002. 接种菌根对充填复垦土壤营养吸收的影响[J]. 中国矿业大学学报，31(3)：252-257.

曹玲，王庆成，崔东海，2006. 土壤镉污染对四种阔叶树苗木叶绿素荧光特性和生长的影响[J]. 应用生态学报，17：769-772.

曾娟，肖国光，余侃萍，等，2012. 我国建设内陆核电站对环境的影响叩[J]. 能源环境保护，26(5)：56-60.

柴丽红，姜艳艳，2007. 培养基各成分对酵母生长及富铬性能的影响[J]. 食品研究与开发，28(1)：67-71.

常文越，陈晓东，王磊，等，2008. 土著微生物修复 Cr(VI) 污染土壤还原后有效铬分析及其稳定性的初步实验研究[J]. 环境保护科学，34(2)：78-80.

陈桂秋，曾光明，袁兴中，2008. 治理重金属污染河流底泥的生物淋滤技术[J]. 生态学杂志，27(6)：639-644.

陈雷，郑青松，刘兆普，等，2009. 不同 Cu^{2+} 浓度处理对斜生栅藻生长及叶绿素荧光特性的影响[J]. 生态环境学报，18(4)：1231-1235.

陈梅，安冰，唐运来，2012. 苋菜、小麦和玉米对铯的吸收和积累差异[J]. 作物研究，5：512-517.

陈梅，敖嘉，唐运来，2012. Ca^{2+} 和 Sr^{2+} 联合处理对油菜抗氧化酶活性的影响[J]. 安徽农业科学，40(25)：12345-12348.

陈梅，唐运来，安冰，等，2012. 铯对小麦叶片光合特性影响的研究[J]. 安徽大学学报：自然科学版，36(5)：103-108.

陈佩林，2003. 微生物吸附重金属离子研究进展[J]. 生物学教学，28(12)：1-3.

陈万明，黄秋香，张湘晖，等，2009. 水样中总铬测定方法研究[J]. 光谱实验室，26(4)：811-813.

陈艺文，2006. 重金属钴离子对植物类囊体膜电子传递活性与结构的影响[D]. 成都：四川大学.

陈艺文，薛薇，袁瀚，等，2006. 钴离子处理对麦冬类囊体膜 PSII 活性和多肽组分的影响[J]. 四川大学学报(自然科学版)，6(43)：1419-1422.

陈玉成，熊双莲，熊治廷，2004. 表面活性剂强化重金属污染植物修复的可行性[J]. 生态环境学报，13(2)：243-246.

陈志良，仇荣光，2001. 重金属污染土壤的修复技术[J]. 环境保护，(8)：17-19.

程国玲，李培军，2007. 石油污染土壤的植物与微生物修复技术[J]. 环境工程学报，1(6)：91-96.

程国玲，胥家桢，马志飞，等，2008. 螯合诱导植物修复技术在重金属污染土壤中的应用[J]. 土壤，40(1)：16-20.

代群威，谭媛，董发勤，等，2010. 蛇纹石尾矿中钴和镍的微生物浸取效果[J]. 矿物学报，S1：103-104.

代淑娟，高太，王玉娟，等，2008. 共存离子对水洗废啤酒酵母吸附水相中 Cd^{2+} 的影响[J]. 有色矿冶，24(3)：79-80.

董发勤，刘明学，郝瑞霞，等，2018. 矿物光电子-微生物体系重金属离子价态调控及其环境效应研究进展[J]. 矿物岩石地球化学通报，37(1)：28-38.

董发勤,秦永莲,代群威,等,2017. 载铅(Ⅱ)高硅质大气矿物细颗粒对大肠杆菌的毒性作用研究[J]. 光谱学与光谱分析,37(7)：2014-2018.

董武娟,吴仁海,2003. 土壤放射性污染的来源、积累和迁移[J]. 云南地理环境研究,15(2)：83-87.

樊文华,池宝亮,张毓庄,等,1999. 五台山草地自然保护区土壤中钴的含量分布及影响因素[J]. 生态学报,19(1)：108-112.

方晓航,曾晓雯,于方明,等,2006. Cd 胁迫对白菜生理特征及元素吸收的影响研究[J]. 农业环境科学学报,25(1)：25-29.

封功能,陈爱辉,刘汉文,等,2008. 土壤中重金属污染的植物修复研究进展[J]. 江西农业学报,20(12)：70-73.

冯先华,何有节,朱正和,1993. 氨基酸与铬(Ⅲ)的络合反应热力学性质研究[J]. 湖北大学学报(自然科学版),15(2)：167-170.

冯永红,孙志明,王寿祥,等,2000. 菜豆(*Phaseolus vulgaris*)对放射性钴的吸收与积累动态[J]. 科技通报,16(1)：8-11.

高剑森,2001. 放射性污染漫谈[J]. 现代物理知识,(4)：12-13.

高明,孙海,张丽娜,等,2012. 铁、锰胁迫对人参叶片某些生理特征的影响[J]. 吉林农业大学学报,34(2)：130-137.

郜红建,蒋新,常江,2004. 根分泌物在污染土壤生物修复中的作用[J]. 生态学杂志,23(4)：135-139.

郜雅静,李建华,靳东升,等,2018. 重金属污染土壤的微生物修复技术探讨[J]. 山西农业科学,46(1)：150-154.

顾旭炯,朱巍,刘志强,等,2006. 海藻酸钠包埋法共固定-淀粉酶和糖化酶的研究[J]. 化学与生物工程,23(5)：26-28.

管珺,胡永红,杨文革,2008. 蜡样芽孢杆菌防治植物病虫害的研究进展[J]. 现代农药,6(4)：7-10.

郭栋生,席玉英,王爱英,1999. 植物激素类除草剂对玉米幼苗吸收重金属的影响[J]. 农业环境科学学报,18(4)：182-184.

郭丽艳,陈晓明,朱捷,等,2012. 不同物质对铬价态测定结果的影响[J]. 安全与环境学报,(1)：165-169.

何宝燕,尹华,彭辉,等,2007. 酵母菌吸附重金属铬的生理代谢机理及细胞形貌分析[J]. 环境科学,28(1)：194-198.

贺琳,曲洋,刘帅,等,2009. 废水生物处理中固定化微生物技术方法与载体使用[J]. 内蒙古环境科学,21(6)：44.

候兰欣,徐世明,赵文虎,等,1996. ^{90}Sr 在棉花等作物体内分布及高浓集植物的筛选[J]. 中国核科技报告,(S1)：1-8.

胡红青,刘华良,贺纪正,2005. 几种有机酸对恒电荷和可变电荷土壤吸附 Cu^{2+} 的影响[J]. 土壤学报,42(2)：232-237.

胡晓琼,2007. 水杨酸对蚕豆重金属镉毒害的影响[D]. 成都：四川师范大学.

华珞,张志刚,李俊波,等,2005. 基于土壤 ^{137}Cs 监测的土壤侵蚀与有机质流失——以密云水库为例[J]. 核农学报,3：208-213.

霍忠群,李焕秀,汤浩茹,2010. 丛枝菌根真菌对 NaCl 胁迫下番茄内源激素的影响[J]. 核农学报,24(5)：1099-1104.

贾秀芹,2012. 麻疯树对铈、锶胁迫的生理生化响应及富集[D]. 绵阳：西南科技大学.

姜彬慧,林碧琴,2000. 纤维藻(*Ankistrodesmus* sp.)对镍的吸附、吸收作用及镍对其细胞形态结构影响[J]. 应用与环境生物学报,6(6)：535-541.

姜让荣,1995. 放射性核素在土壤不同深度中的分布[J]. 核电子学与探测技术,(1)：23-27.

姜霞,高学晟,应佩峰,等,2003. 表面活性剂的增溶作用及在土壤中的行为[J]. 应用生态学报,14(11)：2072-2076.

孔凡美,史衍玺,冯固,2007. AM 菌对三叶草吸收、累积重金属的影响[J]. 中国生态农业学报,15(3)：92-96.

李琛,2013. 农林废弃物对废水中铬去除的研究进展[J]. 电镀与精饰,35(7)：12-19.

李德明,朱祝军,2005. 镉对植物光合作用的影响[J]. 广东微量元素科学,12(5)：61-65.

李冬,万琳,2010. 活性炭对水中 Cr(Ⅵ)吸附行为的研究[J]. 环保科技,16(2)：14-17.

李峰,张西平,黄昆,等,1999. 产朊假丝酵母细胞和细胞壁对铜离子吸附能力观察[J]. 常德高等专科学校学报,11(2)：62-64.

李功藩,蔡琬平,1985. 铜离子在光系统Ⅱ电子传递中的作用部位和方式[J]. 植物生理学报,11(3)：303-309.

李红,冯永忠,杨改河,等,2009. 铜胁迫对芥菜光合特性及叶绿素荧光参数的影响[J]. 农业环境科学学报,28(8)：1630-1635.

李丽华,2009. 苏云金芽孢杆菌与黑麦草对 BDE209-Cu 复合污染土壤的修复[D]. 广州：暨南大学.

李梅,谢玺韬,刘志礼,等,2004. 锶胁迫下亚心形扁藻生理生化的研究[J]. 南京医科大学学报：自然科学版,24(5)：459-463.

李梅,徐瑾,刘志礼,等,2004. 锶诱导的氧化胁迫对叉鞭金藻(*Dicrateria inornata*)的影响[J]. 海洋与湖泊,35(5)：467-472.

李鹏民, 高辉远, Strasser R J, 2005. 快速叶绿素荧光诱导动力学分析在光合作用研究中的应用[J]. 植物生理与分子生物学学报, 31(6): 559-566.

李琼芳, 刘明学, 康晋梅, 等, 2008. 微生物与放射性核素相互作用的研究进展[J]. 环境科学与技术, 31(10): 67-70.

李爽, 倪师军, 张成江, 等, 2009. 铯在土壤中的吸附性能研究[J]. 成都理工大学学报: 自然科学版, 4: 425-429.

李文学, 陈同斌, 刘颖茹, 2005. 刈割对蜈蚣草的砷吸收和植物修复效率的影响[J]. 生态学报, 25(3): 538-542.

李文一, 徐卫红, 胡小凤, 等, 2007. Zn 胁迫对黑麦草幼苗生长、生理生化及 Zn 吸收的影响[J]. 农业工程学报, 23(5): 190-194.

李晓林, 冯固, 2001. 丛枝菌根生态生理[M]. 北京: 华文出版社.

李勇, 张晴雯, 章力建, 2005. 应用环境放射性核素示踪技术研究农业立体污染的构思[J]. 核农学报, 19(5): 399-403.

李裕红, 黄小瑜, 2006. 重金属污染对植物光合作用的影响[J]. 引进与咨询, 6: 23-24.

梁文斌, 薛生国, 沈吉红, 等, 2010. 锰胁迫对垂序商陆光合特性及叶绿素荧光参数的影响[J]. 生态学报, 30(3): 619-625.

梁艳, 张成江, 倪师军, 2007. 不同 pH 值、不同比例的添加剂对土壤吸附铯的影响[J]. 四川环境, (5): 5-7.

林先贵, 廖继佩, 施亚琴, 2002. VA 菌根真菌在退化红壤恢复重建中的应用[J]. 土壤与环境, 5(3): 221-232.

林毅, 方光伟, 蔡丽希, 2005. 耐受重金属微生物资源的筛选与分子鉴定[J]. 泉州师范学院学报, 23(2): 73-76.

蔺昕, 李培军, 台培东, 等, 2006. 石油污染土壤植物-微生物修复研究进展[J]. 生态学杂志, 25(1): 93-100.

刘杰, 刘静, 金海如, 2011. 丛枝菌根真菌 N 代谢与 C 代谢研究进展[J]. 微生物学杂志, 31(6): 70-72.

刘彩娟, 2007. 表面活性剂的应用与发展田[J]. 河北化工, 30(4): 20-21.

刘静, 盛海君, 徐轶群, 等, 2008. 铁对四尾栅藻生长的影响[J]. 环境污染与防治, 30(8): 61-64.

刘俊祥, 孙振元, 巨关升, 等, 2009. 重金属 Cd^{2+} 对结缕草叶片光合特性的影响[J]. 核农学报, 23(6): 1050-1053.

刘莉, 2005. 镉对不同作物幼苗生长和生理特性的影响[D]. 杭州: 浙江大学.

刘琳, 2009. 不同价态无机砷对水稻秧苗生长及土壤微生物的影响[D]. 福州: 福建农林大学.

刘灵芝, 李培军, 巩宗强, 2011. 矿区分离丛枝菌根真菌对万寿菊吸 Cd 潜力影响[J]. 微生物学通报, 38(4): 575-582.

刘明学, 董发勤, 李姝, 等, 2014. 固定化耐辐射奇球菌对锶柱吸附与减量化研究[J]. 环境科学与技术, 37(6): 32-37.

刘明学, 董发勤, 王海燕, 2009. 酵母菌固定化及对锶的吸附研究[J]. 工业水处理, 29(5): 19-23.

刘明学, 董发勤, 张东, 等, 2011. 固定化酵母菌填充柱对锶的吸附特性研究[J]. 功能材料, 42(6): 24-28.

刘明学, 董发勤, 张伟, 等, 2013. 微生物在铀资源利用、循环与环境污染防治中的作用[J]. 矿物学报, 33(2): 170-174.

刘全吉, 孙学成, 胡承孝, 等, 2009. 砷对小麦生长和光合作用特征的影响[J]. 生态学报, 29(2): 854-859.

刘双, 陈国祥, 王娜, 2000. Hg^{2+} 对菠菜离体类囊体膜光化学活性和多肽组分的影响[J]. 植物资源与环境学报, 9(3): 30-33.

刘素萍, 2004. 石灰性土壤中钴的形态变化和钴对番茄生长发育、产量的影响[D]. 晋中: 山西农业大学.

刘素萍, 樊文华, 2005. 钴对番茄生长发育影响的初步研究[J]. 土壤通报, 36(6): 925-928.

刘肖, 2005. 离子色谱法测定铬[J]. 环境化学, 24(6): 741-743.

娄玉霞, 于晶, 曾元, 等, 2010. 匍枝青藓 (*Brachythecium procumbens*) 对重金属铅污染的光合特性响应[J]. 贵州师范大学学报: 自然科学版, 28(4): 12-16.

鲁艳, 李新荣, 何明珠, 等, 2011. 不同浓度 Ni、Cu 处理对骆驼蓬光合作用和叶绿素荧光特性的影响[J]. 应用生态学报, 22(4): 936-942.

陆引罡, 2006. 铅镍富集植物的筛选及其根际微生态特征[D]. 重庆: 西南大学.

鹿金颖, 毛永民, 申连英, 2002. VA 菌根对酸枣实生苗吸收土壤磷锌铁元素的影响[J]. 河北农业大学学报, 25(1): 42-47.

罗义, 毛大庆, 2003. 生物修复概述及国内外研究进展[J]. 辽宁大学学报: 自然科学版, 30(4): 298-302.

吕剑, 喻景权, 2004. 植物生长激素的作用机制[J]. 植物生理学通讯, 40(5): 624-628.

牟仁祥, 陈铭学, 朱智伟, 等, 2004. 水稻重金属污染研究进展[J]. 生态环境, 13(3): 417-419.

钱永强, 周晓星, 韩蕾, 等, 2011. 3种柳树叶片PSⅡ叶绿素荧光参数对Cd^{2+}胁迫的光响应[J]. 北京林业大学学报, 6(33):
　　8-14.

钱永强, 周晓星, 韩蕾, 等, 2011. Cd^{2+}胁迫对银芽柳PSⅡ叶绿素荧光光响应曲线的影响[J]. 生态学报, 31(20): 6134-6142.

乔传英, 王红星, 等, 2010. Fe·Zn对上海青白菜种子萌发和幼苗生理生化的影响[J]. 安徽农业科学, 38(1): 112-114.

裴凯栋, 黎维彬, 2006. 水溶液中Cr(Ⅵ)在碳纳米管上的吸附[J]. 物理化学学报, 22(12): 1542-1546.

任安芝, 高玉葆, 2002. 青菜幼苗体内种保护酶的活性对Pb、Cd、Cr胁迫的反应研究[J]. 应用生态学报, 13(4): 510-512.

阮成江, 谢庆良, 2002. 土壤水分对沙棘成活率及抗逆生理特性的影响[J]. 应用与环境生物学报, 8(4): 341-345.

尚通明, 谢小东, 陈娴, 等, 2010. 固定化微生物技术在废水治理中的应用[J]. 江苏技术师范学院学报, 16(3): 6-9.

尚伟伟, 刘杰, 张学洪, 等, 2013. 锰胁迫对青葙生长及叶绿素荧光特性的影响[J]. 生态环境学报, 8: 1353-1357.

沈振国, 刘有良, 1998. 重金属超量积累植物研究进展[J]. 植物生理学通讯, 32(2): 133-13.

施仲齐, 1984. 核电站对环境的影响[M]. 北京: 水利电力出版社.

束良佐, 朱育晓, 2001. Al^{3+}和阳离子型表面活性剂复合污染对玉米幼苗的影响[J]. 生态与农村环境学报, 17(2): 50-52.

孙光闻, 朱祝军, 方学智, 等, 2005. 镉对小白菜光合作用及叶绿素荧光参数的影响[J]. 植物营养与肥料学报, 11(5): 700-703.

孙赛玉, 周青, 2008. 土壤放射性污染的生态效应及生物修复[J]. 中国生态农业学报, 16(2): 523-528.

孙志明, 陈传群, 王寿祥, 等, 2001. 放射性钴在模拟水稻田中的迁移模型[J]. 生态学报, 21(6): 938-941.

汤惠华, 杨涛, 胡宏友, 等, 2008. 镉对花椰菜光合作用的影响及其在亚细胞中的分布[J]. 园艺学报, 35(9): 1291-1296.

唐世荣, 2002. 土-水介质中低放核素污染物的生物修复[J]. 应用生态学报, 13(2): 243-246.

唐世荣, 商照荣, 宋正国, 等, 2007. 放射性核素污染土壤修复标准的若干问题[J]. 农业环境学学报, 26(2): 407-412.

唐世荣, 郑洁敏, 陈子元, 等, 2004. 六种水培的苋科植物对^{134}Cs的吸收和积累[J]. 核农学报, 18(6): 474-479.

唐永金, 罗学刚, 2011. 植物吸收和富集核素的研究方法[J]. 核农学报, 25(6): 1292-1299.

唐永金, 罗学刚, 曾峰, 等, 2013. 不同植物对高浓度Sr、Cs胁迫的响应与修复植物筛选[J]. 农业环境科学学报, 32(5): 960-965.

唐永金, 罗学刚, 2011. 植物吸收和富集核素的研究方法[J]. 核农学报, 25(6): 1292-1299.

陶红群, 李晓林, 张俊伶, 1998. 丛枝菌根菌丝对重金属元素Zn和Cd吸收的研究[J]. 环境科学学报, 18(5): 545-548.

涂从, 郑春荣, 陈怀满, 2000. 铜矿尾矿库土壤-植物体系的现状研究[J]. 土壤学报, 37(2): 284-287.

屠娟, 张利, 赵力, 等, 1995. 非活性黑根霉菌对废水中重金属离子的吸附[J]. 环境科学, 16(1): 12-15.

王宝娥, 徐伟昌, 谢水波, 等, 2005. 啤酒酵母菌固定化凝胶颗粒吸附铀的研究[J]. 铀矿冶, 24(1): 34-37.

王菲, 杨官品, 李晓军, 2008. 微生物标志物在土壤污染生态学研究中的应用[J]. 生态学杂志, 27(1): 105-110.

王建宝, 唐运来, 徐静, 等, 2015. 钴在蚕豆中的积累分布及其对叶片光合作用和抗氧化酶活性的影响[J]. 西北植物学报, 35(5):
　　963-970.

王敬国, 1995. 植物营养的土壤化学[M]. 北京: 北京农业大学出版社.

王利军, 黄卫东, 于凤义, 2001. 高温胁迫对^{14}C-水杨酸在葡萄苗中运转分配的影响[J]. 植物生理学报, 27(2): 129-134.

王兴明, 涂俊芳, 李晶, 等, 2006. 镉处理对油菜生长和抗氧化酶系统的影响[J]. 应用生态学报, 17(1): 102-106.

王秀敏, 魏显有, 刘云惠, 等, 1999. 施用钴盐对玉米幼苗植株生长及钴含量的影响[J]. 河北农业大学学报, 22(2): 22-23.

王亚雄, 郭瑾珑, 刘瑞霞, 2001. 微生物吸附剂对重金属的吸附特性[J]. 环境科学, 22(6): 72-75.

闻方平, 王丹, 徐长合, 等, 2009a. ^{133}Cs、^{88}Sr单一胁迫对甘蓝生理生化指标的影响[J]. 湖北农业科学, 48(1): 114-117.

闻方平, 王丹, 徐长合, 等, 2009b. 苏丹草对^{133}Cs和^{88}Sr胁迫响应及吸收积累特征研究[J]. 辐射研究与辐射工艺学报, 27(4):
　　212-217.

吴海锁，张洪玲，张爱茜，等，2004. 小球藻吸附重金属离子的试验研究[J]. 环境化学，23(2)：173-177.

吴翰林，2016. 耐镉木霉菌株的筛选、鉴定及其降镉能力探究[D]. 长沙：湖南农业大学.

吴翰林，刘茂炎，刘峰，2016. 1株耐镉木霉菌株的筛选鉴定[J]. 贵州农业科学，44(6)：94-98.

吴惠芳，刘鹏，龚春风，等，2010. Mn 胁迫对龙葵和小飞蓬生长及叶绿素荧光特性的影响[J]. 农业环境科学学报，29(4)：653-658.

吴晓霞，周倩，谢虹，等，2007. 2,4-D 和 NAA 在拟南芥细胞分裂和伸长中的作用分析[J]. 西北植物学报，27(8)：1631-1636.

吴月燕，刘秀莲，洪丰，2008. 3 种植物对重金属富集能力的比较[J]. 科技通报，24(2)：266-271.

伍钧，孟晓霞，李昆，2005. 铅污染土壤的植物修复研究进展[J]. 土壤，37(3)：258-2

伍松林，张莘，陈保冬，2013. 丛枝菌根对土壤-植物系统中重金属迁移转化的影响[J]. 生态毒理学报，32(6)：847-856.

武晓燕，2005. 乙酰水杨酸对水生植物重金属毒害的缓解效应[D]. 南京：南京师范大学.

向言词，官春云，黄璜，等，2010. 植物生长调节剂 IAA、GA 和 6-BA 对芥菜型油菜和甘蓝型油菜富集镉的强化[J]. 农业现代化研究，31(4)：504-508.

肖伟，王磊，李倬锴，等，2008. 六价铬还原细菌 *Bacillus cereus* S5.4 还原机理及酶学性质研究[J]. 环境科学，29(3)：751-755.

谢翔宇，翁铂森，赵素贞，2013. Cd 胁迫下接种丛枝菌根真菌对秋茄幼苗生长与抗氧化酶系统的影响[J]. 厦门大学学报：自然科学版，52(2)：244-253.

辛宝宝，袁庆华，王瑜，2012. 多年生黑麦草种质材料苗期耐钴性综合评价及钴离子富集特性研究[J]. 草地学报，20(6)：1123-1131.

辛宝宝，袁庆华，魏臻武，2012. 9 个多花黑麦草品种萌发期耐钴性综合评价[J]. 种子，31(4)：76-79.

徐冬平，王丹，曾超，等，2014. 钴在蚕豆中积累与分布的动态变化[J]. 安全与环境学报，14(2)：294-298.

徐红纳，王英滨，2008. 双波长分光光度法同时测定水样中的 Cr(Ⅲ)和 Cr(Ⅵ)[J]. 分析实验室，5(27)：34-37.

徐慧，邱玲玲，2009. 重金属铬(Ⅵ)测定方法的国内研究进展[J]. 化学工程师，168(9)：40-42.

徐静，唐运来，王建宝，等，2015. Cs 对菠菜光合作用影响的研究[J]. 核农学报，29(5)：986-994.

徐明岗，李菊梅，张青，2004. pH 对黄棕壤重金属解吸特征的影响[J]. 生态环境，13(3)：312-315.

徐仁扣，肖双成，季国亮，2005. 低分子量有机酸影响可变电荷土壤吸附铜的机制[J]. 中国环境科学，25(3)：334-338.

徐向东，孙艳，郭晓芹，等，2011. 高温胁迫下外源褪黑素对黄瓜幼苗光合作用及叶绿素荧光的影响[J]. 核农学报，25(1)：0179-0184.

徐在超，史亚楠，张仁铎，等，2016. 三株具重金属抗性油菜内生真菌对镉铅锌富集特性研究[J]. 中山大学学报：自然科学版，55(6)：153-160.

许立和，2002. 复合氨基酸铬螯合物的研究[J]. 科研与开发，25(12)：32-34.

杨丹慧，1991. 重金属离子对高等植物光合膜结构与功能的影响[J]. 植物学报，8(8)：26-29.

杨晶，谢水波，王清良，等，2006. 微生物吸附铀的机理研究现状[J]. 铀矿冶，25(4)：192-195

杨俊诚，朱永懿，陈景坚，等，2002. ^{137}Cs 不同污染水平在大亚湾、秦山、北京土壤-植物系统中的转移[J]. 核农学报，16(2)：93-97.

杨晓红，曾明，李道高，2001. 丛枝菌根真菌的垂直平板定时转动培养及菌丝生长观察[J]. 菌物学报，20(3)：358-361.

杨修，高林，2001. 德兴铜矿矿山废弃地植被恢复与重建研究[J]. 生态学报，21(11)：1932-1940.

杨亚提，王旭东，张一平，等，2003. 小分子有机酸对恒电荷土壤胶体 Pb^{2+}吸附-解析的影响[J]. 应用生态学报，14(11)：1921-1924.

杨叶，陈珂，朱靖，2015. 施加钙对锶胁迫下麻疯树生长及生理生化的影响[J]. 核农学报，29(2)：405-411.

杨运英, 谭卫萍, 骆金环, 2007. 不同生长调节剂对银叶菊种子发芽的影响[J]. 安徽农业科学, 35(17): 5130-5131.

衣艳君, 李芳柏, 刘家尧, 2008. 尖叶走灯藓(*Plagiomnium cuspidatum*)叶绿素荧光对复合重金属胁迫的响应[J]. 生态学报, 28(11): 5437-5444.

尤民生, 刘新, 2004. 农药污染的生物降解与生物修复[J]. 生态学杂志, 23(1): 73-77.

张冬雪, 丰来, 罗志威, 等, 2017. 土壤重金属污染的微生物修复研究进展[J]. 江西农业学报, 29(8): 62-67.

张花香, 宋金秋, 吴莎莉, 2005. 蜡样芽孢杆菌对重金属离子的耐受性及其芽孢吸附能力的研究[J]. 华中师范大学研究生学报, 12(4): 134-137.

张建平, 陈娟, 胡一鸿, 等, 2007. 镉胁迫对浮萍叶片光合功能的影响[J]. 农业环境科学学报, 26(6): 2027-2032.

张金彪, 黄维南, 2000. 镉对植物的生理生态效应的研究进展[J]. 生态学报, 20(3): 514-523.

张鹏飞, 2006. 绿色核能[J]. 科学与生活, 23(6): 66-74.

张庆费, 郑思俊, 夏檑, 2010. 植物修复概念与特点[J]. 园林, (1): 62-64.

张伟, 董发勤, 代群威, 2005. 微生物富集铀[J]. 铀矿冶, 24(4): 198-202.

张伟, 董发勤, 代群威, 2009. 啤酒酵母菌对溶液中锶离子的吸附行为[J]. 环境污染与防治, 31(8): 11-15.

张晓雪, 王丹, 李卫锋, 等, 2010a. ^{133}Cs 和 ^{88}Sr 在蚕豆苗中的蓄积及其辐射损伤效应[J]. 辐射研究与辐射工艺学报, 28(1): 48-52.

张晓雪, 王丹, 钟钼芝, 等, 2010b. 鸡冠花(*Celosia cristata* Linn)对 Cs 和 Sr 的胁迫反应及其积累特征[J]. 核农学报, 24(3): 628-633.

张晓雪, 2010. 绿肥和花卉对 ^{133}Cs、^{88}Sr 污染土壤的修复能力研究[D]. 绵阳: 西南科技大学.

张永超, 2010. 对重金属铅、镉吸收积累特性及光合响应研究[D]. 杨凌: 西北农林科技大学.

张玉刚, 龙新宪, 陈雪梅, 2008. 微生物处理重金属废水的研究进展[J]. 环境科学与技术, 31(6): 58-63.

赵鲁雪, 罗学刚, 唐永金, 等, 2014. 铀污染环境下植物的光合生理变化及对铀的吸收转移[J]. 安全与环境学报, 14(2): 299-304.

赵素达, 付成秋, 2000. 镉对石莼光合作用和呼吸作用及叶绿素含量的影响[J]. 青岛海洋大学学报: 自然科学版, 30(3): 519-523.

赵希岳, 蔡志强, 潘剑波, 等, 2008. ^{60}Co 在小麦-土壤系统中的消长动态[J]. 核农学报, 22(5): 693-696.

赵希岳, 史建君, 王寿祥, 等, 2002. 放射性核素 ^{60}Co 在蚕豆-土壤系统中的迁移动力学[J]. 中国环境科学, 22(5): 425-428.

郑爱珍, 张美善, 于海秋, 等, 1998. 植物的钴素营养[J]. 农业与技术, (3): 16-17.

郑洁敏, 宋亮, 2006. 放射性 Cs 污染土壤的植物修复及其影响因素[J]. 杭州农业科技, (1): 33-35.

郑世英, 张秀玲, 王丽燕, 等, 2007. Cd^{2+}胁迫对蚕豆抗氧化酶活性及丙二醛含量的影响[J]. 河南农业科学, 36(2): 35-37.

郑永春, 王世杰, 2002. ^{137}Cs 的土壤地球化学及其侵蚀示踪意义[J]. 水土保持学报, 2: 57-60.

郑有飞, 李璐, 梁骏, 2008. 模拟酸雨条件下 Pb^{2+}和 Cr^{6+}对蕹菜光合作用及品质的影响[J]. 生态学杂志, 27(9): 1580-1586.

钟伟良, 刘可星, 2006. 土壤微生物对黑麦草和百喜草吸收的影响阴[J]. 核农学报, 20(4): 341-344.

周红卫, 施国新, 陈景耀, 等, 2003. 6-BA 对水花生抗氧化酶系 Hg 毒害的缓解作用[J]. 生态学报, 23(2): 387-392.

周吉奎, 钮因健, 李军亮, 等, 2006. 一株浸矿微生物的筛选及对铝土矿的除铁效果[J]. 金属矿山, (2): 36-40.

周建民, 党志, 陈能场, 等, 2007. 3-吲哚乙酸协同螯合剂强化植物提取重金属的研究[J]. 环境科学, 28(9): 2085-2088.

周璐璐, 唐运来, 陈霞, 等, 2013. 锶对油菜幼苗叶片光合作用的影响[J]. 植物学报, 48(3): 313-319.

周小勇, 仇荣亮, 胡鹏杰, 等, 2009. 表面活性剂对长柔毛委陵菜(*Potentilla griffithii* var. *velutina*)修复重金属污染的促进作用[J]. 生态学报, 29(1): 283-290.

周玉芝, 邵光勺, 牟世芬, 1996. 离子色谱法测定 Cr(III) 和 Cr(VI)[J]. 环境化学, 9(15): 446-450.

庄萍, 2007. 广东乐昌重金属污染农田土壤植物修复研究[D]. 广州：中山大学.

宗良纲, 张丽娜, 孙静克, 等, 2006. 3 种改良剂对不同土壤-水稻系统中 Cd 行为的影响[J]. 农业环境科学学报, 25 (4)：834-840.

邹洪梅, 蔡艳, 吴德勇, 2011. 铅对狗牙根叶绿素含量的影响[J]. 北方园艺, (18)：88-91.

邹玥, 唐运来, 王丹, 等, 2016. 木耳菜在 4 种土壤中对 CS 的吸收与转运研究[J]. 西北植物学报, 1：147-155.

Abalel-Aziz R A, Radwan S M A, Dahdon M S, 1997. Reducing the metals toxicity in sludge amended soil using VA mycorrhizae[J]. Egyptian Journal of Microbiology, 32 (2)：217-234.

Aery N C, Jagetiya B L, 2000. Effect of cobalt treatments on dry matter production of wheat and DTPA extractable cobalt content in soils[J]. Communications in Soil Science and Plant Analysis, 31 (9-10)：1275-1286.

Agarry S E, Ogunleye O O, Aworanti O A, 2013. Biosorption equilibrium, kinetic and thermodynamic modelling of naphthalene removal from aqueous solution onto modified spent tea leaves[J]. Environmental Technology, 34：825-839.

Alkorta I, Hernández-Allica J, Becerril J M, et al., 2004, Chelate-enhanced phytoremediation of soils polluted with heavy metals[J]. Reviews in Environmental Science and Biotechnology, 3 (1)：55-70.

Allen M F, Moore T S Jr, Christensen M, 1982. Phytohormone changes in gracilis infected by vesicular-arbuseular mycorrhizae altered levels of gibberellin-like substances and abscisic acid in the host plant[J]. Canadian Joumal of Botany, 60 (3)：468-471.

Argüello J M, 2003. Identification of ion-selectivity determinants in heavy-metal transport P_{1B}-type ATPases[J]. Journal of Membrane Biology, 195：93-108.

Argüello J M, 2006. HMA2.a transmembrane Zn^{2+} transporting ATPase from *Arabidopsis thaliana*[D]. Worcester, USA：Worcester Polytechnic Institute.

Arivalagan P, Singaraj D, Haridass V, et al., 2014. Removal of cadmium from aqueous solution by batch studies using *Bacillus cereus*[J]. Ecological Engineering, 71：728-735.

Arriagada C, Aranda E, Sampedro I, 2009. Interactions of *Trametes versicolor*, *Coriolopsis rigida* and the arbuscular mycorrhizal fungus *Glomus* deserticola on the copper toleranceof *Eucalyptus globules*[J]. Chemosphere, 77 (2)：273-278.

Avery S V, Smith S L, Ghazi A M, et al., 1999. Stimulation of strontium accumulation in linoleate-enriched *Saccharomyces cerevisiae* is a result of reduced Sr^{2+} efflux[J]. Applied and Environmental Microbiology, 65：1191-1197.

Avery S V, Tobin J M, 1992. Mechanisms of strontium uptake by laboratory and brewing strains of *Saccharomyces cerevisiae*[J]. Applied and Environmental Microbiology, 58：3883-3889.

Baeza A, Guillén F J, Salas A, et al., 2006. Distribution of radionuclides in different parts of a mushroom：influence of the degree of maturity[J]. Science of the Total Environment, 359 (1-3)：255-266. .

Baeza A, Paniagua J M, Rufo M., et al., 2002. Radiocaesium and radiostrontium uptake by turnips and broad beans via leaf and root absorption[J]. Environmental Pollution, (19)：325

Baker A J M, Brooks R R, 1989. Terrestrial higher plants whiohhy aceumulate metallie elements, review of their distribution ecology and phytochemistry[J]. Bioreeovery, (l)：81-126

Baker A J M, McGrath S P, Sidoli C M D, et al., 1994. The possibility of in situ heavy metal decontamination of polluted soils using crops of metal-accumulating plants[J]. Resources, Conservation and Recycling, 11 (1)：41-49.

Baker A J M, 1981. Accumulators and excluders—Strategies in the response of plants to heavy metals[J]. Journal of Plant Nutrition, 3 (1-4)：643-654.

Baker N R, 2008. Chlorophyll fluorescence：a probe of photosynthesis in vivo[J]. Annual Review of Plant Biology, 59：89-113.

Banelos G S, 1998. Use of crop rotation in phytoremediation to remediation of Se[C]. Proceeding of the 16th World Congress of Soil science，Montepellier，France.

Barakat M A，2011. New trends in removing heavy metals from industrial wastewater[J]. Arabian Journal of Chemistry，4：361-377.

Barceló J，Poschenrieder C，2003. Phytoremediation：principles and perspectives[J]. Contributions to Science，2(2):333-344.

Barea A J M，Azcon-Aguilar C，1982. Production of plant growth regulating substances of VAM fungus *Glomus mosseae*[J]. Applied and Environment Microbiol，43：810-813.

Barea J M，Pozo M J，Azćon R，2005. Microbial cooperation in the rhizosphere[J]. Journal of Experimental Botany，56(1)：1761-1778.

Beliaev A S，Saffarini D A，1998. *Shewanella putrefaciens* mtrB encodes an outer membrane protein required for Fe(III) and Mn(IV) reduction[J]. Journal of Bacteriology，180(23)：6292-6297.

Beliaev A S，Saffarini D A，McLaughlin J L，et al.，2001. An outer membrane c cytochrome required for metalreduction in *Shewanella putrefaciens* MR-1[J]. Molecular Microbiology，39(3)：722-730.

Boussac A，Rappaport F，Carrier P，et al.，2004. Biosynthetic Ca^{2+}/Sr^{2+} exchange in photosystem II oxygen-evolving enzyme of *Thermosynechococcus elongatus*[J]. The Journal of Biological Chemistry，279：22809-22819.

Brady D，Duncan J R，1994. Binding of heavy metals by the cellwalls of *Saccharomyces cerevisiae*[J]. Enzyme and Microbial Technology，16(7)：633- 638.

Broadley M R，Willey N J，1997，Differences in root uptake of radiocaesium by 30 plant taxa[J]. Environmental Pollution，97(1-2)：11-15.

Brooks R R，Lee J，Reeves R D，et al.，1977. Detection of nickeliferous rocks by analysis of herbarium specimens of indicator plants[J]. Journal of Geochemical Exploration，7(77)：49-57.

Carini F，Lombi E，1997. Foliar and soil uptake of ^{134}Cs and ^{85}Sr by grape vines[J]. The Science of the Total Environment，20(7)：157-164.

Chaoui A，Jarrar B，El F E，2004. Effects of cadmium and copper on peroxidase，NADH oxidase and IAA oxidase activities in cell wall，soluble and microsomal membrane fractions of pea roots[J]. Journal of Plant Physiology，161(11)：1225-1234.

Chatterjee J，Chatterjee C，2003. Management of phytotoxicity of cobalt in tomato by chemical measures[J]. Plant Science，164(5)：793-801.

Chen B D，Zhu Y G，Smith F A，2006. Effects of arbuscular mycorrhizal inoculation on uranium and arsenic accumulation by Chinese brake fern (*Pteris vittata* L.) from a uranium mining-impacted soil[J]. Chemosphere，62(9)：1464-1473.

Chen C，Wang J，2008. Removal of Pb^{2+}，Ag^+，Cs^+ and Sr^{2+} from aqueous solution by brewery's waste biomass[J]. Journal of Hazardous Materials，151：65-70.

Chen M，Tang Y L，Ao J，et al.，2012. Effects of strontium on photosynthetic characteristics of oilseed rape seedlings[J]. Russian Journal of Plant Physiology，59 (6)：772-780.

Chen X，Wu C H，Tang J J，2005. Arbuscular mycorrhizaeenhance metal lead uptake and growth of host plants under a sand culture experiment[J]. Chemosphere，60(5)：665-671.

Cheng Z，Gao Z，Ma W，et al.，2012. Preparation of magnetic Fe_3O_4 particles modified sawdust as the adsorbent to remove strontium ions[J]. Chemical Engineering Journal，209：451-457.

Chojnacka K，2007. Bioaccumulation of Cr(III) ions by blue green-alga *Spirulina* sp. Part I. A comparison with biosorption[J]. American Journal of Agricultural and Biological Science，2：218-223.

Chojnacka K，Wojciechowski P M，2007. Bioaccumulation of Cr(III) ions by blue green-alga *Spirulina* sp. Part II. Mathematical modeling[J]. American Journal of Agricultural and Biological Science, 2: 291-298.

Chugh L K, Sawhney S K, 1999. Photosynthetic activities of *Pisum sativum* seedlings grown in presence of cadmium[J]. Plant Physiology and Bio- chemistry, 37 (4): 297-303.

Citterio S, Prato N, Fumagalli P, 2005. The arbuscular mycorrhizal fungus *Glomus mosseae* induces growth and metal accumulation changes in *Cannabis sativa* L.[J]. Chemosphere, 59 (1): 21-29.

Cohen C K, Fox T C, Garvin D F, et al., 1998. The role of iron-deficiency stress responses in stimulating heavy-metal transport in plants[J]. Plant Physiology, 116 (3): 1063-1072.

Cunningham S D, Berti W R, Huang J W, 1995. Phytoremediation of contaminated soils[J]. Trends in Biotechnology, 13 (9): 393-397.

Dabbagh R, Ghafourian H, Baghvand A, et al., 2007. Bioaccumulation and biosorption of stable strontium and ^{90}Sr by *Oscillatoria homogenea* cyanobacterium[J]. Journal of Radioanalytical and Nuclear Chemistry, 272: 53-59.

Dai Q, Zhang W, Dong F, et al., 2014. Effect of γ-ray radiation on the biosorption of strontium ions to baker's yeast[J]. Chemical Engineering Journal, 249: 226-235.

Das A K, 2004. Micellar effect on the kinetics and mechanism of chromium (VI) oxidation of organic substrates[J]. Coordination Chemistry Reviews, 248 (1): 81-99.

Davis T A, Volesky B, Mucci A, 2003. A review of the biochemistry of heavy metal biosorption by brown algae[J]. Water Research, 37: 4311-4330.

de Boulois H D, Delvaux B, Declerck S, 2005a. Effects of arbuscular mycorrhizal fungi on the root uptake and translocation of radiocaesium[J]. Environmental Pollution, 134 (3): 515-524.

de Boulois H D, Leyval C, Joner E J, 2005b. Use of mycorrhizal fungi for the phytostabilisation of radio-contaminated environment: Overview on the scientific achievements[J]. Radioprotection, 40 (S1): 41-46.

de Rome L, Gadd G M, 1991. Use of pelleted and immobilized yeast and fungal biomass for heavy metal and radionuclide recovery[J]. Journal of Industrial Microbiology and Biotechnology, 7: 97-104.

Declerck S, de Boulois D H, Bivort C, 2003. Extraradical mycelium of the arbuscular mycorrhizal fungus *Glomus lamellosum* can take up, accumulate and translocate radiocaesium under root-organ culture conditions[J]. Environmental Microbiology, 5 (6): 510-516.

Dehn B, Schuepp H, 1989. Influence of VAM on the uptake and distribution of heavy metals in plants[J]. Agriculture, Ecosystems and Environment, 29 (2): 79-83.

Desta M B, 2013. Batch sorption experiments: Langmuir and Freundlich isotherm studies for the adsorption of textile metal ions onto Teff Straw (*Eragrostis tef*) agricultural waste[J]. Journal of Thermodynamics. http://dx.doi.org/10.1155/2013/375830.

Dorothee S, 2002. Chemical strategies for iron acquisition in plants[J]. Angewandte Chemie, 41 (13): 2259-2264.

Druge V, Schonbeck F, 1992. Effect of vesicular arbuscular mycorrhizal infection on transpiration, photosynthesis and growth of flux (*Linum usitatissimum*. L) in relation to cytokinin levels[J]. Journal of Plant Physiology, 141 (1): 40- 48.

Dubchak S, Ogar D, Mietelski J W, 2010. Influence of silver and titanium nanoparticles on arbuscular mycorrhiza colonization and accumulation of radiocaesium in *Helianthus annuus*[J]. Spanish Journal of Agricultural Research, 8 (S1): 103-108.

Dushenkov S, 2003. Trends in phytoremediation of radionuclides[J]. Plant and Soil, 249 (1): 167.

Entry J A, Watrud L S, Reeves M, 1999. Accumulation of ^{137}Cs and ^{90}Sr from contaminated soil by three grass species inoculated with mycorrhizal fungi[J]. Environmental Pollution, 104 (6): 449-457.

Ergene A, Ada K, Tan S, et al., 2009. Removal of Remazol Brilliant Blue R dye from aqueous solutions by adsorption onto immobilized *Scenedesmus quadricauda*：equilibrium and kinetic modeling studies[J]. Desalination，249（3）：1308-1314.

Eriksson J，Oborn I，Jansson G，et al.，1996. Factors influencing Cd-content in crops. Results from Swedish field investigations[J]. Swedish Agricultural Research，26（3）：125-133.

Fan J L，Wei X Z，Wan L C，et al.，2011. Disarrangement of actin filaments and Ca^{2+} gradient by $CdCl_2$ alters cell wall construction in *Arabidopsis thaliana* root hairs by inhibiting vesicular trafficking[J]. Journal of Plant Physiology，168：1157-1167.

Flexas J，Medrano H，2002. Drought-inhibition of photosynthesis in C_3 plants：stomatal and non-stomatal limitations revisited[J]. Annals of Botany，89（2）：183-189.

Fosso-Kankeu E，Mulaba-Bafubiandi A F，Mamba B B，et al.，2011. Prediction of metal-adsorption behaviour in the remediation of water contamination using indigenous microorganisms[J]. Environmental Management，3（92）：2786-93.

Franks P J，Farquhar G D，2001. The effect of exogenous abscisic acid on stomatal development stomatal mechanics，and leaf gas exchange in *Tradescantia virginiana*[J]. Plant Physiology，125（2）：935- 942.

Freundlich H M F，1906. Über die adsorption in lösungen[J]. Zeitschrift für Physikalische Chemie，57：385-470.

Fuhrmann M，Lasat M M，Ebbs S D，et al.，2002. Uptake of cesium-137 and strontium-90 from contaminated soil by three plant species；application to phytoremediation[J]. Journal of Environmental Quality，31（3）：904.

Gadd G M，2000. Bioremedial potential of microbial mechanisms of metal mobilization and immobilization[J]. Current Opinion in Biotechnology，11：271-279.

Gadelle F，Wan J，Tokunaga T K，2001. Removal of uranium（VI）from contaminated sediments by surfactants[J]. Journal of Environmental Quality，30（2）：470-478.

Garbisu C，Alkorta I，2001. Phytoextraction：a cost-effective plant-based technology for the removal of metals from the environment[J]. Bioresource Technology，77（3）：229-236.

Gartenjr C T，1999. Modeling the potential role of a forest ecosystem in phytostabilization and phytoextraction of ^{90}Sr at a contaminated watershed[J]. Journal of Environmental Radioactivity，43（3）：305-323.

Ghaemi A，Torab-Mostaedi M，Ghannadi-Maragheh M，2011. Characterizations of strontium（II）and barium（II）adsorption from aqueous solutions using dolomite powder[J]. Journal of Hazardous Materials，190：916-921.

Ghorbanzadeh Mashkani S，Tajer Mohammad Ghazvini P，2009. Biotechnological potential of *Azolla filiculoides* for biosorption of Cs and Sr：application of micro-PIXE for measurement of biosorption[J]. Bioresource Technology，100：1915-1921.

Gipps J F，Coller B A W，1980. Effect of physical and culture conditions on uptake of cadmium by *Chlorella Pyrenoidosa*[J]. Australian Journal of Marine and Freshwater Research，31：747-755.

González Á，Chumillas V，Lobo M C，2012. Effect of Zn, Cd and Cr on growth，water status and chlorophyll content of barley plants （*H. Vulgare* L.）[J]. Agricultural Sciences，3（4）：572-581.

Gorby Y A，Lovley D R，1992. Enzymic uranium precipitation[J]. Environmental Science and Technology，26（1）：205-207.

Guan W，Pan J，Ou H，et al.，2011. Removal of strontium（II）ions by potassium tetratitanate whisker and sodium trititanate whisker from aqueous solution：equilibrium，kinetics and thermodynamics[J]. Chemical Engineering Journal，167：215-222.

Gupta V K，Rastogi A，2008. Sorption and desorption studies of chromium（VI）from nonviable cyanobacterium *Nostoc muscorum* biomass[J]. Journal of Hazardous Materials，154：347-354.

Hansen H，Larssen T，Seip H M，et al.，2001. Trace metals in forest soils at four sites in Southern China[J]. Water，Air，Soil Pollution，130（1-4）：1721-1726.

Helen J，Graeme P，Frances A，et al.，2002. Solubilization of metal phosphates by *Rhizoctonia solani*[J].Mycological Research，

106 (12): 1468-1479.

Hewitt E J, 1983. The Effects of Mineral Deficiencies and Excesses on Growth and Composition[M]//Late B C, Hewitt E J, Needham P, et al. Diagnosis of Mineral Disorders in Plants. Vol. I. Principals. London: HMSO.

Ho Y S, 2004. Citation review of Lagergren kinetic rate equation on adsorption reactions[J]. Scientometrics, 59: 171-177.

Ho Y S, 2006. Review of second-order models for adsorption systems[J]. Journal of Hazardous Materials, 136: 681-689.

Ho Y S, McKay G, 1998. Sorption of dye from aqueous solution by peat[J]. Chemical Engineering Journal, 70: 115-124.

Ho Y S, McKay G, 2000. The kinetics of sorption of divalent metal ions onto Sphagnum moss peat[J]. Water Research, 34: 735-742.

Hodge A, Campbell C, Fitter A H, 2001. An arbuscular myeorrhizal fungus accelerates decomposition and acquisition nitrogen directly from organic material[J]. Nature, 4(13): 297-299.

Hong K J, Tokunaga S, Kajiuchi T, 2002. Evaluation of remediation process with plant-derived biosurfactant for recovery of heavy metals from contaminated soils[J]. Chemosphere, 49(4): 379.

Hossain M A, Shamsuzzaman M, Ghose S, et al., 2012. Characterization of local soils and study the migration behavior of radionuclide from disposal site of LILW[J]. Journal of Environmental Radioactivity, 105(6569): 70.

Hu X J, Gu H D, Zang T T, et al., 2014. Biosorption mechanism of Cu^{2+} by innovative immobilized spent substrate of fragrant mushroom biomass[J]. Ecological Engineering, 73: 509-513.

Israr M, Sahi S V, 2008. Promising role of plant hormones in translocation of lead in *Sesbania drummondii* shoots[J]. Environmental Pollution, 153(1): 29-36.

Italiano F, Buccolieri A, Giotta L, et al., 2009. Response of the carotenoidless mutant *Rhodobacter sphaeroides* growing cells to cobalt and nickel exposure[J]. International Biodeterioration and Biodegradation, 63: 948-957.

Jayakumar K, Cheruth A J, 2009. Uptake and accumulation of cobalt in plants: a study based on exogenous cobalt in soybean[J]. Botany Research International, 2(4): 310-314.

Ji Y Q, Hu Y T, Tian Q, et al., 2010. Biosorption of strontium ions by magnetically modified yeast cells[J]. Separation Science and Technology, 45: 1499-1504.

Jia H S, Lu C M, 2003. Effects of abscisic acid on photoinhibition in maize[J]. Plant Science, 165(6): 1403- 1410.

Jin H, Pfeffer P E, Douds D D, 2005. The uptake, metabolism, transport and transfer of nitrogen in an arbuscular mycorrhizal symbiosis[J]. New Phytologist, 168(3): 687-696.

Johnson K J, 2006. Bacterial adsorption of aqueous heavy metals: molecular simulation and surface coomplexation models[D]. Notre Dame, USA: University of Notre Dame.

Joner E J, Leyval C, 2001. Time course of heavy metal uptake in maize and clover as affected by root density and different mycorrhizal inoculation regimes[J]. Biology and Fertility of Soils, 33(5): 351-357.

Kabata P A, 1984. Trace Elements in Soils and Plants[M]. Boca Raton,USA: CRC Press.

Kaldorf M, Ludwig-Muller J, 2000. AM fungi might affeet the root morphology of maize by increasing indole-3-butyric acid biosynthesis[J]. Plant Physiology, 109(1): 58- 67.

Kashefi K, Lovley D R, 2000. Reduction of Fe(III), Mn(IV) and toxic metals at 100°C by *Pyrobaculum islandicum*[J]. Applied and Environmental Microbiology, 66: 1050-1056.

Khan Z, Hashmi A A, Ahmed L, et al., 1998. Kinetics and mechanism of chromic acid oxidation of oxalic acid in absence and presence of different acid media. A kinetic study[J]. International Journal of Chemical Kinetics, 30(5): 335-340.

Kizilkaya R, Askin T, Bayrakli B, et al., 2004. Microbiological characteristics of soils contaminated with heavy metals[J]. European

Journal of Soil Biology, 40: 95-102.

Koble R A, Corrigan T E, 1952. Adsorption isotherms for pure hydrocarbons[J]. Industrial and Engineering Chemistry, 44: 383-387.

Koricheva J, Roy S, Vranjic J A, et al., 1997. Antioxidant responses to simulated acid rain and heavy metal deposition in birch seedlings[J]. Environmental Pollution, 95(2): 249-58.

Kosaric N, 2001. Biosurfactants and their application for soil bioremediation[J]. Food Technology and Biotechnology, 39(4): 295-304.

Kratochvil D, Volesky B, 1998. Advances in the biosorption of heavymetals[J]. Trends in Biotechnology, 16: 291-300.

Küpper H, Zhao F J, Mcgrath S P, 1999. Cellular compartmentation of zinc in leaves of the hyperaccumulator *Thlaspi caerulescens*[J]. Plant Physiology, 119(1): 305.

Lambert D H, Weidensaul T C, 1991. Element uptake by mycorrhizal soybean from sewage-treated soil[J]. Soil Science Society of America Journal, 55(2): 393-398.

Lanfranco L, Novero M, Bonfante P, 2005. The mycorrhizal fungus *Gigaspora margarita* possesses a CuZn superoxide dismutase that is up-regulated during symbiosis with legume hosts[J]. Plant Physiology, 137(4): 1319-1330.

Langmuir I, 1918. The adsorption of gases on plane surfaces of glass, mica and platinum[J]. Journal of the American Chemical Society, 40: 1361-1403.

Lasat M M, Baker A, Kochian L V, 1996. Physiological characterization of root Zn^{2+} absorption and translocation to shoots in Zn hyperaccumulator and nonaccumulator species of *Thlaspi*[J]. Plant Physiology, 112(4): 1715.

Latha J N L, Rashmi K, Mohan P M, 2005. Cell-wall-bound metal ions are not taken up in *Neurospora crassa*[J]. Candian Journal of Microbiology, 51: 1021-1026.

Li M, Xie X T, Xue R H, et al., 2006. Effects of strontium-induced stress on marine microalgae *Platymonas subcordiformis* (Chlorophyta: Volvocales)[J]. Chinese Journal of Oceanology and Limnology, 24: 154-162.

Liu M X, Dong F Q, Kang W, et al., 2014. Biosorption of strontium from simulated nuclear wastewater by *Scenedesmus spinosus* under culture conditions: adsorption and bioaccumulation processes and models[J]. International Journal of Environmental Research and Public Health, 11(6): 6099-6118.

Liu M X, Dong F Q, Yan X Y, et al., 2010. Biosorption of uranium by *Saccharomyces cerevisiae* and surface interactions under culture conditions[J]. Bioresource Technology, 101: 8573-8580.

Liu M X, Dong F Q, Zhang W, et al., 2016. Programmed gradient descent biosorption of strontium ions by *Saccaromyces cerevisiae* and ashing analysis: a decrement solution fornuclide and heavy metal disposal[J]. Journal of Hazardous Materials, 314: 295-303.

Liu X, Wu Q, Banks M K, 2005. Effect of simultaneous establishment of sedum alfredii and zea mays on heavy metal accumulation in plants[J]. International Journal of Phytoremediation, 7(1): 43-53.

Liu Y, Zhu Y G, Chen B D, 2005. Yield and arsenate uptake of arbuscular mycorrhizal tomato colonized by *Glomus mosseae* BEG167 in as spiked soil under glasshouse conditions[J]. Environment International, 31(5): 867-873.

López M L, Peralta-Videa J R, Benitez T, et al., 2005. Enhancement of lead uptake by alfalfa (*Medicago sativa*) using EDTA and a plant growth promoter[J]. Chemosphere, 61(4): 595-598.

Lovley D R, Phillips E J, 1992. Reduction of uranium by *Desulfovibrio desulfuricans*[J]. Applied and Environmental Microbiology, 58(3): 850-856.

Ma B, Oh S, Shin W S, et al., 2011. Removal of Co^{2+}, Sr^{2+} and Cs^+ from aqueous solution by phosphate-modified montmorillonite (PMM)[J]. Desalination, 276: 336-346.

Maathuis F J M, Sanders D, 1997. Regulation of K^+ absorption in plant cells by external K^+: interplay of different plasma membrane K^+ transporters[J]. Journal of Experimental Botany, 48: 451-458.

Macfie S M, Welbourn P M, 2000. The cell wall as a barrier to uptake of metal ions in the unicellular green alga *Chlamydomonas reinhardtii* (Chlorophyceae)[J]. Archives of Environmental Contamination and Toxicology, 39: 413-419.

Malamy J, Hennig J, Klessig D F, 1992. Temperature-dependent induction of salicylic acid and its conjugates during the resistance response to tobacco mosaic virus infection[J]. Plant Cell, 4(3): 359.

Mallick N, Mohn F H, 2003. Use of chlorophyll fluorescence in metal stress research: a case study with the green microalga Scenedesmus[J]. Ecotoxicology and Environmental Safety, 55: 64-69.

Mamba B B, Dlamini N P, Mulaba-Bafubiandi A F, 2009. Biosorptive removal of copper and cobalt from aqueous solutions: *Shewanella* spp. put to the test[J]. Physics and Chemistry of the Earth, (34): 841-849.

MarešováJ, Pipíška M, Rozložník M, et al., 2011. Cobalt and strontium sorption by moss biosorbent: modeling of single and binary metal systems[J]. Desalination, 266: 134-141.

Masoudzadeh N, Zakeri F, Lotfabad T B, et al., 2011. Biosorption of cadmium by *Brevundimonas* sp. ZF12 strain, a novel biosorbent isolated from hot-spring waters in high background radiation areas[J]. Journal of Hazardous Materials, 197: 190-198.

Meneh M, Baize D, Mocquot B, 1997. Cadmium availability to wheat in five soil series from the Yonne district, Burgundy, France[J]. Environmental Pollution, 95: 93-103.

Mergeay M, Houba C, Gertis J, 1978. Extrachromosomal inheritance controlling resistance to cadmium, cobalt, copper and zinc ions: evidence from curing in a *Pseudomonas*[J]. Archives Internationales de Physiologie et de Biochimie, 86 (2): 440-442

Mergeay M, Nies D, Schlegel H G, et al., 1985. *Alcaligenes eutrophus* CH34 is a facultative chemolithotroph with plasmid-bound resistance to heavy metals[J]. Bacteriology, 162(1): 328-34

Metwally A, Finkemeier I, Georgi M, et al., 2003. Salicylic acid alleviates the cadmium toxicity in barley seedlings[J]. Plant Physiology, 132(1): 272-81.

Mohamed A, 2005. Study on radon and radon progeny in some living rooms[J]. Radiation Protection Dosimetry, 117(4): 402-407.

Mohanty N, Vass I, Demeter S, 1989. Copper toxicity affects Photosystem II eleetron transport at the secondary quinine acceptor, Q(B)[J]. Plant Physiology, 90: 175-179.

Monni S, Salemaa M, White C, et al., 2000. Copper resistance of *Calluna vulgaris* originating from the pollution gradient of a Cu-Ni smelter, in southwest Finland[J]. Environmental Pollution, 109(2): 211-9.

Monnin C, 1999. A thermodynamic model for the solubility of barite and celestite in electrolyte solutions and seawater to 200°C and to 1 kbar[J]. Chemical Geology, 153: 187-209.

Monnin C, Galinier C, 1988. The solubility of celestite and barite in electrolyte solutions and natural waters at 25°C: a thermodynamic study[J]. Chemical Geology, 71: 283-296.

Mosquera B, Carvalho C, Veiga R, et al., 2006. ^{137}Cs distribution in tropical fruit trees after soil contamination[J]. Environmental and Experimental Botany, 55: 273-281.

Murchie E H, Lawson T, 2013. Chlorophyll fluorescence analysis: a guide to good practice and understanding some new applications[J]. Journal of Experimental Botany, 64(13): 3983-3998.

Myers J M, Myers C R, 2000. Role of the tetraheme cytochrome CymA in anaerobic electron transport in cells of *Shewanella putrefaciens* MR-1 with normal levels of menaquinone[J]. Journal of Bacteriology, 182(1): 67-75.

Nagy B, Măicăneanu A, Indolean C, et al., 2014. Comparative study of Cd(II) biosorption on cultivated *Agaricus bisporus* and wild *Lactarius piperatus* based biocomposites. Linear and nonlinear equilibrium modelling and kinetics[J]. Journal of the Taiwan Institute of Chemical Engineers, 45: 921-929.

Naidu R, Bolan N S, Kookana R S, et al., 1994. Ionic-strength and pH effects on the sorption of cadmium and the surface charge of soils[J]. European Journal of Soil Science, 45: 419-429.

Ngwenya N, Chirwa E M N, 2010. Single and binary component sorption of the fission products Sr^{2+}, Cs^+ and Co^{2+} from aqueous solutions onto sulphate reducing bacteria[J]. Minerals Engineering, 23: 463-470.

Ostertag R, 2010. Foliar nitrogen and phosphorus accumulation responses after fertilization: an example from nutrient-limited Hawaiian forests[J]. Plant Soil, 334(1): 85-98.

Ouzounidou G, Moustakas M, Eleftheriou E P, 1997. Physiological and ultrastructural effects of cadmium on wheat (*Triticum aestivum* L.) leaves[J]. Environmental Contamination Toxicology, 32(2): 154-160.

Pacary V, Barré Y, Plasari E, 2010. Method for the prediction of nuclear waste solution decontamination by coprecipitation of strontium ions with barium sulphate using the experimental data obtained in non-radioactive environment[J]. Chemical Engineering Research and Design, 88: 1142-1147.

Packirisamy V, 2012. Changes in growth, biochemical constituents and antioxidant potentials in cowpea (*Vigna unguiculata* (L.) Walp.) under cobalt stress[D]. Tamil Nadu, India: Annamalai University.

Pal A, Ghosh S, Paul A K, 2006. Biosorption of cobalt by fungi from serpentine soil of Andaman[J]. Bioresource Technology, 97(10): 1253-1258.

Palit S, Sharma A, 1994. Effects of cobalt on plants[J]. The Botanical Review, 60(2): 149-161.

Piao H C, Liu C Q, 2011. Variations in nitrogen, zinc and sugar concentrations in Chinese fir seedlings grown on shrubland and ploughed soils in response to arbuscular mycorrhiza-mediated process[J]. Biology and Fertility of Soils, 47(6): 721-727.

Pipíška M, Horník M, KočiováM, et al., 2005. Radiostrontium uptake by lichen *Hypogymnia physodes*[J], Nukleonica, 50(S1): 39-44.

Plait S, Sharma A, Talukder G, 1994. Effects of cobalt on plants[J]. The Botanical Review, 60(2): 151-181.

Pritchard D E, Ceryak S, Ramsey K E, et al., 2005. Resistance to apoptosis, increased growth potential, and altered gene expression in cells that survived genotoxic hexavalent chromium[Cr(VI)]exposure[J]. Molecular and Cellular Biochemistry, 279(1-2): 169-181.

Puzon G J, Petersen J N, Roberts A G, et al., 2002. A bacterial flavin reductase system reduces chromate to a soluble chromium(III)-NAD(+) complex[J]. Biochemical and Biophysical Research Communications, 294(1): 76-81.

Requence N, Perez-Solis E, Azcon-Aguilar C, 2011. Management of indigenous plant-microbe aids restoration of desertified ecosystems[J]. Applied and Environmental Microbiology, 67(4): 495-498.

Roane T M, Pepper I L, 2000. Microorganisms and Metal Pollutants[M]//Maier R M, Pepper I L, Gerba C P. Environmental Microbiology. San Diego,USA: Academic Press,.

Roca M C, Vallejo V R, 1995. Effect of soil potassium and calcium on caesium and strontium uptake by plant roots[J]. Journal of Environmental Radioactivity, 28(2): 141-159.

Romanov G N, Drozhko Y G, 1996. Ecological Consequences of the Activities at the "Mayak" Plant[M]//Luykx F F, Frissel M J. Radioecology and the Restoration of Radioactivecontaminated Sites. Dordrecht: Kluwer Academic Publishers.

Rosbrook P A, Asher C J, Bell L C, 1992. The cobalt status of Queensland soils in relation to pasture growth and cobalt accumulation[J]. Tropical Grasslands, 26(2): 130-136.

Rota M C, Vallejo V R, 1995. Effect of soil potassium and calcium on caesium and strontium uptake by plant roots[J]. Journal of Environmental Radioactivity, 28(2): 141-159.

Rudzinski W, Plazinski W, 2008. Kinetics of metal ions adsorption at heterogeneous solid/solution interfaces: a theoretical treatment based on statistical rate theory[J]. Journal of Colloid and Interface Science, 327: 36-43.

Rufyikiri G, Huysmans L, Wannijn J, 2004. Arbuscular mycorrhizal fungi can decrease the uptake of uranium by subterranean clover grown at high uptake of uranium by subterranean clover grown at high levels of uranium in soil[J]. Environmental Pollution, 130(3): 427-436.

Ruggiero C E, Boukhalfa H, Forsythe J H, et al., 2005. Actinide and metal toxicity to prospective bioremediumtion bacteria[J]. Environmental Microbiology, 7: 88-97.

Salt D E, Blaylock M, Kumar N P, et al., 1995. Phytoremediation: a novel strategy for the removal of toxic metals from the environment using plants[J]. Bio/technology, 13(5): 468.

Salt D E, Prince R C, Pickering I J, et al., 1995. Mechanisms of cadmium mobility and accumulation in Indian mustard[J]. Plant Physiology, 109(4): 1427.

Salzer P, Boiler T, 2000. Current advances in myeorrhizae research[R]. Minnesota, USA: The American Phytopathological Society.

Savinko A, Semioshkin N, Howard B J, 2007. Radiostrontium uptake by plants from different soil types in Kazakhstan[J]. Science of the Total Environment, 373(1): 324-333

Sawidis T, 1988. Uptake of radionuclides by plants after the Chernobyl accident[J]. Environmental Pollution, 50(4): 317-24.

Schmidt T, Schlegel H G, 1989. Nickel and cobalt resistance of various bacteria isolated from soil and highly polluted domestic and industrial wastes[J]. FEMS Microbiology Letters, 62: 315-328.

Schmidt T, Stoppel R D, Schlegel H G, 1991. High-level nickel resistance in *Alcaligenes xylosoxydans* 31A and *Alcaligenes eutrophus* KTO2[J]. Applied amd Environmental Microbiology, 57(11): 3301-3309.

Schuller P, Walling D E, Sepulveda A, et al., 2004. Use of ^{137}Cs measurements to estimate changes in soil erosion rates associated with changes in soil management practices on cultivated land[J]. Applied Radiation and Isotopes, 60(5): 759-766.

Selvaraj T, 1998. Studies on mycorrhizal and rhizobial symbioses on tolerance of tannery effluent treated *Prosopis juliflora*[D]. Chennai, India: University of Madras.

Selvaraj T, Chellappan P, Jeong Y J, 2004. Occurrence of vesicular-arbuscular mycorrhizal (VAM) fungi and their effect on plant growth in endangered vegetations[J]. Microbiol Biotechnol, 14(8): 885-890.

Selvi K, Pattabhi S, Kadirvelu K, 2001. Removal of Cr(VI) from aqueous solution by adsorption onto activated carbon[J]. Bioresource Technology, 80(1): 87-89.

Senaratna T, Touchell D, Bunn E, et al., 2000. Acetyl salicylic acid (Aspirin) and salicylic acid induce multiple stress tolerance in bean and tomato plants[J]. Plant Growth Regulation, 30(2): 157-161.

Shahandeh H, Hossner I R, 2002. Enhancement ofuranium phytoaeeumulation from contaminated soils[J]. Soil Science, 167(4): 269-280.

Sheekh M M, Naggar A H, Osman M E H, et al., 2003. Effect of cobalt on growth, pigments and the photosynthetic electon tracport in *Monoraphidium minutum* and *Nitzchia perminuta*[J]. Brazilian Journal of Plant Physiology, 15(3): 159-166.

Sheoran1 S, Singal H, Singh R, 1990. Effect of cadmium and niekel on photosynthesis and the enzymes of the photosynthetic carbon reduction cyele in pigeonpea (*Cajanus cajan* L.)[J]. Photosynthesis Research, 23: 345-351.

Shingu Y, Kudo T, Ohsato S, 2005. Characterization of genes encoding metal tolerance proteins isolated from *Nicotiana glauca* and

Nicotiana tabacum[J]. Biochemical and Biophysical Research Communications，331（2）：675-680.

Shozugawa K，Nogawa N，Matsuo M，2012. Deposition of fission and activation products after the Fukushima Dai-ichi nuclear power plant accident[J]. Environmental Pollution，163：243-247.

Siedlecha A，Krupa Z，1996. Interaction between cadmium and iron and its effects on photosynthetic capacity of primary leaves of *Phaseolus vulgaris*[J]. Plant Physiol，34：833-841.

Siegel S M，Keller P，Siegel，B Z.，et al.，1986. Metal Speciation，Separation and Recovery[M]// Patterson J W and Passino R. Proceedings International Symposium. Chicago,USA：Kluwer Academic Publishers.

Skorzynska-Polit E，Baszynski T，1997. Differences in sensitivity of the Photosynthetic apparatus in Cd-stressed runner bean plants in relation to their age[J]. Plant Science，128：11-21.

Soudek P，Valenová S，Vavríková Z，et al.，2006. ^{137}Cs and ^{90}Sr uptake by sunflower cultivated under hydroponic conditions[J]. Journal of Environmental Radioactivity，88（3）：236-250.

Stoppel R D，Schlegel H G，1995. Nickel-resistant bacteria from anthropogenically nickel-polluted and naturally nickel-percolated ecosystems[J]. Applied and Environmental Microbiology，61（6）：2276-2285.

Suh J H，Yun J W，Kim D S，1999. Effect of extracellular polymeric substances（EPS）on Pb^{2+} accumulation by *Aureobasidium pullulans*[J]. Bioprocess Engineering，21（1）：1-4.

Suhasini I P，Sriram G，Asolekar S R，et al.，1999. Biosorptive removal and recovery of cobalt from aqueous systems[J]. Process Biochemistry，34：239-247.

Tang S R，Chen Z Y，Li H Y，et al.，2003. Uptake of ^{134}Cs in theshoots of *Amaranthus tricolor* and *Amaranthus cruentus*[J]. Environmental Pollution，125：305-312.

Texier A C，Andrès Y，Illemassene M，et al.，2000. Characterization of lanthanide ions binding sites in the cell wall of *Pseudomonas aeruginosa*[J]. Environmental Science and Technology，34：610-615.

Theuerl S，Buscot F，2010. Laccases：toward disentangling their diversity and functions in relation to soil organic mater cycling[J]. Biology and Fertility of Soils，46（3）：215-225.

Thomber J P，1975. Chlorophyll-proteins：light-harvesting and reaction components of plants[J]. Aum Review Physiology，26（3）：127-158.

Tonni A K，2006. Comparisons of low-cost adsorbents for treating wastewaters laden with heavy metals[J]. Science of the Total Environment，366：409-426.

Torelli A，Trotta A，Aeerbi L，2000. IAA and ZR content in leek（*Allium porrum* L.）as infiuenced by P nutrition and arbuseular mycorrhizae in relation to plant development[J]. Plant Soil，226：29-35.

Tsukad H，Hasegawa H，Hisamatsu S，et al.，2002. Transfer of ^{137}Cs and stable Cs from paddy soil to polished rice in Aomori,Japan[J]. Journal of Environmental Radioactivity，59（3）：351-363.

Tsukada H，Nakamura Y，1998. Transfer factors of 31 elements in several agricultural plants collected from 150 farm fields in Aomori, Japan[J]. Journal of Radioanalytical and Nuclear Chemistry，236（1-2）：123-131.

Tsuruta T，2006. Removal and recovery of uranium using microorganisms isolated from Japanese uranium deposits[J]. Journal of Nuclear Science and Technology，43（8）：896-902.

Tu Y J，You C F，Chen Y R，et al.，2015. Application of recycled iron oxide for adsorptive removal of strontium[J]. Journal of the Taiwan Institute of Chemical Engineers，53：92-97.

Vierheilig H，Alt M，Mohr U，1994. Ethylene biosynthesis and activities of chitinase and β-l,3-glucanase in the roots of host and non-host plants of vesieular-arbuscular mycorrhizal fungi after inoeulation with *Glomus mosseae*[J]. Plant Physiology, 143(3): 337-343.

Vijver M G, van Gestel C A, Lanno R P, et al., 2004. Internal metal sequestration and its ecotoxicological relevance: a review[J]. Environmental Science and Technology, 38(18): 4705-4712.

Walling D E, Bradley S B, 1990. Some application of cesium-137 measurements in the study erosion, transport and deposition[J]. Erosion, Transport and Deposition Processes, 189: 179-203.

Wang J, Ding L, Wei J, et al., 2014. Adsorption of copper ions by ion-imprinted simultaneousinterpenetrating network hydrogel: thermodynamics, morphologyand mechanism[J]. Applied Surface Science, 305: 412-418.

Wang Y T, Evans M C, Hai S, 2000. Cr(Ⅵ) reduction in continuous-flow coculture bioreactor[J]. Journal of Environmental Engineering, 21(4): 300-306.

Wang Y Y, Peng B, Yang Z H, et al., 2015. Bacterial community dynamics during bioremediation of Cr(VI)-contaminated soil[J]. Applied Soil Ecology, 85: 50-55.

Warrant R W, Reynolds J G, Johnson M E, 2013. Removal of ^{90}Sr and ^{241}Am from concentrated Hanford chelate-bearing waste by precipitation with strontium nitrate and sodium permanganate[J]. Journal of Radioanalytical and Nuclear Chemistry, 295(2): 1575-1579.

Watanabe M E, 1997. Environment[J]. Science Technology, 31(4): 182.

Weiersbye I M, Straker C J, Przybylowicz W J, 1999. Micro-PIXE mapping of elemental distribution in arbuscular mycorrhizal roots of the grass, *Cynodon dactylon*, from gold and uranium mine tailings[J]. Nuclear Instrument and Methods in Physics Research Section B, 158(1-4): 335-343.

Weis E, Berry J A, 1988. Plants and high temperature stress[J]. Symposia of the Society for Experimental Biology, 42: 329-346.

Whicker F, Schultz V, 1982. Radioecology: Nuclear Energy and the Environment[M]. Boca Raton,USA: CRC Press.

White C, Gadd G M, 1986. Uptake and cellular distribution of copper, cobalt and cadmium in strains of *Saccharomyces cerevisiae* cultured on elevated concentrations of these metals[J]. FEMS Microbiology Letters, 38(5): 277-283.

Whiting S N, Leake J R, Mcgrath S P, et al., 2001. Hyperaccumulation of Zn by *Thlaspi caerulescens* can ameliorate Zn toxicity in the rhizosphere of cocropped *Thlaspi arvense*[J]. Environmental Science and Technology, 35(15): 3237-3241.

Wilfried H O, 2005. ErnstPhytoextraction of mine wastes—Options and impossibilities[J]. Chemie der Erde, 65(S1): 29-42.

Willey Y, 1993. Storage and migration of fallout of strontium-90 and cesium-137 for over 40 years in the surface soil of Nagasaki[J]. Journal of Environmental Quality, 22(4): 722-730.

Woodard T L, Thomas R J, Xing B Sh, 2003. Potential for phytoextraction of cobalt by tomato[J]. Communications in Soil Science and Plant Analysis, 34(5-6): 645-654.

Wu J, Hsu F, Cunningham S, 1999. Chelate-assisted Pb phytoextraction: Pb availability, uptake, and translocation constraints[J]. Environmental Science andTechnology, 3: 1898-1904

Wu L, Zhang G, Wang Q, et al., 2014. Removal of strontium from liquid waste using a hydraulic pellet co-precipitation microfiltration (HPC-MF) process[J]. Desalination, 349: 31-38.

Wu Q S, Xia R X, Zhang Q H, 2003. New biological fertilizer of fruittree-arbuscular mycorrhizal[J]. Northern Horticulture, (6): 27-28.

Xian X F, Shokohifard G I, 1989. Effect of pH on chemical forms and plant availability of cadmium, zinc, and lead in polluted soils[J]. Water, Air, and Soil Pollution, 45(3-4): 265-273.

Yamori W, 2016. Photosynthetic response to fluctuating environments and photoprotective strategies under abiotic stress[J]. Journal of Plant Research, 129(3): 379-95.

Yitrchenko Y P, Agapkina G I, 1993. Organic radionuclide compounds in soils surrounding the chemobyl nuclear power plant[J]. Eurasian Soil Science, 25(12): 51-59.

Yuvaraja G, Krishnaiah N, Subbaiah M V, et al., 2014. Biosorption of Pb(II) from aqueous solution by *Solanum melongena* leafpowder as a low-cost biosorbent prepared from agricultural waste[J]. Colloids and Surfaces B: Biointerfaces, 114: 75-81.

Zhang Y, Zeng M, Xiong B Q, et al., 2003. Ecological significance of arbuscular mycorrhiza biotechnology in modern agricultural system[J]. Chinese Journal of Applied Ecology, 14(4): 613-617.

Zhu Y G, Shaw G, Nisbet A F, et al., 2000. Effect of potassium starvation on the uptake of radiocaesium by spring wheat (*Triticum aestivum* cv. Tonic)[J]. Plant and Soil, 220(1-2): 27-34.

Zhu Y G, Shaw G, Wong M H, 2000. Soil contamination with radionuclides and potential remediation[J]. Chemosphere, 41(1-2): 121-128.

Zhu Y G, Smolders E, 2000. Plant uptake of radiocaesium: a review of mechanisms, regulation and application[J]. Journal of Experimental Botany, 51(351): 1635.